可爱宝宝 毛衣 365 款

谭阳春 主编

辽宁科学技术出版社

·沈阳·

001

做法请参考

P089~P090

神气的小·帅哥来啦！以蓝白为主色调，让这款毛衣专为小·男子汉打造，胸前点缀神气的徽章，更能体现出小·男孩儿的阳刚之美，也是妈妈的最爱！

002

003

006

做法请参考
P090~P091

005

006

007

008

耐脏的深蓝，对爱动的宝宝是个很好的选择！
温暖的立领拉链开衫设计，秋冬季节穿着很舒服哦！

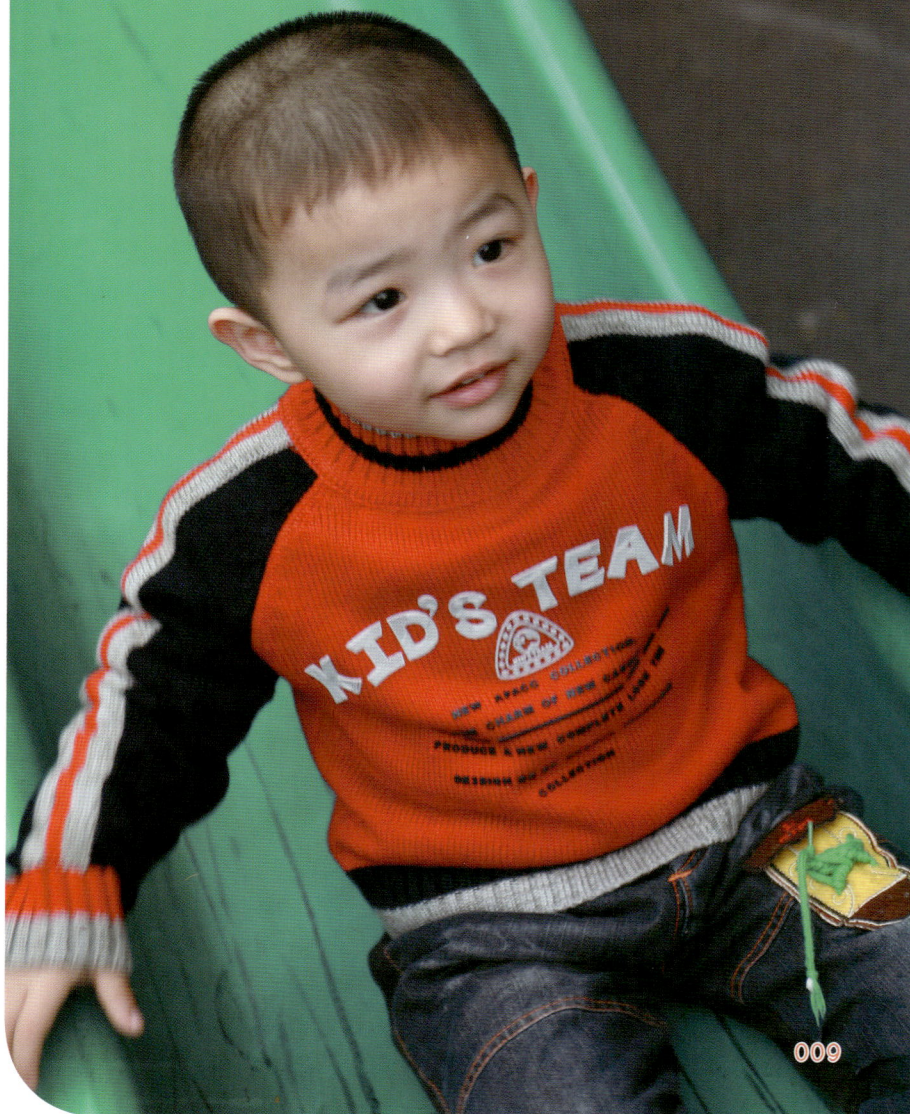

009

010

011

012

做法请参考

PO92~PO93

超级酷的图案，外加这温暖亮丽的
橙色，让你的宝宝帅气可爱。

做法请参考

POO4~POO5

013

014

015

016

简约无袖设计，让活泼好动的孩子在寒冷的季节里活
动自如，开心地在伙伴面前手舞足蹈的样子，着实可爱。

做法请参考
P095~P096

蓝色的∨领配上一条白边，着实让人眼前一亮。在孩子的胸前画上一只会飞的球鞋，让你的孩子清纯可爱。

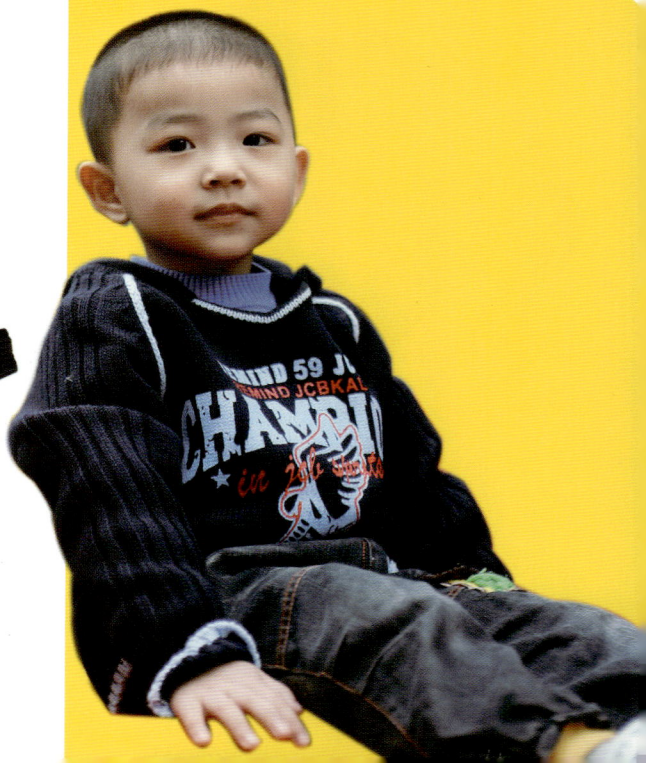

017

018

019

020

021

022

022

做法请参考

PO96~PO97

半立领宽松款式，休闲大方；左胸上帅气的字母贴绣为这款衣服增色不少。是孩子漂亮帅气的春秋季必备外套。

026

做法请参考
PO98~PO99

白蓝相间的条纹就像海军服一样漂亮，胸前再配上醒目的红色字母，让穿上它的孩子又帅气了不少，喜欢这款毛衣的妈妈们快为孩子织一件吧！

025

026

027

028

029

030

031

做法请参考

P100~P101

帅劲十足的背心装，给宝贝足够的想象空间，横条纹和竖条纹的设计以及颜色的搭配，增添了专属于小·男孩的那份酷劲儿！

032

033

036

035

036

做法请参考

P101~P103

小·粉红女郎来啦！配上雪花状的花纹，让穿上它的小·女孩又漂亮了许多，简约却不失活跃，喜欢暖色调的妈妈们一定要为孩子织一件！

做法请参考
P103~P105

037

038

039

060

061

紫色给人的感觉就是一个"媚"字，
穿上这款毛衣的小·女孩一定会魅力四射，
是众人眼中骄傲的小·公主。

062

063

066

065

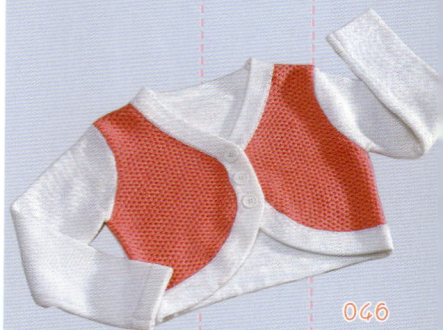

066

067

068

做法请参考

P106~P108

运动风格的连帽拉链开衫，左右两边搭配上字母图案"M"，穿在宝宝身上，好像麦当劳就在眼前，小孩对这件毛衣会爱不释手。

做法请参考
P108~P110

060

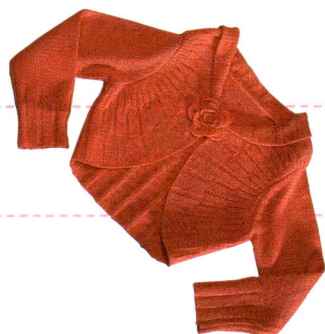

050

051

052

053

红色的外装多么的耀眼啊，衣服前面双排扣的造型，让人觉得大气可爱，这款毛衣堪比高级时装，想让自己的孩子显得有气质吗，赶快织一件给她吧！

056

P110~P112

集运动与休闲于一体的立领拉链开衫，漂亮可爱的颜色，看着就暖暖的，这款毛衣适合宝宝秋冬季节穿着。

055

056

057

058

059

060

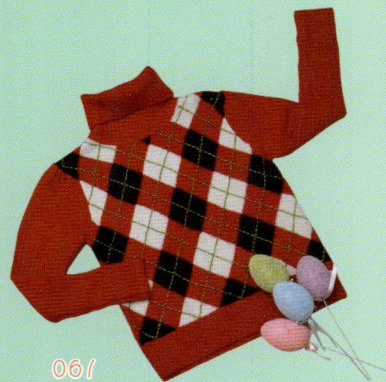

061

062

063

066

065

做法请参考

P113~P115

细密柔软的毛线，厚实的高领，暖暖的感觉，它细致地呵护着宝贝的每寸肌肤，犹如妈妈的爱，密密地保护着天使，让她不会受到外界的伤害。

简约的粉色拉链开衫，突显出学生纯真坦率的一面，单穿或配个小背心都是不错选择哦！

067

068

069

066

做法请参考

P115~P117

070

071

做法请参考
P117~P118

纯净的白色配上蝴蝶结亮片特别适合小女孩穿，让人一眼就看到她的纯净如水，让她的美和可爱浑然天成。

072

073

076

017

075

076

077

078

做法请参考

P118~P120

宝贝们的世界纯洁得像一张白纸，穿上白色的毛衣像天使一样，这款毛衣适合搭配各种外套穿，很实用哦！

P120~P121

做法请参考

纯色小·开衫，配上个性图案，
无论是亮片还是大口袋都足以把这
款毛衣的甜美可人气息表达出来。

079

080

081

082

01

做法请参考

P122~P123

毛衣和衬衫的组合有着让人惊叹的美感，有着小·宝贝的天真烂漫，有着学生的淳朴自然，也有着淑女绅士的大气！

083

086

085

086

做法请参考
P123~P125

087

088

089

090

091

092

翩翩飞舞的粉色蝴蝶，就像孩子轻盈的舞步，给人以无限遐想的空间，漂亮的装饰也让人眼睛一亮，穿上这样一件毛衣，你的孩子就是众人眼中的焦点。

093

095

096

096

097

做法请参考

P126~P127

粉色带来的公主气息与运动款式的简洁风格搭配在一起，使宝贝们更活泼可爱，袖子和大口袋的小·设计是宝贝们最喜爱的哦！

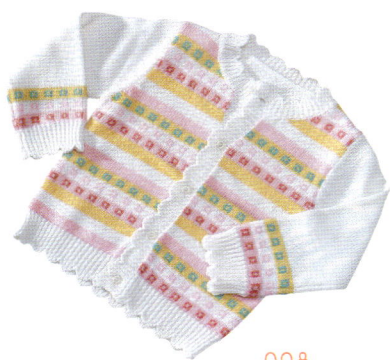

098

099

100

101

做法请参考

P127~P129

色彩斑斓的视觉冲击感，创意十足的领口设计，让宝贝们走在时尚的前沿，很潮、很可爱。

做法请参考
P129~P130

方便易脱的开衫，精美的
彩色提花，是典型的欧美风格，
谁能抵挡它的诱惑？

103

102

106

105

106

107

108

109

做法请参考

P131~P132

很漂亮的一件毛衣，两袖采用富有动感的红白条纹设计，还有温暖的小·口袋哦！是秋冬季小·公主的必备衣着！

111

112

110

113

做法请参考

P133~P134

浅浅的粉红色毛线，更能衬托出
宝宝幼嫩的肌肤。

116

115

117

116

 做法请参考

P134~P135

多种色彩的搭配随意自然，仿佛是小·朋友对美丽的宣言，像在灿烂的春天里绽放笑脸的花仙子。

118

做法请参考

P136~P137

超可爱的横条状花纹，衬托出孩子的无限活力，兼具美观和实用的高圆领设计，把冬天里的寒风挡在身外。

119

120

121

做法请参考

P137~P139

深 V 外领连帽设计，白色内领缝上亮片花朵，让人眼睛一亮，整件衣服的领口是最吸引人的部分，您的小公主穿在身上一定会显得可爱乖巧。

122

123

126

125

126

127

128

129

130

131

做法请参考

P139~P141

橙色是代表着活泼、可爱和幸福的
色彩，高高的衣领在寒冷的冬天会保护
孩子稚嫩的脖颈，童年有个橙色梦想的
家长们，快手编一件送给孩子吧！

做法请参考
P141~P142

蓝白相间的花纹，既简约又时尚，穿上它的孩子显得特精神可爱，胸前的小·英文字母点缀得恰到好处，孩子穿上它上学是非常合适的。

132

133

136

做法请参考
P142~P144

设计简洁大方，通过一系列印花或图案的修饰，旨在打造出一个气质出众的小·宝贝。

135

137

138

136

139

绚丽明亮的色彩和图案特别能衬托出宝宝的肤色，款式设计简洁大方，是气质宝宝的最爱。

160

161

162

163

166

165

做法请参考

P144~P146

做法请参考
P147~P148

经久不衰的黑白搭配，简单大方的运动套头款式，是小帅哥秋冬季最佳的着装选择。

160

167

168

169

150

151

152

153

做法请参考

P148~P150

　　粉色、紫色和蓝色相间的花纹，并且配上波浪的形状，让人眼前一亮，喜欢新潮风格的妈妈们不妨让自己的孩子穿上一件，让她在孩子堆中引领一回时装潮流吧！

156

深灰色的套裙设计，小·女孩穿上它仿佛穿越时空一般，一晃之间成为大女孩了，偏好于成熟时装的家长，让孩子穿上一件吧！

155

156

157

做法请参考

P150~P151

做法请参考
P152~P153

浅蓝色的主色调，配上白色的衣袖，手臂上再点缀一行英文，很少有这样潮的毛衣哦！希望孩子成为潮人的家长们，就亲手编织一件吧！

158

159

160

161

162

做法请参考
P153~P155

条纹款式很有层次感，结合了时尚、甜美、保暖等元素，把公主们与生俱来的天真活泼表现得淋漓尽致。

163

166

165

166

做法请参考

P156~P157

V字形的设计让人眼前一亮，这件毛衣朴素中透出一丝灵感，让穿上它的小女孩儿浑身透着灵气，让人惊喜不已。

167

168

169

170

做法请参考
P157~P158

简洁拉链设计和俏皮英文图案的融入使小宝贝瞬间活力四射，俨然一位英姿勃勃的小帅哥。

171

172

173

176

75

178

177

178

做法请参考

P159~P160

　　粉红色的主色调突显出小
女孩的柔美，多变的花边造型
让这款毛衣看起来更加漂亮，
亲手织一件给女儿，一定会为
她的可爱加分哦！

做法请参考
P160~P161

180

181

179

182

非常保暖的帽衫款式，两袖富有动感的红白条纹，小公主穿上它更加活泼可爱。

做法请参考
P162~P163

182

186

简约的造型充满动感, 小立领让孩子看上去更加帅气, 两边的英文字母向中间拱起, 给人一种蒸蒸日上的成就感。

185

186

187

做法请参考

P163~P166

漂亮温暖的小·毛衣，出游时穿上它肯定是最有活力、最可爱的宝贝。

188

189

190

191

192

193

196

195

做法请参考
P166~P167

196

简约的款式让小男孩儿多了一份淳
朴、自然，恰到好处的图案修饰又让这款
毛衣不会过于平凡。

197

198

199

200

201

做法请参考

P168~P169

红绿相间的花纹简洁而明快，正如孩子的笑脸一般纯净，拉链一拉就能将毛衣穿上，不用家长帮忙，孩子们自己就能穿衣脱衣，既美观又方便。

做法请参考
P169~P171

202

203

206

天蓝色与白色的搭配和天空的颜色相近，而中间的字母和红色小·花纹的点缀，正如孩子们在天空中放飞的梦想，这款美观而实用的毛衣让孩子显得特机灵。

205

206

207

208

做法请参考

P171~P172

红色毛衣色彩鲜明并给人以温暖感，在寒风袭来的秋冬季节，拥有这样保暖贴心的小·毛衣，装点了妈妈和宝宝的整个世界。

209

做法请参考

P173~P175

毛毛花边加上秀气柔美的小图案，灵气十足，让宝宝瞬间成为甜心小公主。

210

211

212

213

214

215

216

218

219

做法请参考

P175~P177

灰色的整体色调，流线型的设计，让穿上这件毛衣的孩子淑女气质显露无疑，走淑女路线的家长就为孩子选这款毛衣吧！

220

做法请参考
P177~P179

221

222

纯净的白色毛衣配上几朵粉红色的小花，就像孩子们微笑时露出的酒窝，让人既爱不释手又百看不厌，能拥有一件这样的毛衣，一定能吸引不少羡慕的目光。

223

226

做法请参考
P179~P180

经典的圆领，甜美的钩花点缀，流行的红，怎么穿都好看。

225

226

227

228

做法请参考
P180~P182

230

229

上半部分有可爱的花纹，下半部分是纯白的颜色，让这件毛衣看起来有几分像民族特色的服饰，喜欢去旅游的家长为孩子穿上一件这样的毛衣，一定会有意想不到的收获。

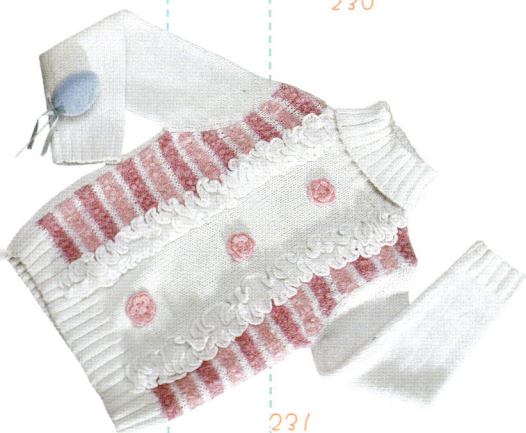

231

232

233

做法请参考
P182~P183

234

235

简单的毛线开衫，只需加点创意，
穿在宝宝身上，瞬时潮味十足。

236

237

粉红色的小点点配上大气的蓝色横条纹，让穿上它的孩子在活泼可爱的同时失一份庄重，实在是年轻妈妈带孩子外拍照的首选服饰。

238

239

260

做法请参考

P184~P185

261

262

263

做法请参考

P185~P186

波浪纹的花边设计，让整件毛衣看起来动感时尚，再加上孩子调皮的小脸，让人爱不释手。

266

265

266

267

268

做法请参考

P187~P188

在朝气蓬勃的童年里，一定有这样一件有着精致小·花，温暖可爱的小·毛衣。

269

做法请参考

P189~P190

色彩丰富而不繁杂，展现出小朋友对彩色的钟爱，高领花边以及斜肩设计的纽扣把孩子的可爱天真充分展示出来。

250

251

252

253

256

255

做法请参考
P191~P192

白色的裙衫，让穿上它的小女孩显得好有气质哦，别致的花纹图案，又让小女孩显得活泼可爱，衣柜里添上一件绝对错不了。

256

257

258

259

260

261

262

在胸前点缀花朵和蝴蝶，配上可人的粉色，
诠释了每一个小·公主心中最单纯最甜美的梦。

做法请参考

P192~P194

263

做法请参考

P194~P196

以粉红为基础，多种红色混搭，帮你打造一个甜美可人的小·公主。

266

265

266

267

268

269

270

271

272

做法请参考

P197~P198

真是休闲与甜美的完美结合，简单实用的连帽设计，同材质棉线钩织的几朵漂亮小花，可爱别致。

273

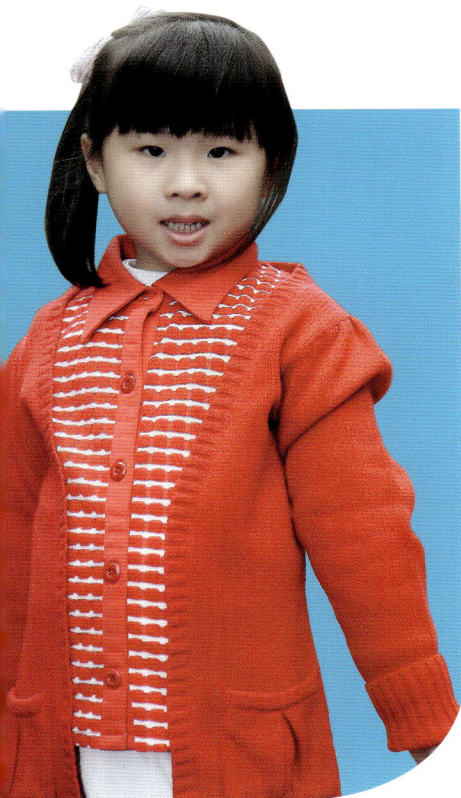

276

275

做法请参考
P199~P200

鲜艳的红色总是深受小女孩的喜爱，穿着这样靓丽的外套去幼儿园一定会惹来很多小朋友羡慕的目光。

276

277

像大海一般的蓝色，中间设计上漂亮的菱形花纹，就像是大海中漂浮的小·岛，承载着孩子稚嫩的梦想，喜欢去海边的家长，让孩子穿上这件毛衣吧!

278

做法请参考

P200~P201

279

280

281

做法请参考
P202~P204

青草的颜色，加上横条的花纹，让整件毛衣透着灵气，高高的衣领，让孩子不惧怕冬天或春天的寒风，爱护孩子的家长快选这件毛衣吧！

282

283

286

285

286

287

做法请参考
P204~P205

白色的主色调配上粉红色的花边，让穿上它的小·女孩好似白雪公主，温暖的高衣领，让怕冷的小·女孩在冬天也活泼好动，充满朝气。

288

289

290

291

292

293

295

296

做法请参考

P206~P207

　　天蓝色配上少许菱形的花纹，让小·女孩显得好可爱哦！朴素的色彩里，显示出设计者的独具匠心之处，家长们可不要小·瞧这件毛衣啊！

297

296

做法请参考

P207~P208

纯白的颜色犹如孩子纯净的小脸, 中间配上菱形的红绿花纹, 让人眼前一亮, 高领的设计让孩子在冬天里也感受不到寒冷, 喜欢这件毛衣的孩子们快快行动吧!

298

299

做法请参考

P209~P210

300

301

302

303

粉色的向日葵寓意孩子每天健康快乐成长，白色毛绒翻领让孩子整个冬天都感受到它的温暖。这件颇具童星气质的毛衣是追求品质生活的妈妈们为孩子准备的必备品。

做法请参考

P210~P212

此款毛衣搭配羽绒服穿在里面，露出可爱温暖的毛毛袖口和领口，让宝宝成为洋气小公主！

305

306

307

做法请参考
P212~P214

308

309

310

311

312

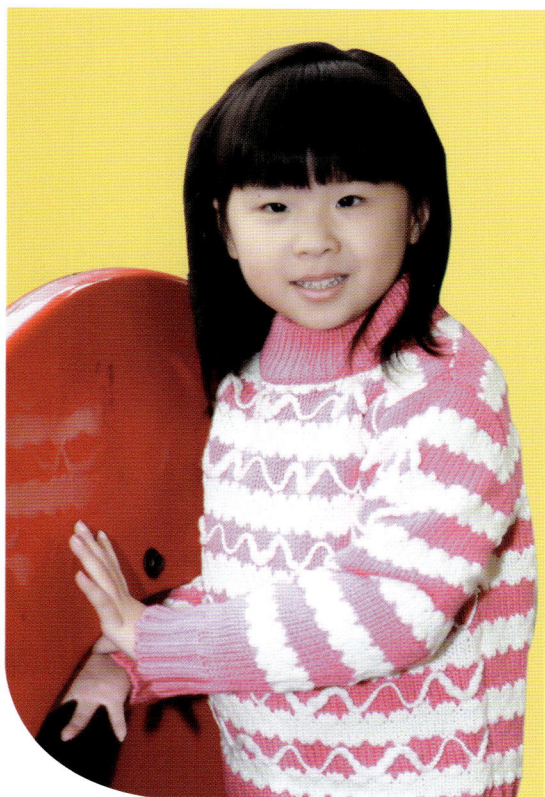

这款粉色的横条配上波浪状的白色条纹毛衣，让穿上它的孩子宛如云彩中的小仙女驾到。家中的小公主一定要拥有它哦！

313

314

315

316

317

318

319

小·女孩穿上它显得可爱，小·男孩穿上它显得帅气，如果对孩子的喜好拿不准主意，妈妈就织一件这样的毛衣吧！像这样可爱的毛衣可不多哦！

做法请参考
P215~P216

做法请参考
P217~P219

白色基调的毛衣，像铺展开的白色画板，而衣服上面的一朵朵小花，一道道波浪纹，都像宝贝们自己在画板上绘出的金色童年！

320

321

322

323

324

325

326

做法请参考

P220~P221

327

328

329

330

红白相间的色调，简洁的线条，让小·男孩穿上这款毛衣也不会有拘束感，那些家有男孩却喜欢红色的妈妈们还等什么，赶快拥有它吧！

331

332

333

336

做法请参考

P221~P222

毛衣正面点缀上英文字母，再配上天蓝色，让整件毛衣看起来活跃了不少，希望孩子穿得活泼又怕弄脏衣袖的家长，赶快置办一件吧！

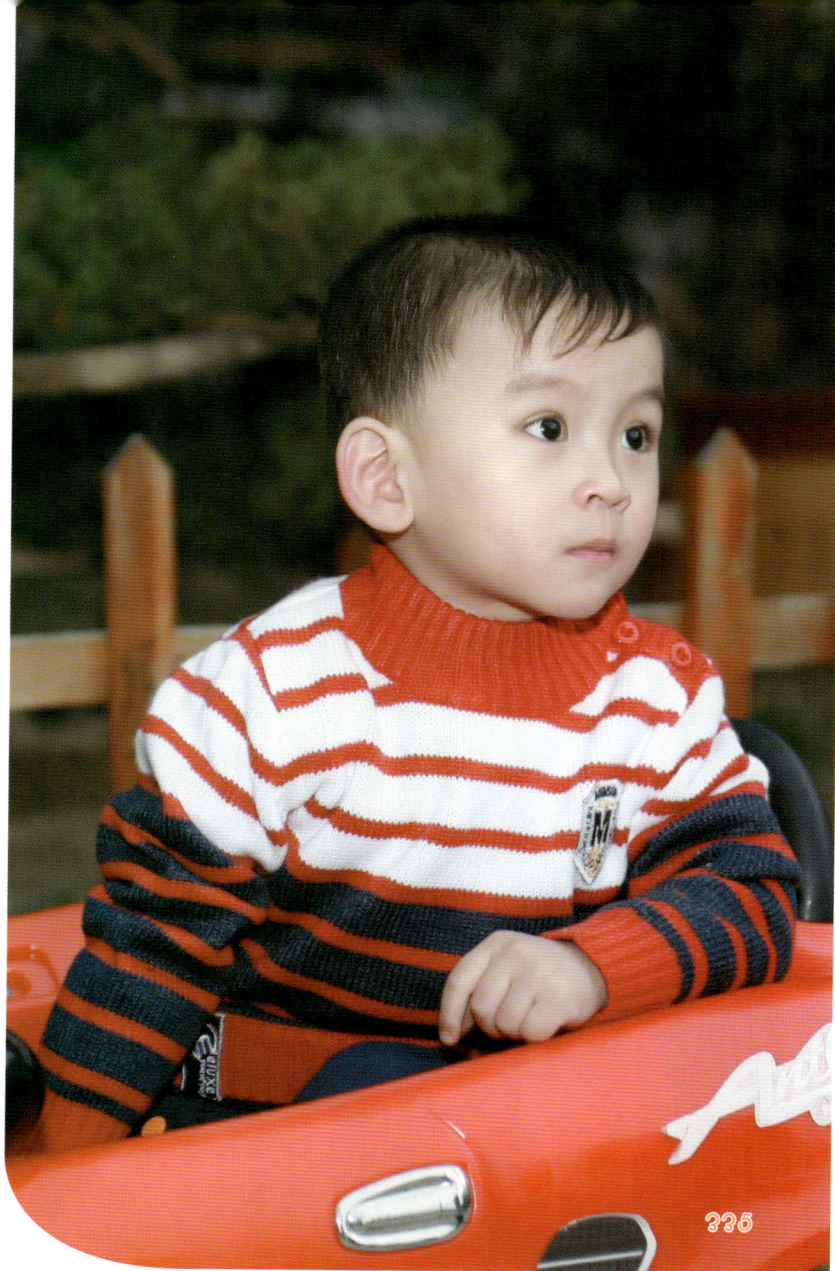

335

336

做法请参考

P223~P224

条纹花样织法，简洁大方，袖口与下摆的松紧设计可以防止冷风的侵入，令宝宝帅气又温暖。

337

338

339

360

361

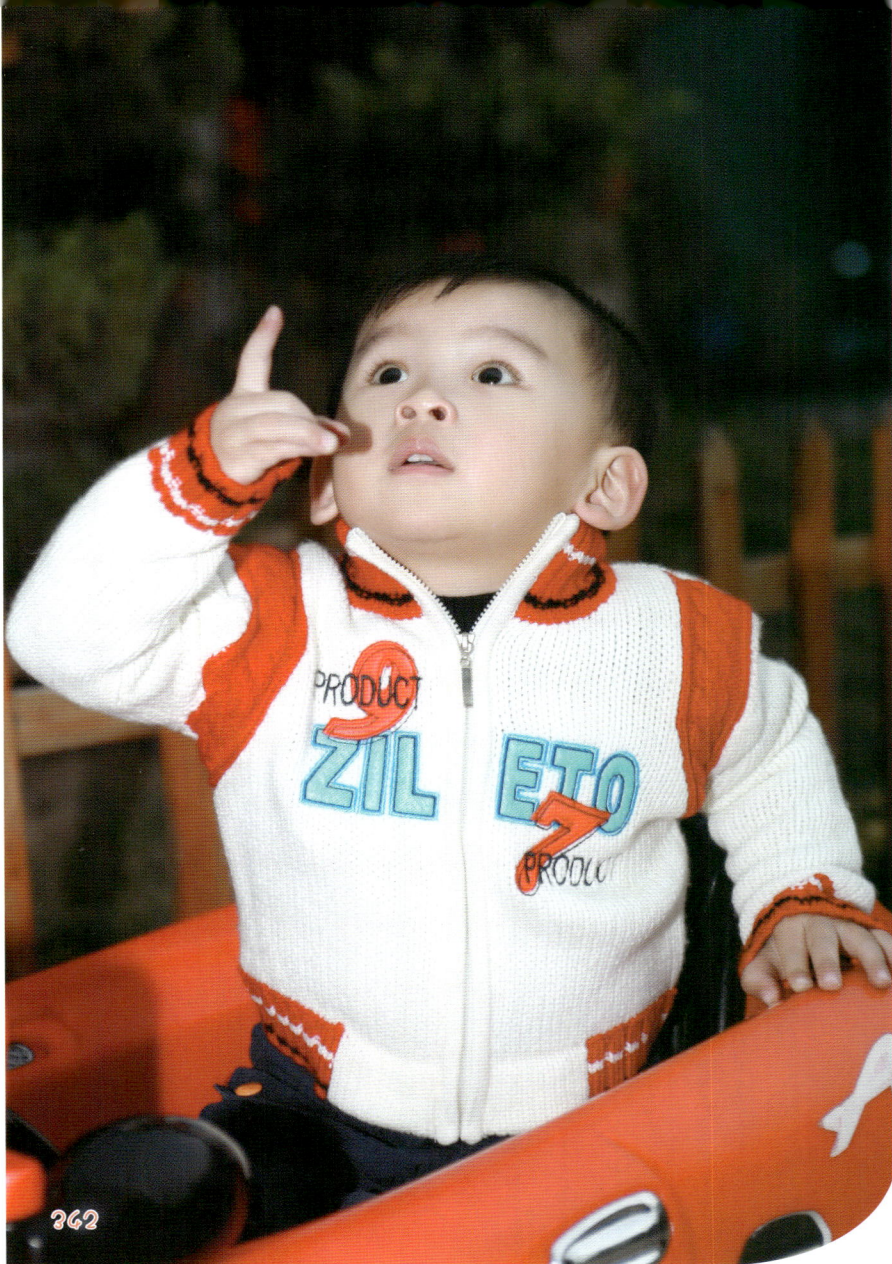

362

做法请参考

P224~P226

红白相间带拉链，看起来既大方又美观，特别是衣服正面配上的一些数字装饰，让整件毛衣看起来并不单调，不管男孩还是女孩都可以穿哦！

做法请参考
P226~P227

运动风格的毛衣是男孩子们的最爱，穿上这样的毛衣，小·男子汉举手投足之间都透露着阳光健康的味道。

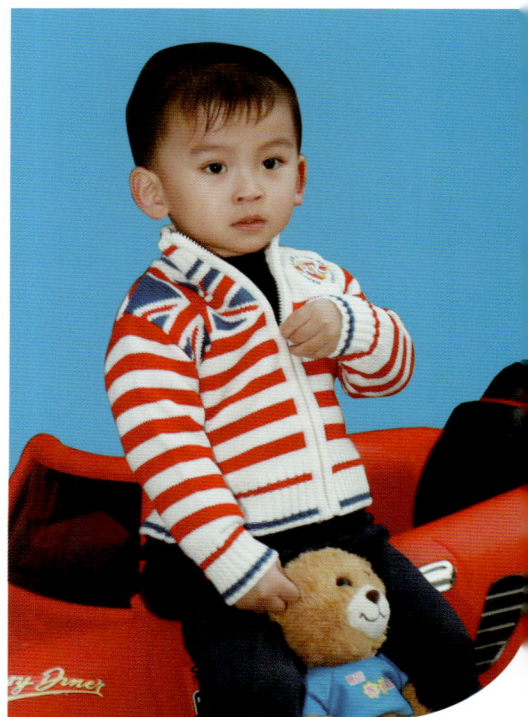

363

364

365

366

做法请参考
P228~P229

367

368

350

369

深蓝的颜色十分朴素，就算淘气的孩子们在地上打滚，也不会显得太脏，白色和红色的点缀让这款毛衣看起来更加可爱。

351

352

353

做法请参考

P229~P230

354

红、白、黑三种颜色的搭配让小宝贝纯真的笑脸上有坚定的帅气，而拉链的设计使脱换更简便，是妈妈和宝贝都喜欢的款式。

做法请参考
P231~P232

黑白相间的条纹中一点英文
字母的点缀打破了毛衣的凝重，
突显了孩子的帅气。

355

356

357

358

359

360

361

362

363

366

做法请参考

P233~P234

素雅的白色让小·女孩更文静、更优雅了，拉链的设计使毛衣好看之余更实用呢!

365

366

367

368

做法请参考

P235~P236

时尚新颖的款式设计就足以
吸引所有人的目光了，条纹的装
点更加让这款披肩无懈可击。

369

370

做法请参考
P237~P238

不简单的款式，自然是除了保暖实用外具备更多的美感，精致的花纹边让人爱不释手。

371

372

373

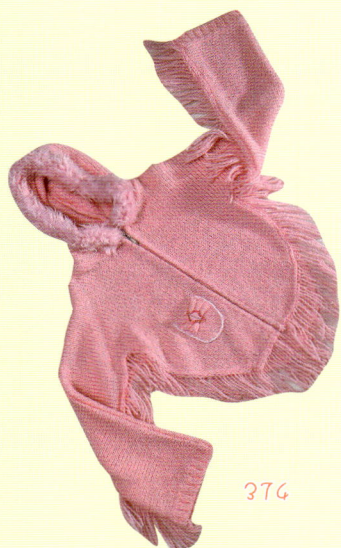

376

377

375

376

378

做法请参考
P238~P240

显眼的红色特别吸引宝宝的目光，妈妈们自然不会遗漏这件可爱又有气质的立领套头衫了！

379

380

381

382

做法请参考

P240~P242

这款小·蝙蝠衫十分漂亮，做工也很
讲究，衣摆处的流苏增加了不少气质呢！

383

386

388

385

386

387

做法请参考

P242~P244

别致的领口花纹，开襟的设计让宝贝穿着既保暖又方便！

389

390

391

392

做法请参考

P244~P246

可爱的翻领设计，白色的毛衣让孩子看起来就是一个小天使。

394

393

【成品尺寸】衣长46cm　肩宽40cm　袖长48cm
【工具】12号棒针
【材料】白色棉线200g　蓝色棉线150g　红色棉线50g　拉链1条
【密度】10cm²：26针×34行
【制作过程】1. 棒针编织法，衣服按左前片、右前片和后片、袖片分别编织，完成后缝合而成。　2. 起针织后片，用双罗纹针起针法，起104针织花样A，按白色、蓝色、白色、红色、白色各4行间隔编织，织至20行后，改为白色线编织花样B，再织至102行后，两侧减针织成插肩袖窿，减针方法为1-3-1、2-1-27，两侧针数减少30针，余下44针，留待编织衣领。　3. 起针织左前片，用双罗纹针起针法，起49针织花样A，按白色、蓝色、白色、红色、白色各4行间隔编织，织至20行后，改为白色线编织，先织10针花样C，余下针数织花样B，重复往上编织至102行后，左侧减针织成插肩袖窿，减针方法为1-3-1、2-1-27，共减少30针，继续往上织至142行后，右侧减针织成前领，减针方法为1-11-1、2-1-7，共减少18针，织至156行后，收针断线。按同样的方法相反方向编织右前片。

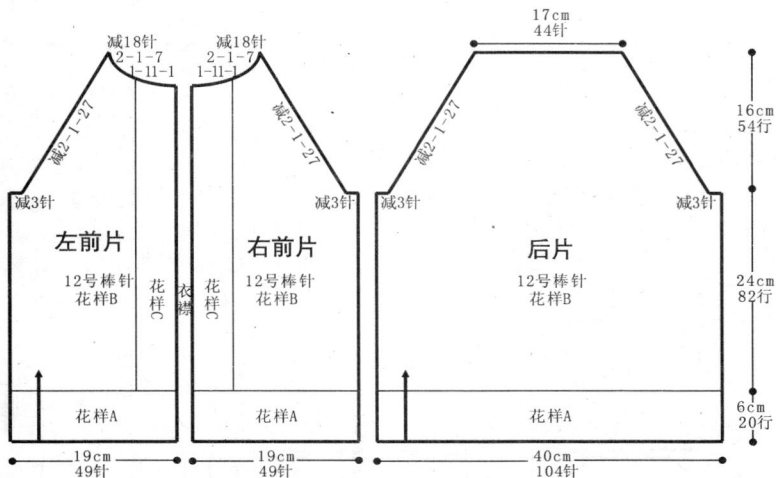

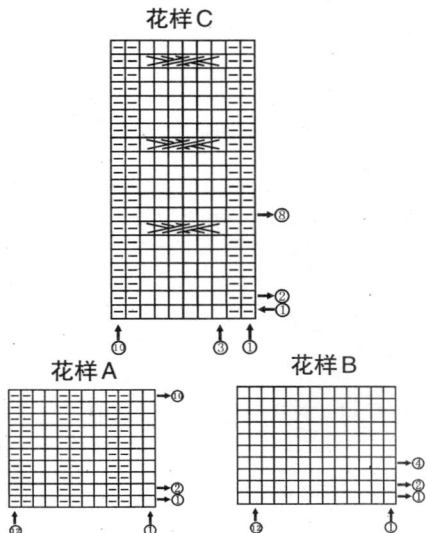

001

减18针　减18针
2-1-7　2-1-7
1-11-1　1-11-1
减2-1-27　减2-1-27
减3针　减3针　减3针　减3针
左前片　右前片　后片
12号棒针　12号棒针　12号棒针
花样B　花样B　花样B
花样C　花样C
花样A　花样A　花样A
19cm　19cm　40cm
49针　49针　104针

17cm
44针
16cm
54行
24cm
82行
6cm
20行

花样C
花样A　花样B

【成品尺寸】衣长46cm　肩宽40cm　袖长48cm
【工具】12号棒针
【材料】黑色棉线150g　白色棉线250g　红色棉线少量　拉链1条
【密度】10cm²：26针×34行
【制作过程】1. 棒针编织法，衣服按左前片、右前片和后片、袖片分别编织，完成后缝合而成。
2. 起针织后片，用双罗纹针起针法，黑色线起104针织花样A，织至20行后，改织花样B，织至96行，改为红色、黑色、白色线间隔编织，织至102行后，改为白色线编织花样C，两侧减针织成袖窿，减针方法为1-4-1、2-1-5，两侧针数减少9针，不加减针织至153行后，中间留取40针不织，两侧减针织成后领，减针方法为2-1-2，织至156行后，两肩部各余下21针，收针断线。　3. 起针织左前片，用双罗纹针起针法，黑色线起49针织花样A，织至20行后，改织花样B，织至96行后，改为红色、黑色、白色线间隔编织，织至102行后，左侧减针织成袖窿，减针方法为1-4-1、2-1-5，共减少9针，不加减针织至136行后，右侧减针织成前领，减针方法为1-7-1、2-2-6，共减少19针，织至156行后，肩部留下21针，收针断线。按同样的方法相反方向编织右前片。　4. 前片与后片的两侧缝要对应缝合，两肩缝也要对应缝合。

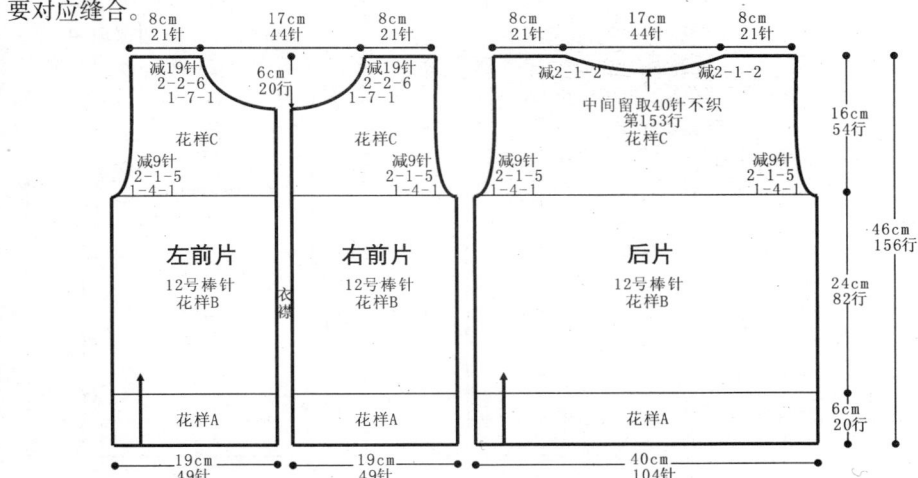

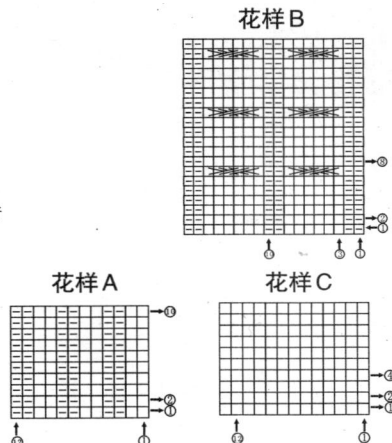

002

8cm　17cm　8cm　　8cm　17cm　8cm
21针　44针　21针　　21针　44针　21针
减19针　6cm　减19针　　减2-1-2　减2-1-2
2-2-6　20行　2-2-6
1-7-1　　1-7-1　　中间留取40针不织
第153行
花样C　花样C　花样C
减9针　减9针　减9针　减9针
2-1-5　2-1-5　2-1-5　2-1-5
1-4-1　1-4-1　1-4-1　1-4-1
左前片　右前片　后片
12号棒针　12号棒针　12号棒针
花样B　花样B　花样B
花样A　花样A　花样A
19cm　19cm　40cm
49针　49针　104针

16cm
54行
46cm
156行
24cm
82行
6cm
20行

花样B
花样A　花样C

089

003

【成品尺寸】 衣长54.5cm　胸围98cm　肩宽35cm　袖长52cm
【工具】 8号棒针
【材料】 白色毛线700g　黑色毛线少量　拉链1条
【密度】 10cm²：24针×30行
【制作过程】 1. 前后片以机器边起针编织双罗纹针，衣身编入花样，按图所示减针收袖窿、前领窝、后领窝。　2. 袖子与前后片用同样方法起针编织，按图所示加针袖下，减针袖坡、袖山。　3. 前片、后片、袖片缝合，按领挑针示意图挑织衣领编织双罗纹针。　4. 门襟处横向织下针2cm，包住门襟边，然后装上拉链。

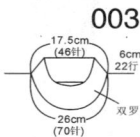

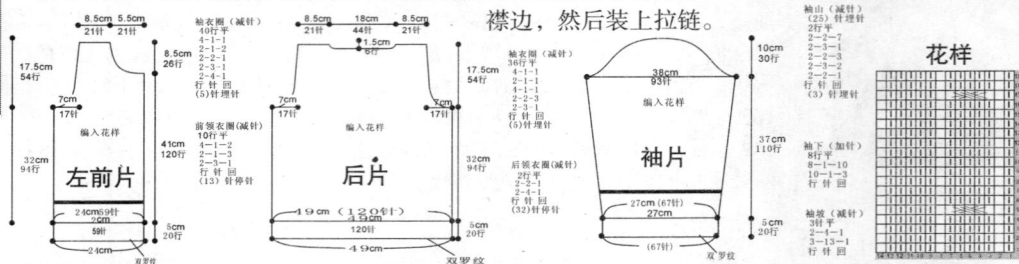

左前片　后片　袖片　花样　双罗纹

004

【成品尺寸】 衣长38cm　胸围70cm　袖长34cm
【工具】 3.5mm棒针
【材料】 白色羊毛绒线700g　黑色、红色羊毛绒线各少量　拉链1条　烫贴图案若干
【密度】 10cm²：20针×28行
【制作过程】 1. 前片：分左右两片，分别按图起35针，织6cm单罗纹后，改织花样，并间色，左右按图所示收成袖窿。后片：按图起70针，织6cm单罗纹后，改织花样，并间色，左右两边图收成袖窿。　2. 袖片：按图起36针，织6cm单罗纹后，改织花样，并间色，织至19cm按图所示均匀地减针，收成袖山。衣袖衬边另织，与衣袖缝合。　3. 编织结束后，将侧缝、肩部、袖子缝合。领圈挑针，织10cm双罗纹并间色，折边缝合，形成双层开襟圆领。　4. 装饰：缝上拉链、贴上烫贴图案。

花样

编织方向 **衣袖衬边** 图案　40cm80针
编织方向 **领圈** 单罗纹　49cm98针

左前片 花样　后片 花样　袖片 花样　单罗纹

005

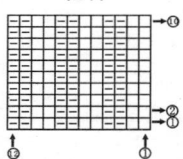

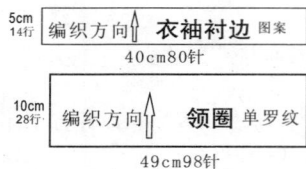

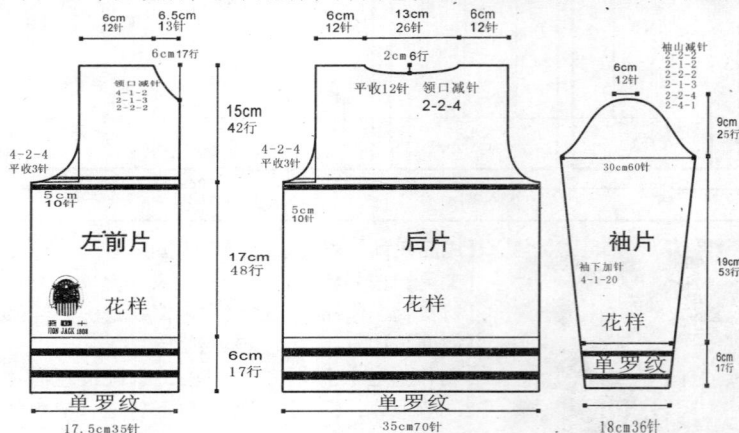

【成品尺寸】 衣长46cm　肩宽33cm　袖长48cm
【工具】 12号棒针
【材料】 蓝色棉线400g　红色、白色棉线各少量　拉链1条
【密度】 10cm²：26针×34行
【制作过程】 1. 棒针编织法，衣服按左前片、右前片和后片、袖片分别编织，完成后缝合而成。2. 起针织后片，用双罗纹针起针法，起104针织花样A，蓝色线至6行后，改织2行白色线、4行红色线、2行白色线，然后全部改为蓝色线编织，织至20行后，改织花样B，织至102行，两侧减针织成袖窿，减针方法为1-4-1，2-1-5，两侧针数减少9针。不加减针织至153行后，中间留取40针不织，两侧减针织成领，减针方法为2-1-2，织至156行后，两肩部各余下21针，收针断线。3. 起针织左前片，用双罗纹针起针法，起49针织花样A，蓝色线织至6行后，改织2行白色线、4行红色线、2行白色线，然后全部改为蓝色线编织，织至20行后，改织花样B，织至102行后，左侧减针织成袖窿，减针方法为1-4-1，2-1-5，共减少9针，不加减针织至136行后，右侧减针织成前领，减针方法为1-7-1，2-2-6，共减少19针，织至156行后，肩部余下21针，收针断线。按同样的方法相反方向编织右前片。　4. 前片与后片的两侧缝要对应缝合，两肩缝也要对应缝合。

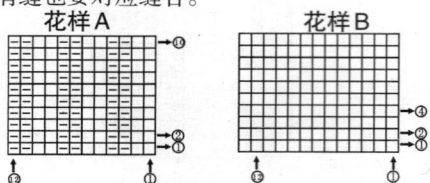

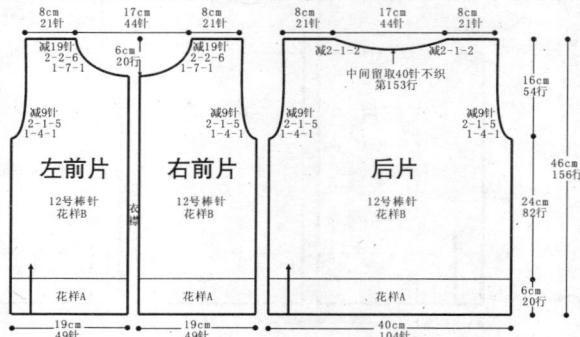

花样A　花样B

左前片 12号棒针 花样B 花样A　右前片 12号棒针 花样B 花样A　后片 12号棒针 花样B 花样A

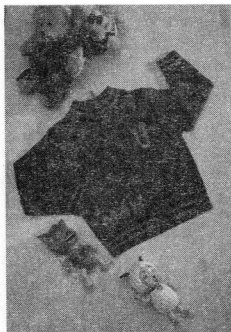

【成品尺寸】衣长54.5cm　胸围98cm　肩宽35cm　袖长52cm
【工具】8号棒针
【材料】深蓝色毛线700g　黑色、灰色毛线各少量　拉链1条
【密度】10cm²：24针×30行
【制作过程】1. 前后片以机器边起针编织双罗纹针，衣身编织花样，按图所示减针收袖窿、前领窝、后领窝。　2. 袖子用与前后片同样方法起针编织，按图所示加袖下、减袖坡、袖山，编织2片。
3. 前片、后片及袖片缝合，按领挑针示意图挑织衣领编织双罗纹针。　4. 门襟处横向织下针2cm，包住门襟边，然后装上拉链。

006　花样

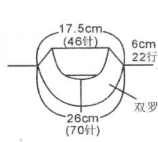
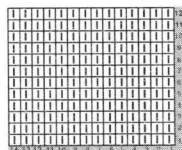
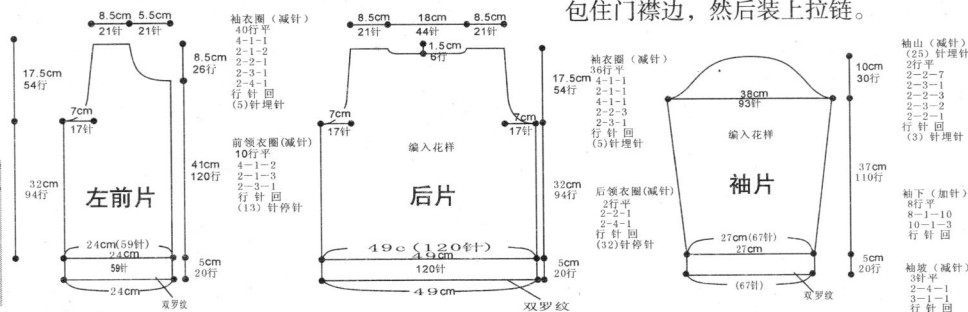

【成品尺寸】衣长46cm　胸围80cm　肩宽33cm　袖长46cm
【工具】7号棒针
【材料】深蓝色毛线650g　白色、红色毛线各少量　拉链1条
【密度】10cm²：27针×35行
【制作过程】1. 前后片以机器边起针编织双罗纹，衣身编织花样，按图所示减针收袖窿、后领、前领。　2. 袖子同前后片一样起针编织，按图所示加减针。　3. 前片、后片、袖片缝合。装饰衣袖时，在"★"处要适当多折一点，使其成自然弧形。门襟处横向织下针2cm，包住门襟边，然后装上拉链。最后在衣袖相连处加上红、白色线作装饰条。

007　花样

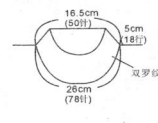
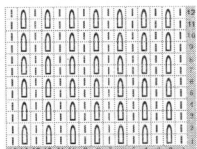
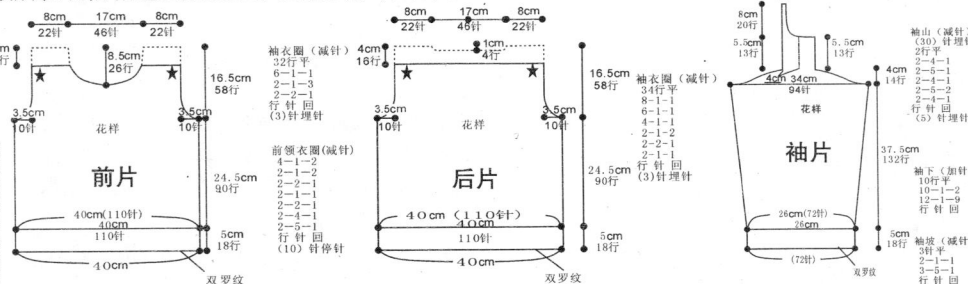

【成品尺寸】衣长38cm　胸围70cm　袖长34cm
【工具】3.5mm棒针
【材料】深蓝色羊毛绒线650g　白色、红色毛线各少量　拉链1条　图案1枚
【密度】10cm²：20针×28行
【制作过程】1. 前片：分左右两片，分别按图起35针，织6cm双罗纹并间色后，改织全下针，左右两边图按图所示收成袖窿。后片：按图起70针，织6cm双罗纹并间色后，改织全下针，左右两边按图收成袖窿。　2. 领口：前后领各按图所示均匀地减针，形成领口。　3. 袖片：按图起36针，织至6cm双罗纹并间色后，改织全下针，织至19cm后，按图所示均匀地减针，收成袖山。　4. 编织结束后，将侧缝、肩部、袖子缝合。领圈挑针，织10cm双罗纹，并间色，折边缝合，形成双层开襟圆领，门襟拉链边另织，折边缝合，形成双层拉链边。　5. 装饰：缝上拉链和图案。

008

领子结构图

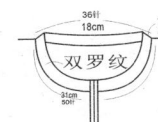
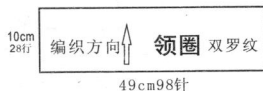

全下针　　双罗纹

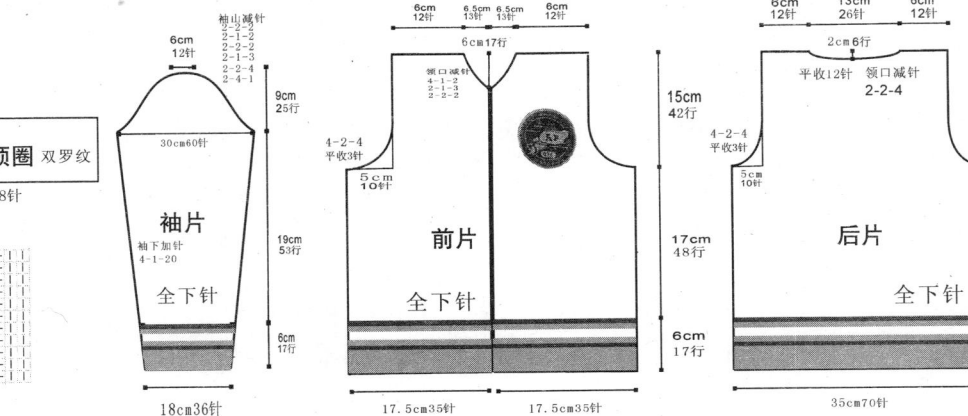

【成品尺寸】衣长46cm 肩宽40cm 袖长48cm

【工具】12号棒针

【材料】红色棉线250g 黑色棉线100g 灰色棉线50g

【密度】10cm²：26针×34行

【制作过程】1. 起针织后片，用双罗纹针起针法，灰色线起104针织花样A，织至10行后，改织黑色线，织至20行后，改为红色线编织花样B，织至102行后，两侧减针织成插肩袖窿，减针方法为1-3-1，2-1-27，两侧针数减少30针，织至156行后，余下44针，留待编织衣领。 2. 起针织前片，用双罗纹针起针法，灰色线起104针织花样A，织至10行后，改织黑色线，织至20行后，改为红色线编织花样B，织至102行后，两侧减针织成插肩袖窿，减针方法为1-3-1，2-1-27，两侧针数减少30针，织至148行后，从第149行中间留取26针不织，两侧减针织成前领，减针方法为2-2-4，织至156行后，两侧各余下1针，留待编织衣领。 3. 前片与后片的两侧缝要对应缝合。

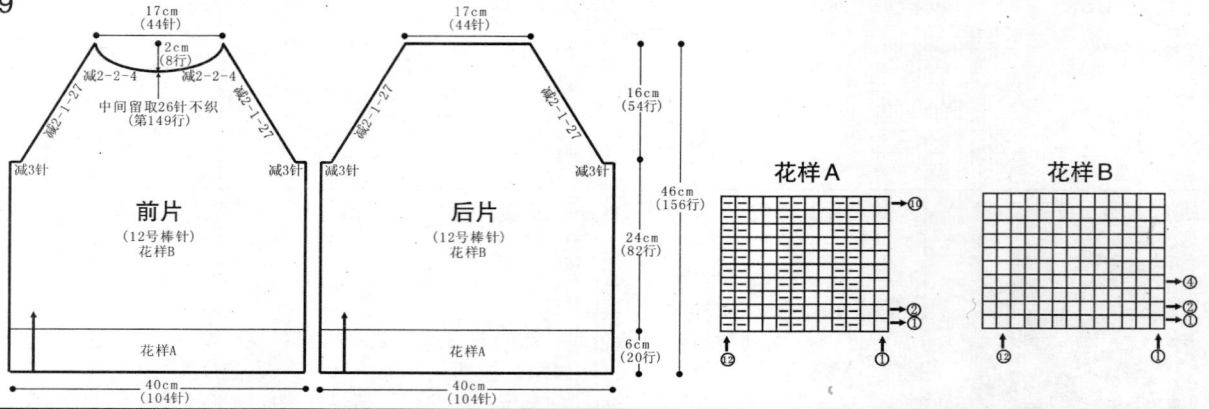

009

花样A 花样B

【成品尺寸】衣长44cm 胸围84cm 袖长48.5cm

【工具】7号棒针

【材料】红色毛线650g 蓝色、白色毛线各少量 拉链1条

【密度】10cm²：27针×35行

【制作过程】1. 前后片以机器边起针编织双罗纹针，衣身编织下针，按图所示减针收袖窿、前领窝、后领窝。 2. 袖子用与前、后片同样方法起针编织，按图所示加减针编织两片，在袖中缝合处横向织4cm下针作为装饰条。 3. 前后片与袖片缝合，按领挑针示意图挑织衣领编织双罗纹针。衣边、袖口边、衣领中间插入白色毛线更漂亮。

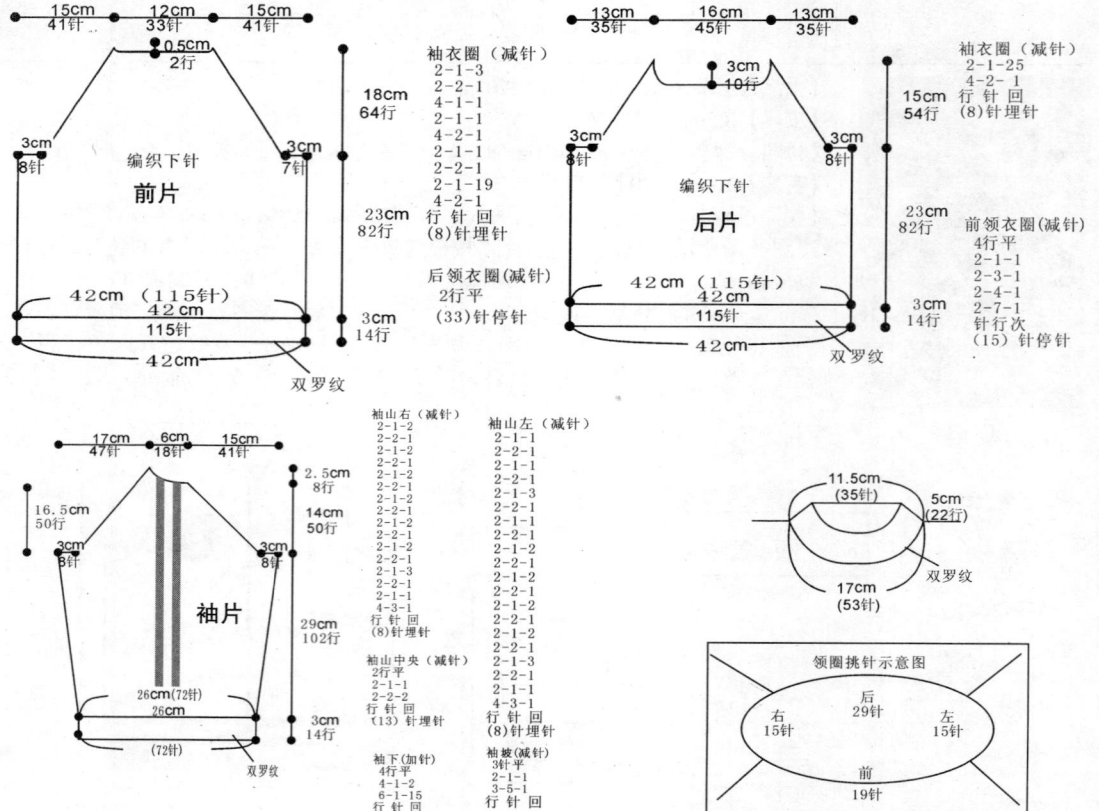

010

领圈挑针示意图

【成品尺寸】衣长46cm　胸围80cm　肩宽33cm　袖长46cm

【工具】7号棒针

【材料】橙色毛线650g　咖啡色、白色毛线各少量

【密度】10cm²：27针×35行

【制作过程】1. 前后片以机器边起针编织双罗纹针，衣身编织花样，按图所示减针收袖窿、后领、前领。　2. 袖子同前后片一样起针编织，按图所示加减针。　3. 前片、后片与袖片缝合。装衣袖时，在"★"处要适当多折一点使其成自然弧形。

011

前片

8cm 22针　17cm 46针　8cm 22针
4cm 16行
8.5cm 26针
16.5cm 58行
3.5cm 10针
USUAL DAYS
袖衣圈（减针）
32行平
6-1-1
2-1-3
2-2-1
行 针 回
(3)针埋针
前领衣圈（减针）
4-1-2
2-1-2
2-2-1
2-2-1
2-4-1
2-5-1
行 针 回
(10)针停针
40cm（110针）
40cm
110针
40cm
5cm 18行
双罗纹

后片

8cm 22针　17cm 46针　8cm 22针
4cm 16行
1cm 4行
16.5cm 58行
袖衣圈（减针）
34行平
8-1-1
6-1-1
4-1-1
2-1-2
2-2-1
2-1-1
行 针 回
(3)针埋针
3.5cm 10针
24.5cm 90行
40cm（110针）
40cm
110针
40cm
5cm 18行

袖片

1cm 4针
8cm 20针
5.5cm 13行
5.5cm 13行
4cm 34cm 94针
编入花样
袖山（减针）
(30)针埋针
2行平
2-4-1
2-5-1
2-4-1
2-5-2
2-4-1
行 针 回
(5)针埋针
4cm 14行
37.5cm 132行
26cm（72针）
26cm
(72针)
袖下（加针）
10行平
10-1-2
12-1-9
行 针 回
袖坡（减针）
3行平
2-1-1
3-5-1
行 针 回
5cm 18行
双罗纹

花样

| 12 |
| 11 |
| 10 |
| 9 |
| 8 |
| 7 |
| 6 |
| 5 |
| 4 |
| 3 |
| 2 |
| 1 |

14 13 12 11 10 9 8 7 6 5 4 3 2 1

16.5cm (50针)
5cm (18行)
26cm (78针)
双罗纹

【成品尺寸】衣长46cm　胸围80cm　肩宽33cm　袖长46cm

【工具】8号棒针

【材料】橙色毛线650g　咖啡色、白色毛线各少量

【密度】10cm²：24针×30行

【制作过程】1. 前后片以机器边起针编织双罗纹针，衣身编织花样，按图所示减针收袖窿、后领、前领。　2. 袖子同前后片一样起针编织，按图所示加减针。　3. 前片、后片与袖片缝合。装衣袖时，在"★"处要适当多折一点使其成自然弧形。

012

前片

8cm 22针　17cm 46针　8cm 22针
4cm 16行
8.5cm 26针
16.5cm 58行
3.5cm 10针
编入花样
袖衣圈（减针）
32行平
6-1-1
2-1-3
2-2-1
行 针 回
(3)针埋针
前领衣圈（减针）
4-1-2
2-1-2
2-2-1
2-2-1
2-2-1
2-5-1
行 针 回
(10)针停针
40cm（110针）
40cm
110针
40cm
5cm 18行
双罗纹
24.5cm 90行

后片

8cm 22针　17cm 46针　8cm 22针
4cm 16行
1cm 4行
16.5cm 58行
袖衣圈（减针）
34行平
8-1-1
6-1-1
4-1-1
2-1-2
2-2-1
2-1-1
行 针 回
(3)针埋针
3.5cm 10针
24.5cm 90行
40cm（110针）
40cm
110针
40cm
5cm 18行
双罗纹

袖片

1cm 4针
8cm 20针
5.5cm 13行
5.5cm 13行
4cm 34cm 94针
袖山（减针）
(30)针埋针
2行平
2-4-1
2-5-1
2-4-1
2-5-2
2-4-1
行 针 回
(5)针埋针
4cm 14行
37.5cm 132行
26cm（72针）
26cm
(72针)
袖下（加针）
10行平
10-1-2
12-1-9
行 针 回
袖坡（减针）
3行平
2-1-1
3-5-1
行 针 回
5cm 18行
双罗纹

16.5cm (50针)
5cm (18行)
26cm (78针)
双罗纹

花样

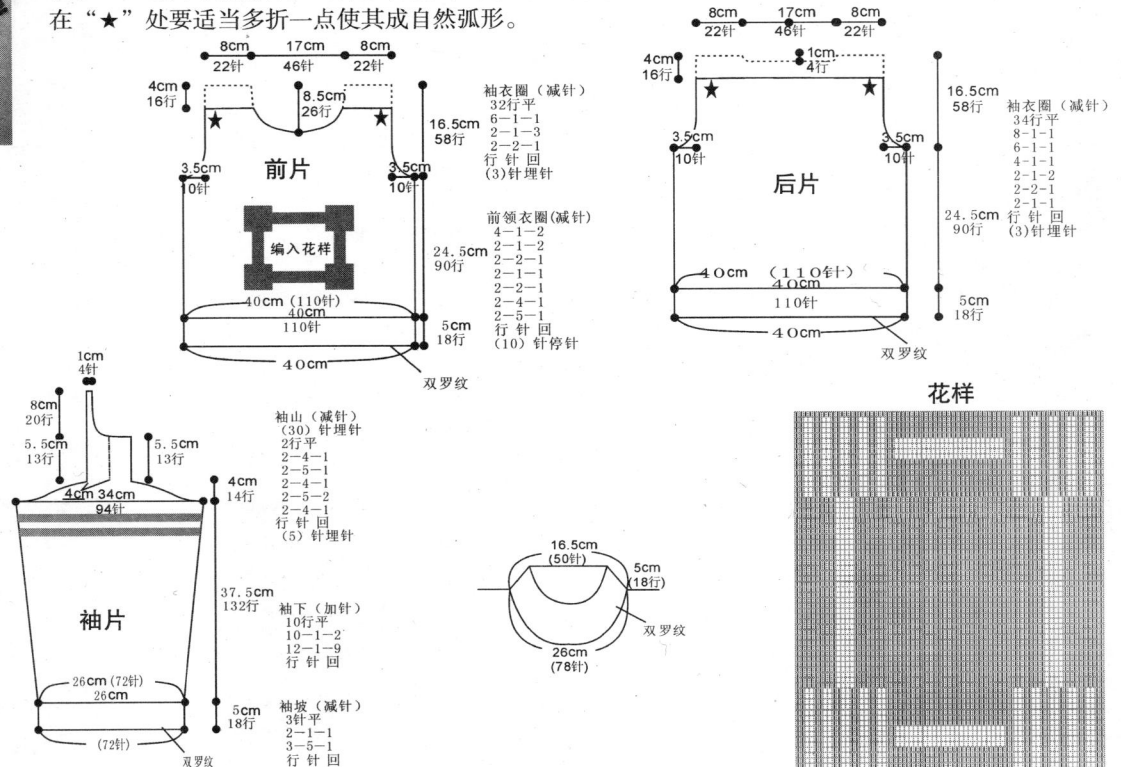

013

【成品尺寸】衣长38cm　胸围66cm　肩宽24cm
【工具】2.5mm棒针
【材料】藏蓝色羊毛线200g　红色、白色毛线各20g　拉链1条
【密度】10cm²：34针×46行
【制作过程】1. 后片：起112针，编织双罗纹针4cm，然后织平针，织至20cm后收袖窿，在离衣长2cm处收后领。　2. 前片：起112针，编织双罗纹针4cm，然后如图配色织花样，中间白色，两边用藏蓝色线补足，织至20cm后收袖窿，离衣长10cm处收前领。　3. 缝合：将前后片进行缝合。4. 领口用藏蓝色线挑128针，编织双罗纹针60行后对折缝合。　5. 沿着门襟衣领边用红色线挑适合针数编织单罗纹针10行，然后再里折缝合，将拉链藏于门襟边下。　6. 袖窿挑起适合针数，编织双罗纹针3cm后收针。

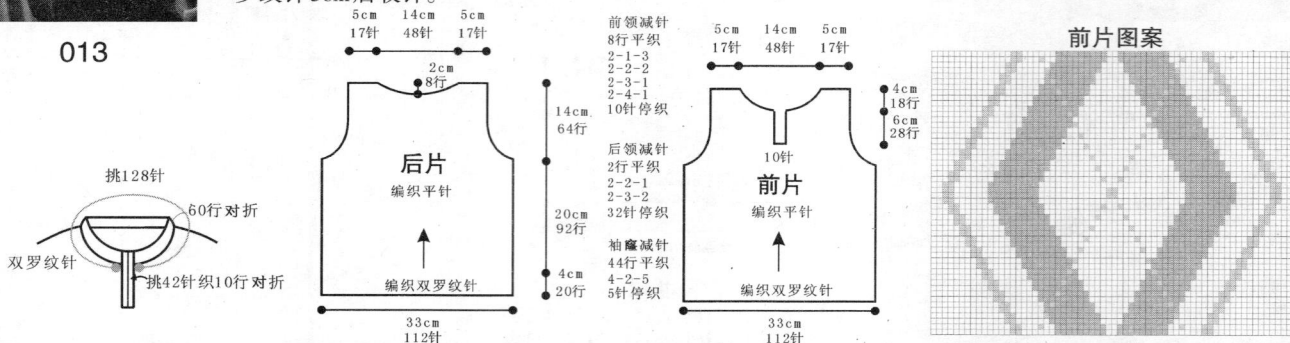

前片图案

【成品尺寸】衣长49cm　胸围83cm　肩宽34cm　袖长50cm
【工具】7号棒针
【材料】红色毛线300g　咖啡色毛线350g
【密度】10cm²：27针×35行
【制作过程】1. 前后片以机器边起针编织双罗纹针，衣身编织花样与基本针法，按图所示减针收袖窿、前领窝、后领窝。　2. 袖子用与前后片同样方法起针编织，按图所示加减针，编织2片。3. 前片、后片与袖片缝合，按领挑针示意图挑织衣领编织双罗纹针。

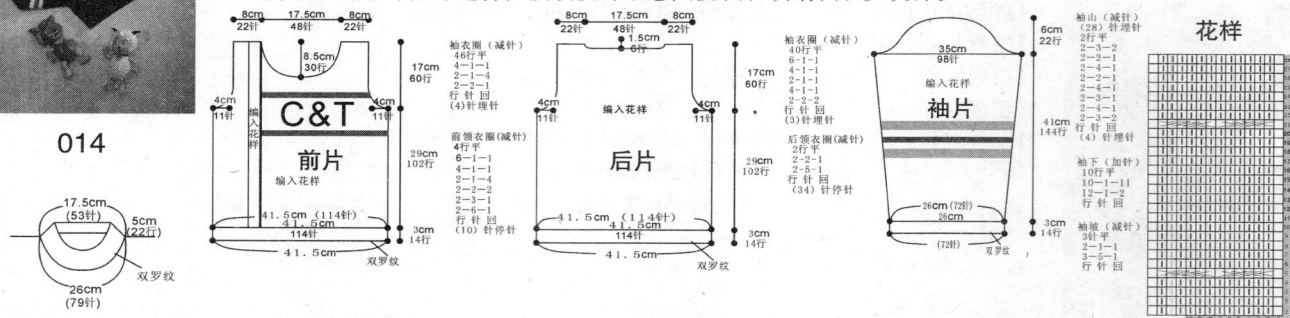

014

花样

【成品尺寸】衣长38cm　胸围74cm　袖长34cm
【工具】3.5mm棒针　绣花针
【材料】墨绿色羊毛绒线350g　橙色羊毛绒线300g　绣花图案若干
【密度】10cm²：20针×28行
【制作过程】1. 前片、后片：按图起74针，织5cm单罗纹后，改织全下针，并间色，左右两边按图所示收成袖窿，前片织花样。　2. 袖片：按图起40针，织5cm单罗纹后，改织全下针，并间色，织至20cm按图所示均匀地减针，收成袖山。　3. 编织结束后，将前后片侧缝、肩部、袖子缝合。领圈挑针，织10cm单罗纹后，折边缝合，形成双层圆领。　4. 装饰：缝上绣花图案。

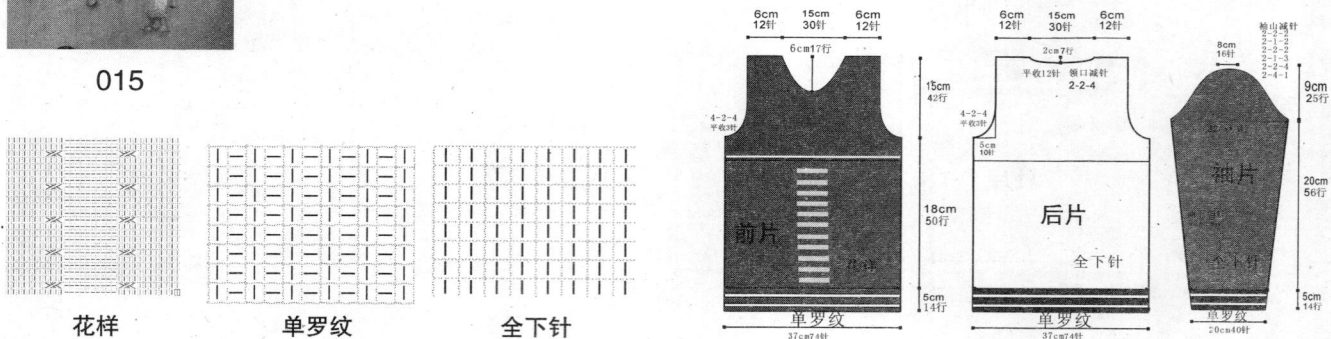

015

花样　　　单罗纹　　　全下针

016

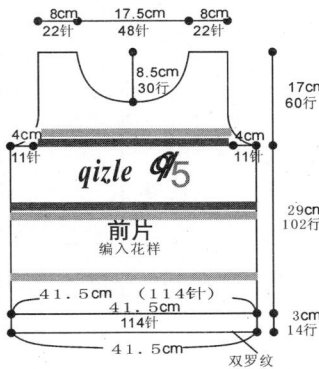

【成品尺寸】衣长49cm　胸围83cm　肩宽34cm　袖长50cm
【工具】7号棒针
【材料】红色毛线250g　墨绿色毛线300g　白色、咖啡色毛线各少量
【密度】10cm²：27针×35行
【制作过程】1. 前后片以机器边起针编织双罗纹针，衣身编织花样与下针，按图所示减针收袖窿、前领窝、后领窝。　2. 袖子用与前后片同样方法起针编织，按图所示加减针，编织2片。　3. 前片、后片与袖片缝合，按领挑针示意图挑织衣领编织单罗纹针。

后片

8cm / 22针　17.5cm / 48针　8cm / 22针
1.5cm / 6行
4cm / 11针　　4cm / 11针
17cm / 60行
29cm / 102行
3cm / 14行
41.5cm（114针）
41.5cm / 114针
41.5cm
双针罗纹 / 7号针

袖衣圈（减针）
40行平
6-1-1
2-1-1
4-1-1
2-2-2
行　针　回
(3)针埋针

后领衣圈（减针）
2行平
2-2-1
2-5-1
行　针　回
(34)针停针

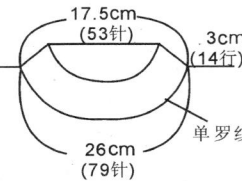

17.5cm（53针）　3cm（14行）
26cm（79针）
单罗纹

前片
编入花样

8cm / 22针　17.5cm / 48针　8cm / 22针
8.5cm / 30行
4cm / 11针　　4cm / 11针
17cm / 60行
qizle 95
29cm / 102行
3cm / 14行
41.5cm（114针）
41.5cm / 114针
41.5cm
双罗纹

前领衣圈（减针）
4行平
6-1-1
4-1-1
2-1-4
2-2-2
2-3-1
2-6-1
行　针　回
(10)针停针

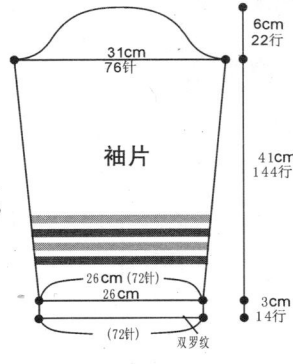

袖片

31cm / 76针
6cm / 22行

袖山（减针）
(28)针埋针
2行平
2-3-2
2-2-1
2-4-1
2-2-1
2-4-1
2-2-1
2-4-1
2-3-2
行　针　回
(4)针埋针

41cm / 144行

袖下（加针）
10行平
10-1-11
12-1-2
行　针　回

袖坡（减针）
3行平
2-1-1
3-5-1
行　针　回

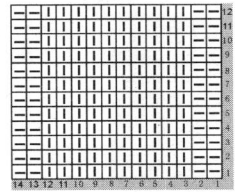

26cm（72针）
26cm
（72针）
3cm / 14行
双罗纹

花样

017

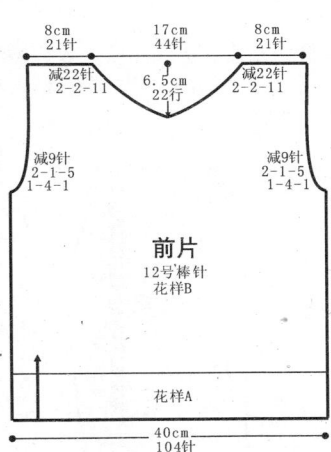

【成品尺寸】衣长46cm　肩宽40cm　袖长48cm
【工具】12号棒针
【材料】蓝色棉线400g　浅蓝色棉线少量
【密度】10cm²：26针×34行
【制作过程】1. 前片、后片：起针织后片，用双罗纹针起针法，起104针织花样A，浅蓝色线织至4行后，改为蓝色线编织，织至20行后，改织花样B，织至102行后，两侧减针织成袖窿，减针方法为1-4-1，2-1-5，两侧针数减少9针，不加减针织至153行后，中间留取40针不织，两侧减针织成后领，减针方法为2-1-2，织至156行后，两肩部各余下21针，收针断线。起针织前片，用双罗纹针起针法，起104针织花样A，浅蓝色线织4行后，改为蓝色线编织，织至20行后，改织花样B，织至102行后，两侧减针织成袖窿，减针方法为1-4-1，2-1-5，两侧针数减少9针，不加减针织至134行后，从第135行起将织片分成左右两片分别编织，中间减针织成前领，减针方法为2-2-11，织至156行后，两肩部各余下21针，收针断线。前片与后片的两侧缝要对应缝合，两肩缝也要对应缝合。

2. 袖片：用双罗纹针起针法，浅蓝色线起56针织花样A，织至4行后，改为蓝色线织至20行，改织花样B，袖片中间编织10针花样A，一边织一边两侧加针，方法为8-1-11，两侧的针数各增加11针，织至114行，开始减针织成袖山，减针方法为1-4-1，2-1-24，两侧各减少28针，最后织针余下22针，收针断线。用同样的方法再编织另一袖片。缝合方法：将袖山对应前片与后片的袖窿线用线缝合，再将两袖侧缝对应缝合。

前片
12号棒针
花样B

8cm / 21针　17cm / 44针　8cm / 21针
减22针 / 2-2-11
6.5cm / 22行
减9针 / 2-1-5 / 1-4-1　　减9针 / 2-1-5 / 1-4-1
花样A
40cm / 104针

后片
12号棒针
花样B

8cm / 21针　17cm / 44针　8cm / 21针
减2-1-2　　减2-1-2
中间留取40针不织 / 第153行
减9针 / 2-1-1 / 1-4-1　　减9针 / 2-1-1 / 1-4-1
花样A
40cm / 104针

16cm / 54行
46cm / 156行
24cm / 82行
6cm / 20行

袖片
12号棒针
花样A
10针

8.5cm / 22针
减28针 / 2-1-24 / 1-4-1　　减28针 / 2-1-24 / 1-4-1
30cm / 78针
袖侧缝 / 花样B　　袖侧缝 / 花样B
花样A
21cm / 56针

14cm / 48行
48cm / 162行
28cm / 94行
6cm / 20行

花样A

花样B

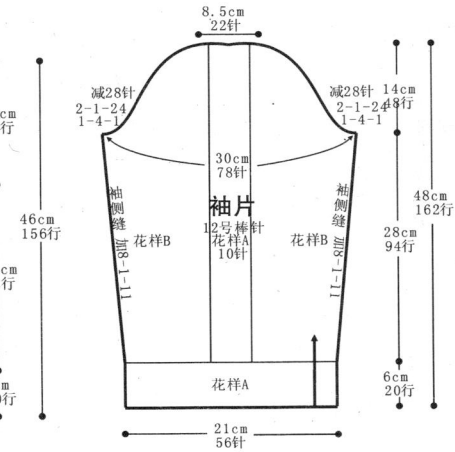

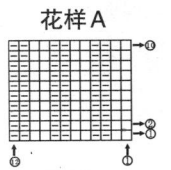

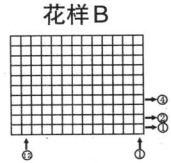

018

【成品尺寸】衣长38cm　胸围74cm　袖长34cm
【工具】3.5mm棒针
【材料】黑色羊毛绒线600g　白色、红色羊毛绒线各少量　装饰图案若干
【密度】10cm²：20针×28行
【制作过程】1. 前片、后片：按图起74针，织5cm双罗纹并间色后，改织全下针，左右两边按图所示收成袖窿。　2. 袖片：按图起40针，织5cm双罗纹并间色后，改织全下针，织至20cm按图所示均匀地减针，收成袖山。　3. 编织结束后，将前后片侧缝、肩部、袖子缝合。领圈挑针，织8cm双罗纹，形成双层圆领。　4. 装饰：缝上装饰图案。

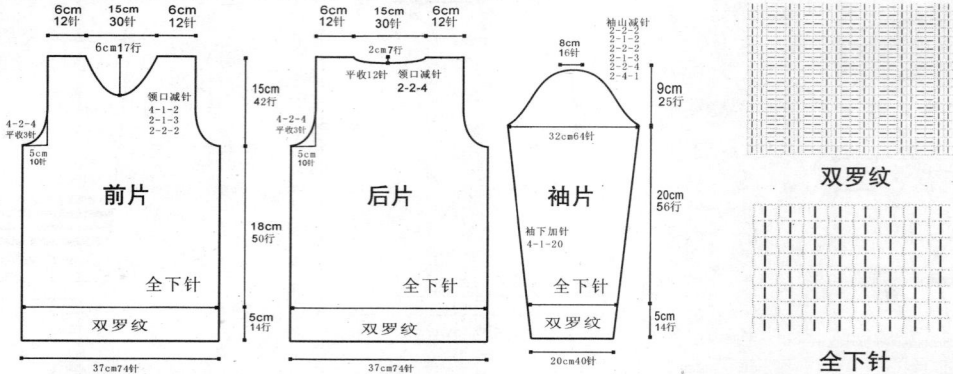

前片 | 后片 | 袖片 | 双罗纹 / 全下针

019

【成品尺寸】衣长38cm　胸围74cm　袖长34cm
【工具】3.5mm棒针
【材料】深蓝色羊毛绒线600g　浅蓝色羊毛绒线50g　烫贴图案若干
【密度】10cm²：20针×28行
【制作过程】1. 前片、后片：按图起74针，织3cm双罗纹后，改织全下针，并间色，左右两边按图所示收成袖窿。　2. 袖片：按图起40针，织3cm双罗纹后，改织全下针，并间色，织至22cm按图所示均匀地减针，收成袖山。　3. 编织结束后，将前后片侧缝、肩部、袖子缝合。领圈挑针，织8cm单罗纹，折边缝合，形成双层圆领。　4. 装饰：贴上烫贴图案。

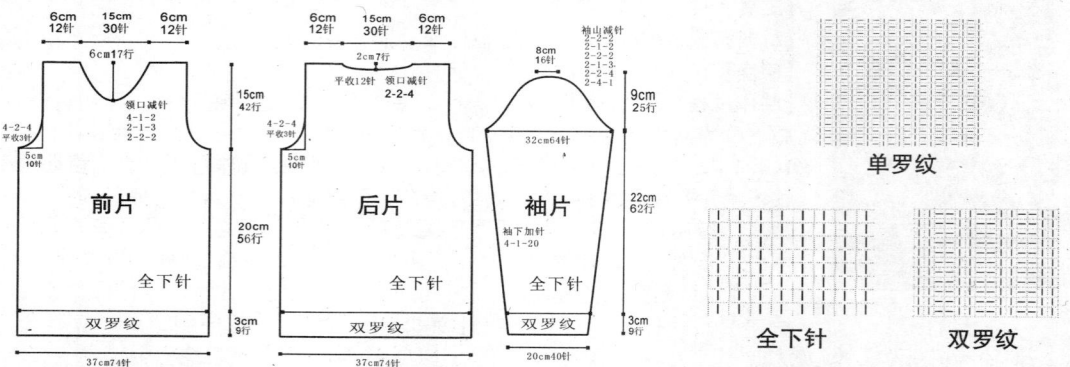

前片 | 后片 | 袖片 | 单罗纹 / 全下针 / 双罗纹

020

【成品尺寸】衣长38cm　胸围74cm　连肩袖长41cm
【工具】3.5mm棒针
【材料】紫蓝色羊毛绒线600g　黑色、白色羊毛绒线各少量　烫贴图案若干
【密度】10cm²：20针×28行
【制作过程】1. 前片、后片：按图起74针，织5cm双罗纹后，改织全下针，左右两边按图所示收成插肩袖窿。　2. 袖片：按图起40针，织5cm双罗纹后，改织全下针，织至20cm按图所示均匀地减针，收成插肩袖山。衣袖衬边另织，按图缝合。　3. 编织结束后，将前后片侧缝、袖子缝合，领窝挑针，织5cm单罗纹，形成圆领。　4. 装饰：贴上烫贴图案。

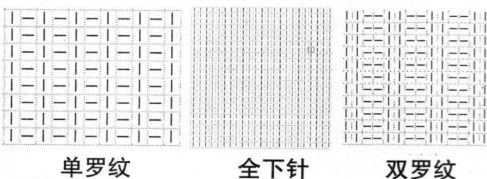

单罗纹 | 全下针 | 双罗纹

前片 | 后片 | 袖片 | 全下针 | 双罗纹

021

【成品尺寸】衣长38cm　胸围74cm　袖长34cm

【密度】10cm²：20针×28行

【工具】3.5mm棒针　绣花针

【材料】紫蓝色羊毛绒线350g　白色、黑色羊毛绒线各少量

【制作过程】1. 前片、后片：按图起74针，织5cm双罗纹后，改织全下针，并编入图案，左右两边按图所示收成袖窿。　2. 袖片：按图起40针，织5cm双罗纹后，改织全下针，并间色，织至20cm按图所示均匀地减针，收成袖山。　3. 编织结束后，将前后片侧缝、肩部、袖子缝合。领圈挑针，织10cm单罗纹，折边缝合，形成双层圆领。

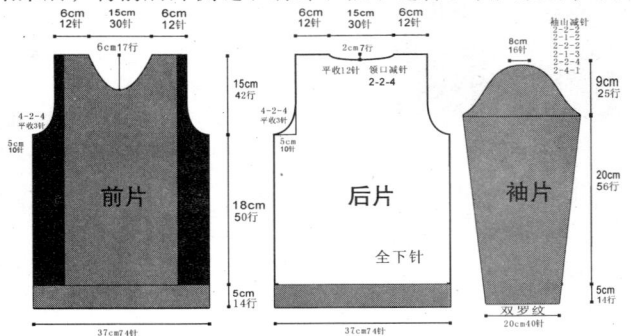

单罗纹　　全下针　　双罗纹

022

【成品尺寸】衣长38cm　胸围74cm　连肩袖长41cm

【工具】3.5mm棒针

【材料】紫蓝色羊毛绒线350g　黑色、白色羊毛绒线各少量　烫贴图案若干

【密度】10cm²：20针×28行

【制作过程】1. 前片、后片：按图起74针，织5cm双罗纹后，改织全下针，左右两边按图所示收成插肩袖窿。　2. 袖片：按图起40针，织5cm双罗纹后，改织全下针，并间色，织至20cm后，按图所示均匀地减针，收成插肩袖山。　3. 编织结束后，将前后片侧缝、袖子缝合。领窝挑针，织5cm单罗纹，形成圆领。　4. 装饰：贴上烫贴图案。

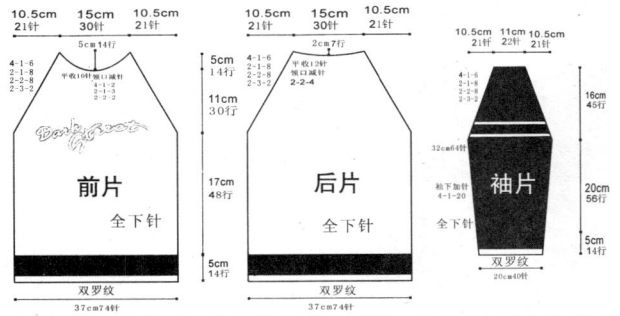

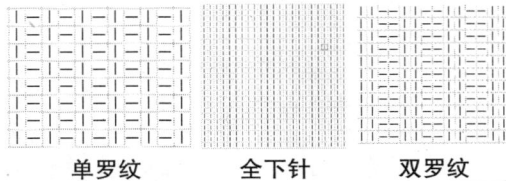

单罗纹　　全下针　　双罗纹

023

【成品尺寸】衣长46cm　肩宽40cm　袖长48cm

【工具】12号棒针

【材料】蓝色棉线250g　深蓝色棉线50g　红色、白色棉线各少量　拉链1条

【密度】10cm²：26针×34行

【制作过程】起针织后片，用双罗纹针起针法，起104针织花样A，深蓝色棉线织至8行后，改织4行蓝色棉线，再织8行深蓝色棉线，从第21行起，改为蓝色棉线编织花样B，织至102行后，两侧减针织成插肩袖窿，减针方法为1-3-1，2-1-27，两侧针数减少30针，从袖窿起改织白色棉线，织8行后，改织16行深蓝色棉线，再织12行红色棉线，然后全部改织蓝色棉线，织至156行后，余下44针，留待编织衣领。起针织左前片，用双罗纹针起针法，起49针织花样A，深蓝色棉线织至8行后，改织4行蓝色棉线，再织8行深蓝色棉线，从第21行起，改为蓝色棉线编织花样B，织至102行，左侧减针织成插肩袖窿，减针方法为1-3-1，2-1-27，共减少30针，从袖窿起改织白色棉线，织8行后，改织16行深蓝色棉线，再织12行红色棉线，然后全部改织蓝色棉线，织至142行后，右侧减针织成前领，减针方法为1-11-1，2-1-7，共减少18针，织至156行后，收针断线，然后用同样的方法相反方向编织右前片，最后前片与后片的两侧缝要对应缝合。

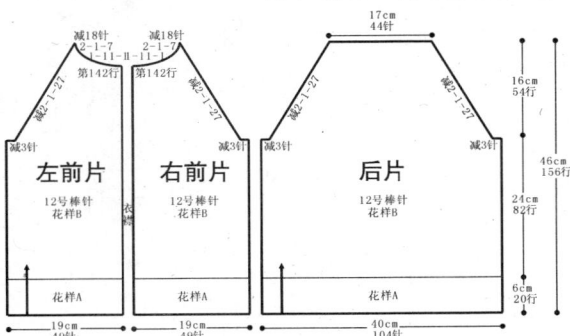

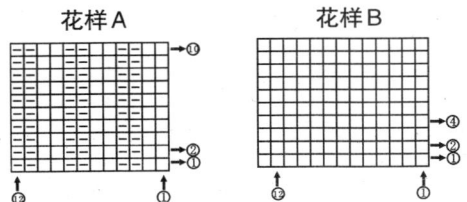

花样A　　　　　花样B

【成品尺寸】衣长46cm　肩宽40cm　袖长48cm
【工具】12号棒针
【材料】蓝色棉线200g　灰色棉线200g　白色棉线50g
【密度】10cm²：26针×34行
【制作过程】起针织后片，用双罗纹针起针法，蓝色棉线起104针织花样A，织至20行后，改为2行白色棉线+10行灰色棉线+2行白色棉线+10行蓝色棉线间隔编织，织花样B，织至102行后，两侧减针织成插肩袖窿，减针方法为1-3-1，2-1-27，两侧针数减少30针，织至156行后，余下44针，留待编织衣领。起针织前片，用双罗纹针起针法，蓝色棉线起104针织花样A，织至20行后，改为2行白色棉线+10行灰色棉线+2行白色棉线+10行蓝色棉线间隔编织，织花样B，织至102行后，两侧减针织成插肩袖窿，减针方法为1-3-1，2-1-27，两侧针数减少30针，织至148行后，从第149行中间留取26针不织，两侧减针织成前领，减针方法为2-2-4，织至156行后，两侧各余下1针，然后留待编织衣领，最后前片与后片的两侧缝要对应缝合。

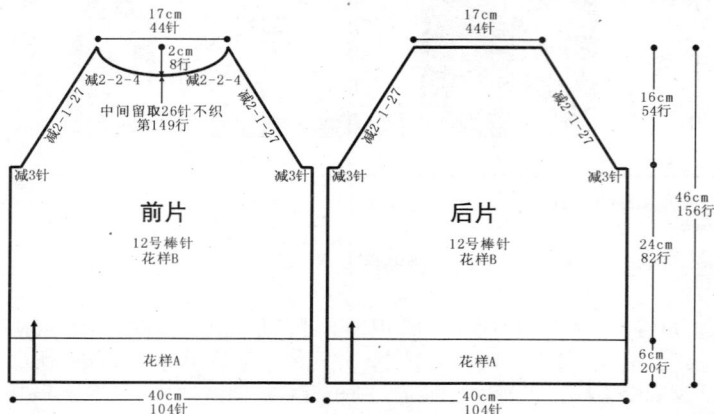

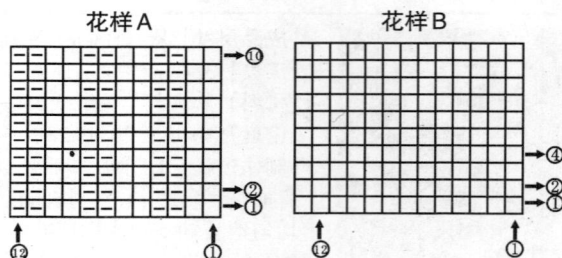

024

17cm
44针

17cm
44针

2cm
8行

16cm
54行

减2-2-4　减2-2-4

减2-1-27　减2-1-27

中间留取26针不织
第149行

46cm
156行

减3针　减3针　减3针　减3针

24cm
82行

前片
12号棒针
花样B

后片
12号棒针
花样B

6cm
20行

花样A　花样A

40cm
104针

40cm
104针

花样A　　花样B

⑩　④　②　①

⑫　①　⑫　①

【成品尺寸】衣长38cm　胸围74cm　袖长34cm
【工具】3.5mm棒针
【材料】蓝色、白色羊毛绒线各200g　图案2枚　金属扣子2枚
【密度】10cm²：20针×28行
【制作过程】1. 前片、后片：按图起74针，织双层平针底边后，改织全下针，并间色，左右两边按图所示收成袖窿。　2. 袖片：按图起40针，织6cm单罗纹后，改织全下针，并间色，织至19cm按图所示均匀地减针，收成袖山，衣袖衬边另织，与衣袖缝合，钉上金属扣。　3. 编织结束后，前后片侧缝、肩部、袖子缝合。领圈挑针，织5cm单罗纹，形成圆领。　4. 装饰：缝上图案。

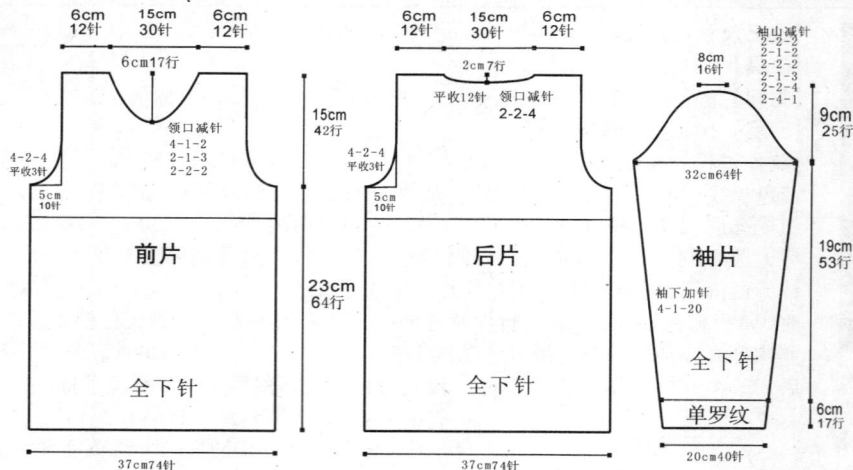

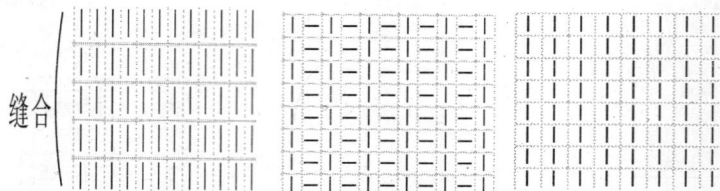

025

6cm　15cm　6cm
12针　30针　12针

6cm17行

领口减针
4-1-2
2-1-3
2-2-2

4-2-4
平收3针

5cm
10针

前片

15cm
42行

23cm
64行

37cm74针

6cm　15cm　6cm
12针　30针　12针

2cm7行

平收12针　领口减针
2-2-4

4-2-4
平收3针

5cm
10针

后片

37cm74针

袖山减针
2-2-2
2-1-2
2-1-2
2-1-3
2-2-4
2-4-1

8cm
16针

9cm
25行

32cm64针

19cm
53行

袖片

袖下加针
4-1-20

6cm
17行

全下针

单罗纹

20cm40针

缝合

双层平针底边　　　单罗纹　　　全下针

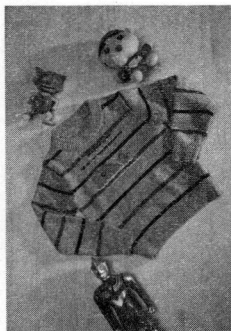

【成品尺寸】衣长38cm　胸围74cm　袖长34cm

【工具】3.5mm棒针　绣花针

【材料】灰色羊毛绒线600g　黑色、红色羊毛绒线各少量　绣花图案若干

【密度】10cm²：20针×28行

【制作过程】1. 前片、后片：按图起74针，织5cm单罗纹后，改织全下针，并间色，左右两边按图所示收成袖窿。　2. 领口：前后领各按图所示均匀地减针，形成领口。　3. 袖片：按图起40针，织5cm单罗纹后，改织全下针，并间色，织至20cm后按图所示均匀地减针，收成袖山。　4. 编织结束后，将前后片侧缝、肩部、袖子缝合。领圈挑针，织8cm单罗纹后，折边缝合，形成双层圆领。5. 装饰：绣上绣花图案。

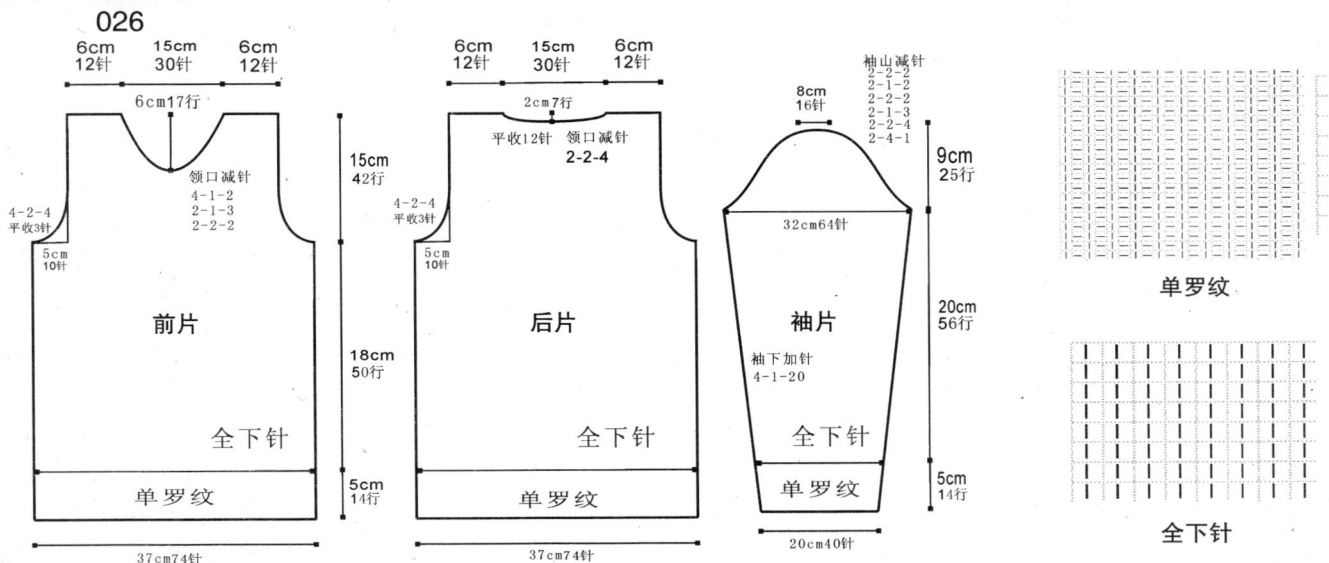

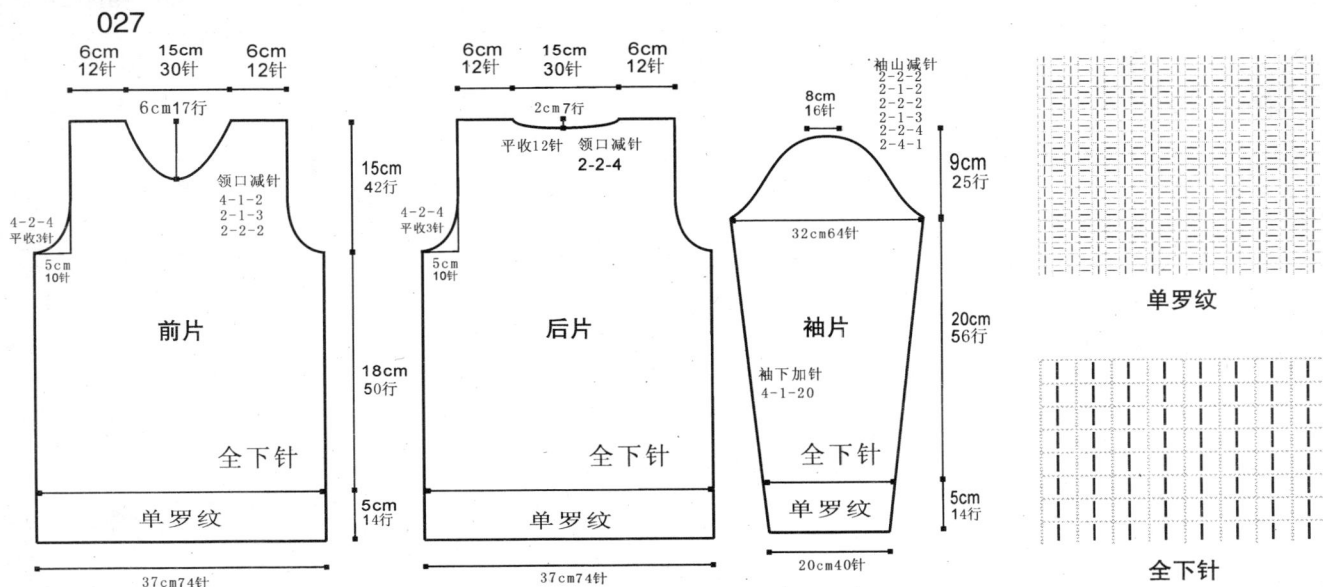

026

前片

6cm 12针　15cm 30针　6cm 12针

6cm17行

领口减针
4-1-2
2-1-3
2-2-2

4-2-4
平收3针

5cm 10针

15cm 42行

18cm 50行

全下针

单罗纹

5cm 14行

37cm74针

后片

6cm 12针　15cm 30针　6cm 12针

2cm7行

平收12针　领口减针
2-2-4

4-2-4
平收3针

5cm 10针

全下针

单罗纹

37cm74针

袖片

袖山减针
2-2-2
2-1-2
2-2-2
2-1-2
2-2-4
2-4-1

8cm 16针

9cm 25行

32cm64针

袖下加针
4-1-20

20cm 56行

全下针

单罗纹

5cm 14行

20cm40针

单罗纹

全下针

【成品尺寸】衣长38cm　胸围74cm　袖长34cm

【工具】3.5mm棒针　绣花针

【材料】黑色、白色羊毛绒线各200g　红色羊毛绒线少量　绣花图案若干

【密度】10cm²：20针×28行

【制作过程】1. 前片、后片：按图起74针，织5cm单罗纹后，改织全下针，并间色，左右两边按图所示收成袖窿。　2. 领口：前后领各按图所示均匀地减针，形成领口。　3. 袖片：按图起40针，织5cm单罗纹后，改织全下针，并间色，织至20cm后，按图所示均匀地减针，收成袖山。　4. 编织结束后，将前后片侧缝、肩部、袖子缝合。领圈挑针，织8cm单罗纹后，折边缝合，形成双层圆领。5. 装饰：绣上绣花图案。

027

前片

6cm 12针　15cm 30针　6cm 12针

6cm17行

领口减针
4-1-2
2-1-3
2-2-2

4-2-4
平收3针

5cm 10针

15cm 42行

18cm 50行

全下针

单罗纹

5cm 14行

37cm74针

后片

6cm 12针　15cm 30针　6cm 12针

2cm7行

平收12针　领口减针
2-2-4

4-2-4
平收3针

5cm 10针

全下针

单罗纹

37cm74针

袖片

袖山减针
2-2-2
2-1-2
2-2-2
2-1-2
2-2-4
2-4-1

8cm 16针

9cm 25行

32cm64针

袖下加针
4-1-20

20cm 56行

全下针

单罗纹

5cm 14行

20cm40针

单罗纹

全下针

028

【成品尺寸】衣长46cm　肩宽40cm　袖长48cm

【工具】12号棒针

【材料】白色棉线350g　黑色棉线100g　红色、蓝色棉线各20g

【密度】10cm²：26针×34行

【制作过程】1. 棒针编织法，衣服按前片和后片分别编织，完成后缝合而成。　2. 起针织后片，用双罗纹针起针法，红色棉线起104针织花样A，红色、白色、黑色、蓝色棉线间隔编织，织至20行后，改为白色棉线织花样B，织至102行后，两侧减针织成插肩袖窿，减针方法为1-3-1，2-1-27，两侧针数减少30针，织至156行后，余下44针，留待编织衣领。　3. 起针织前片，用双罗纹针起针法，红色棉线起104针织花样A，红色、白色、黑色、蓝色棉线间隔编织，织至20行后，改为白色棉线编织花样B，织至102行后，改为红色棉线编织，两侧减针织成插肩袖窿，减针方法为1-3-1，2-1-27，两侧针数减少30针，织至104行后，改织蓝色棉线，织6行后，改织2行红色棉线，完成后全部改为白色棉线编织，织至148行后，从第149行中间留取26针不织，两侧减针织成前领，减针方法为2-2-4，织至156行后，两侧各余下1针，留待编织衣领。

4. 前片与后片的两侧缝要对应缝合。

花样A　　　花样B

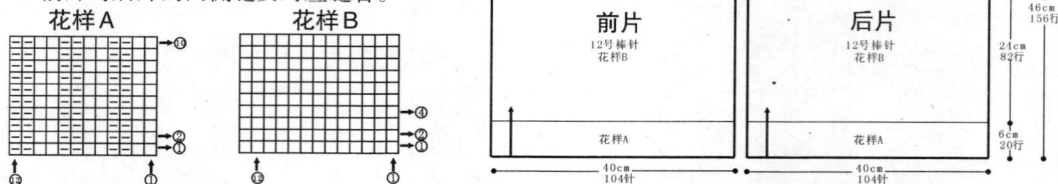

029

【成品尺寸】衣长38cm　胸围74cm　连肩袖长41cm

【工具】3.5mm棒针

【材料】白色羊毛绒线600g　咖啡色、红色羊毛绒线各少量

【密度】10cm²：20针×28行

【制作过程】1. 前片、后片：按图起74针，织5cm单罗纹后，改织花样，并间色，左右两边按图所示收成插肩袖窿。　2. 袖片：按图起40针，织5cm单罗纹后，改织花样，并间色，织至20cm按图所示均匀地减针，收成插肩袖山。　3. 编织结束后，将前后片缝合、袖子缝合。领窝挑针，织10cm单罗纹后，折边缝合，形成双层圆领。

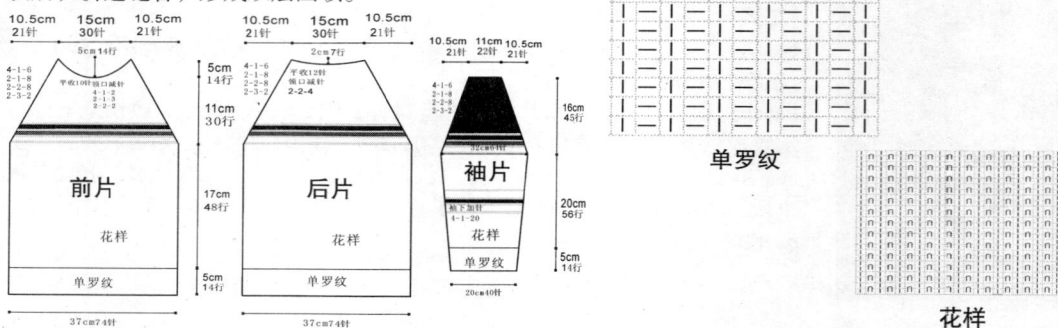

单罗纹

花样

030

【成品尺寸】衣长38cm　胸围74cm　袖长34cm

【工具】3.5mm棒针

【材料】白色羊毛绒线600g　红色、黑色羊毛绒线各少量

【密度】10cm²：20针×28行

【制作过程】1. 前片：分左中右三片组成，左右两片织法一样，但收针方向相反，分别按图起16针，织花样B，左右两边按图所示收成袖窿，中间衣片按编织方向起66针，织花样A，并编入图案，领口按图加减针，收成领口，下摆另织14行双罗纹。然后左、中、右片和下摆缝合。

2. 后片：按图起74针，织5cm双罗纹后，改织花样A，左右两边按图所示收成袖窿。编织结束后，将前后片侧缝、肩部、袖子缝合。领圈挑针，织5cm双罗纹，形成圆领。

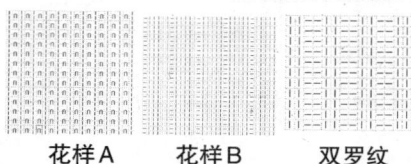

花样A　　　花样B　　　双罗纹

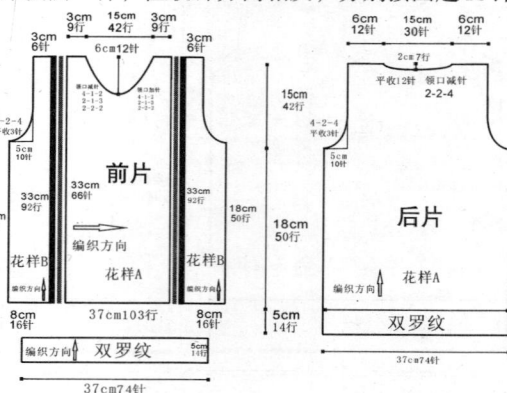

100

031

【成品尺寸】衣长38cm　胸围66cm　肩宽24cm
【工具】2.5mm棒针
【材料】白色羊毛线100g　红色线100g　藏蓝色、灰色毛线各少量
【密度】10cm²：34针×46行
【制作过程】1. 后片：起112针，配色编织双罗纹针4cm，然后织平针，织至20cm后收袖窿，在离衣长2cm处收后领。　2. 前片：起112针，编织双罗纹针4cm，然后编织花样B52行，再配色编织平针24行，改织花样A16行后，接着收袖窿，在离衣长11cm处收前领。　3. 缝合：将前后片进行缝合。　4. 领口用白色毛线挑148针，配色编织双罗纹针44行。　5. 袖窿挑148针，编织双罗纹针3cm后收针。

花样B

双罗纹
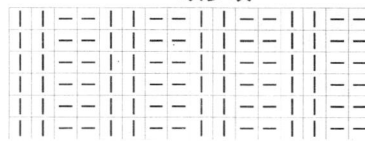

圈挑148针
3cm
44行
圈挑148针
编织3cm
领、袖窿配色
白色2行
藏蓝色2行
白色2行
灰色2行
白色6行

花样A
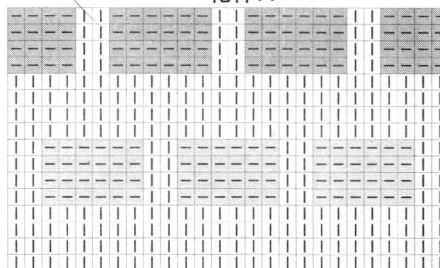

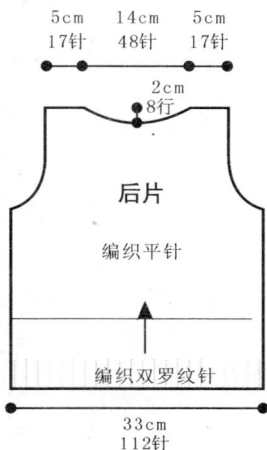
后片
编织平针
编织双罗纹针
5cm 17针　14cm 48针　5cm 17针
2cm 8行
14cm 64行
20cm 92行
4cm 20行
33cm 112针

后领减针
2行 平织
2-2-1
2-3-2　32针停织

袖窿减针
44行平织
4-2-5　5针停织

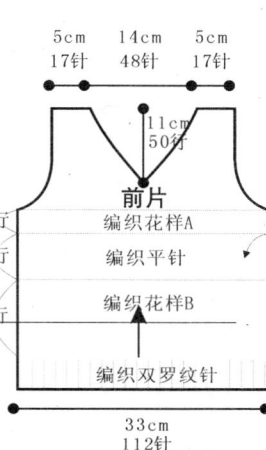
前片
编织花样A
编织平针
编织花样B
编织双罗纹针
5cm 17针　14cm 48针　5cm 17针
11cm 50针
16行
24行
52行
红色4行
白色4行
灰色8行
藏蓝色8行
下摆罗纹配色
红色8行
白色4行
灰色4行
藏蓝色8行
33cm 112针

前领减针
2行 平织
4-2-12

032

【成品尺寸】衣长46cm　肩宽33cm　袖长48cm
【工具】12号棒针
【材料】白色羊毛线350g　绿色羊毛线50g　粉红色羊毛线50g
【密度】10cm²：26针×34行
【制作过程】1. 棒针编织法，衣服按前片和后片分别编织，完成后缝合而成。　2. 起针织后片，用双罗纹针起针法，白色羊毛线起104针织花样A，织至20行后，从第21行起，粉红色、绿色、白色羊毛线混合编织花样B，织至102行后，两侧减针织成袖窿，减针方法为1-4-1，2-1-5，两侧针数减少9针，不加减针织至153行后，中间留取40针不织，两侧减针织成后领，减针方法为2-1-2，织至156行后，两肩部各余下21针，收针断线。　3. 起针织前片，用双罗纹针起针法，白色羊毛线起104针织花样A，织至20行后，从第21行起，粉红色、绿色、白色羊毛线混合编织花样B，织至102行后，两侧减针织成袖窿，减针方法为1-4-1，2-1-5，两侧针数减少9针，不加减针织至136行后，从第137起将前片中间留取20针不织，两侧减针织成前领，减针方法为2-2-4，2-1-4，两侧各减少12针，织至156行后，两肩部各余下21针，收针断线。　4. 前片与后片的两侧缝要对应缝合，两肩缝也要对应缝合。

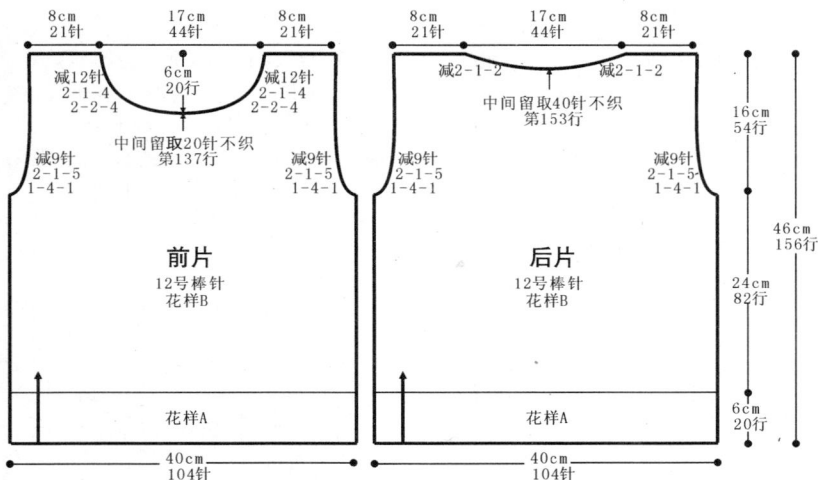
前片
12号棒针
花样B
8cm 21针　17cm 44针　8cm 21针
6cm 20行
减12针
2-1-4
2-2-4
中间留取20针不织
第137行
减9针
2-1-5
1-4-1
花样A
40cm 104针

后片
12号棒针
花样B
8cm 21针　17cm 44针　8cm 21针
减2-1-2
中间留取40针不织
第153行
减9针
2-1-5
1-4-1
花样A
40cm 104针

16cm 54行
46cm 156行
24cm 82行
6cm 20行

花样A
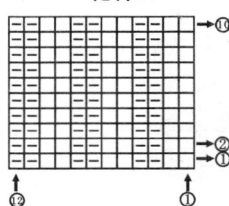

花样B
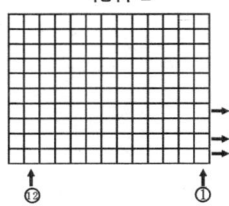

033

【成品尺寸】衣长52cm 胸围74cm 袖长42cm
【工具】2mm棒针 绣花针
【材料】白色羊毛绒线400g 绣花、亮片若干
【密度】10cm²：44针×53行
【制作过程】1. 前片、后片：按图起163针，先织5cm单罗纹后，改织全下针，左右两边按图所示收成袖窿。 2. 袖片：按图起88针，织5cm单罗纹后，改织全下针，织至28cm后，按图所示均匀地减针，收成袖山。 3. 编织结束后，将前后片侧缝、肩部、袖子缝合。从领口挑针。织5cm单罗纹，形成圆领。 4. 装饰：在胸口的位置绣上图案，并缝上亮片。

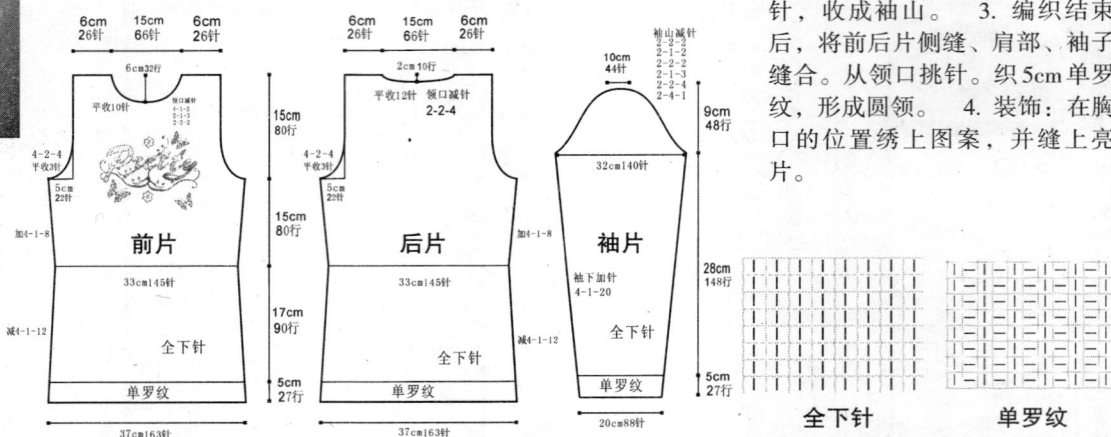

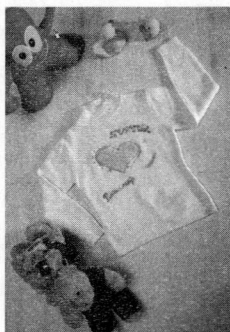

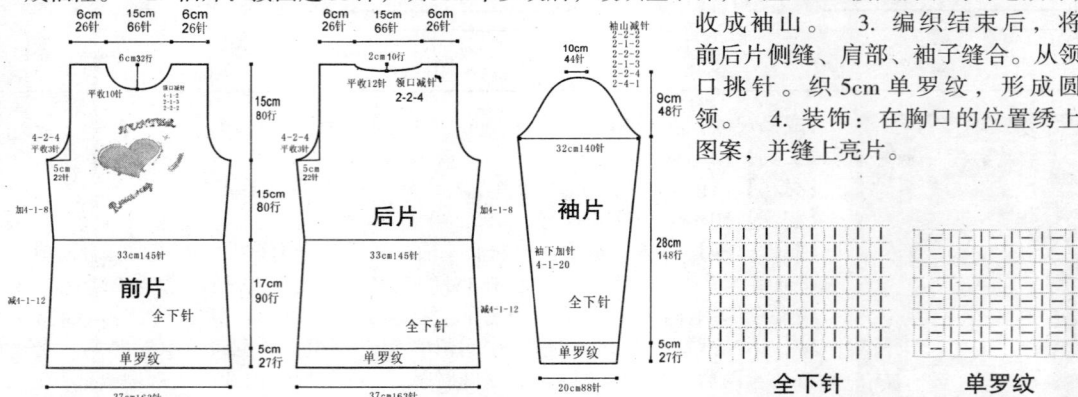

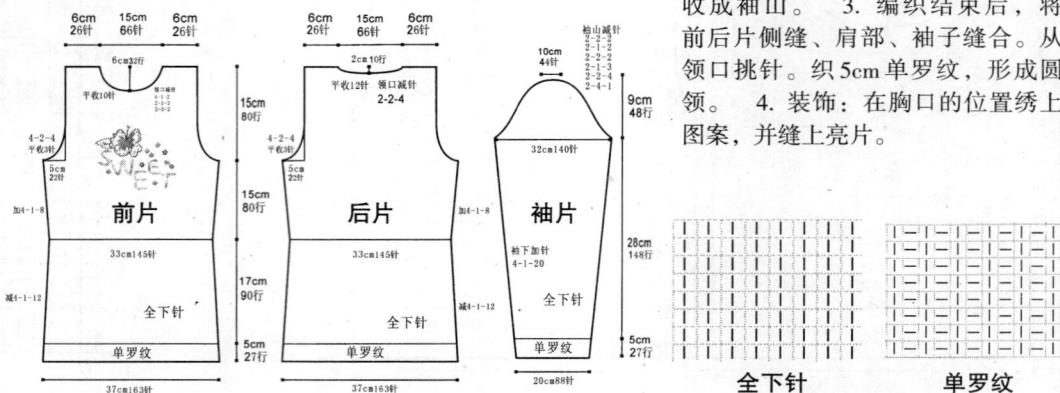

前片 / 后片 / 袖片 示意图

全下针 / 单罗纹

034

【成品尺寸】衣长52cm 胸围74cm 袖长42cm
【工具】2mm棒针 绣花针
【材料】白色羊毛绒线400g 绣花、亮片若干
【密度】10cm²：44针×53行
【制作过程】1. 前片、后片：按图起163针，先织5cm单罗纹后，改织全下针，左右两边按图所示收成袖窿。 2. 袖片：按图起88针，织5cm单罗纹后，改织全下针，织至28cm按图所示均匀地减针，收成袖山。 3. 编织结束后，将前后片侧缝、肩部、袖子缝合。从领口挑针。织5cm单罗纹，形成圆领。 4. 装饰：在胸口的位置绣上图案，并缝上亮片。

前片 / 后片 / 袖片 示意图

全下针 / 单罗纹

035

【成品尺寸】衣长52cm 胸围74cm 袖长42cm
【工具】2mm棒针 绣花针
【材料】白色羊毛绒线400g 绣花、亮片若干
【密度】10cm²：44针×53行
【制作过程】1. 前片、后片：按图起163针，先织5cm单罗纹后，改织全下针，左右两边按图所示收成袖窿。 2. 袖片：按图起88针，织5cm单罗纹后，改织全下针，织至28cm按图所示均匀地减针，收成袖山。 3. 编织结束后，将前后片侧缝、肩部、袖子缝合。从领口挑针。织5cm单罗纹，形成圆领。 4. 装饰：在胸口的位置绣上图案，并缝上亮片。

前片 / 后片 / 袖片 示意图

全下针 / 单罗纹

【成品尺寸】 衣长38cm　胸围74cm　袖长34cm
【工具】 3.5mm棒针
【材料】 白色羊毛绒线400g　拉链1条
【密度】 10cm²：20针×28行
【制作过程】 1. 前片、后片：按图起74针，织5cm双罗纹后，改织花样，左右两边按图所示收成袖笼。　2. 袖片：按图起40针，织5cm双罗纹后，改织全下针，织至20cm按图所示均匀地减针，收成袖山。　3. 编织结束后，将前后片侧缝、肩部、袖子缝合。领圈挑针，织16cm双罗纹，折边缝合，形成双层翻领。拉链边另织，折边缝合，形成双层拉链边。　4. 装上拉链。

036

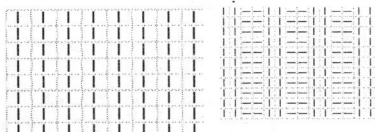

全下针　双罗纹

花样

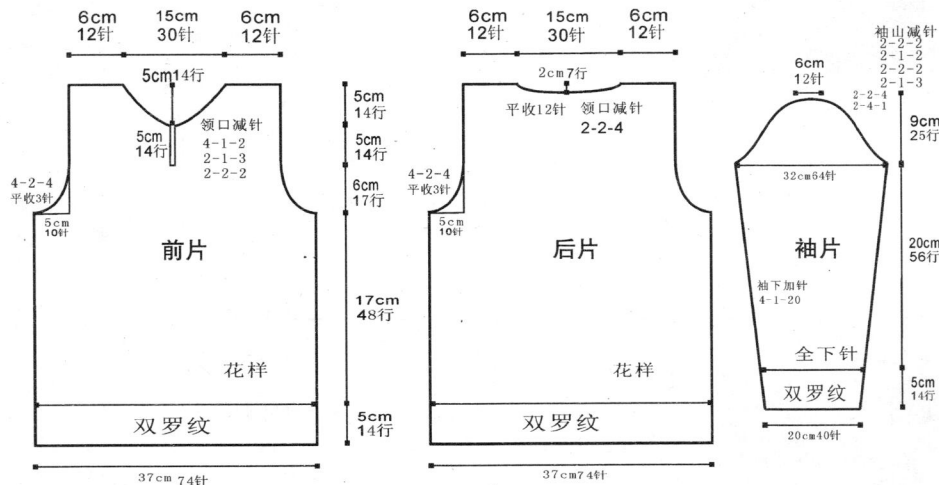

【成品尺寸】 衣长62cm　肩宽33cm　袖长54cm
【工具】 13号棒针
【材料】 深紫色棉线300g　浅紫色棉线50g　白色棉线150g
【密度】 10cm²：26针×34行
【制作过程】 1. 前片、后片：起针织后片，用单罗纹针起针法，紫色线起130针织花样A，织至8行后，与起针合并形成双层衣摆，继续往上编织，织至72行时，左右两侧制作2个褶皱，收针。沿后摆边挑针织花样A，织至14行后，改织花样B，织至148行后，从第149行起两侧开始袖笼减针，减针方法为1-4-1，2-1-5，织至206行后，从第207行开始后领减针，减针方法是中间留取42针不织，后领两侧各减少2针，织至210行后，两肩部各余下20针，后片共织62cm。用同样的方法编织前片，织至第149行两侧开始袖笼减针，减针方法为1-4-1，2-1-5，同时中间留取22针不织，两侧前领也开始减针，减针方法为2-2-8，2-1-6，各减少22针，织至210行后，两肩部各余下10针，前片共织62cm。前片与后片的两侧缝要对应缝合，两肩缝也要对应缝合，沿前片领窝挑织花样B，织至8行

037

后，与起针缝合成双层边，再断线。　2. 领片：白色棉线起22针，编织花样B，一边织一边两侧加针，加针方法为2-2-8，2-1-6，织片加至66针，不加减针往上编织至48行后，第49行中间留取18针不织，两侧减针织成前领，减针方法为2-2-7，织至62行后，两侧肩部各余下10针，收针断线。将肩部及前襟与衣服前片缝合，沿领口挑针编织衣领，挑起96针编织花样A12cm，再与起针合并形成双层衣领。

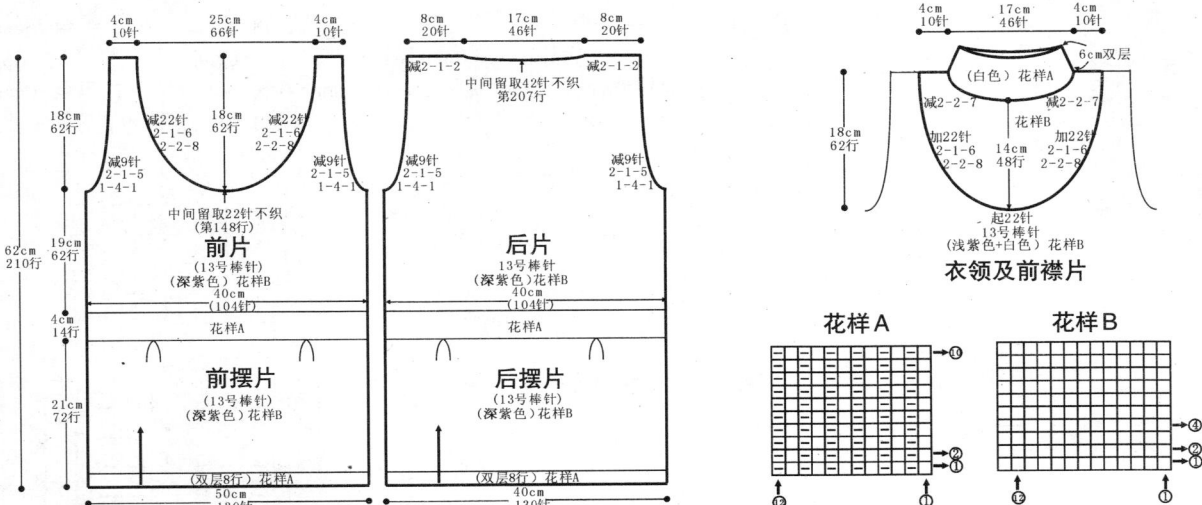

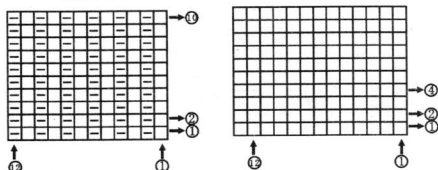

花样A　花样B

038

【成品尺寸】衣长47cm　胸围72cm　袖长42cm
【工具】3.25mm棒针
【材料】淡紫色线400g　亮片少许　拉链1条
【密度】10cm²：22针×33行
【制作过程】1. 左前片：用3.25mm棒针起40针，从下往上织5cm双罗纹，再往上织平针，织至26cm处开挂肩，按图解分别收袖窿、领子。　2. 后片：用3.25mm棒针起80针，织法同前片一样，后领按后片图解编织。　3. 前后片、袖片缝合后按图解挑领子，用3.25mm棒针编织双罗纹，织至10cm处收针，往里面缝合成双层领子。　4. 装饰：亮片缝在门襟两旁、衣袖正中，装上拉链。

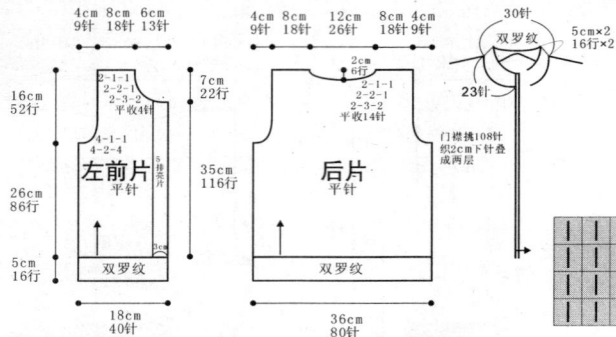

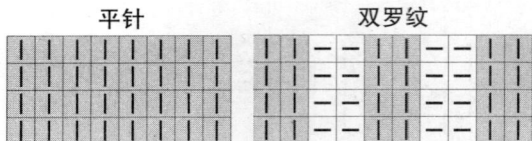

4cm 8cm 6cm
9针 18针 13针

4cm 8cm 12cm 8cm 4cm
9针 18针 26针 18针 9针

30针
双罗纹
5cm×2
16行×2

23针

16cm
52行

2-1-1
2-2-1
2-3-2
平收4针

4-1-1
4-2-4

左前片
平针

7cm
22行

2cm
6行
2-1-1
2-2-1
2-3-2
平收14针

后片
平针

35cm
116行

门襟挑108针
织2cm下针叠
成两层

26cm
86行

5cm
16行

双罗纹

双罗纹

18cm
40针

36cm
80针

平针　　双罗纹

039

【成品尺寸】衣长52cm　胸围74cm　袖长42cm
【工具】2mm棒针　绣花针
【材料】紫色羊毛绒线400g　绣花、亮片若干
【密度】10cm²：44针×53行
【制作过程】1. 前片、后片：按图起163针，先织5cm单罗纹后，改织全下针，左右两边按图所示收成袖窿。　2. 袖片：按图起88针，织5cm单罗纹后，改织全下针，织至28cm按图所示均匀地减针，收成袖山。　3. 编织结束后，将前后片侧缝、肩部、袖子缝合。从领口挑针，织5cm单罗纹，形成圆领。　4. 装饰：在胸口的位置绣上图案，并缝上亮片。

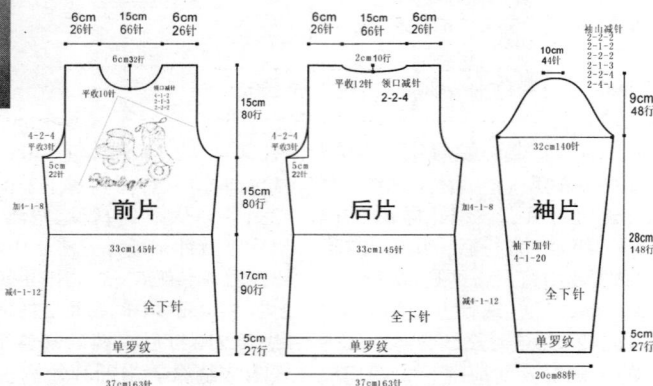

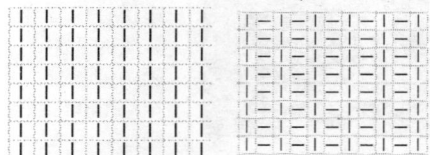

6cm 15cm 6cm
26针 66针 26针

6cm 15cm 6cm
26针 66针 26针

袖山减针
2-1-1
2-1-2
2-1-2
2-1-2
2-1-1

平收10针

15cm
80行

平收12针　领口减针
2-2-4

2cm
6行
2-2-4

10cm
44针

4-2-4
平收3针

前片
全下针

4-2-4
平收3针

后片
全下针

32cm140针

袖片
全下针

9cm
48行

加4-1-8

5cm
25针

15cm
80行

加4-1-8

5cm
22行

28cm
148行

33cm145针

33cm145针

袖下加针
4-1-20

减4-1-12

17cm
90行

减4-1-12

5cm
27行

单罗纹

单罗纹

5cm
27行
单罗纹

37cm163针

37cm163针

20cm88针

全下针　　单罗纹

040

【成品尺寸】衣长46cm　胸围74cm　袖长40cm
【工具】3.0mm棒针
【材料】淡紫色线400g　布贴、亮钻少量　拉链1条
【密度】10cm²：25针×32行
【制作过程】1. 左前片：用3.0mm棒针起46针，从下往上织5cm双罗纹，再往上织平针，织至25cm处开挂肩，按图解分别收袖窿、领子。　2. 后片：用3.0mm棒针起92针，织法同前片一样，后领按后片图解编织。　3. 前片、后片及袖片缝合后按图解挑领子，用3.0mm棒针编织双罗纹，织至10cm处收针，往里面缝合形成双层领子。　4. 装饰：字母布贴缝在前胸，再贴上一些亮钻做装饰，装上拉链。

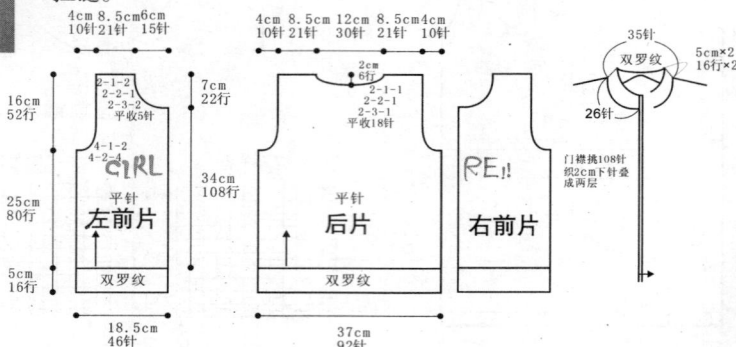

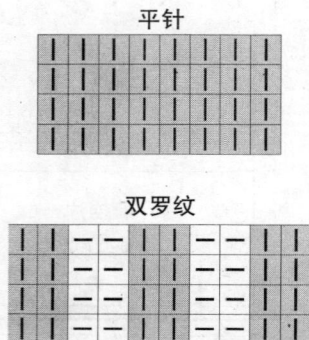

4cm 8.5cm 6cm
10针 21针 15针

4cm 8.5cm 12cm 8.5cm 4cm
10针 21针 30针 21针 10针

35针
双罗纹
5cm×2
16行×2

26针

16cm
52行

2-1-1
2-2-1
2-3-2
平收5针

4-1-2
4-2-4

7cm
22行

2cm
6行
2-1-1
2-2-1
2-3-1
平收18针

GIRL

RE!

25cm
80行

左前片
平针

34cm
108行

后片
平针

右前片

门襟挑108针
织2cm下针叠
成两层

5cm
16行

双罗纹

双罗纹

18.5cm
46针

37cm
92针

平针

双罗纹

041

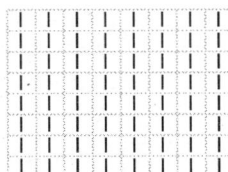

全下针

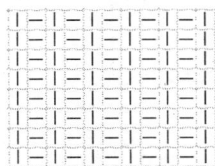

单罗纹

【成品尺寸】衣长52cm　胸围74cm　袖长42cm
【工具】2mm棒针　绣花针
【材料】紫色羊毛绒线400g　绣花、亮片若干
【密度】10cm²：44针×53行
【制作过程】1. 前片、后片：按图起163针，先织5cm单罗纹后，改织全下针，左右两边按图所示收成袖窿。　2. 袖片：按图起88针，织5cm单罗纹后，改织全下针，织至28cm后，按图所示均匀地减针，收成袖山。　3. 编织结束后，将前后片侧缝、肩部、袖子缝合。从领口挑针，织5cm单罗纹，形成圆领。　4. 装饰：在胸口的位置绣上图案，并缝上亮片。

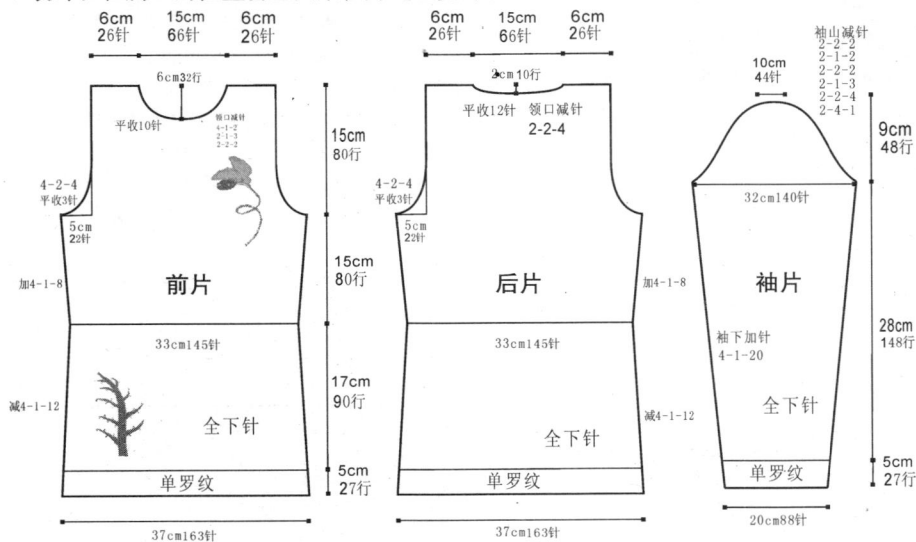

前片　后片　袖片

042

【成品尺寸】衣长52cm　胸围74cm　袖长42cm
【工具】2mm棒针　绣花针
【材料】紫色羊毛绒线400g　绣花、亮片若干
【密度】10cm²：44针×53行
【制作过程】1. 前片、后片：按图起163针，先织5cm单罗纹后，改织全下针，左右两边按图所示收成袖窿。　2. 袖片：按图起88针，织5cm单罗纹后，改织全下针，织至28cm按图所示均匀地减针，收成袖山。　3. 编织结束后，将前后片侧缝、肩部、袖子缝合。从领口挑针，织5cm单罗纹，形成圆领。　4. 装饰：在胸口的位置绣上图案，并缝上亮片。

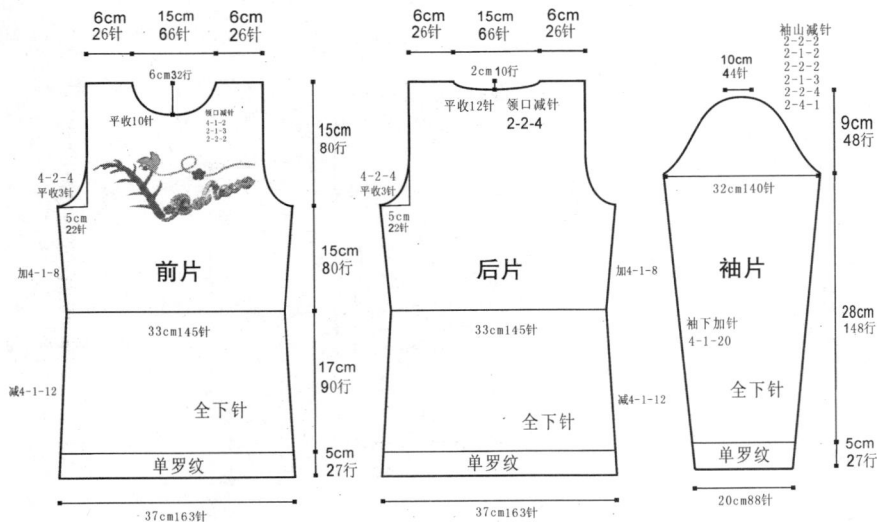

前片　后片　袖片

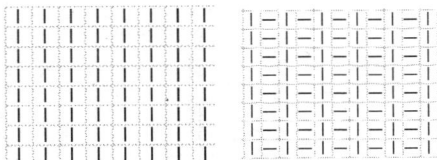

全下针　单罗纹

【成品尺寸】衣长46cm 肩宽33cm 袖长48cm

【工具】12号棒针

【材料】粉红色棉线150g 浅红色棉线100g 白色棉线100g 拉链1条

【密度】10cm²：26针×34行

【制作过程】1. 前片、后片：起针织后片，用双罗纹针起针法，起104针织花样A，4行粉红色棉线与2行白色棉线间隔编织，织至20行后，改为粉红色棉线织花样B，织至70行后，改织浅红色棉线，织至102行后，改为白色棉线编织，两侧减针织成袖窿，减针方法为1-4-1、2-1-5，两侧针数减少9针，不加减针织至153行后，中间留取40针不织，两侧减针织成后领，减针方法为2-1-2，织至156行后，两肩部各余下21针，收针断线。起针织左前片，用双罗纹针起针法，起49针织花样A，4行粉红色棉线与2行白色棉线间隔编织，织至20行后，改为粉红色棉线织花样B，织至70行后，改织浅红色棉线，织至102行后，改为白色棉线编织，左侧减针织成袖窿，减针方法为1-4-1、2-1-5，共减少9针，不加减针织至136行后，右侧减针织成前领，减针方法为1-7-1、2-2-6，共减少19针，织至156行后，肩部余下21针，收针断线。用同样的方法相反方向编织右前片。前片与后片的两侧缝要对应缝合，两肩缝也要对应缝合。 2. 帽子：棒针编织法，帽子是在前片、后片及袖片编织缝合后，挑针编织。沿领口挑针编织，挑起92针织花样B，粉红色棉线编织，织至74行后，将帽顶缝合。在左右衣襟及帽沿横向挑织花样B，粉红色棉线编织，织至6行后，与起针合并形成双层，缝好拉链。

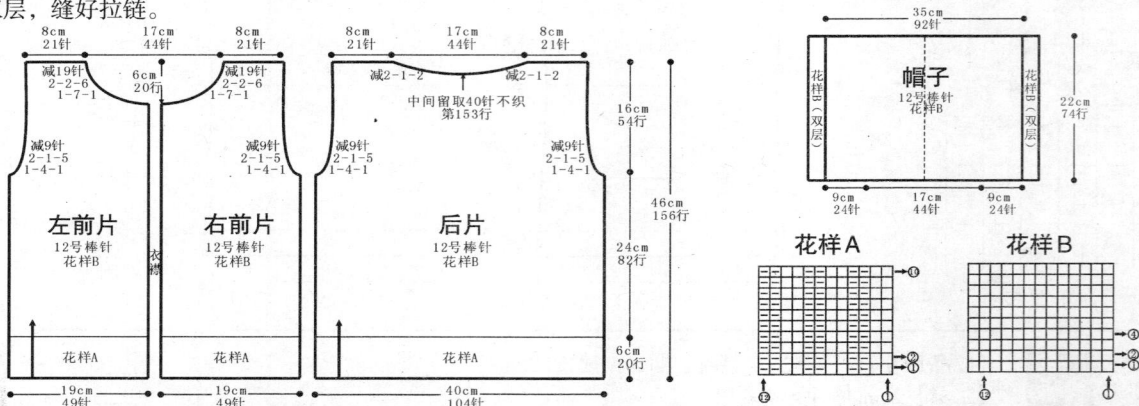

043

左前片 12号棒针 花样B
8cm 21针 / 17cm 44针
减19针 2-2-6 1-7-1
6cm 20行
减9针 2-1-5 1-4-1
花样A
19cm 49针

右前片 12号棒针 花样B
8cm 21针
减19针 2-2-6 1-7-1
减9针 2-1-5 1-4-1
花样A
19cm 49针

后片 12号棒针 花样B
8cm 21针 / 17cm 44针 / 8cm 21针
减2-1-2 中间留取40针不织 第153行
减9针 2-1-5 1-4-1 / 减9针 2-1-5 1-4-1
花样A
40cm 104针
16cm 54行 / 46cm 156行 / 24cm 82行 / 6cm 20行

帽子 12号棒针 花样B
35cm 92针
花样B（双层）/ 花样B（双层）
22cm 74行
9cm 24针 / 17cm 44针 / 9cm 24针

花样A

花样B

【成品尺寸】衣长38cm 胸围72cm 袖长36cm

【工具】8号棒针

【材料】白色毛线650g 粉红色毛线少量 拉链1条

【密度】10cm²：24针×30行

【制作过程】1. 前片、后片起针编织双罗纹针，衣身编织花样。 2. 袖子从袖口编织双罗纹针，袖身编织花样。 3. 前片、后片及袖片缝合后，挑针编织风帽，按领圈挑针示意图挑针。风帽边沿横向织下针4cm，包住风帽边沿，然后穿上带子，装上拉链。袖外侧横向织3cm下针作为装饰。

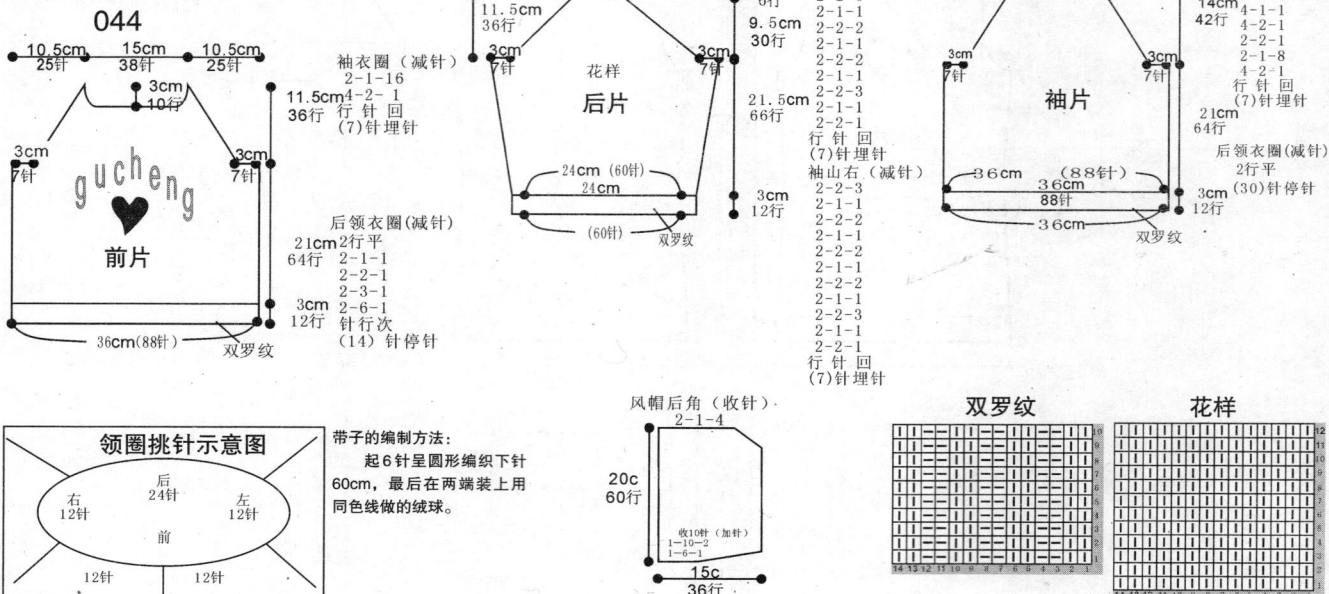

044

前片
10.5cm 25针 / 15cm 38针 / 10.5cm 25针
3cm 10针
3cm 7针 / 3cm 7针
gucheng ♥
袖衣圈（减针）2-1-16
11.5cm 36行 4-2-1 行针回 (7)针埋针
后领衣圈（减针）
21cm 64行 2行平 2-1-1 2-2-1 2-3-1 2-6-1 针行次 (14)针停回
3cm 12行
36cm(88针) 双罗纹

后片
15.5cm 39针 / 6cm 15针 / 13.5cm 33针
2cm 6行 / 3cm 7针
11.5cm 36行 / 3cm 7针
9.5cm 30行
花样
21.5cm 66行
3cm 12行
24cm (60针) / 24cm / (60针) 双罗纹

袖山中央（减针）2行平 2-2-2 行针回 (11)针埋针
袖山左（减针）2-1-1 2-2-1 2-2-2 2-2-1 2-2-2 2-2-3 2-2-1 2-2-1 2-2-1 行针回 (7)针埋针
袖山右（减针）2-2-3 2-1-1 2-2-1 2-2-1 2-2-2 2-2-2 2-2-3 2-2-1 2-2-1 2-2-1 行针回 (7)针埋针

袖片
12cm 29针 / 12cm 30针 / 12cm 29针
0.7cm 2行
3cm 7针 / 3cm 7针
袖衣圈（减针）2-1-5 4-1-1 4-2-1 2-1-8 4-2-1 行针回 (7)针埋针
14cm 42行
21cm
后领衣圈（减针）2行平 3cm 12行 (30)针停回
36cm (88针) / 36cm 88针 / 36cm 双罗纹

领圈挑针示意图
右 12针 / 后 24针 / 左 12针
前
12针 / 12针

带子的编制方法：起6针呈圆形编织下针60cm，最后在两端装上用同色线做的绒球。

风帽后角（收针）
2-1-4
20c 60行
收10针（加针）1-1-10-2 1-6-1
15c 36行

双罗纹

花样

045

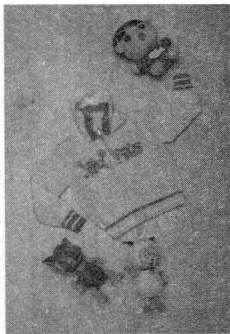

【成品尺寸】衣长38cm　胸围70cm　袖长34cm
【工具】3.5mm棒针　绣花针
【材料】粉红色羊毛绒线400g　红色羊毛绒线少量　拉链1条　绣花图案
【密度】10cm²：20针×28行
【制作过程】1. 前片：分左右两片，分别按图起35针，织5cm双罗纹后，改织全下针，并间色，左右两边按图示收成袖窿。后片：按图起70针，织5cm双罗纹后，改织全下针，并间色，左右两边按图收成袖窿。　2. 编织结束后，将侧缝、肩部、袖子缝合。帽子另织，帽缘挑针，织3cm双罗纹。与领圈缝合。　3. 装饰：缝上拉链，绣上绣花图案。

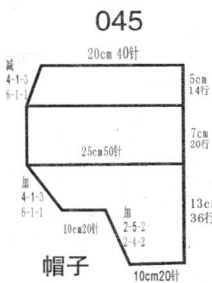

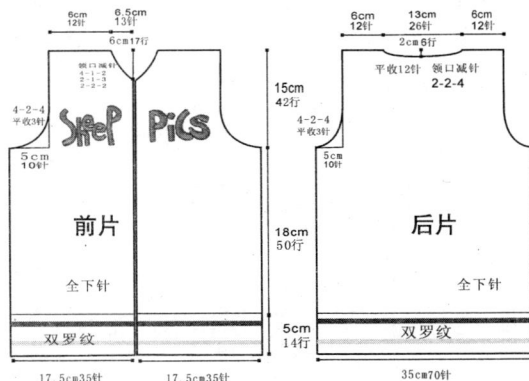

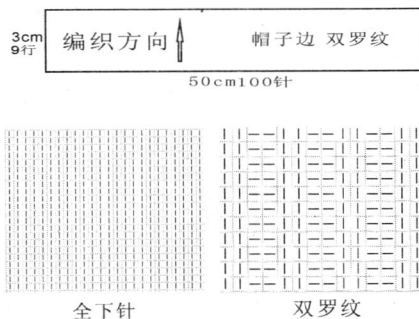

（图：帽子、前片、后片、帽子边双罗纹、全下针、双罗纹编织图）

046

【成品尺寸】衣长40cm　胸围92cm　肩宽36cm　袖长46cm
【工具】12号棒针
【材料】红色棉线150g　白色棉线200g
【密度】10cm²：30针×40行
【制作过程】1. 后片为1片编织，从衣摆往上编织，起138针，编织花样A，织4cm后，改织花样B，织至20cm时，开始袖窿减针，方法见图解，织至39cm开始后领减针，方法是中间留66针不织，两侧各减3针，后片共织40cm。　2. 前片为2片单独编织。从衣摆往上编织，先织左前片，起35针织花样B，第3行起开始右侧衣摆加针，方法如图所示，然后不加减针至16cm，左侧开始袖窿减针，右侧开始前领减针，方法如图所示，前片共织36cm。用相同方法相反方向编织另一前片。　3. 袖片单独编织，从袖口往上编织，起92针织花样A，织至32行后，与起针合并形成双层袖边，然后改织花样B，一边织一边两侧加针，方法如图所示，织至26cm，加针至114针，两侧开始袖山减针，方法如图所示，最后余22针，将袖底缝合，用同样方法编织另一袖片。　4. 编织完成后，将前后片侧缝缝合，肩缝缝合，再接好两个衣袖。　5. 挑织衣襟衣摆边及衣领，沿边挑起编织花样A，编8cm的长度后，与起针合并形成双层衣边，收针断线。

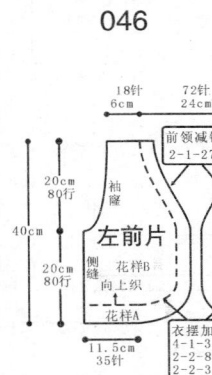

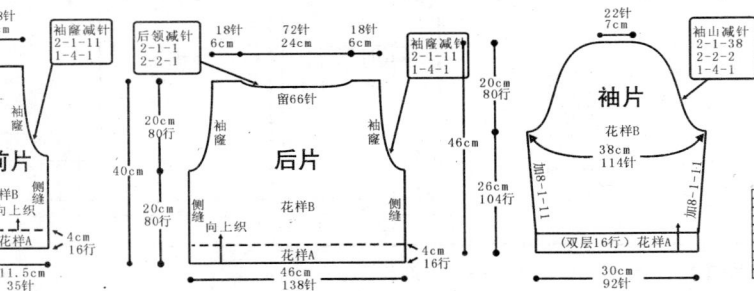

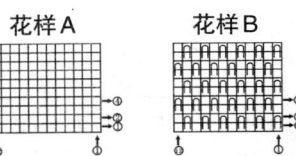

（图：左前片、右前片、后片、袖片、花样A、花样B）

047

【成品尺寸】衣长39cm　胸围68cm　肩宽27cm　袖长34cm
【工具】8号棒针
【材料】红色毛线650g　白色毛线少量　拉链1条
【密度】10cm²：24针×30行
【制作过程】1. 前后片编织双罗纹针，衣身编织基本针法，按图示收袖窿、前领窝、后领窝。　2. 袖子用与前后片同样方法起针编织，按图示加针袖下、减针袖坡、袖山，编织2片。　3. 前片、后片及袖片缝合，风帽上好后，在帽沿口横向织3cm双罗纹。

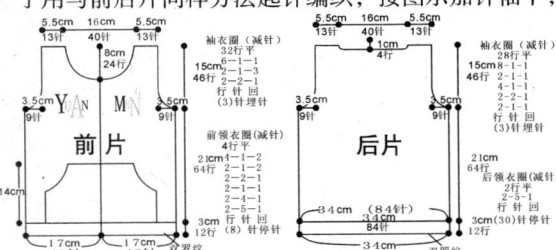

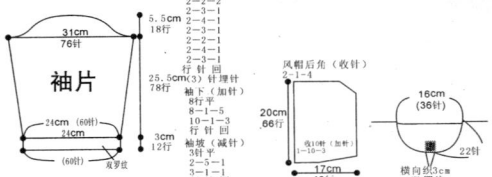

（图：前片、后片、袖片、风帽后尖）

【成品尺寸】衣长39cm 胸围68cm 肩宽27cm 袖长34cm
【工具】8号棒针
【材料】粉红色毛线650g 布贴1套
【密度】10cm²：24针×30行
【制作过程】1. 前后片编织双罗纹针，衣身编织下针，按图示减针收袖窿、前领窝、后领窝。 2. 袖子用与前后片同样方法起针编织，袖身编织花样，按图示加减针编织2片。 3. 前片、后片及袖片缝合，风帽上好后，在帽沿口横向织3cm双罗纹。衣边、袖边、帽沿边用不同颜色的毛线编织，胸前熨粘布贴饰品。

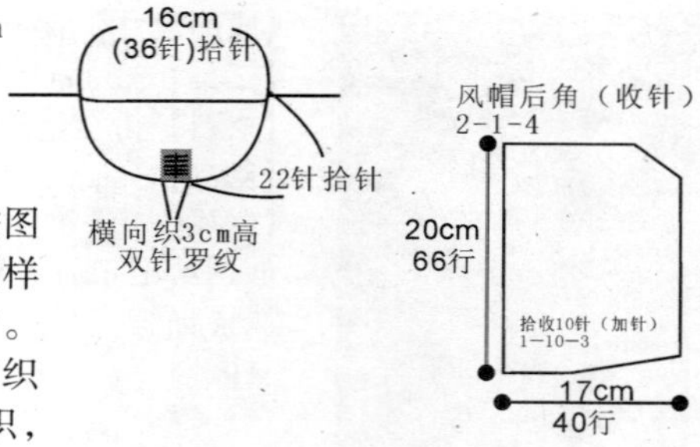

048 花样

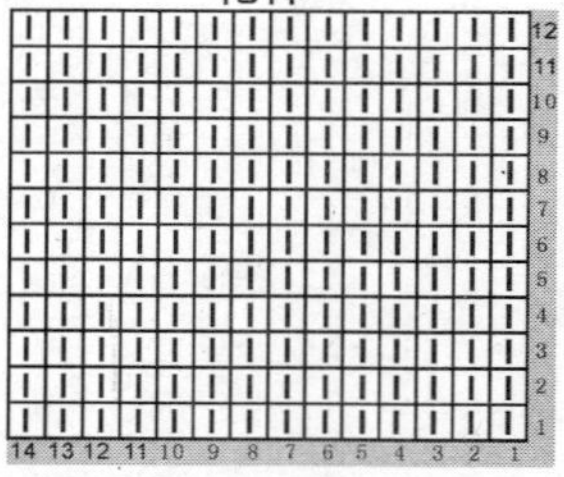

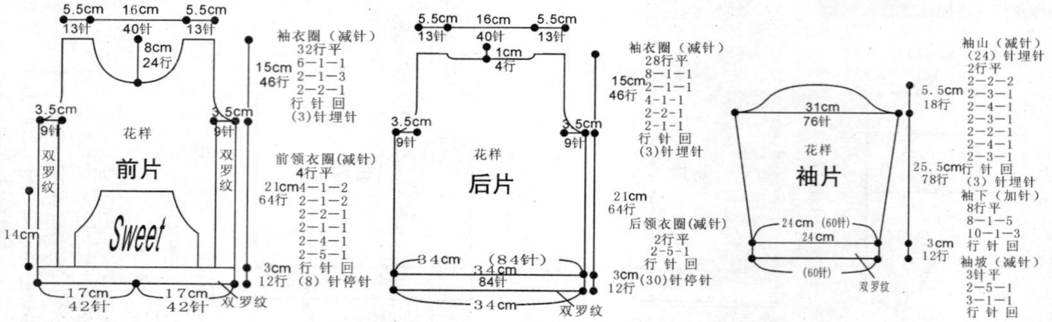

【成品尺寸】衣长46cm 肩宽33cm 袖长48cm
【工具】12号棒针
【材料】粉红色棉线450g
【密度】10cm²：26针×34行
【制作过程】1. 起针织后片，用双罗纹针起针法，起104针织花样A，织至20行后，改织花样B，织至102行后，两侧减针织成袖窿，减针方法为1-4-1，2-1-5，两侧针数减少9针，不加减针织至153行时，中间留取40针不织，两侧减针织成后领，减针方法为2-1-2，织至156行后，两肩部各余下21针，收针断线。 2. 起针织左前片，用双罗纹针起针法，起60针织花样A，织至20行后，改织花样B，织至102行后，左侧减针织成袖窿，减针方法为1-4-1，2-1-5，共减少9针，不加减针织至136行时，右侧减针织成前领，减针方法为1-14-1，2-2-8，共减少30针，织至156行后，肩部余下21针，收针断线，用同样的方法相反方向编织右前片。 3. 前片与后片的两侧缝要对应缝合，两肩缝也要对应缝合。

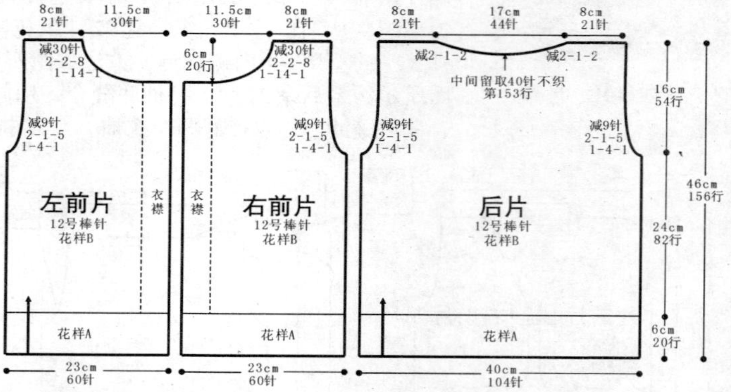

049

花样A 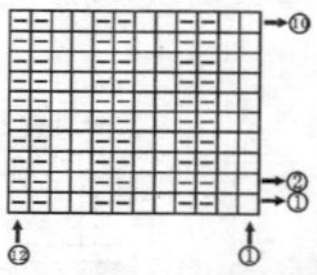 **花样B**

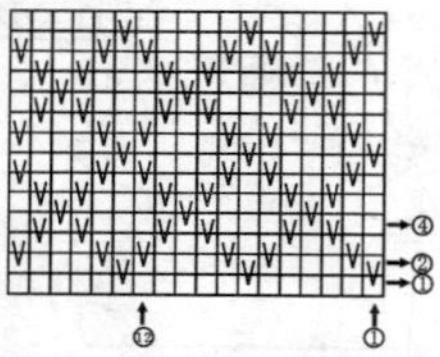

【成品尺寸】衣长38cm 胸围74cm 袖长34cm
【工具】3.5mm棒针 小号钩针
【材料】红色羊毛绒线300g 钩花1朵
【密度】10cm²：20针×28行
【制作过程】1. 前片、后片：按图起290针，织花样至8cm时，后领暂停编织，其余部分继续编织至8cm，左右两边按图所示停止编织收成袖窿，剩下后片织15cm。 2. 将相同的位置作A与A、B与B、C与C的缝合。 3. 编织结束后，将袖子与衣片缝合。 4. 装饰：缝上钩花。

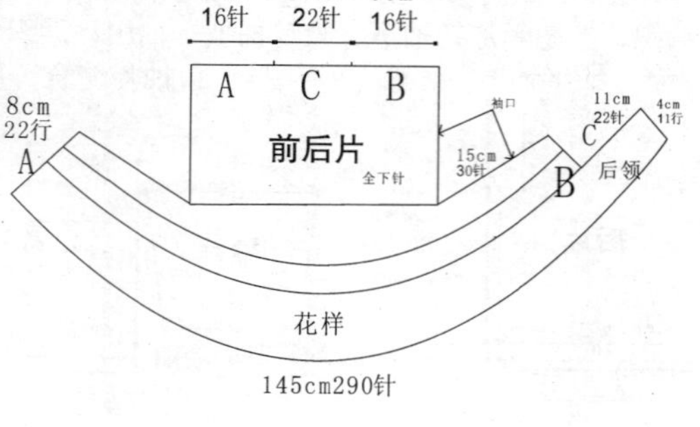

050

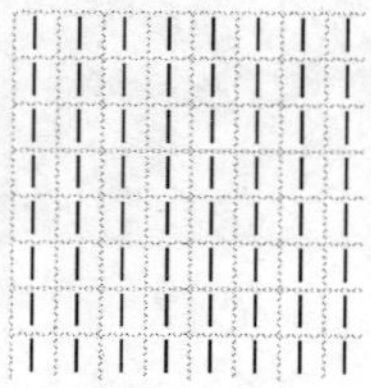

051

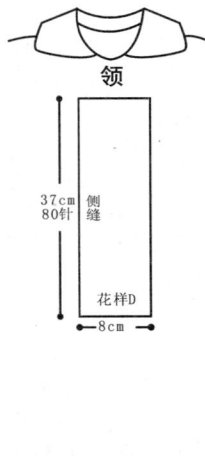

领

【成品尺寸】衣长33cm　胸围80cm　袖长33cm
【工具】12号棒针
【材料】粉红色毛线400g
【密度】10cm²：30针×32行
【制作过程】1. 后片：起90针，织花样A，织至20cm收袖窿，平收2针。然后隔一行减1针，减2行。再织至30cm收肩，先平收4针，再隔1针收1针，收2行。　2. 左、右前片：起28针织花样B，织9cm开始从侧边挑30针连同5针共35针织花样C，织4行，接着织花样C同时在30针处加1针，每隔1行加1针，加5次，再靠近花样B空3针加花样C，织至20cm开始收袖窿（方法同后片）。　3. 领子：起80针织花样D8cm。

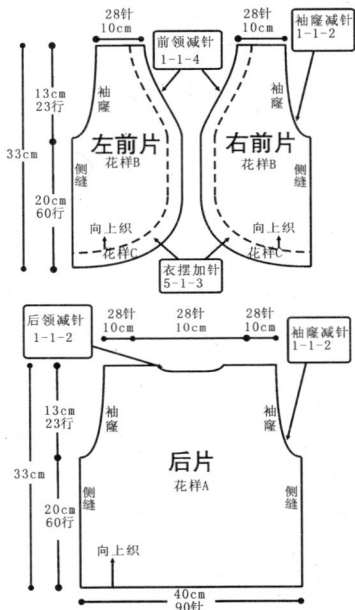
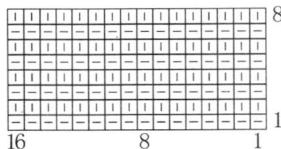
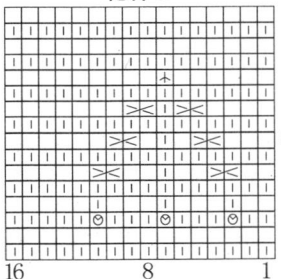
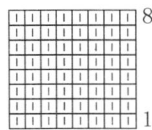
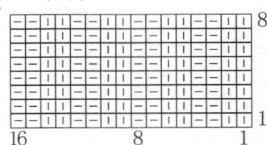

052

【成品尺寸】衣长60cm　肩宽32cm　袖长48cm
【工具】12号棒针　10号棒针
【材料】粉红色棉线550g
【密度】10cm²：22针×28行
【制作过程】1. 后片：从右往左织，起96针，织花样B，起针织时右侧加针织成袖窿，加针方法为2-2-6，1-24-1，织12行后平织22行，右侧减针，方法为2-1-1，然后平织40行，再加针，方法为2-1-1，再平织22行，然后减针织成左袖窿，减针方法为1-24-1，2-2-6，共织112行后，余下96针。　2. 右前片：从右往左织，起96针，织花样B，起针织时右侧加针织成袖窿，加针方法为2-2-6，1-24-1，织至12行后平织22行，织片变成132针，暂时不织。　3. 用同样的方法相反方向编织左前片。　4. 领子及衣襟：先织左前片的132针，再从后领挑织36针，再织右前片的132针，共300针织花样A，织至34行后收针。注意左前片衣襟要留双排扣眼共4个。　5. 袖子：起38针织花样C，两侧加针，加针方法为8-1-14，织至34cm后，织片变成66针，减针织袖山，减针方法为1-2-1，2-1-20，织至48cm的长度，织片余下22针。

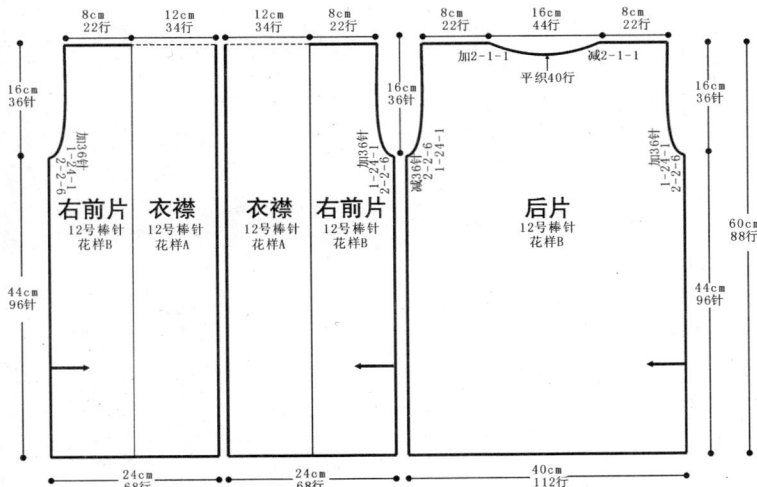

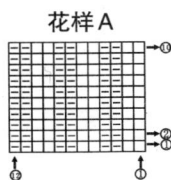
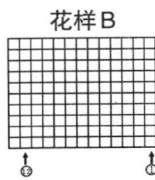
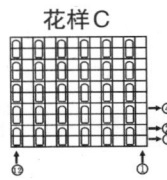

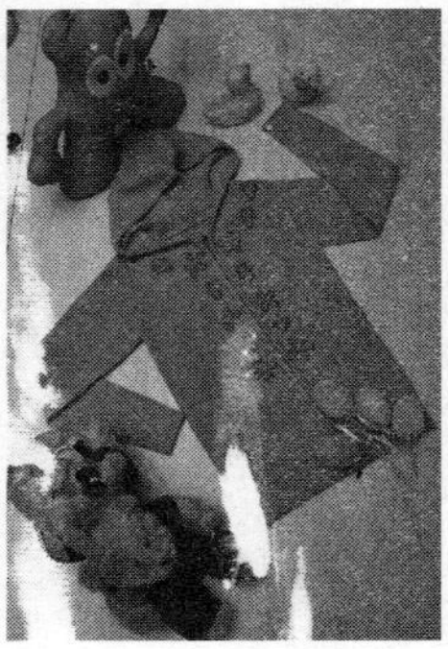

053

【成品尺寸】衣长48cm　胸围72cm　袖长42cm
【工具】3.75mm棒针
【材料】淡紫色线450g　拉链1条　烫珠少许
【密度】10cm²：22针×28行
【制作过程】1. 前片：用3.75mm棒针起40针，从下往上织双罗纹6cm，往上织平针，织至27cm处开斜肩，按图解编织。　2. 后片：用3.75mm棒针起80针，织法同前片一样，后领按后片图解编织。3. 前片、后片、袖片缝合后按图解织帽子，口袋编织好缝上。　4. 装饰：按图把烫珠像花一样烫在毛衣上，装上拉链，清洗、熨烫。

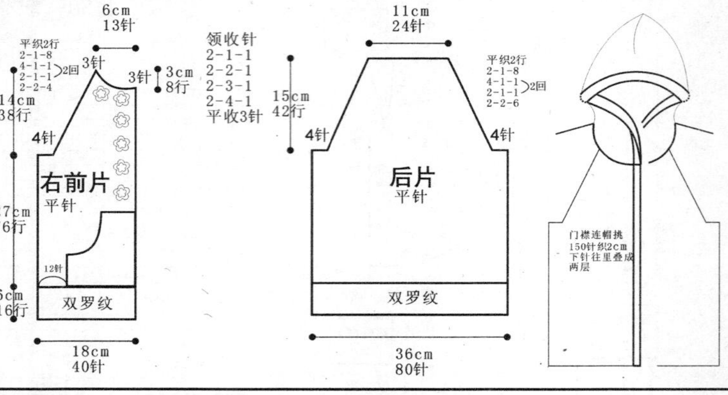

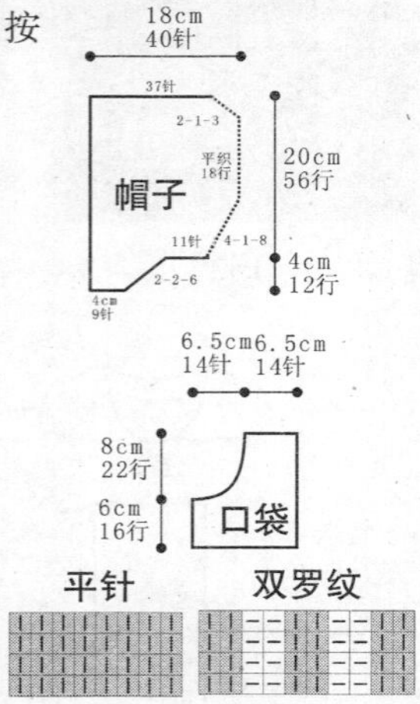

帽子
18cm
40针
37针
平织
2-1-3
2-1-8 18行
20cm
56行
11针
4-1-8
2-2-6
4cm
9针
4cm
12行

6.5cm 6.5cm
14针 14针
8cm
22行
6cm
16行
口袋

平针　双罗纹

6cm
13针
平织2行
2-1-8
4-1-1 2回
2-1-1
2-2-4
14cm
38行
4针
右前片
平针
27cm
76行
12针
6cm
16行
18cm
40针
双罗纹

领收针
2-1-1
2-2-1
2-3-1
平收3针
3针
3cm
8行

11cm
24针
平织2行
2-1-8
4-1-1 2回
2-1-1
2-2-6
15cm
42行
4针
后片
平针
4针
36cm
80针
双罗纹

门襟连帽挑
150针织12cm
下往上织成
两层

054

【成品尺寸】衣长43cm　胸围76cm　肩宽30cm　袖长41cm
【工具】5号棒针
【材料】含金丝粉红色线500g　金色纽扣4枚
【密度】下针花样10cm²：15针×16行　扭针双罗纹10cm²：21针×27行
【制作过程】1. 前片（左右两片）：普通起针法起18针，织下针18.5cm后按袖窿减针织出袖窿，织完底边挑24针，扭针双罗纹织至8cm后，双罗纹针收针，并对称织另一片。　2. 后片：普通起针法起57针，织下针18.5cm后按袖窿减针织16.5cm后直接收针，织完底边挑80针，扭针双罗纹织至8cm后，双罗纹针收针。　3. 整理：前片和后片肩部、腋下缝合。　4. 挑领：前片和后领窝处各挑9针、45针，用花样编织14行后收针。　5. 收尾：在不开扣眼的门襟上钉上纽扣，领和门襟连接处缝合，如图所示。

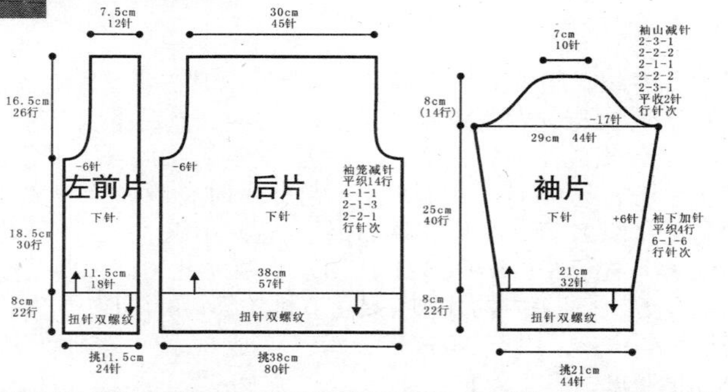

7.5cm
12针
16.5cm
26行
-6针
左前片
下针
18.5cm
30行
8cm
22行
扭针双螺纹
挑11.5cm
24针

30cm
45针
-6针
后片
下针
38cm
57针
扭针双螺纹
挑38cm
80针

袖笼减针
平织14行
4-1-1
2-1-3
2-2-1
行针次

7cm
10针
袖山减针
2-3-1
2-2-1
2-1-2
2-2-2
2-3-1
2-4针
平收2针次
8cm
(14行)
29cm
44针
袖片
下针
25cm
40行
+6针
21cm
32针
扭针双螺纹
挑21cm
44针

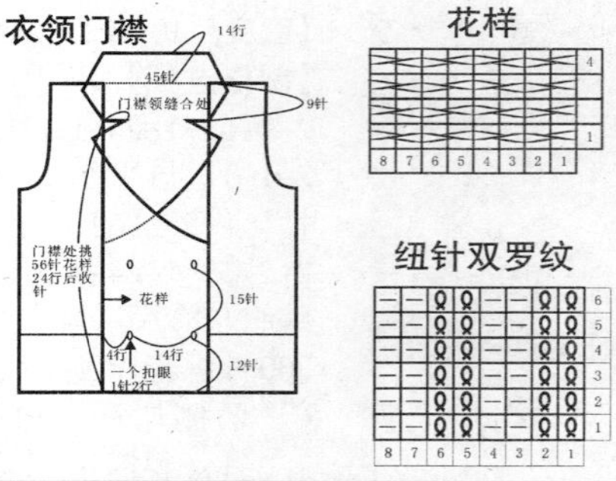

袖笼加针
平织4行
6-1-6
行针次
-17针

衣领门襟
14行
45针
口襟领缝合领
9针
门襟处挑
56针花样
24行后收针
花样
15针
14行
12针
开扣眼
2针

花样
8 7 6 5 4 3 2 1

纽针双罗纹
8 7 6 5 4 3 2 1

055

【成品尺寸】衣长52cm　胸围72cm　肩宽30cm　袖长44cm
【工具】2.5mm棒针
【材料】白色羊毛线250g　红色羊毛线150g　金色羊毛线少量　布贴1套　拉链1条
【密度】10cm²：34针×46行
【制作过程】1. 后片起122针，配色编织双罗纹针6cm，然后如图所示配色织平针，织至31cm后收袖窿，在离衣长2cm处收后领。　2. 前片起62针，用与后片相同方法编织，在离衣长6cm处收前领。3. 领口用红色羊毛线挑144针，如图所示配色编织双罗纹针76行后对折缝合。　4. 沿着门襟衣领边用红色羊毛线挑适合针数编织单罗纹针12行，然后再里折缝合，将拉链藏于门襟下边。

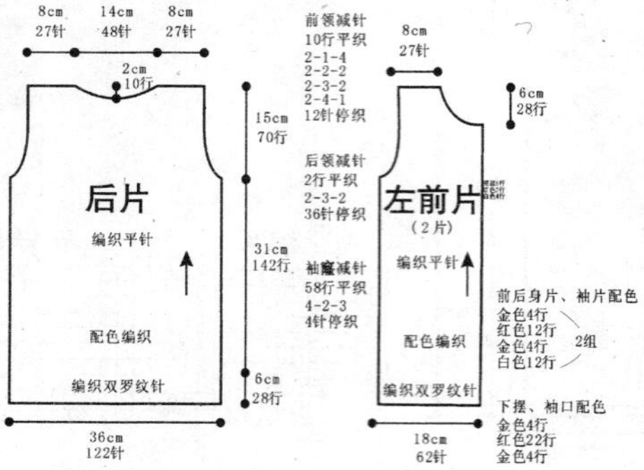

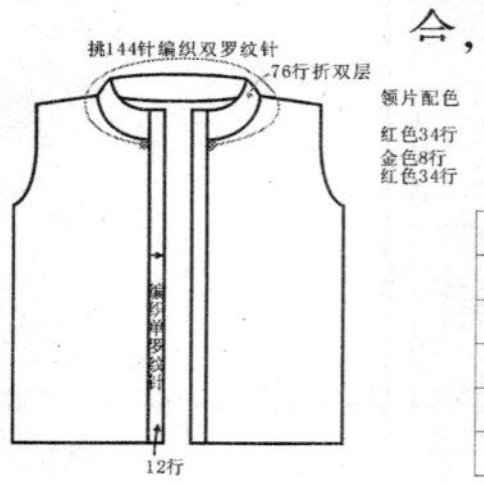

8cm
27针
14cm
48针
8cm
27针
2cm
10行
15cm
70行
后片
编织平针
31cm
142行
配色编织
编织双罗纹针
6cm
28行
36cm
122针

前领减针
10行平织
2-1-4
2-2-2
2-2-1
2-1-2
2-4-1
12针停织
8cm
27针
左前片
(2片)
编织平针
袖窿减针
58针平织
4-2-3
扭针停织
配色编织
编织双罗纹针
下摆、袖口配色
金色4行
红色12行
金色4行
18cm
62针

6cm
28针

挑144针编织双罗纹针
76折双层
领部配色
红色34行
金色8行
红色34行

前后身片、袖片配色
金色4行
红色12行
白色12行
2组

12行

双罗纹

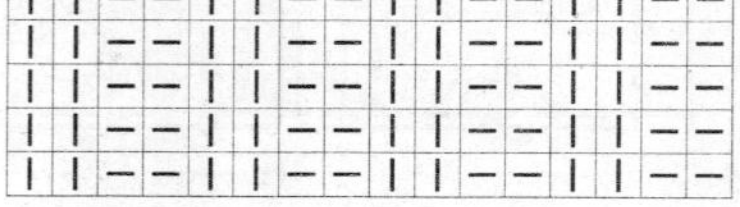

【成品尺寸】 衣长46cm　肩宽33cm　袖长48cm

【工具】 12号棒针

【材料】 白色棉线250g　红色棉线200g　蓝色棉线少量　拉链1条

【密度】 10cm² : 26针×34行

【制作过程】 1. 后片：白色棉线起104针，织花样A，织至6cm后，改为28行红色棉线与28行白色棉线间隔编织，织花样B，织至30cm时，袖窿减针，减针方法为1-4-1，2-1-5，织至45cm后收后领，中间留取40针不织，两侧减针，方法为2-1-2，后片共织46cm。　2. 左前片：白色棉线起49针，织花样A，织至6cm后，改为28行红色棉线与28行白色棉线间隔编织，织花样B，织至30cm后，左侧袖窿减针，减针方法为1-4-1，2-1-5，织至40cm时，右侧前领减针，减针方法为1-7-1，2-2-6，共减少19针，左前片共织46cm。　3. 用同样方法相反方向织右前片。　4. 领子：红色棉线沿后领挑起92针织花样A，一边织一边两侧挑加针，方法为2-4-6，织至4cm。　5. 衣襟：前襟连领共挑起104针，红色棉线织花样B，织至6行时，向内与起针合并，缝上拉链。

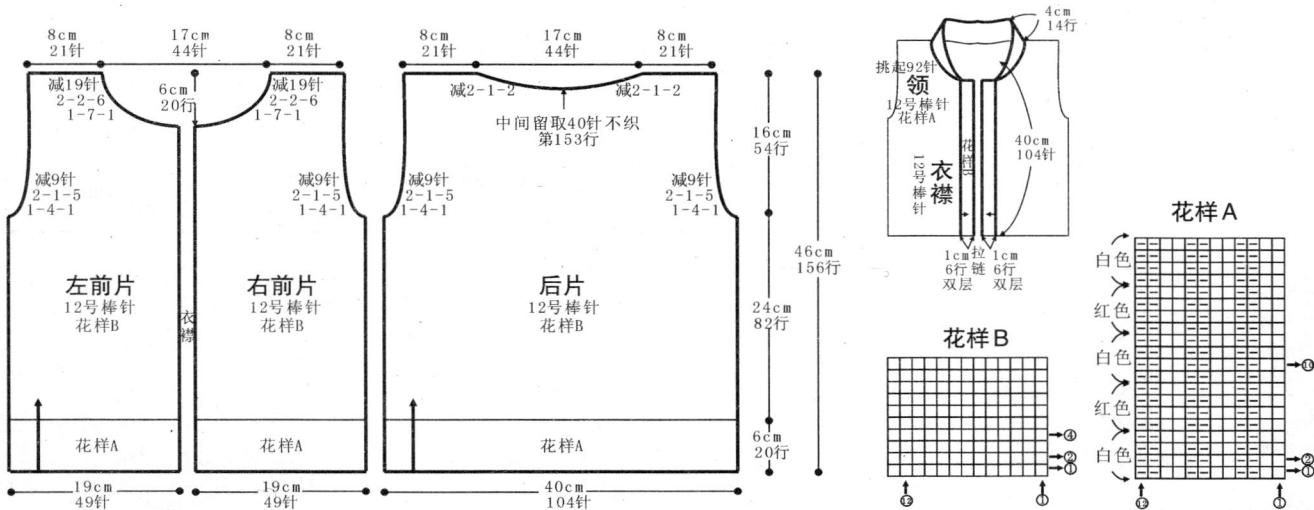

056

【成品尺寸】 衣长46cm　肩宽33cm　袖长48cm

【工具】 12号棒针

【材料】 红色棉线250g　白色棉线200g　字母、数字"3"烫胶2片　拉链1条

【密度】 10cm² : 26针×34行

【制作过程】 1. 后片：红色棉线起104针，织花样A，织至6cm后，改为28行白色棉线与28行红色棉线间隔编织，织花样B，织至30cm后，改为12行红色棉线与2行白色棉线间隔编织，袖窿减针，减针方法为1-4-1，2-1-5，织至45cm时，收后领，中间取起40针不织，两侧减针方法为2-1-2，后片共织46cm。　2. 左前片：红色棉线起49针，织花样A，织至6cm后，改为28行白色棉线与28行红色棉线间隔编织，织花样B，织至30cm后，改为12行红色棉线与2行白色棉线间隔编织，左侧袖窿减针，减针方法为1-4-1，2-1-5，织至40cm时，右侧前领减针，减针方法为1-7-1，2-2-6，共减少19针，左前片共织46cm。　3. 用同样方法相反方向织右前片。　4. 领子：红色棉线沿领口挑起针织花样A，挑起92针，4行红色棉线与4行白色棉线间隔编织，织至12cm时，与起针合并形成双层衣领。　5. 衣襟：前襟连领共挑起104针，红色棉线织花样B，织至6行后，向内与起针合并，缝上拉链。　6. 前片贴上字母及数字"3"烫胶。

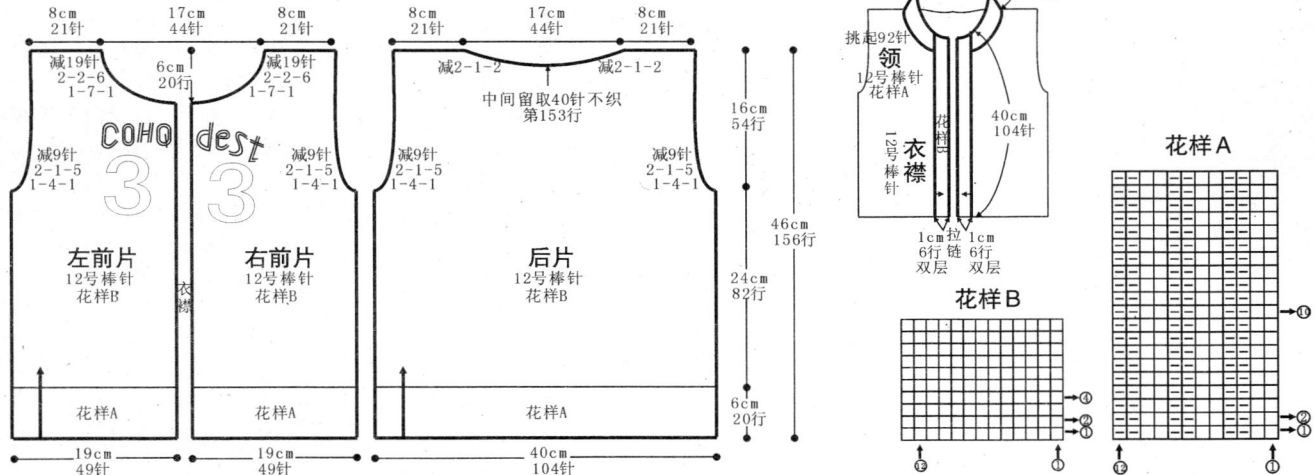

057

058

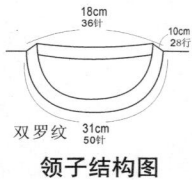

【成品尺寸】 衣长38cm　胸围74cm　袖长34cm
【工具】 3.5mm棒针　绣花针
【材料】 白色、紫红色羊毛绒线　绣花图案若干
【密度】 10cm²：20针×28行
【制作过程】 1. 前片、后片：按图起74针，织5cm双罗纹后，改织全下针，并间色，左右两边按图所示收成袖隆。　2. 领口：前后领各按图所示均匀地减针，形成领口。　3. 编织结束后，将前、后片侧缝、肩部、袖子缝合。领圈挑针，织10cm双罗纹，折边缝合，形成双层圆领。　4. 装饰：缝上绣花图案。

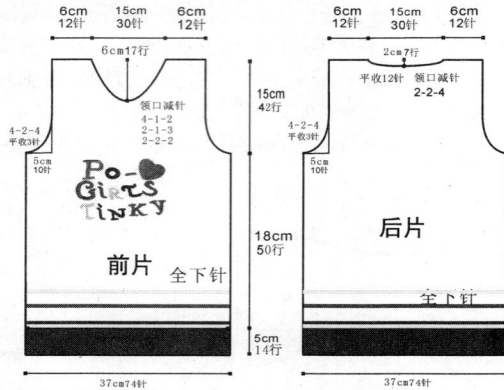

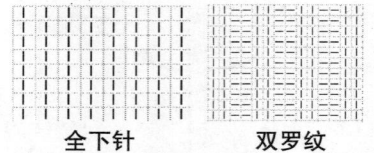

领子结构图

前片　全下针

后片　全下针

领圈　双罗纹

全下针　　双罗纹

059

【成品尺寸】 衣长38cm　胸围70cm　袖长34cm
【工具】 3.5mm棒针　绣花针
【材料】 白色羊毛绒线500g　红色羊毛绒线少量　拉链1条　绣花若干
【密度】 10cm²：20针×28行
【制作过程】 1. 前片：分左右两片图，分别按图起35针，织8cm单罗纹并间色后，改织全下针，左右两边按图所示收成袖隆。后片：按图起70针，织8cm单罗纹并间色后，改织全下针，左右两边按图收成袖隆。　2. 袖片：按图起36针，织8cm单罗纹并间色后，改织全下针，织至17cm按图所示均匀地减针，收成袖山。　3. 编织结束后，将侧缝、肩部、袖子缝合。领圈挑针，织10cm单罗纹，并间色，折边缝合，形成双层开襟圆领。门襟挑针，织至3cm下针，折边缝合，形成双层门襟。　4. 装饰：缝上拉链，绣上绣花。

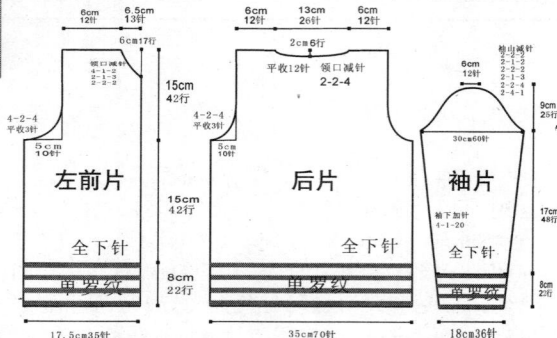

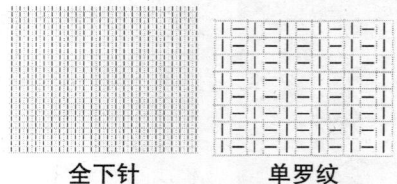

左前片　全下针

后片　全下针

袖片　全下针

全下针　　单罗纹

060

【成品尺寸】 衣长46cm　肩宽40cm　袖长48cm
【工具】 12号棒针
【材料】 白色棉线200g　粉红色棉线150g　蓝色棉线少量
【密度】 10cm²：26针×34行
【制作过程】 1. 起针织后片，用双罗纹针起针法，粉红色棉线起104针织花样A，4行粉红色棉线、4行白色棉线与4行蓝色间棉线隔编织，织至20行后，改为白色棉线编织花样B，织至102行后，两侧减针织成插肩袖隆，减针方法为1-3-1，2-1-27，两侧针数减少30针，余下44针，留待编织衣领。
2. 起针织左前片，用双罗纹针起针法，粉红色棉线起49针织花样A，4行粉红色棉线、4行白色棉线与4行蓝色棉线间隔编织，织至20行后，改为白色棉线编织花样B，织至102行后，左侧减针织成插肩袖隆，减针方法为1-3-1，2-1-27，共减少30针，继续往上织至142行，右侧减针织成前领，减针方法为1-11-1，2-1-7，共减少18针，织至156行后，收针断线，用同样的方法相反方向编织右前片。　3. 前片与后片的两侧缝要对应缝合，在左右前片中间用粉红色棉线缝出两条花边。

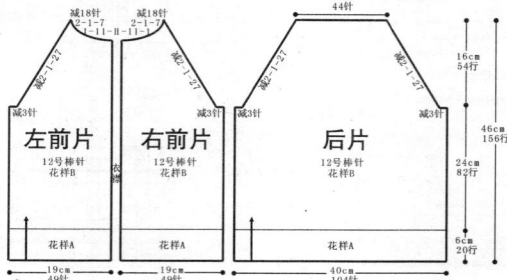

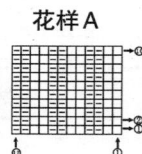

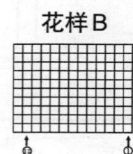

左前片　右前片　后片

花样A　　花样B

112

【成品尺寸】衣长46cm　肩宽33cm　袖长48cm
【工具】12号棒针
【材料】红色棉线300g　白色、深蓝色、天蓝色棉线各50g　绿色丝线少量
【密度】10cm²：26针×34行
【制作过程】1. 后片：红色棉线起104针，织花样A，织至6cm后，改织花样B，织至30cm时，袖窿减针，减针方法为1-4-1，2-1-5，织至45cm时，收后领，中间留取40针不织，两侧减针，方法为2-1-2，后片共织46cm。　2. 前片：红色棉线起104针，织花样A，织至6cm后，改织花样B图案a，织至30cm时，袖窿减针，减针方法为1-4-1，2-1-5，织至40cm时，收前领，中间留取14针不织，两侧减针，方法为2-2-6，2-1-2，前片共织46cm。　3. 领子：红色棉线沿领口挑针织花样A，挑起98针，织6cm。

061

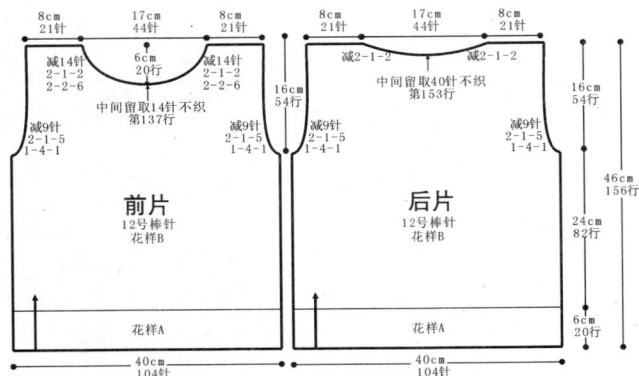

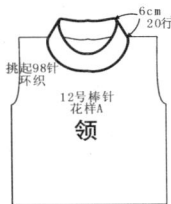

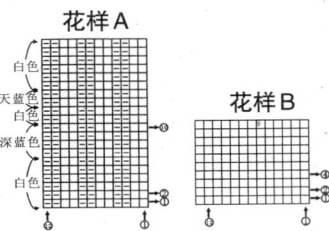

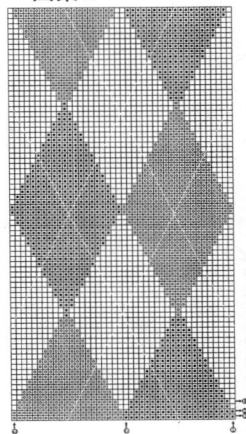

图案a

花样A

花样B

【成品尺寸】衣长38cm　胸围74cm　连肩袖长41cm
【工具】3.5mm棒针
【材料】红色羊毛绒线600g　浅蓝色、白色羊毛绒线各少量
【密度】10cm²：20针×28行
【制作过程】1. 前片、后片：按图起74针，织5cm双罗纹后，改织全下针，并编入图案，左右两边按图所示收成插肩袖。　2. 袖片：按图起40针，织5cm双罗纹后，改织全下针，并编入图案，织至20cm按图所示均匀地减针，收成插肩袖山，袖边挑针，织双罗纹。　3. 编织结束后，将前后片侧缝、袖子缝合。领窝挑针，圈织18cm双罗纹，形成高领。

062

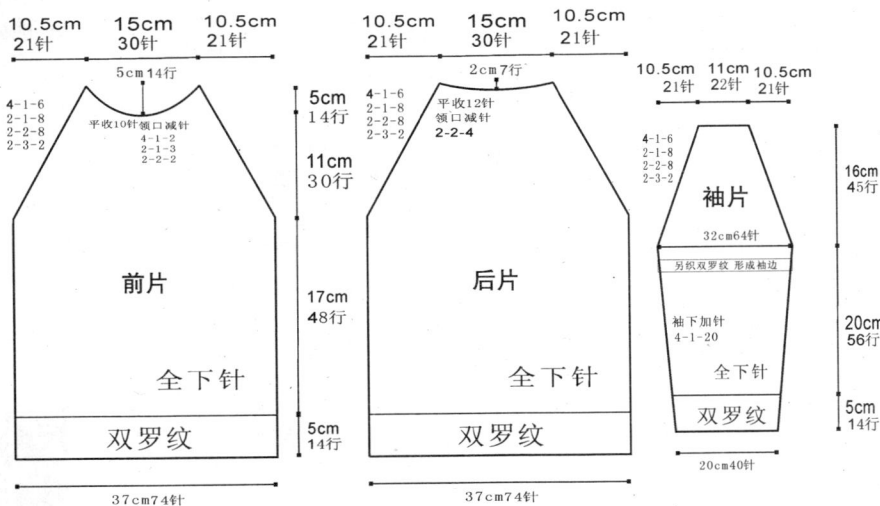

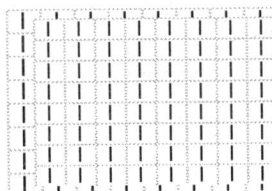

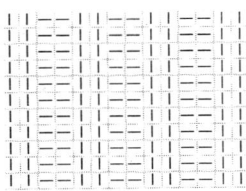

全下针　　双罗纹

063

【成品尺寸】衣长46cm　肩宽33cm　袖长48cm
【工具】12号棒针
【材料】红色棉线350g　白色、黑色棉线各50g
【密度】10cm²：26针×34行
【制作过程】1. 后片：红色棉线起104针，织花样A，织至8cm后，改织花样B，织至30cm时，袖窿减针，减针方法为1-4-1，2-1-5，织至45cm时，收后领，中间留取40针不织，两侧减针2-1-2，后片共织46cm。　2. 左前片：红色棉线起52针，织花样A，织至8cm后，改织花样B图案a，织至30cm时，左侧袖窿减针，减针方法为1-4-1，2-1-5，同时右侧前领减针，减针方法为2-1-27，织至46cm时，肩部收下16针，前片共织46cm。　3. 用同样的方法相反方向编织右前片。　4. 前襟片：起2针，一边织一边两侧加针，加针方法为2-1-27，织至35行时，中间留取14针不织，两侧减针，减针方法为2-2-6，2-1-2，织至16cm时，两侧各余下6针，与左右前片缝合，再将左右前片衣襟缝合，沿衣襟及前襟边挑织花样B，织至8行后，与起针合并形成双层襟边及领边。　5. 领子：红色棉线沿领口挑针织花样A，挑起98针，织至6cm与起针合并形成双层衣领。

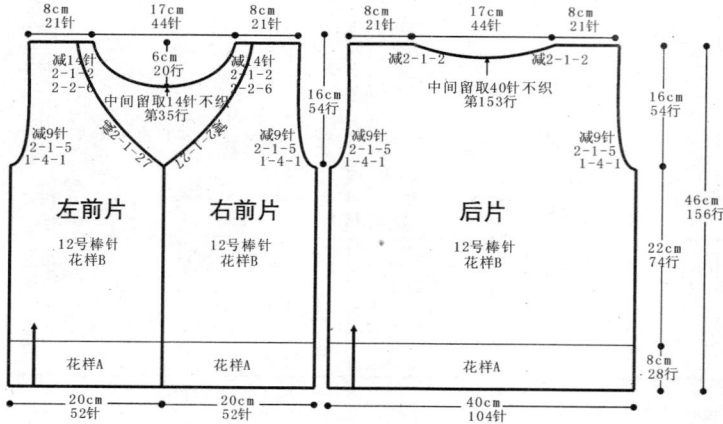

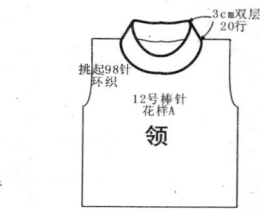

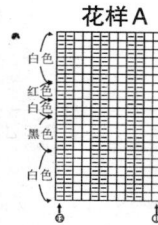

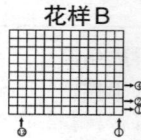

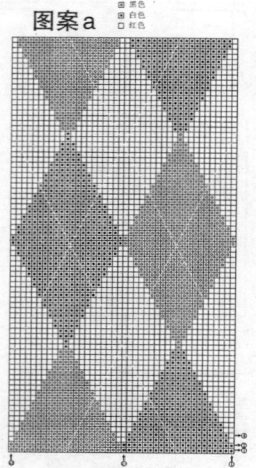

8cm 21针　17cm 44针　8cm 21针　　8cm 21针　17cm 44针　8cm 21针

6cm 20行

减1针 2-1-2 2-2-6　减4针 2-1-2 2-1-2
中间留取14针不织 第35行
减2-1-27　减2-1-27

减9针 2-1-5 1-4-1　减9针 2-1-5 1-4-1　减9针 2-1-5 1-4-1　减9针 2-1-5 1-4-1

16cm 54行

中间留取40针不织 第153行
减2-1-2　减2-1-2

左前片 12号棒针 花样B　右前片 12号棒针 花样B　后片 12号棒针 花样B

花样A　花样A　花样A

20cm 52针　20cm 52针　40cm 104针

16cm 54行
46cm 156行
22cm 74行
8cm 28行

3cm双层 20行
挑起98针 环织 12号棒针 花样A
领

图案a

花样A
白色 红色 白色 黑色 白色

花样B

064

【成品尺寸】衣长38cm　胸围74cm　袖长34cm
【工具】3.5mm棒针　小号钩针
【材料】红色羊毛绒线400g　白色、黑色羊毛绒线各少量　钩边若干
【密度】10cm²：20针×28行
【制作过程】1. 前片、后片：按图起74针，织5cm双罗纹后，改织全下针，并间色和编入图案，左右两边按图所示收成袖窿，前领另织，并间色，与前片缝合。　2. 领口：前后领各按图所示均匀地减针，形成领口。　3. 编织结束后，将前后片侧缝、肩部、袖子缝合。从领口挑针，织18cm双罗纹，并间色，形成高领。　4. 装饰：用钩针钩织前领花边。

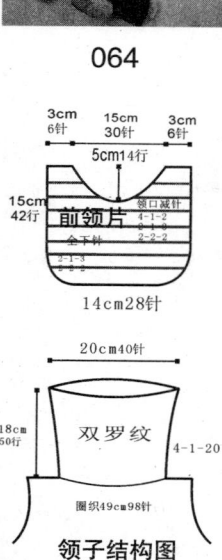

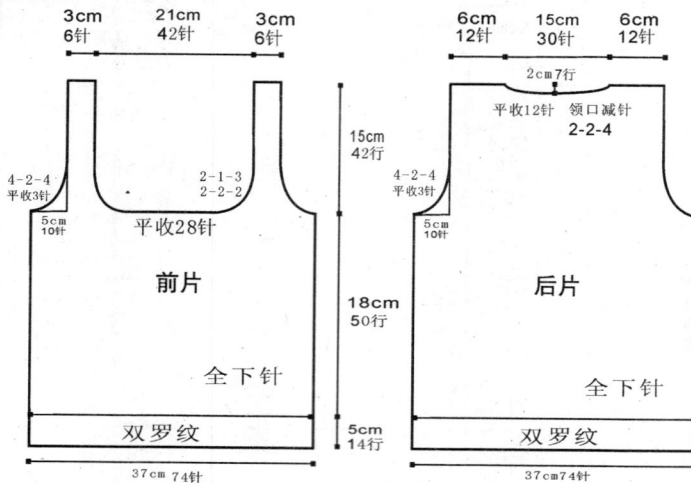

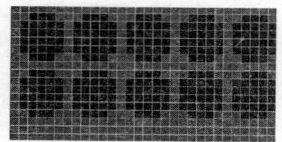

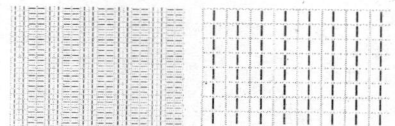

3cm 6针　21cm 42针　3cm 6针　　6cm 12针　15cm 30针　6cm 12针

2cm 7行

平收12针　领口减针 2-2-4

3cm 6针　15cm 30针　3cm 6针
5cm14行

前领片 全下针
15cm 42行
领口减针 4-1-2 2-2-2 2-1-3
14cm28针

4-2-4 平收3针　2-1-3 2-2-2
5cm 10针
平收28针

4-2-4 平收3针
5cm 10针

前片 全下针
双罗纹
37cm 74针

15cm 42行
18cm 50行
5cm 14行

后片 全下针
双罗纹
37cm74针

20cm40针

领子结构图
18cm 50行　双罗纹　4-1-20
圈织49cm98针

图案

双罗纹　全下针

065

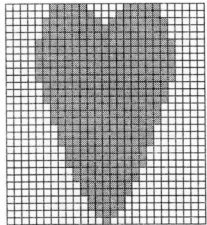

配色花样

【成品尺寸】衣长48cm　胸围76cm　袖长42cm
【工具】2mm棒针
【材料】红色毛线400g　蓝色毛线、银丝、白色毛线各少量　烫钻若干
【密度】10cm²：42针×42行
【制作过程】1. 前片、后片：以机器边起针，编织花样B，每隔6行换色编织。白色编织时夹银丝编织。正面编织花样A，胸前配色编织菱形与心形花样，编织花样A26cm后，左右袖片分别按图所示减针形成袖窿。领口位置以中心线为界，分左右两侧减针。　2. 袖片：以红色毛线起针，配色编织花样B，中间编织花样A，两侧加针，织至29cm后，减针形成袖山。　3. 前后片、袖片缝合后，挑针编织领，编织花样B，注意均匀挑针。　4. 最后，将喜欢的烫钻装饰在胸前。

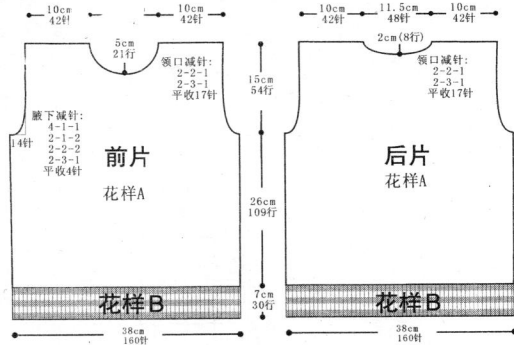

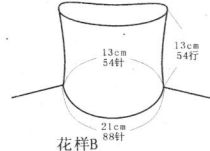
花样B

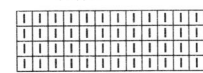
花样A

花样B

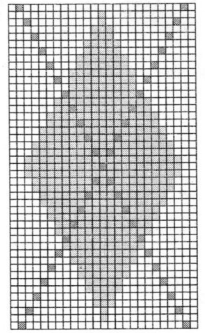
配色花样

066

【成品尺寸】衣长47cm　胸围72cm　肩宽30cm　袖长44cm
【工具】2.5mm棒针
【材料】粉红色羊毛线350g　白色羊毛线50g　金色线少许　布贴1套　拉链1条
【密度】10cm²：34针×46行
【制作过程】1. 后片：起122针，配色编织双罗纹针6cm，然后如图所示织平针，织至26cm后，收袖窿，在离衣长2cm处收后领。　2. 前片：起62针，用与后片相同方法编织，织至26cm后，换白色羊毛线开始收袖窿，离衣长6cm处收前领。　3. 将前片、后片与袖片进行缝合。　4. 领口挑144针，如图所示配色编织双罗纹针70行后对折缝合。　5. 沿着门襟衣领边线挑适合针数编织单罗纹针12行，然后再里折缝合，将拉链藏于门襟下边，贴上布贴。

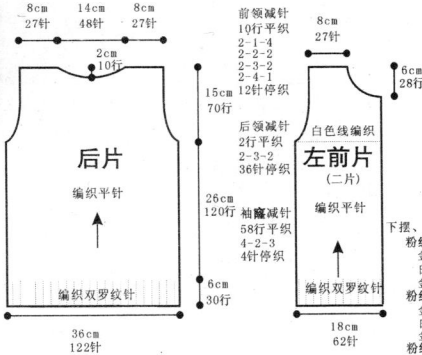

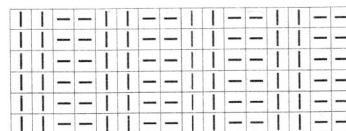
双罗纹

平针

067

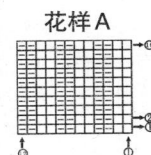
花样A

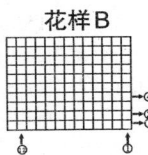
花样B

【成品尺寸】衣长46cm　肩宽33cm　袖长48cm
【工具】12号棒针
【材料】粉红色棉线400g　红色、白色棉线各少量　拉链1条
【密度】10cm²：26针×34行
【制作过程】1. 棒针编织法，衣服按左前片、右前片和后片分别编织，完成后缝合而成。　2. 起针织后片，用双罗纹针起针法，起104针织花样A，织至20行后，改织花样B，织至102行时，两侧减针织成袖窿，减针方法为1-4-1，2-1-5，两侧针数减少9针，不加减针至153行时，中间留取40针不织，两侧减针织成后领，减针方法为2-1-2，织至156行后，两肩部各余下21针，收针断线。　3. 起针织左前片，用双罗纹针起针法，起49针织花样A，织至20行后，改织花样B，织至102行时，左侧减针织成袖窿，减针方法为1-4-1，2-1-5，共减少9针，不加减针织至136行时，右侧减针织成前领，减针方法为1-7-1，2-2-6，共减少19针，织至156行时，肩部余下21针，收针断线，用同样的方法相反方向编织右前片。　4. 前片与后片的两侧缝要对应缝合，两肩缝也要对应缝合。

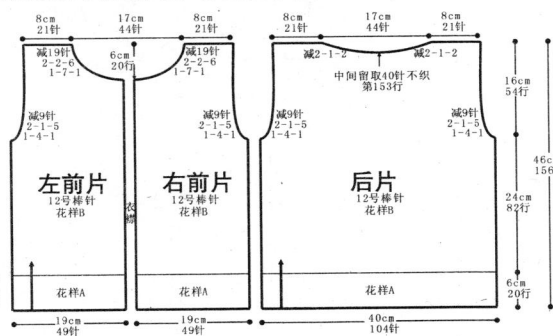

【成品尺寸】衣长46cm 肩宽40cm 袖长48cm
【工具】12号棒针
【材料】白色棉线200g 粉红色棉线150g 蓝色棉线少量 拉链1条
【密度】10cm²：26针×34行
【制作过程】1. 棒针编织法，衣服按左前片、右前片和后片分别编织，完成后缝合而成。 2. 起针织后片，用双罗纹针起针法，粉红色棉线起104针织花样A，4行粉红色棉线、4行白色棉线与4行蓝色棉线间隔编织，织至20行后，改为白色棉线编织花样B，织至102行时，两侧减针织成插肩袖窿，减针方法为1-3-1，2-1-27，两侧针数减少30针，余下44针，留待编织衣领。 3. 起针织左前片，用双罗纹针起针法，粉红色棉线起49针织花样A，4行粉红色棉线、4行白色棉线与4行蓝色棉线间隔编织，织至20行后，改为白色棉线编织花样B，织至102行时，左侧减针织成插肩袖窿，减针方法为1-3-1，2-1-27，共减少30针，继续往上织至142行，右侧减针织成前领，减针方法为1-11-1，2-1-7，共减少18针，织至156行时，收针断线，用同样的方法相反方向编织右前片。 4. 前片与后片的两侧缝要对应缝合，在左右前片中间分别用粉红色棉线缝出两条花边，左右前片各缝制3朵小花，缝上拉链。

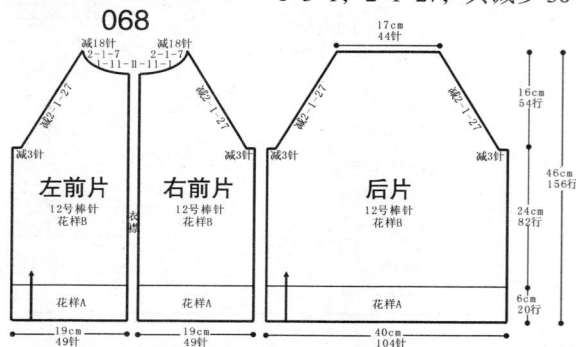

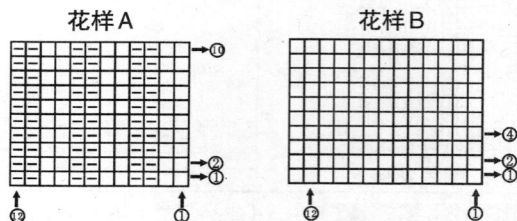

068

花样A　　花样B

【成品尺寸】衣长38cm 胸围70cm 袖长34cm
【工具】3.5mm棒针 绣花针
【材料】粉红色羊毛绒线400g 红色、白色羊毛绒线各少量 拉链1条 绣花图案若干
【密度】10cm²：20针×28行
【制作过程】1. 前片：分左右两片，分别按图起35针，织8cm双罗纹并间色后，改织全下针，左右两边按图所示收成袖窿。后片：按图起70针，织8cm双罗纹并间色后，改织全下针，左右两边按图收成袖窿。 2. 袖片：按图起36针，织8cm双罗纹并间色后，改织全下针，织至17cm后，按图所示均匀地减针，收成袖山。 3. 编织结束后，将侧缝、肩部、袖子缝合。门襟挑针，织3cm下针，折边缝合，形成双层门襟。领圈挑针，织10cm双罗纹，并间色，折边缝合，形成双层开襟圆领。 4. 装饰：缝上拉链和绣花图案。

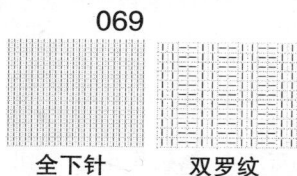

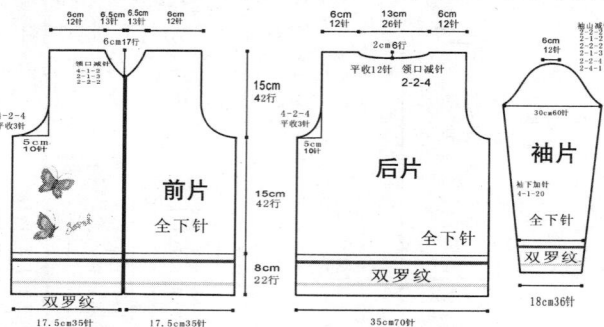

069

全下针　　双罗纹

前片　全下针　双罗纹

后片　全下针　双罗纹

袖片　全下针　双罗纹

【成品尺寸】衣长46cm 肩宽33cm 袖长48cm
【工具】12号棒针
【材料】粉红色棉线350g 白色棉线50g 黑色棉线少量 拉链1条
【密度】10cm²：26针×34行
【制作过程】1. 棒针编织法，衣服按左前片、右前片和后片分别编织，完成后缝合而成。 2. 起针织后片，用双罗纹针起针法，白色棉线起104针织花样A，白色棉线与粉红色棉线间隔编织，织至20行后，改为粉红色棉线织花样B，织至102行时，两侧减针织成袖窿，减针方法为1-4-1，2-1-5，两侧针数减少9针，不加减针织至153行，中间留取40针不织，两侧减针织成后领，减针方法为2-1-2，织至156行时，两肩部各余下21针，收针断线。 3. 起针织左前片，用双罗纹针起针法，白色棉线起49针织花样A，白色棉线与粉红色棉线间隔编织，织至20行后，改为粉红色棉线织花样B，织至102行时，左侧减针织成袖窿，减针方法为1-4-1，2-1-5，共减少9针，不加减针织至136行，右侧减针织成前领，减针方法为1-7-1，2-2-6，共减少19针，织至156行时，肩部余下21针，收针断线。用同样的方法相反方向编织右前片，右前片织至92行时，插入黑色棉线与白色棉线间隔编织20行。 4. 前片与后片的两侧缝要对应缝合，两肩缝也要对应缝合。缝上拉链。

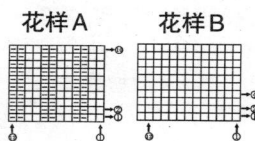

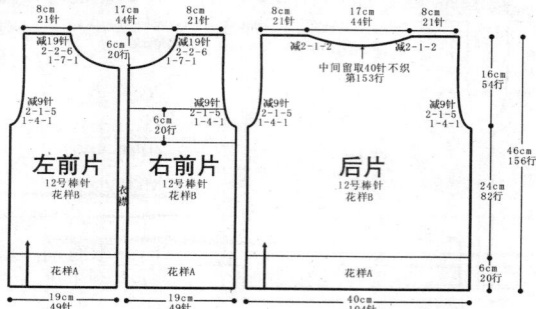

070

花样A　　花样B

左前片　花样B　花样A

右前片　花样B　花样A

后片　花样B　花样A

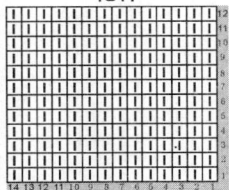

【成品尺寸】衣长39cm　胸围68cm　肩宽27cm　袖长34cm
【工具】8号棒针
【材料】粉红色毛线650g　枚红色50g　拉链1条　布贴
【密度】10cm²：24针×30行
【制作过程】1. 前后片以机器边起针编织双罗纹针，衣身编织，按图所示减针收袖窿、后领、前领。　2. 袖子同前、后片一样起针编织。　3. 前片、后片与袖片缝合，胸前熨粘布贴饰品。要点：为使拉链上得平整美观，需在门襟处织6针单罗纹针。

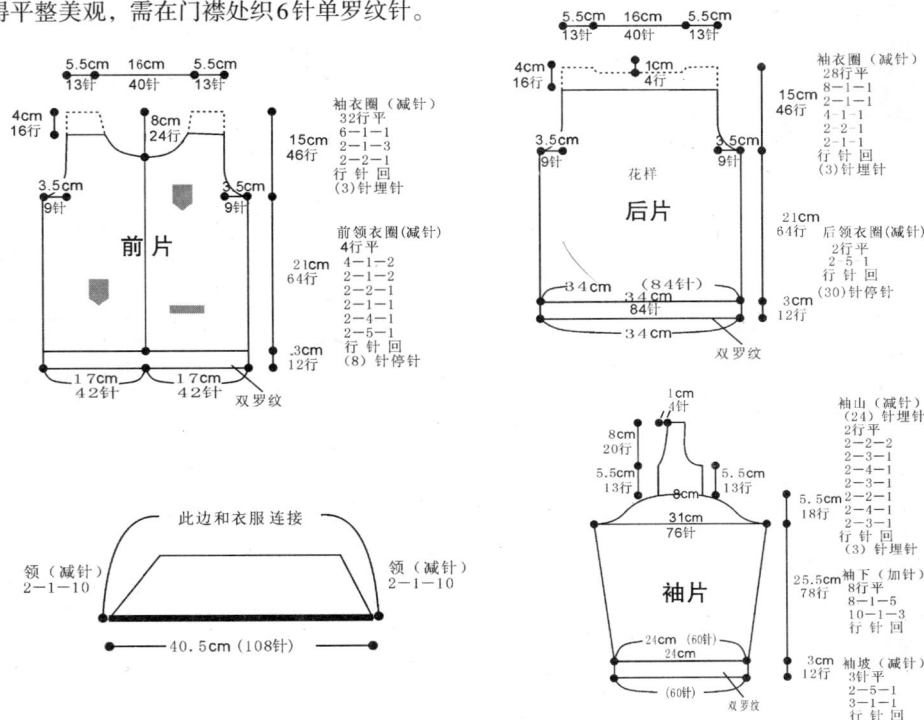

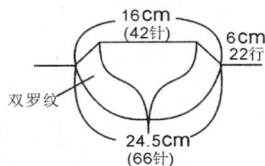

071

花样

前片

5.5cm 16cm 5.5cm
13针 40针 13针

4cm 8cm
16行 24行

3.5cm 3.5cm
9针 9针

15cm
46行

袖衣圈（减针）
32行平
6-1-1
2-1-3
2-2-1
行针回
(3)针埋针

前领衣圈（减针）
4行平
4-1-2
2-1-2
2-2-1
2-1-1
2-4-1
2-5-1
行针回
(8)针停针

21cm
64行

.3cm
12行

17cm 17cm
42针 42针

双罗纹

后片

5.5cm 16cm 5.5cm
13针 40针 13针

4cm 1cm
16行 4行

3.5cm 3.5cm
9针 9针

花样

34cm
84针

袖衣圈（减针）
28行平
8-1-1
4-1-1
2-2-1
2-1-1
行针回
(3)针埋针

15cm
46行

后领衣圈（减针）
2行平
2 5 1
行针回
(30)针停针

21cm
64行

3cm
12行

34cm
（84针）

双罗纹

袖片

5.5cm 16cm 5.5cm
13针 13针

8cm 1cm
20行 4针

8cm
8cm

31cm
76针

24cm
（60针）

24cm
（60针）

双罗纹

袖山（减针）
(24)针埋针
2行平
2-2-2
2-4-1
2-3-1
2-1-1
2-4-1
2-1-1
2-2-1
2-4-1
行针回
(3)针埋针

18行

25.5cm 袖下（加针）
78行 8行平
6-1-1
10-1-3
行针回

3cm 袖坡（减针）
12行 3针平
2-5-1
3-1-1
行针回

16cm 领（减针）
(42针) 2-1-10
22行

6cm
22行

24.5cm
(66针)

双罗纹

此边和衣服连接

领（减针）
2-1-10

领（减针）
2-1-10

40.5cm（108针）

【成品尺寸】衣长46cm　肩宽33cm　袖长48cm
【工具】12号棒针
【材料】粉红色棉线450g
【密度】10cm²：26针×34行
【制作过程】1. 棒针编织法，衣服按前片和后片分别编织，完成后缝合而成。　2. 起针织后片，用双罗纹针起针法，起104针织花样A，织至20行后，从第21行起，改织花样B，织至102行时，两侧减针织成袖窿，减针方法为1-4-1，2-1-5，两侧针数减少9针，不加减针织至153行时，中间留取40针不织，两侧减针织成后领，减针方法为2-1-2，织至156行时，两肩部各余下21针，收针断线。　3. 起针织前片，用双罗纹针起针法，起104针织花样A，织至20行时，从第21行起，改织花样B，织至102行后，两侧减针织成袖窿，减针方法为1-4-1，2-1-5，两侧针数减少9针，不加减针织至136行时，从第137行起将织片中间留取20针不织，两侧减针织成前领，减针方法为2-2-4，2-1-4，两侧各减少12针，织至156行时，两肩部各余下21针，收针断线。　4. 前片与后片的两侧缝要对应缝合，两肩缝也要对应缝合.

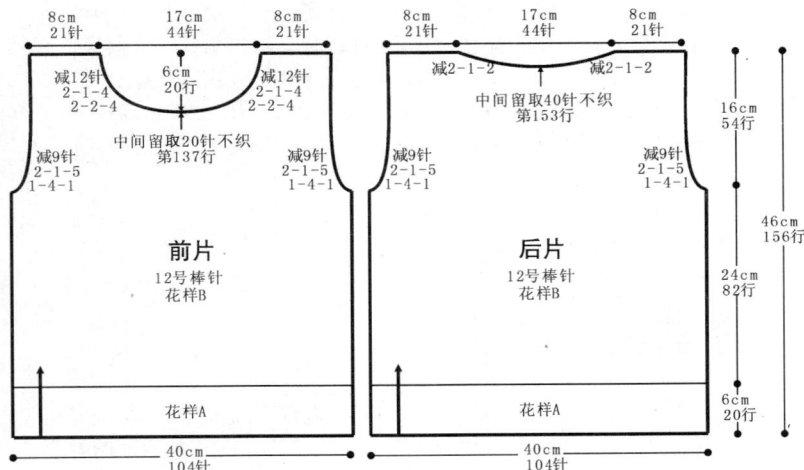

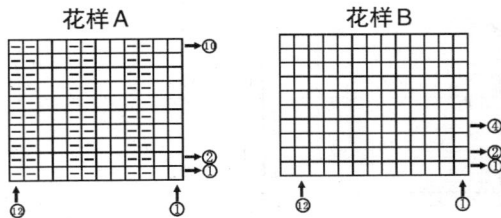

072

8cm 17cm 8cm
21针 44针 21针

减12针 6cm 减12针
2-1-4 20行 2-1-4
2-2-4 2-2-4

中间留取20针不织
第137行

减9针 减9针
2-1-5 2-1-5
1-4-1 1-4-1

前片
12号棒针
花样B

花样A

40cm
104针

8cm 17cm 8cm
21针 44针 21针

减2-1-2 减2-1-2

中间留取40针不织
第153行

减9针 减9针
2-1-5 2-1-5
1-4-1 1-4-1

后片
12号棒针
花样B

花样A

40cm
104针

16cm
54行

46cm
156行

24cm
82行

6cm
20行

花样A

花样B

117

073

【成品尺寸】 衣长52cm　胸围74cm　袖长42cm

【工具】 2mm棒针　绣花针

【材料】 粉红色羊毛绒线400g　绣花、亮片若干

【密度】 10cm²：44针×53行

【制作过程】 1. 前片、后片：按图起163针，先织5cm单罗纹后，改织全下针，左右两边按图示收成袖窿。　2. 编织结束后，将前后片侧缝、肩部、袖子缝合。从领口挑针，织5cm单罗纹，形成圆领。　3. 装饰：在胸口的位置绣上图案，并缝上亮片。

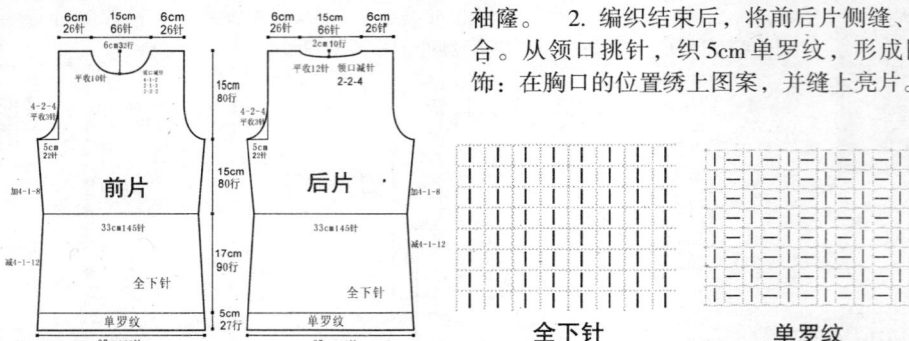

前片　后片

全下针　单罗纹

074

【成品尺寸】 衣长52cm　胸围74cm　袖长42cm

【工具】 2mm棒针　绣花针

【材料】 粉红色羊毛绒线400g　绣花、亮片若干

【密度】 10cm²：44针×53行

【制作过程】 1. 前片、后片：按图起163针，先织5cm单罗纹后，改织全下针，左右两边按图示收成袖窿。　2. 领口：前后领各按图示均匀减针，形成领口。　3. 编织结束后，将前后片侧缝、肩部、袖子缝合。从领口按图示挑针，织5cm单罗纹，形成圆领。　4. 装饰：在胸口的位置绣上图案，并缝上亮片。

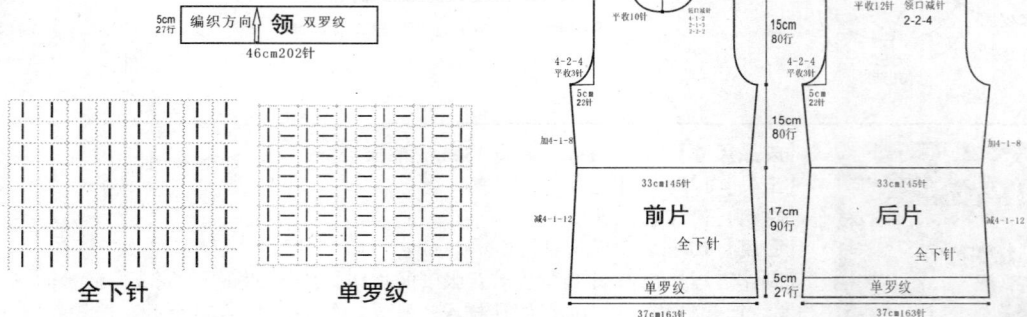

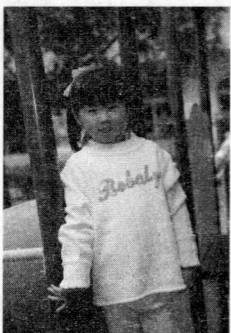

领　编织方向　双罗纹　46cm202针

领子结构图

全下针　单罗纹

前片　后片

075

【成品尺寸】 衣长46cm　肩宽33cm　袖长48cm

【工具】 12号棒针

【材料】 白色棉线450g

【密度】 10cm²：26针×34行

【制作过程】 1. 棒针编织法，衣服按前片和后片分别编织，完成后缝合而成。　2. 起针织后片，用下针起针法，起104针织花样A，织至62行后，改织花样B，织至102行时，两侧减针织成袖窿，减针方法为1-4-1，2-1-5，两侧针数减少9针，不加减针织至153行时，中间留取40针不织，两侧减针织成后领，减针方法为2-1-2，织至156行时，两肩部各余下21针，收针断线。　3. 起针织前片，用下针起针法，起104针织花样A，织至62行后，改织花样B，织至102行时，两侧减针织成袖窿，减针方法为1-4-1，2-1-5，两侧针数减少9针，不加减针织至136行时，从第137行起将织片中间留取20针不织，两侧减针织成前领，减针方法为2-2-4，2-1-4，两侧各减少12针，织至156行时，两肩部各余下21针，收针断线。　4. 前片与后片的两侧缝要对应缝合，两肩缝也要对应缝合。

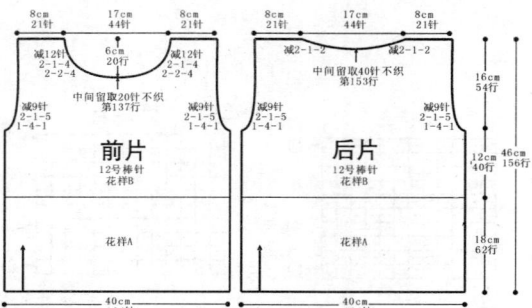

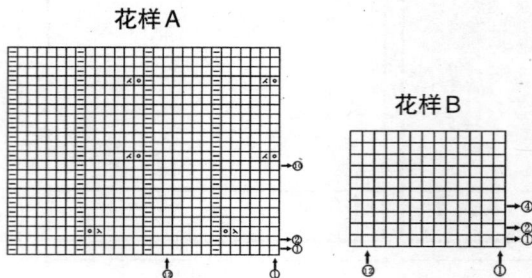

前片　后片

花样A　花样B

076

【成品尺寸】衣长46cm　肩宽33cm　袖长48cm

【工具】12号棒针

【材料】白色棉线450g

【密度】10cm²：26针×34行

【制作过程】1. 棒针编织法，衣服按前片和后片分别编织，完成后缝合而成。　2. 起针织后片，用下针起针法，起104针织花样A，织至20行后，改织花样B，织至102行时，两侧减针织成袖窿，减针方法为1-4-1，2-1-5，两侧针数减少9针，不加减针织至153行时，中间留取40针不织，两侧减针织成后领，减针方法为2-1-2，织至156行时，两肩部各余下21针，收针断线。　3. 起针织前片，用下针起针法，起104针织花样A，织至20行后，改织花样B，织至102行时，两侧减针织成袖窿，减针方法为1-4-1，2-1-5，两侧针数减少9针，不加减针织至136行时，从第137行起将织片中间留取20取不织，两侧减针织成前领，减针方法为2-2-4，2-1-4，两侧各减少12针，织至156行时，两肩部各余下21针，收针断线。　4. 前片与后片的两侧缝要对应缝合，两肩缝也要对应缝合。

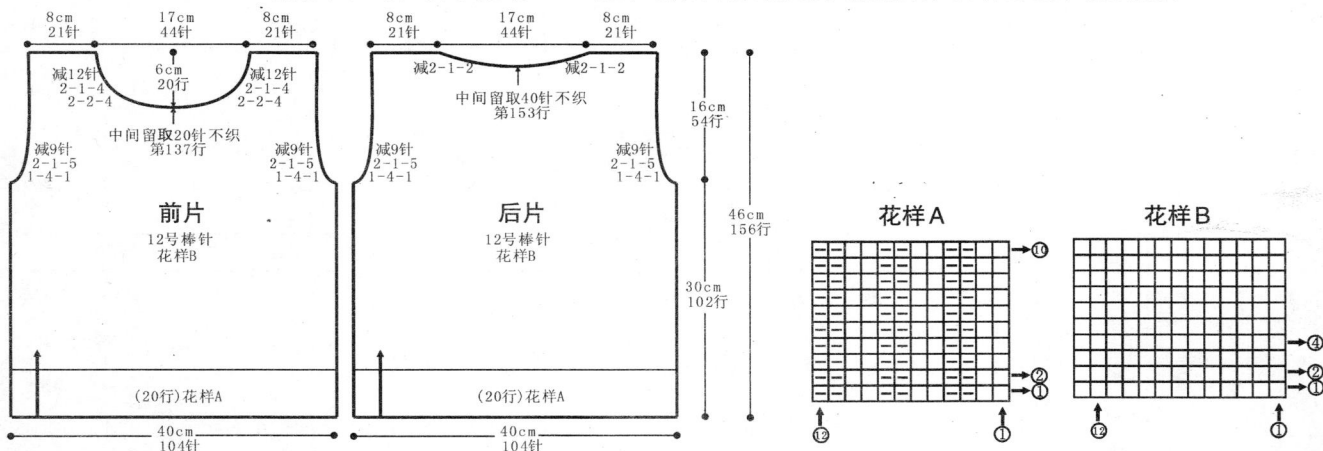

077

【成品尺寸】衣长52cm　胸围74cm　袖长42cm

【工具】2mm棒针　绣花针

【材料】白色羊毛绒线400g　绣花、亮片若干

【密度】10cm²：44针×53行

【制作过程】1. 前片、后片：按图起163针，先织5cm单罗纹后，改织全下针，左右两边按图所示收成袖窿。　2. 编织结束后，将前后片侧缝、肩部、袖子缝合。从领口挑针，织5cm单罗纹，形成圆领。　3. 装饰：在胸口的位置绣上图案，并缝上亮片。

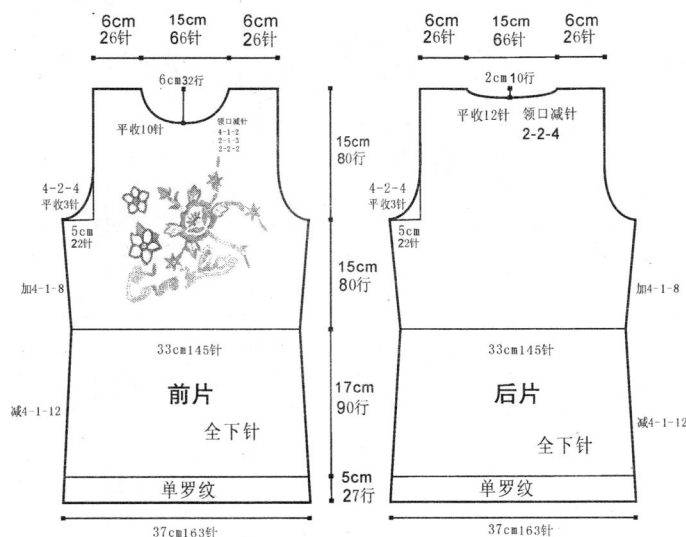

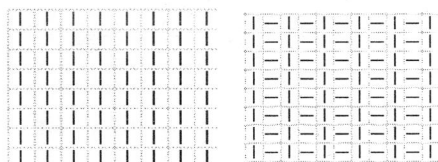

全下针　　　单罗纹

119

078

【成品尺寸】衣长46cm　肩宽33cm　袖长48cm
【工具】12号棒针
【材料】白色棉线450g
【密度】10cm²：26针×34行
【制作过程】1. 棒针编织法，衣服按前片和后片分别编织，完成后缝合而成。　2. 起针织后片，用下针起针法，起104针织花样A，织至4行后，改织花样C，织至62行后，再改织花样B，织至102行时，两侧减针织成袖窿，减针方法为1-4-1，2-1-5，两侧针数减少9针，不加减针织至153行，中间留取40针不织，两侧减针织成后领，减针方法为2-1-2，织至156行时，两肩部各余下21针，收针断线。　3. 起针织前片，用下针起针法，起104针织花样A，织至4行后，改织花样C，织至62行后，再改织花样B，织至102行时，两侧减针织成袖窿，减针方法为1-4-1，2-1-5，两侧针数减少9针，不加减针织至136行时，从第137行起将织片中间留取20针不织，两侧减针织成前领，减针方法为2-2-4，2-1-4，两侧各减少12针，织至156行时，两肩部各余下21针，收针断线。　4. 前片与后片的两侧缝要对应缝合，两肩缝也要对应缝合。

花样A　花样B　花样C　前片　后片

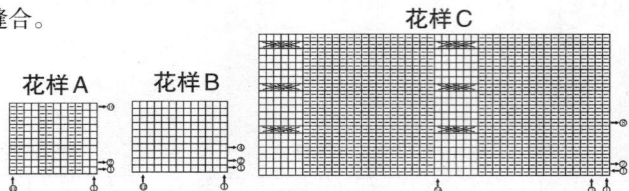

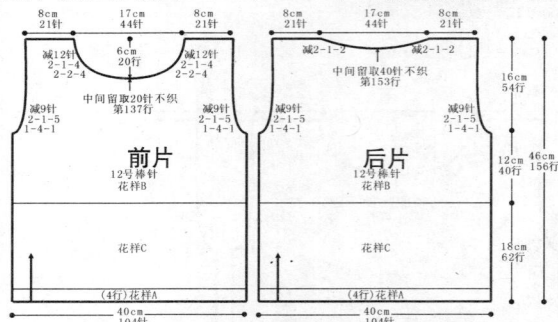

079

【成品尺寸】衣长47cm　胸围72cm　肩宽30cm　袖长44cm
【工具】2.5mm棒针
【材料】粉红色羊毛线250g　白色羊毛线少量　印花贴1套　拉链1条
【密度】10cm²：34针×46行
【制作过程】1. 后片：起122针，编织双罗纹针6cm，然后改织平针，织至26cm后，收袖窿，在离衣长2cm处收后领。　2. 前片：起62针，同后片一样编织，在离衣长6cm处收后领。　3. 缝合：将前片、后片与袖片进行缝合。　4. 领口：挑起144针，配色编织双罗纹针80行后对折缝合。　5. 沿着门襟衣领边挑起适合针数编织单罗纹针12行，然后再里折缝合，将拉链藏于门襟下边。

双罗纹　平针　后片　左前片　口袋

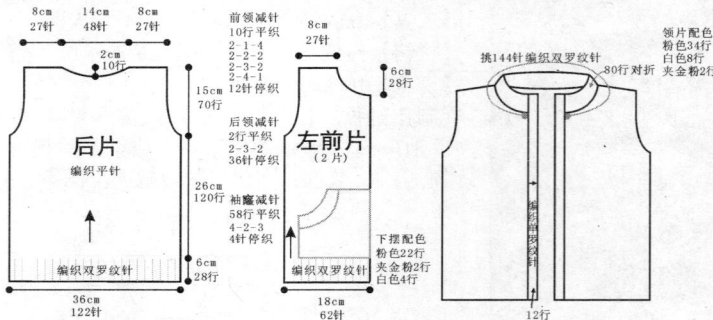

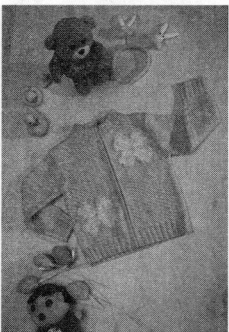

080

【成品尺寸】衣长46cm　胸围72cm　袖长40cm
【工具】3.25mm棒针
【材料】粉红色棉线400g　白色毛线少量　白色小珠子24颗　50cm白色蕾丝带2条　30cm粉红色丝带2根　拉链1条
【密度】10cm²：22针×33行
【制作过程】1. 左片前：用3.25mm棒针起40针，从下往上织双罗纹5cm，往上织平针，按图解织入白色花朵，织至25cm处开挂肩；按图解分别收袖窿、领子。　2. 后片：用3.25mm棒针起80针，织法与前片相同，后领按后片图解编织。　3. 装饰：白色蕾丝线围小花一圈，粉红色丝带和小珠子钉入小花内，装上拉链。

前片花朵

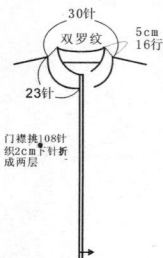

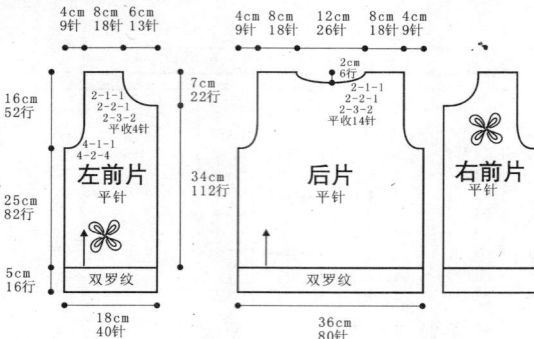

左前片　后片　右前片

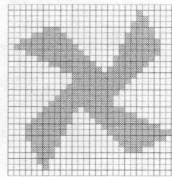

双罗纹　平针

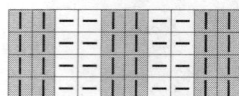

081

【成品尺寸】衣长38cm　胸围70cm　袖长34cm
【工具】3.5mm棒针
【材料】粉红色羊毛绒线400g　拉链1条
【密度】10cm²：20针×28行
【制作过程】1. 前片：分左右两片，分别按图起35针，织5cm双罗纹后，改织花样，左右两边按图所示收成袖窿。后片：按图起70针，织5cm双罗纹后，改织全下针，左右两边按图收成袖窿。　2. 袖片：按图起36针，织5cm双罗纹后，改织全下针，织至20cm后，按图所示均匀地减针，收成袖山。3. 编织结束后，将侧缝、肩部、袖子缝合。领圈挑针，织10cm双罗纹，折边缝合，形成双层开襟圆领。门襟挑针，织至3cm下针，折边缝合，形成双层门襟。　4. 装饰：缝上拉链。

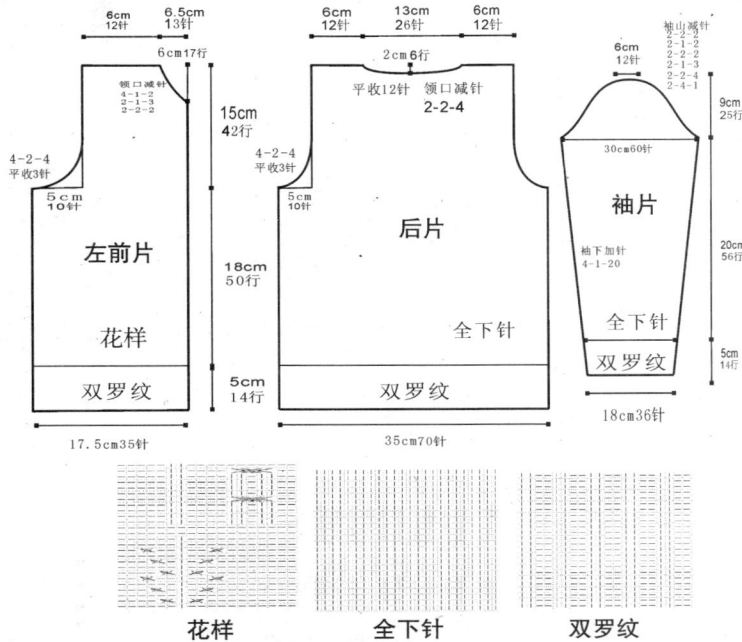

左前片：
6cm 12针　6.5cm 13针
6cm 17行
领口减针 4-1-2 / 2-1-3 / 2-2-2
15cm 42行
4-2-4 平收3针
5cm 10针
左前片　花样
18cm 50行
双罗纹
5cm 14行
17.5cm 35针

后片：
6cm 12针　13cm 26针　6cm 12针
2cm 6行
平收12针　领口减针 2-2-4
4-2-4 平收3针
5cm 10针
后片　全下针
双罗纹
35cm 70针

袖片：
袖山减针 2-2-2 / 2-2-2 / 2-1-3 / 2-1-3 / 2-4-1
6cm 12针
9cm 25行
30cm 60针
袖片　全下针
袖下加针 4-1-20
20cm 56行
双罗纹
5cm 14行
18cm 36针

花样　　全下针　　双罗纹

082

【成品尺寸】衣长46cm　肩宽33cm　袖长48cm
【工具】12号棒针
【材料】粉红色棉线400g　拉链1条
【密度】10cm²：26针×34行
【制作过程】1. 棒针编织法，衣服按左前片、右前片和后片分别编织，完成后缝合而成。　2. 起针织后片，用双罗纹针起针法，起104针织花样A，织至20行后，改织花样B，织至102行时，两侧减针织成袖窿，减针方法为1-4-1，2-1-5，两侧针数减少9针，不加减针织至153行时，中间留取40针不织，两侧减针织成后领，减针方法为2-1-2，织至156行时，两肩部各余下21针，收针断线。　3. 起针织左前片，用双罗纹针起针法，起49针织花样A，织至20行后，改为花样B与花样C组合编织，如图所示，织至102行时，左侧减针织成袖窿，减针方法为1-4-1，2-1-5，共减少9针，不加减针织至136行，右侧减针织成前领，减针方法为1-7-1，2-2-6，共减少19针，织至156行时，肩部余下21针，收针断线。用同样的方法相反方向编织右前片，右前片织法如图所示。　4. 前片与后片的两侧缝要对应缝合，两肩缝也要对应缝合。

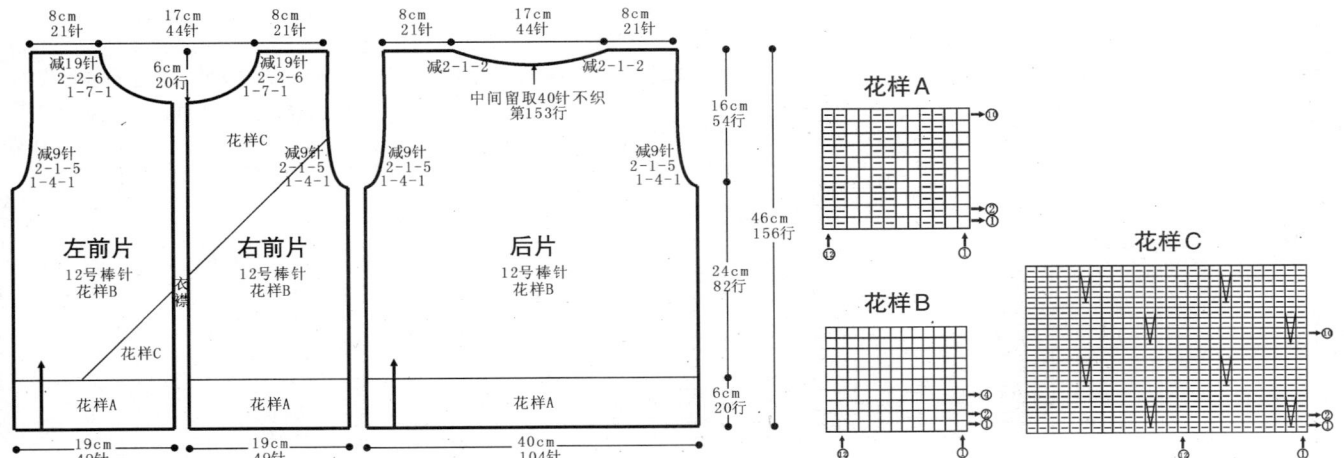

左前片：
8cm 21针　17cm 44针　8cm 21针
减19针 2-2-6 / 1-7-1
6cm 20行
减9针 2-1-5 / 1-4-1
左前片 12号棒针 花样B
花样C
花样A
19cm 49针

右前片：
减9针 2-1-5 / 1-4-1
右前片 12号棒针 花样B
花样C
衣襟
花样A
19cm 49针

后片：
8cm 21针　17cm 44针　8cm 21针
减2-1-2　减2-1-2
中间留取40针不织 第153行
减9针 2-1-5 / 1-4-1
减9针 2-1-5 / 1-4-1
后片 12号棒针 花样B
花样A
16cm 54行
46cm 156行
24cm 82行
6cm 20行
40cm 104针

花样A　　花样B　　花样C

083

【成品尺寸】衣长46cm　肩宽33cm　袖长48cm
【工具】12号棒针
【材料】粉红色棉线450g　蕾丝边
【密度】10cm²：26针×34行
【制作过程】1. 棒针编织法，衣服按前片和后片分别编织，完成后缝合而成。　2. 起针织后片，用双罗纹针起针法起104针织花样A，织至20行后，从第21行起，改织花样B，织至102行时，两侧减针织成袖窿，减针方法为1-4-1，2-1-5，两侧针数减少9针，不加减针织至153行时，中间留取40针不织，两侧减针织成后领，减针方法为2-1-2，织至156行时，两肩部各余下21针，收针断线。　3. 起针织前片，用双罗纹针起针法起104针织花样A，织至20行时，从第21行起，改织花样B，织至102行时，两侧减针织成袖窿，减针方法为1-4-1，2-1-5，同时织片从中间分成左右两片，减针织前领，减针方法为2-1-22，织至156行时，两肩部各余下21针，收针断线。　4. 前片与后片的两侧缝要对应缝合，两肩缝也要对应缝合。　5. 领边缝好蕾丝边。

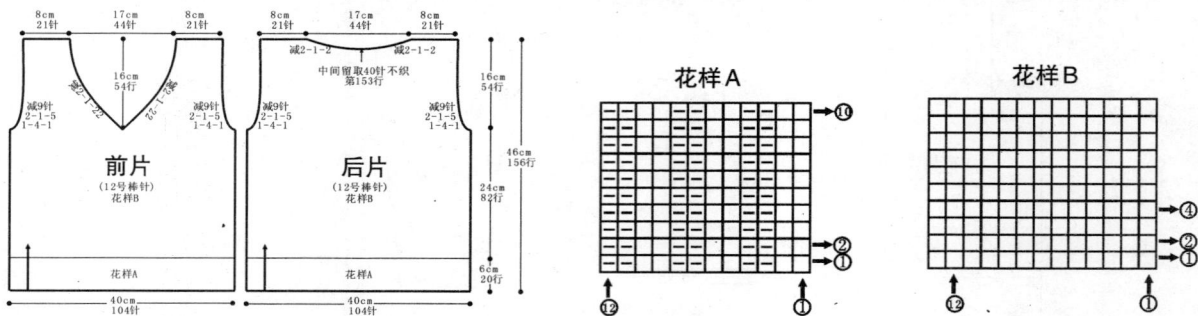

花样A　　花样B

084

【成品尺寸】衣长38cm　胸围74cm　袖长34cm
【工具】3.5mm棒针
【材料】白色羊毛绒线　标志图案1枚　前片装饰绳子2根　丝绸布料缝制的衣领1件
【密度】10cm²：20针×28行
【制作过程】1. 前片、后片：按图起74针，织5cm双罗纹后，改织全下针，左右两边按图所示收成袖窿。　2. 编织结束后，将前后片侧缝、肩部、袖子缝合。领圈挑针，织5cm双罗纹，领尖叠压缝合。　3. 装饰：缝上标志图案，缝好用丝绸布料缝制的衣领，穿好前片装饰绳子。

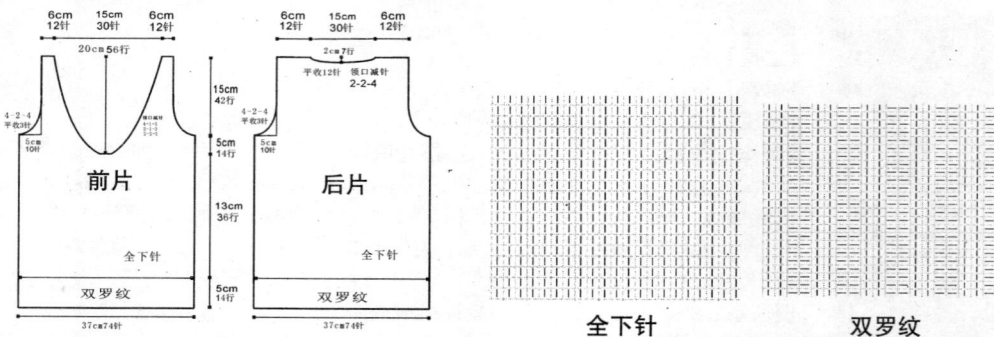

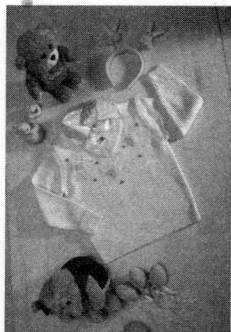

全下针　　双罗纹

085

【成品尺寸】衣长38cm　胸围74cm　袖长34cm
【工具】3.5mm棒针　绣花针
【材料】浅枚红色羊毛绒线400g　绣花图案若干
【密度】10cm²：20针×28行
【制作过程】1. 前片、后片：按图起74针，织5cm单罗纹后，改织全下针，左右两边按图所示收成袖窿。　2. 编织结束后，将前后片侧缝、肩部、袖子缝合。领圈挑针，织5cm单罗纹，领尖缝合，形成V领。　3. 装饰：绣上绣花图案。

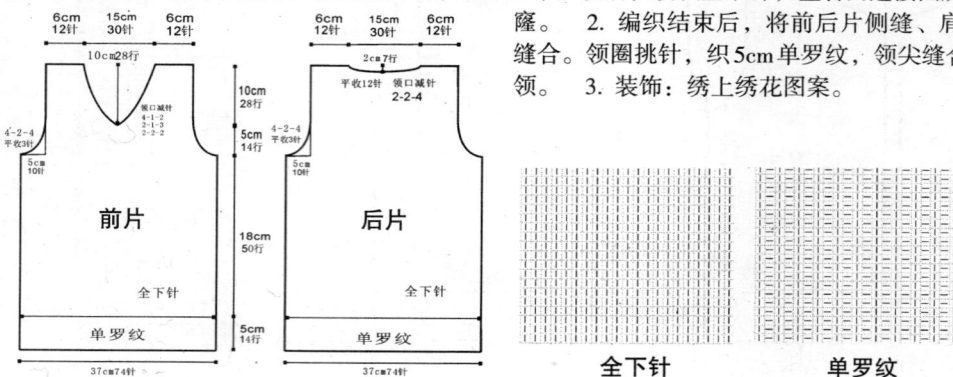

全下针　　单罗纹

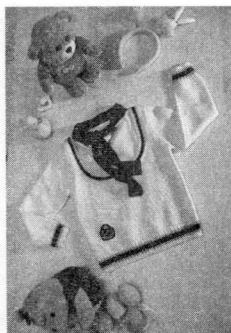

086

【成品尺寸】衣长38cm　胸围74cm　袖长34cm
【工具】3.5mm棒针
【材料】白色羊毛绒线300g　黑色、蓝色毛线各少量　标志图案1枚　丝绸布料缝制的衣领1件
【密度】10cm²：20针×28行
【制作过程】1. 前片、后片：按图起74针，织5cm双罗纹并间色之后，改织全下针，左右两边按图所示收成袖窿。　2. 编织结束后，将前后片侧缝、肩部、袖子缝合。领圈挑针，织5cm双罗纹，并间色，形成圆领。　3. 装饰：绣上标志图案，缝好丝绸布料缝制的衣领。

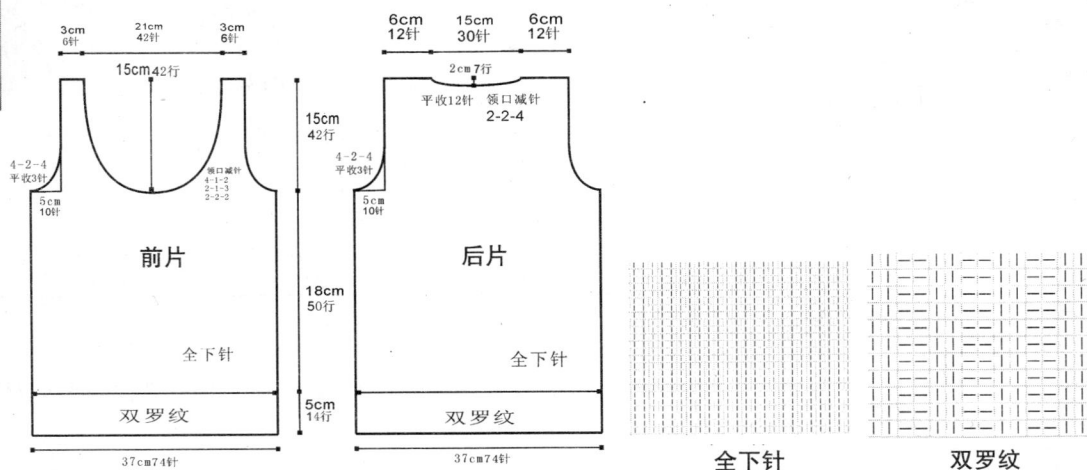

前片

后片

全下针

双罗纹

087

【成品尺寸】衣长46cm　肩宽33cm　袖长48cm
【工具】12号棒针　1.25mm钩针
【材料】粉红色棉线400g
【密度】10cm²：26针×34行
【制作过程】1. 棒针编织法，衣服分为左前片、右前片和后片分别编织，完成后缝合而成。　2. 起织后片，用下针起针法起104针织花样B，织至102行，两侧减针织成袖窿，减针方法为1-4-1，2-1-5，两侧针数减少9针，不加减针织至153行，中间留取40针不织，两侧减针织成后领，方法为2-1-2，织至156行，两肩部各余下21针，收针断线。　3. 起织左前片，用下针起针法起49针织花样B，织至102行，左侧减针织成袖窿，减针方法为1-4-1，2-1-5，共减少9针，不加减针织至136行，右侧减针织成前领，方法为1-7-1，2-2-6，共减19针，织至156行，肩部余下21针，收针断线，用同样的方法相反方向编织右前片。　4. 前片与后片的两侧缝对应缝合，两肩缝对应缝合。
5. 沿领口、衣襟、衣摆钩织花样A，作为花边。

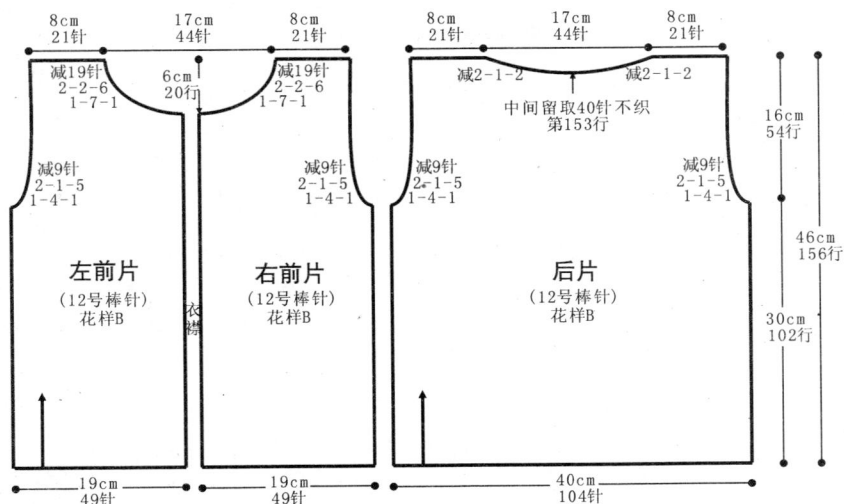

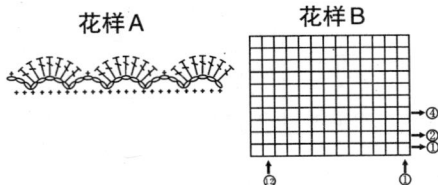

左前片
(12号棒针)
花样B

右前片
(12号棒针)
花样B

后片
(12号棒针)
花样B

花样A

花样B

123

088

【成品尺寸】衣长38cm　胸围70cm　袖长34cm
【工具】3.5mm棒针
【材料】紫红色羊毛绒线400g　拉链1条
【密度】10cm²：20针×28行
【制作过程】1. 前片：分左右两片，分别按图起35针，织5cm双罗纹后，改织花样，左右两边按图示收成袖窿。后片：按图起70针，织5cm双罗纹后，改织花样，左右两边按图收成袖窿。　2. 领口：前后领各按图示均匀减针，形成领口。　3. 编织结束后，将侧缝、肩部、袖子缝合。领圈挑针，织8cm双罗纹，形成翻领。门襟挑针，织3cm下针，折边缝合，形成双层拉链边。　4. 装饰：缝上拉链。

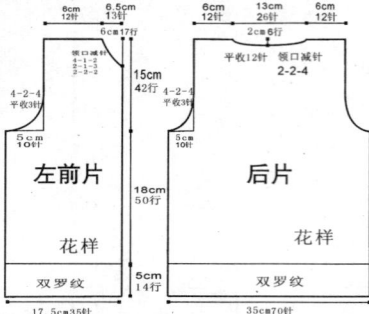

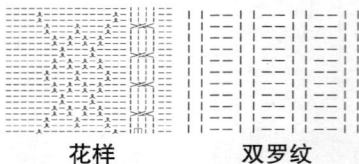

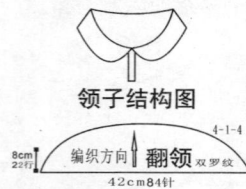

左前片　花样　双罗纹
后片　花样　双罗纹

领子结构图
编织方向　翻领　双罗纹
花样　双罗纹

089

【成品尺寸】衣长48cm　胸围74cm　袖长42cm
【工具】3.25mm棒针　3.75mm棒针
【材料】粉红色线150g　枣红色线250g　小狗布贴1个　圆圈布贴3个　红色蕾丝花边60cm　白色珠子18颗
【密度】10cm²：26针×32行
【制作过程】1. 前片：用3.25mm棒针、枣红色线起96针，从下往上织双罗纹1cm，换粉红色线继续织双罗纹4cm再换花样编织，换3.75mm棒针织平针，织到12cm处按图解换线，再织14cm开挂肩，按图解两边分别收袖窿、收领子。后片：底边与前片一样，身片全用枣红色线织平针。　2. 前后片及袖片缝合后按图解挑领子，用3.25mm棒针、粉红色线编织双罗纹，织到4cm处换枣红色线织1cm。　3. 装饰：把小狗布贴缝在前片右下方，圆圈布贴缝在图示位置。红色蕾丝花边缝在前片粉红色线和枣红色线交接处，均匀地钉上18颗珠子。

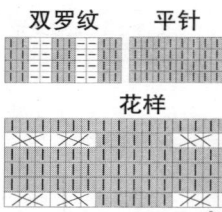

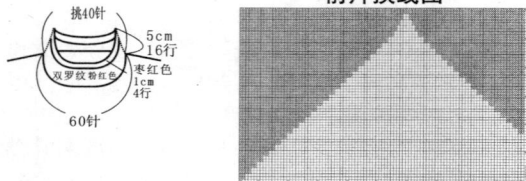

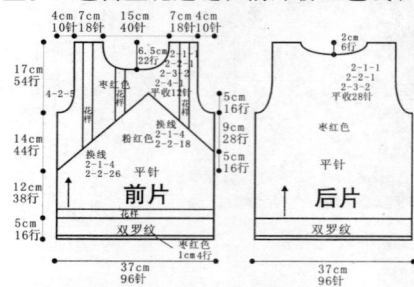

双罗纹　平针
花样

挑40针　双罗纹粉红色　枣红色
60针

前片换线图

前片　后片

090

【成品尺寸】衣长42cm　胸围50cm　袖长40cm
【工具】3.5mm棒针
【材料】淡紫色毛线450g　拉链1条
【密度】10cm²：35针×35行
【制作过程】1. 左右前片：起42针，织花样A，织6cm后改织花样C，织至28cm留袖窿，两边各平收2针，然后隔1行减1针，减4次，再每隔6行减1针，减2次，织至35cm开始收前领窝，在中间平收4针，两边隔1行减1针，共减2行。　2. 后片：起84针织花样A，织6cm后改织花样B，织至28cm留袖窿，两边各平收2针，然后隔1行减1针，减4次，再每隔6行减1针，减2次，织至40cm开始收后领窝，在中间平收4针，两边隔1行减1针，共减2行。　3. 领子：缝合前后片，在领围挑116针织花样A，织至7cm，全部平收。　4. 门襟：从胸前连领子共挑起115针，织花样B2cm，对折缝合。缝上拉链。

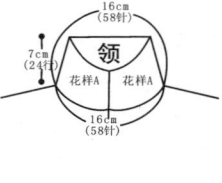

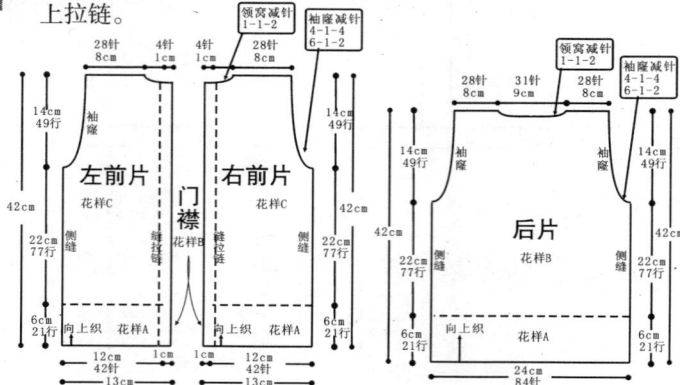

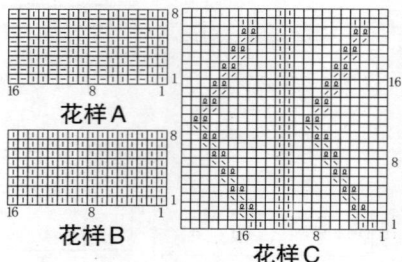

领
花样A　花样A

左前片　花样C　门襟　右前片　花样C
向上织　花样A　花样A

后片　花样B　向上织　花样A

花样A
花样B　花样C

【成品尺寸】 衣长44cm　胸围72cm　袖长38cm
【工具】 3.0mm棒针　3.5mm钩针
【材料】 淡紫色线450g　绿色、白色、红色、粉色线各少量　纽扣5枚　粉色珍珠若干
【密度】 棒针密度10cm²：28针×32行　钩针密度10cm²：20针×10行
【制作过程】 1. 左右前片：用3.0mm棒针起50针，从下往上织双罗纹5cm，换用3.5mm钩针钩花样，织到23cm处开挂肩，按图解收袖窿、收领口。　2. 后片：用3.0mm棒针起100针，织法同前片，后领按后片图解编织。　3. 门襟挑100针，织4cm双罗纹，在2cm处留5个扣眼。　4. 前后片及袖片缝合后按图解挑领子，用3.0mm棒针编织双罗纹，织到5cm收针。　5. 按图解钩花朵和叶子，花朵上缝上9颗粉色珍珠，中间1颗大的，四周8颗小的，按实物图缝在前片上。

091

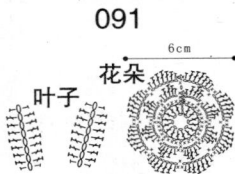

叶子　花朵

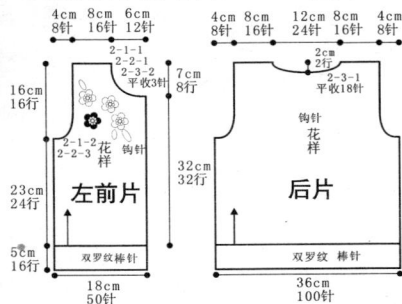

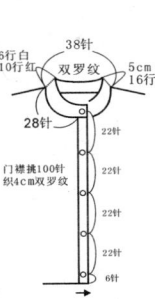

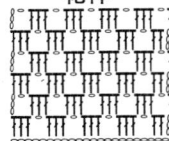

平针
双罗纹
花样

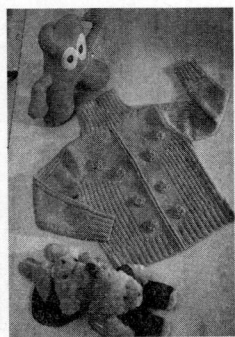

【成品尺寸】 衣长47cm　胸围72cm　袖长38cm
【工具】 3.0mm棒针　3.5mm钩针1根
【材料】 淡紫色线450g　绿色、白色、红色、粉红色线各少量　拉链1条　粉色珍珠若干
【密度】 棒针密度10cm²：28针×32行　钩针密度10cm²：20针×10行
【制作过程】 1. 左右前片：用3.0mm棒针起50针，从下往上织双罗纹5cm，换用3.5mm钩针钩花样，织到26cm处开挂肩，按图解收袖窿、收领口。　2. 后片：用3.0mm棒针起100针，织法同前片，后领按后片图解编织。　3. 门襟挑108针，织4cm双罗纹，对折缝合。　4. 前后片及袖片缝合后按图解挑领子，用3.0mm棒针编织双罗纹，织到5cm收针。　5. 按图解钩小花，小花上缝上9颗粉色珍珠，中间一颗大的，四周8颗小的，按实物图缝在前片上。

092

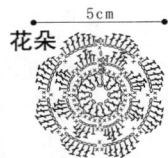

花朵

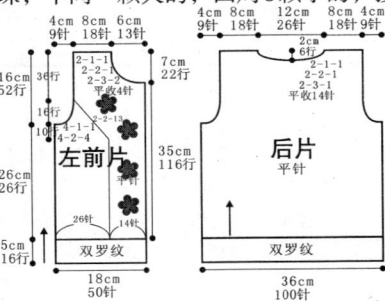

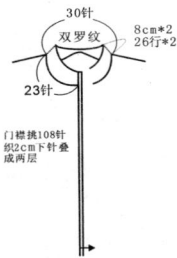

花样　平针　双罗纹

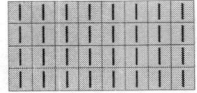

【成品尺寸】 衣长38cm　胸围74cm　连肩袖长41cm
【工具】 3.5mm棒针
【材料】 浅紫色羊毛绒线500g　红色、黄色、白色羊毛绒线各少量　绣花图案若干
【密度】 10cm²：20针×28行
【制作过程】 1. 前片、后片：按图起74针，织5cm双罗纹后，改织全下针，并编入图案，左右两边按图示收成插肩袖。　2. 领口：前后领各按图示均匀减针，形成领口。　3. 袖片：按图起40针，织5cm双罗纹后，改织全下针，并编入图案，织至25cm按图示均匀减针，收成插肩袖山。　4. 编织结束后，将前后片侧缝、袖子缝合。领窝挑针，织10cm双罗纹，折边缝合，形成双层圆领。　5. 装饰：缝上绣花图案。

093

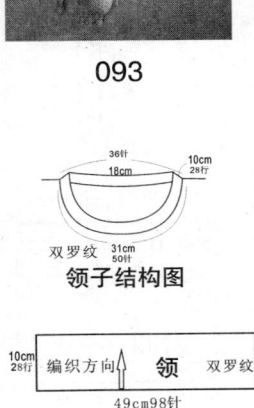

领子结构图

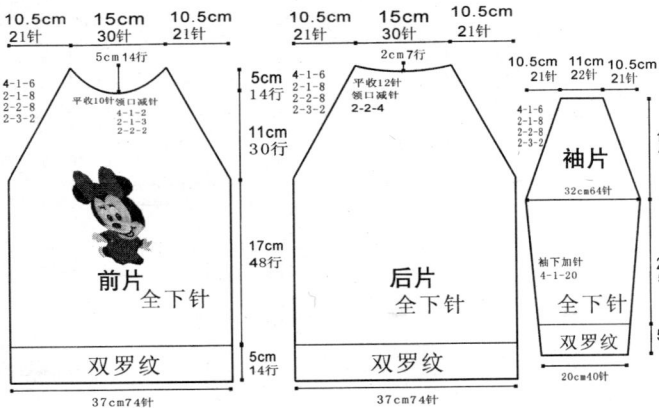

前片　全下针
后片　全下针
袖片

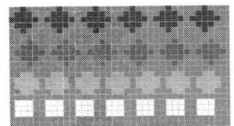

图案

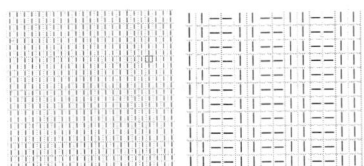

全下针　双罗纹

094

【成品尺寸】衣长46cm　肩宽40cm　袖长48cm
【工具】12号棒针
【材料】粉红色棉线250g　绿色、黄色、白色、蓝色棉线各50g　拉链1条
【密度】10cm²：26针×34行
【制作过程】1. 棒针编织法，衣服按左前片、右前片和后片分别编织，完成后缝合而成。　2. 起针织后片，用双罗纹针起针法，起104针织花样A，粉红色棉线编织，织至20行后，改织花样B，织至102行时，两侧减针织成插肩袖窿，减针方法为1-3-1、2-1-27，两侧针数减少30针，余下44针，留待编织帽子。　3. 起针织左前片，用双罗纹针起针法，起49针织花样A，织至20行后，改织花样B，织至102行时，左侧减针织成插肩袖窿，减针方法为1-3-1、2-1-27，共减少30针，织至142行时，右侧减针织成前领，减针方法为1-11-1、2-1-7，共减少18针，织至156行时，收针断线，用同样的方法相反方向编织右前片。　4. 起针织左口袋片，沿左前片花样A边沿挑针，挑起49针，编织花样B，5色线组合编织，织22行后，左侧减针织成袋口，减针方法为2-2-13，织至48行时收针，袋顶与衣身左前片对应缝合，用同样的方法编织右口袋片。　5. 前片、口袋片及后片的两侧缝要对应缝合。

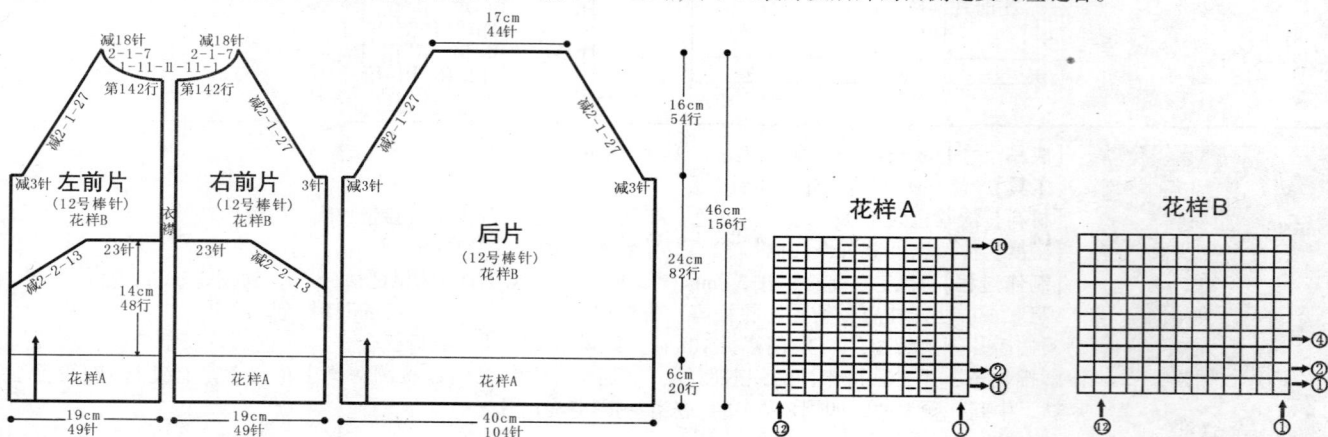

095

【成品尺寸】衣长32cm　肩宽33cm　袖长48cm
【工具】12号棒针
【材料】粉红色棉线300g　蓝色、白色棉线各40g　拉链1条　字母图贴1副
【密度】10cm²：26针×34行
【制作过程】1. 后片：蓝色棉线起104针，织花样A，蓝色、白色棉线间隔编织，织至8cm后，改为粉红色棉线织花样B，织至16cm时，开始袖窿减针，减针方法为1-4-1、2-1-5，织至30cm后，收后领，中间留取40针不织，两侧减针，方法为2-1-2，后片共织32cm。　2. 左前片：蓝色棉线起49针，织花样A，蓝色、白色棉线间隔编织，织至8cm后，改为粉红色棉线织花样B，织至16cm时，左侧袖窿减针，减针方法为1-4-1、2-1-5，织至24cm时，右侧前领减针，减针方法为1-7-1、2-2-6，共减少19针，左前片共织32cm，用同样方法相反方向编织右前片。　3. 帽子：粉红色棉线沿领口挑针织花样A，挑起96针织23cm的高度，将帽顶缝合，将帽边3针向内折叠缝合。　4. 衣襟：前襟共挑起68针，粉红色棉线织花样B，织至6行后，向内与起针合并，缝上拉链。　5. 在前胸处缝上字母图贴。

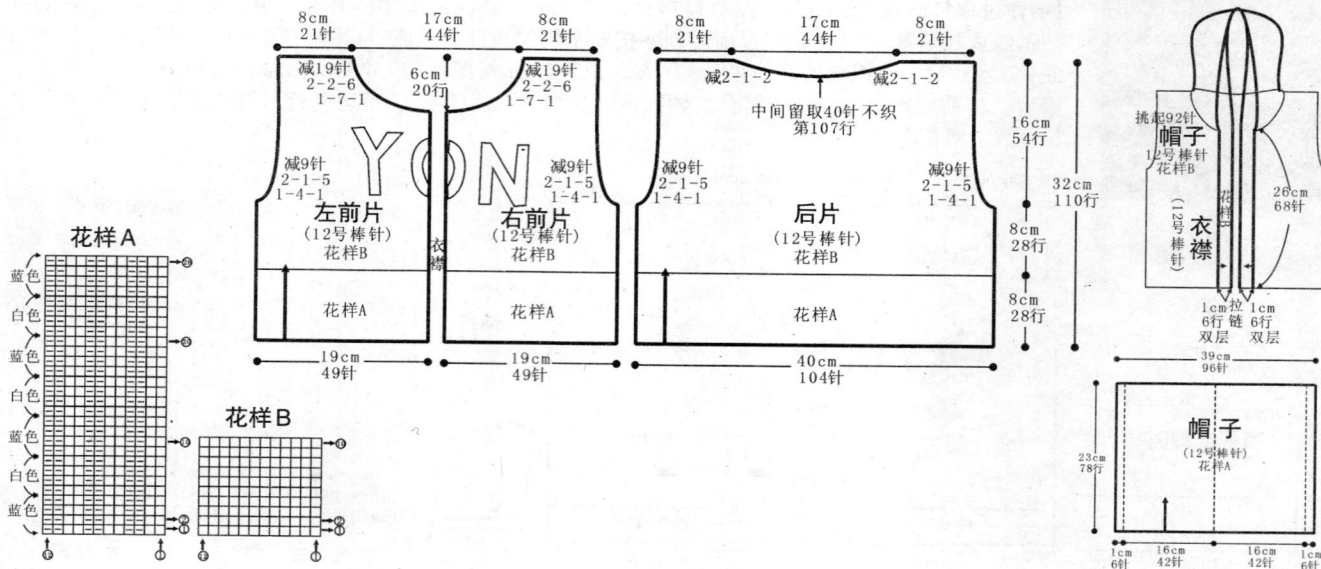

096

【成品尺寸】衣长38cm　胸围70cm　袖长34cm
【工具】3.5mm棒针
【材料】粉红色羊毛绒线400g　白色羊毛绒线50g　拉链1条　亮片若干
【密度】10cm²：20针×28行
【制作过程】1. 前片：分左右两片，分别按图起35针，织5cm双罗纹后，改织全下针，并间色，左右两边按图所示收成袖窿。后片：按图起70针，织5cm双罗纹后，改织全下针，并间色，左右两边按图所示收成袖窿。　2. 编织结束后，将侧缝、肩部、袖子缝合。帽子另织，与领圈缝合。门襟边和帽缘边挑针，织3cm全下针，折边缝合，形成双层拉链边。衣袋另织，并与前片缝合。　3. 装饰：缝上拉链和亮片。

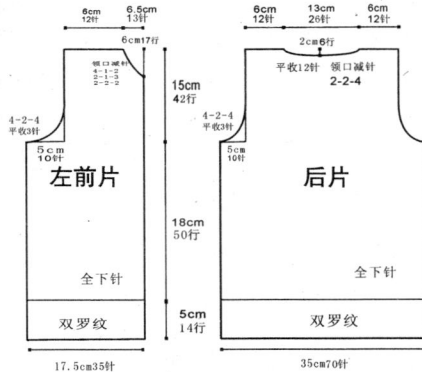

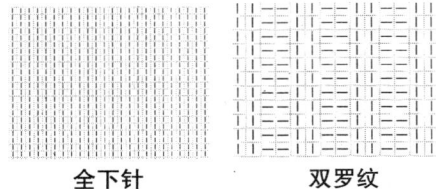

左前片 图：
- 6cm 12针 / 6.5cm 13针
- 6cm17行
- 领口减针 4-1-2 2-1-2 2-2-2
- 15cm 42行
- 4-2-4 平收3针
- 5cm 10针
- 左前片 全下针
- 18cm 50行
- 5cm 14行 双罗纹
- 17.5cm35针

后片 图：
- 6cm 12针 / 13cm 26针 / 6cm 12针
- 2cm 6行
- 平收12针　领口减针 2-2-4
- 后片 全下针
- 双罗纹
- 35cm70针

全下针　　双罗纹

097

【成品尺寸】衣长46cm　肩宽33cm　袖长48cm
【工具】12号棒针
【材料】粉红色棉线400g　蓝色、白色棉线各30g　拉链1条
【密度】10cm²：26针×34行
【制作过程】1. 后片：蓝色棉线起104针，织花样，蓝色棉线、白色棉线间隔编织，如衣摆图案，织至7cm改织粉红色棉线，织至30cm时开始袖窿减针，减针方法为1-4-1，2-1-5。织至45cm时收后领，中间留取40针不织，两侧减针，方法为2-1-2，后片共织46cm。　2. 左前片：蓝色棉线起49针，织花样，蓝色棉线、白色棉线间隔编织，如衣摆图案，织至7cm改织粉红色棉线，织至30cm时左侧袖窿减针，减针方法为1-4-1，2-1-5，织至40cm时右侧前领减针，减针方法1-7-1，2-2-6，共减少19针，左前片共织46cm。用同样方法相反方向织右前片。　3. 帽子：粉红色线沿领口挑针织花样，挑起96针织23cm的高度，将帽顶缝合，帽边3针向内折叠缝合。　4. 衣襟：前襟共挑起104针，粉红色棉线织花样，织至6行时，向内与起针合并。缝上拉链。

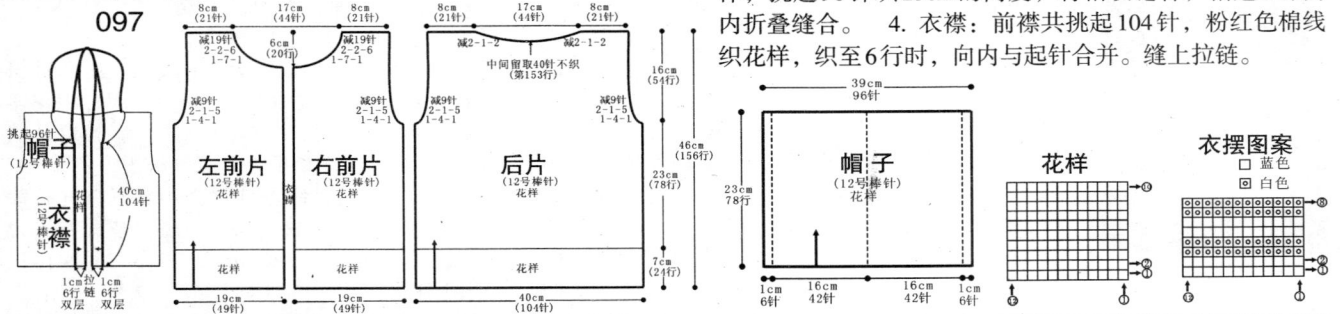

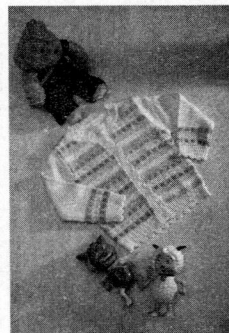

帽子 图：
- 挑起96针（12号棒针）
- 帽子（12号棒针）花样
- 衣襟（12号棒针）
- 40cm 104针
- 1cm拉链 6行链6行 双层 双层

左前片 图：
- 8cm 21针 / 17cm 44针 / 8cm 21针
- 减19针 2-2-6 1-7-1
- 6cm 20行
- 减9针 2-1-5 1-4-1
- 左前片（12号棒针）花样
- 花样
- 19cm 49针

右前片 图：
- 减19针 2-2-6 1-7-1
- 减9针 2-1-5 1-4-1
- 右前片（12号棒针）花样
- 花样
- 19cm 49针

后片 图：
- 8cm 21针 / 17cm 44针 / 8cm 21针
- 减2-1-2
- 中间留取40针不织（第153行）
- 减9针 2-1-5 1-4-1
- 后片（12号棒针）花样
- 花样
- 16cm 54行
- 46cm 156行
- 23cm 78行
- 7cm 24行
- 40cm 104针

帽子 图：
- 39cm 96针
- 帽子（12号棒针）花样
- 23cm 78行
- 1cm 6针 / 16cm 42针 / 16cm 42针 / 1cm 6针

花样

衣摆图案
□ 蓝色
回 白色

098

【成品尺寸】衣长38cm　胸围70cm　袖长34cm
【工具】3.5mm棒针
【材料】白色羊毛绒线300g　黄色、绿色、粉红色羊毛绒线各少量　扣子5枚
【密度】10cm²：20针×28行
【制作过程】1. 前片：分左右两片，分别按图起35针，织5cm单罗纹后，改织全下针，并间色，左右两边按图所示收成袖窿。后片：按图起70针，织5cm单罗纹后，改织全下针，并间色，左右两边按图所示收成袖窿。　2. 编织结束后，将侧缝、肩部、袖子缝合。门襟另织5cm单罗纹，与前片门襟缝合，领圈挑针，织5cm单罗纹，形成圆领。　3. 装饰：缝上扣子。

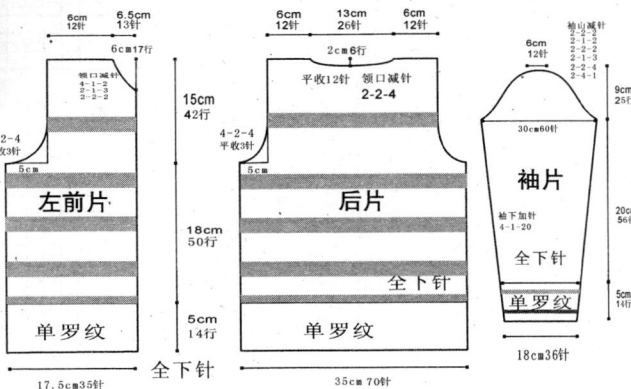

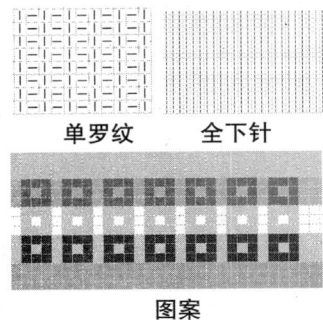

左前片 图：
- 6cm 12针 / 6.5cm 13针
- 6cm17行
- 领口减针 4-1-2 2-1-2 2-2-2
- 15cm 42行
- 4-2-4 平收3针
- 5cm
- 左前片
- 18cm 50行
- 5cm 14行 单罗纹
- 17.5cm35针　全下针

后片 图：
- 6cm 12针 / 13cm 26针 / 6cm 12针
- 2cm 6行
- 平收12针　领口减针 2-2-4
- 后片
- 全下针
- 单罗纹
- 35cm 70针

袖片 图：
- 6cm 12针
- 袖山减针 4-1-2 2-1-2 2-2-2 2-4-2
- 9cm 25行
- 30cm60针
- 袖片
- 全下针
- 袖下加针 4-1-20
- 单罗纹
- 20cm 56行
- 5cm 14行
- 18cm36针

单罗纹　　全下针

图案

【成品尺寸】衣长38cm　胸围74cm　连肩袖长41cm
【工具】3.5mm棒针
【材料】玫红色羊毛绒线500g　白色、浅蓝色羊毛绒线各少量　扣子5枚
【密度】10cm²：20针×28行
【制作过程】1. 前片、后片：按图起74针，织5cm双罗纹后，改织全下针，并编入图案，左右两边按图所示收成插肩袖。　2. 编织结束后，将前后片侧缝、袖子缝合，左前肩缝不用缝合，扣子边另织，领口以左前肩缝为中心挑针，织12cm双罗纹，形成翻领。　3. 装饰：缝上扣子。

099

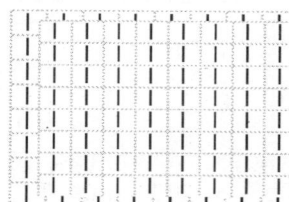

全下针

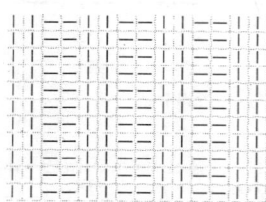

双罗纹

前片

10.5cm 21针　15cm 30针　10.5cm 21针
5cm 14行
4-1-6 / 2-1-8 / 2-2-8 / 2-3-2
平收10针领口减针
4-1-2 / 2-1-3 / 2-2-2
5cm 14行
11cm 30行
17cm 48行
5cm 14行
全下针
双罗纹
37cm74针

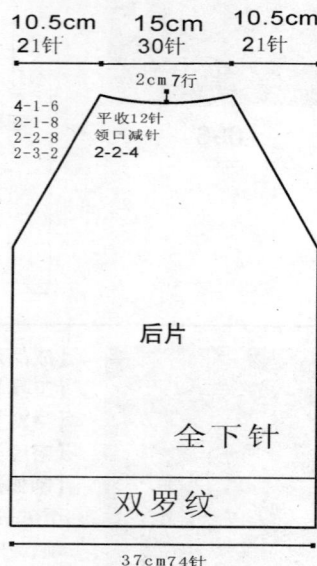

后片

10.5cm 21针　15cm 30针　10.5cm 21针
2cm 7行
4-1-6 / 2-1-8 / 2-2-8 / 2-3-2
平收12针
领口减针
2-2-4
全下针
双罗纹
37cm74针

【成品尺寸】衣长50cm　肩宽32cm　袖长54cm
【工具】10号棒针
【材料】红色棉线100g　白色棉线100g　粉红色、蓝色、绿色、黑色棉线各50g　拉链1条
【密度】10cm²：13针×17行
【制作过程】1. 棒针编织法，衣服按左前片、右前片和后片分别编织，完成后缝合而成。　2. 起针织后片，用双罗纹针起针法，白色棉线起52针织花样A，织至10行后，改为5种线组合编织，织花样B，织至58行时，两侧减针织成袖隆，减针方法为1-3-1，2-1-2，两侧针数减少5针，余下42针继续编织，两侧不再加减针，织至第83行时，中间留取14针不织，两端相反方向减针编织，各减少2针，减针方法为2-1-2，最后两肩部余下12针，收针断线。　3. 起针织左前片，用双罗纹针起针法，起24针织花样A，织至10行后，改织花样B，织至58行时，左侧减针织成袖隆，减针方法为1-3-1，2-1-2，共减少5针，继续往上织至79行，右侧减针织成前领，减针方法为1-3-1，2-1-4，共减少7针，织至86行时，肩部余下12针，收针断线。用同样的方法相反方向编织右前片。　4. 前片与后片的两侧缝要对应缝合，两肩部也要对应缝合。　5. 编织衣领，沿领口挑针，挑起40针，白色棉线编织，织花样A，织至16行后，收针断线。　6. 沿左右衣襟边横向挑织衣襟，白色棉线挑起90针，编织花样B，织至6行后，与起针合并形成双层衣襟边，然后缝好拉链。

100

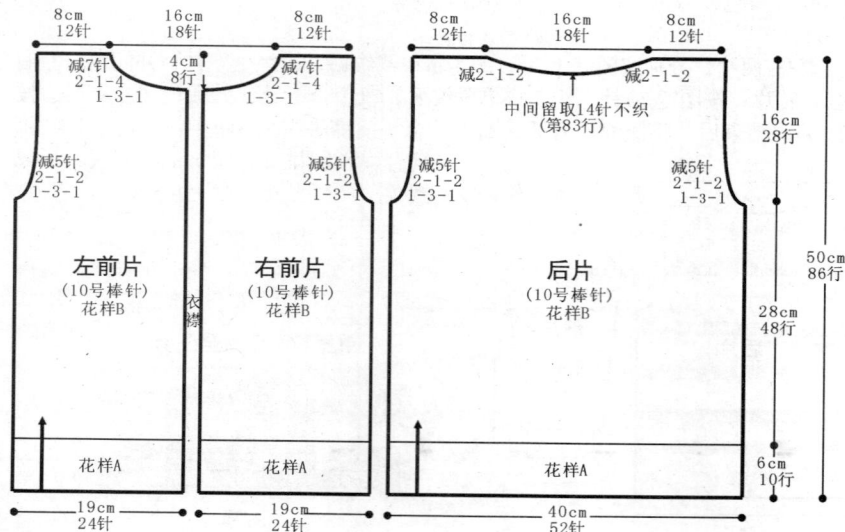

左前片 (10号棒针) 花样B
8cm 12针　16cm 18针　8cm 12针
减7针 2-1-4 1-3-1
4cm 8行
减5针 2-1-2 2-1-2 1-3-1
花样A
19cm 24针

右前片 (10号棒针) 花样B
减7针 2-1-4 1-3-1
减5针 2-1-2 2-1-2 1-3-1
花样A
19cm 24针

后片 (10号棒针) 花样B
8cm 12针　16cm 18针　8cm 12针
减2-1-2　减2-1-2
中间留取14针不织（第83行）
减5针 2-1-2 1-3-1　减5针 2-1-2 1-3-1
花样A
40cm 52针
16cm 28行
28cm 48行
6cm 10行
50cm 86行

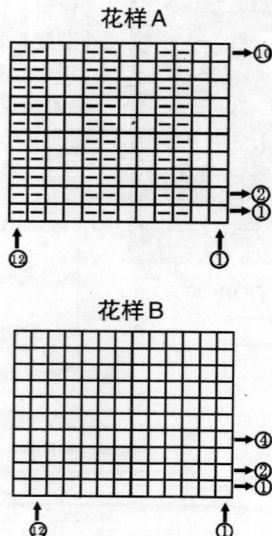

花样A
⑩
②①
⑫　①

花样B
④
②①
⑫　①

【成品尺寸】衣长46cm　肩宽33cm　袖长48cm

【工具】12号棒针

【材料】蓝色、绿色棉线各80g　白色、红色、粉红色棉线各50g　流苏若干

【密度】10cm²：26针×34行

【制作过程】1. 后片：起104针，织花样，各种颜色混合编织，织至30cm时开始袖窿减针，减针方法为1-4-1，2-1-5，织至45cm时，收后领，中间留取40针不织，两侧减针，方法为2-1-2，后片共织46cm。　2. 前片：起104针，织花样，各种颜色混合编织，织至30cm时开始袖窿减针，减针方法为1-4-1，2-1-5，织至40cm时，收前领，中间留取14针不织，两侧减针，方法为2-2-6，2-1-2，前片共织46cm。　3. 领子：蓝色棉线沿领口挑针织花样，挑起98针，织至14cm。　4. 沿领边、袖边及衣摆边缝上流苏。

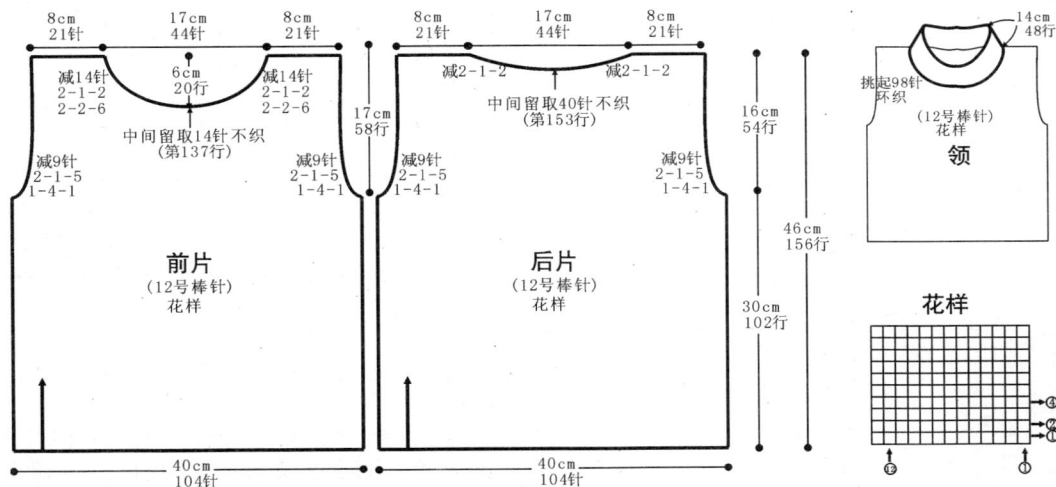

101

【成品尺寸】衣长50cm　肩宽32cm　袖长54cm

【工具】10号棒针

【材料】蓝色棉线100g　红色棉线100g　粉红色、黄色、白色棉线各50g　拉链1条

【密度】10cm²：13针×17行

【制作过程】1. 棒针编织法，衣服按左前片、右前片和后片分别编织，完成后缝合而成。　2. 起针织后片，用双罗纹针起针法，蓝色棉线起52针织花样A，织至10行，改为4种线组合编织，织花样B，织至58行时，两侧减针织成袖窿，减针方法为1-3-1，2-1-2，两侧针数减少5针，余下42针继续编织，两侧不再加减针，织至第83行时，中间留取14针不织，两端相反方向减针编织，各减少2针，减针方法为2-1-2，最后两肩部余下12针，收针断线。　3. 起针织左前片，用双罗纹针起针法，起24针织花样A，织至10行后，改织花样B，织至58行时，左侧减针织成袖窿，减针方法为1-3-1，2-1-2，共减少5针，继续往上织至79行时，右侧减针织成前领，减针方法为1-3-1，2-1-4，共减少7针，织至86行时，肩部余下12针，收针断线。用同样的方法相反方向编织右前片。　4. 前片与后

102

片的两侧缝要对应缝合，两肩部也要对应缝合。　5. 编织衣领，沿领口挑针，挑起40针，蓝色棉线编织，织花样A，织至26行后，向内与起针合并形成双层衣领，收针断线。　6. 缝好拉链。

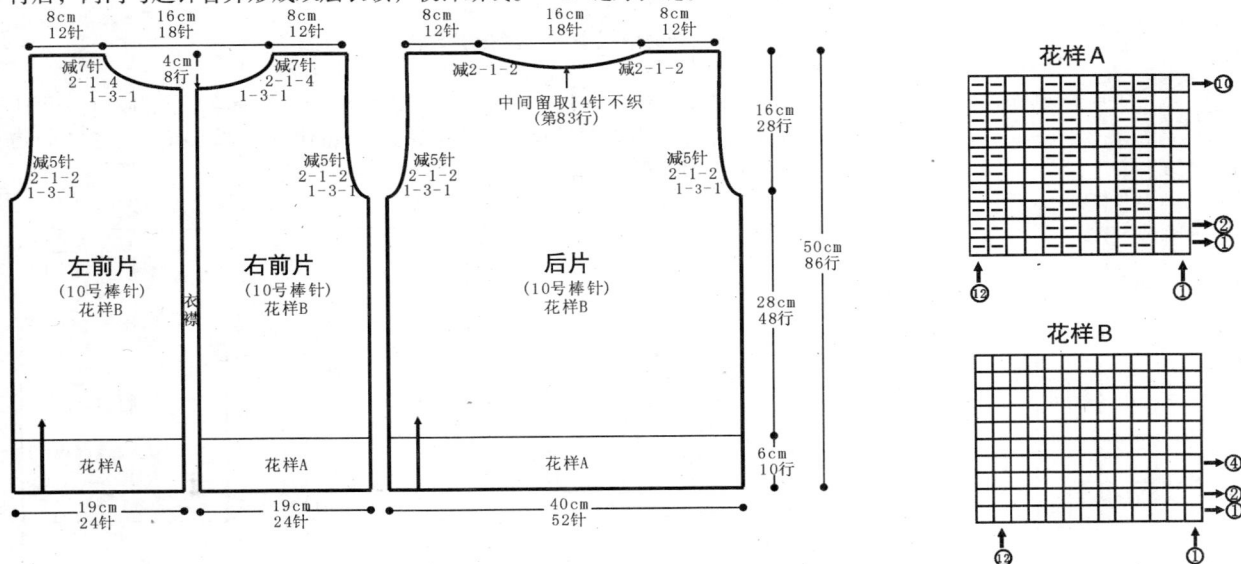

103

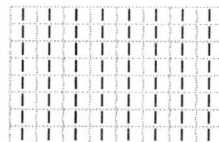

全下针

【成品尺寸】衣长38cm　胸围74cm　袖长34cm
【工具】3.5mm棒针　绣花针
【材料】粉红色、米白色羊毛绒线各150g　浅黄色、咖啡色羊毛绒线各少量　绣花图案若干
【密度】10cm²：20针×28行
【制作过程】1. 前片、后片：按图起74针，织5cm双罗纹后，改织全下针，并间色，左右两边按图所示收成袖窿。　2. 编织结束后，将前后片侧缝、肩部、袖子缝合。领圈挑针，织10cm单罗纹，折边缝合，形成双层圆领。　3. 装饰：缝上绣花图案。

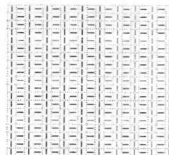

单罗纹

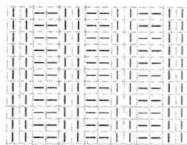

双罗纹

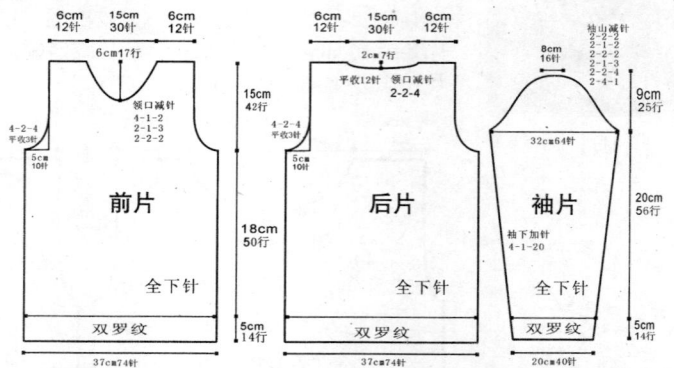

104

【成品尺寸】衣长38cm　胸围74cm　袖长34cm
【工具】3.5mm棒针　绣花针
【材料】粉红色羊毛绒线300g　各色羊毛绒线少量　亮片、图案若干
【密度】10cm²：20针×28行
【制作过程】1. 前片、后片：按图起74针，织5cm双罗纹后，改织全下针，并间色，左右两边按图所示收成袖窿。　2. 编织结束后，将前后片侧缝、肩部、袖子缝合。领圈挑针，织10cm双罗纹，折边缝合，形成双层圆领。　3. 装饰：缝上亮片和图案，围巾另织15cm全下针，并间色。

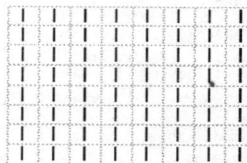

全下针

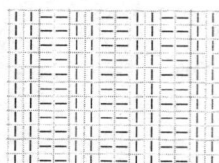

双罗纹

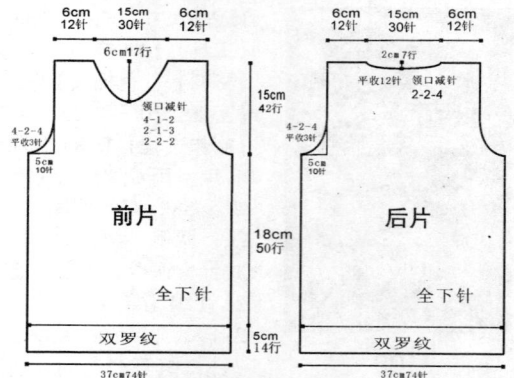

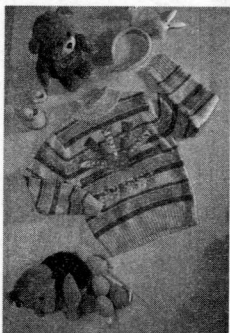

105

【成品尺寸】衣长38cm　胸围74cm　袖长34cm
【工具】3.5mm棒针　绣花针
【材料】粉红色羊毛绒线400g　各色羊毛绒线少量　绣花图案若干
【密度】10cm²：20针×28行
【制作过程】1. 前片、后片：按图起74针，织5cm双罗纹后，改织全下针，并间色，左右两边按图所示收成袖窿。　2. 编织结束后，将前后片侧缝、肩部、袖子缝合。领圈挑针，织10cm单罗纹，折边缝合，形成双层圆领。　3. 装饰：缝上绣花图案。

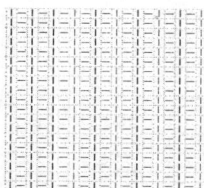

单罗纹

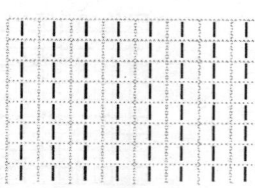

全下针

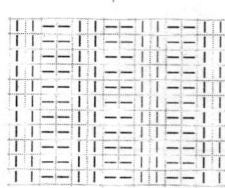

双罗纹

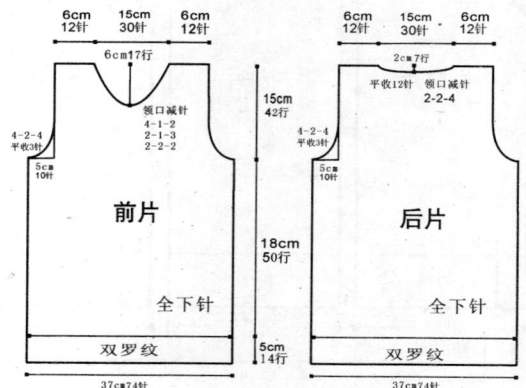

【成品尺寸】衣长46cm　肩宽33cm　袖长48cm
【工具】13号棒针
【材料】红色棉线350g　白色棉线50g　丝绸饰花
【密度】10cm²：26针×34行
【制作过程】1. 后片：红色棉线起104针，织花样A，织至6cm后，改织花样B，按图案b编入图案，织至30cm时开始袖窿减针，减针方法为1-4-1，2-1-5，织至45cm时，收后领，中间留取40针不织，两侧减针方法为2-1-2，后片共织46cm。　2. 前片：红色棉线起104针，织花样A，织至6cm后，改织花样B，按图案b编入图案，织至30cm时开始袖窿减针，减针方法为1-4-1，2-1-5。织至32cm时，收前领，中间留取48针不织，两侧减针，方法为2-2-2，2-1-5，前片共织46cm。　3. 前襟：红色棉线起48针，编织花样B，如图案a编入图案，一边织一边两侧加针，加针方法为2-2-2，2-1-5，织片加至66针，不加减针往上编织至34行时，从第35行中间留取18针不织，两侧减针织成前领，减针方法为2-2-7，织至48行时，两侧肩部各余下10针，收针断线，将肩部及前襟与衣服前片缝合。　4. 沿领口挑针编织衣领，挑起96针编织花样A，织12cm后，与起针合并形成双层衣领。　5. 沿前襟边沿挑针编织花样A，织至6行后，收针，缝上丝绸饰花。

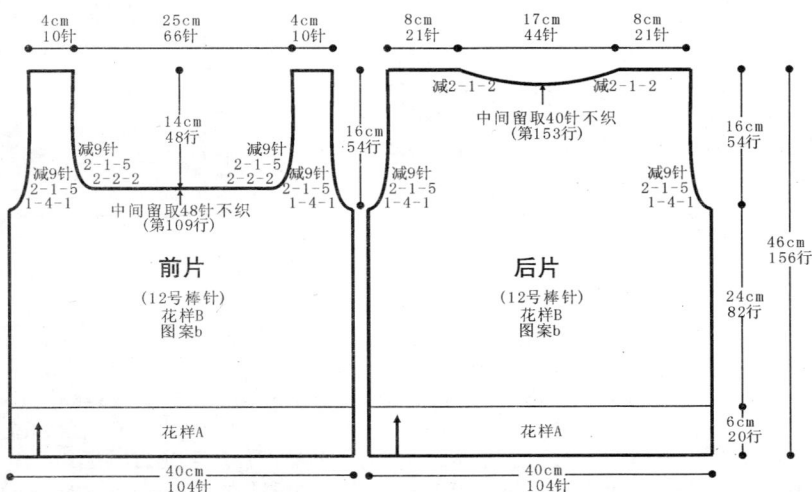

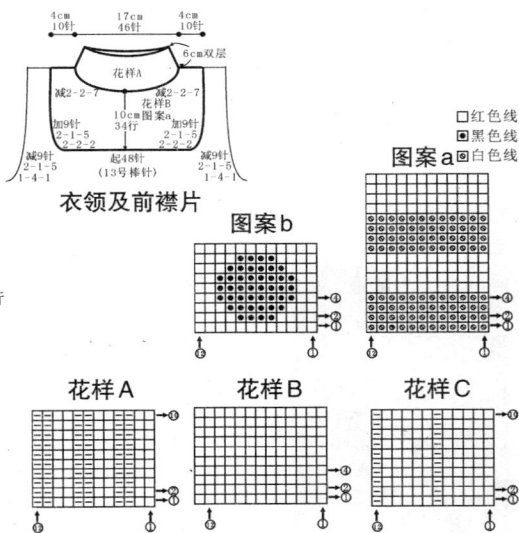

106

（前片 图示）

（后片 图示）

衣领及前襟片

□红色线
■黑色线
□白色线

图案a

图案b

花样A　花样B　花样C

【成品尺寸】衣长46cm　肩宽33cm　袖长48cm
【工具】13号棒针
【材料】红色棉线300g　白色棉线150g　蕾丝花边　细扣8枚
【密度】10cm²：26针×34行
【制作过程】1. 后片：红色棉线起104针，织花样A，织至6cm后，改织花样C，织至30cm时开始袖窿减针，减针方法为1-4-1，2-1-5，织至45cm时，收后领，中间留取40针不织，两侧减针，方法为2-1-2，后片共织46cm。　2. 前片：红色棉线起104针，织花样A，织至6cm后，改成花样C与花样A组合编织，组合方法如图所示，织至30cm时开始袖窿减针，减针方法为1-4-1，2-1-5，织至32cm时，收前领，中间留取22针不织，两侧减针，方法为2-2-8，2-1-6，前片共织46cm。　3. 沿领口挑针编织衣领，挑起96针编织花样A，织12cm后，与起针合并形成双层衣领。　4. 沿前襟缝上蕾丝花边及纽扣。

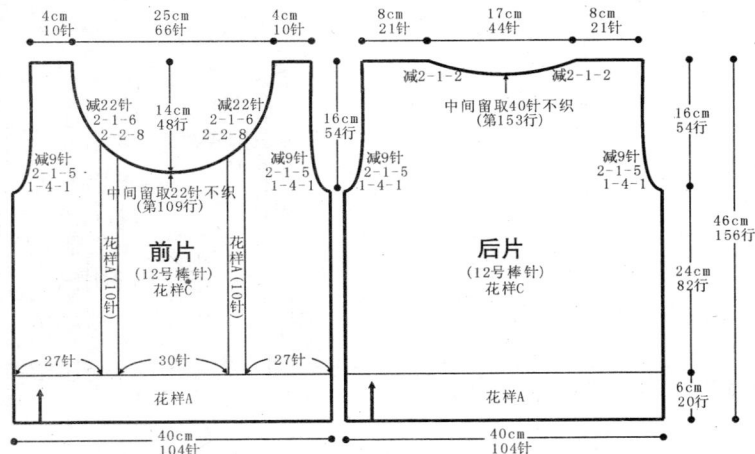

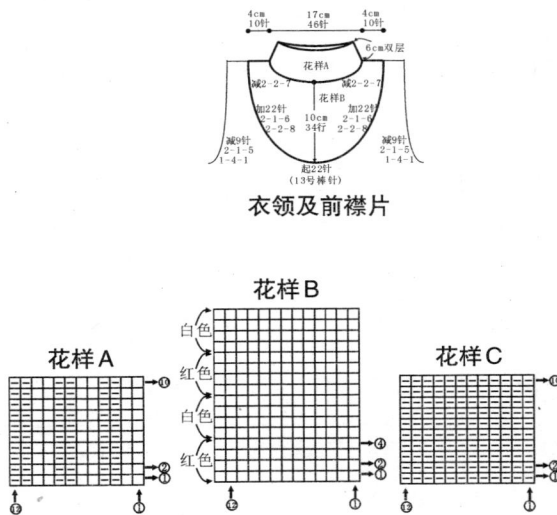

107

（前片 图示）

（后片 图示）

衣领及前襟片

花样B

白色
红色
白色
红色
白色
红色

花样A　花样C

【成品尺寸】衣长48cm 胸围76cm 袖长42cm

【工具】3.0mm棒针 3.25mm棒针

【材料】红色线400g 白色线100g 布贴1个

【密度】10cm²：28针×34行

【制作过程】1. 前片、后片：用3.0mm棒针起106针，从下往上织双罗纹6cm，按图示换线，换3.25mm棒针织平针，织到31cm处开挂肩，按图解两边分别收袖窿、收领子。 2. 前后片及袖片缝合后按图解挑领子，用3.0mm棒针编织双罗纹，中间织8行白色，织到12cm处收针，往里缝合形成双层领子。 3. 装饰：布帖缝在前胸，按图绣上字母。

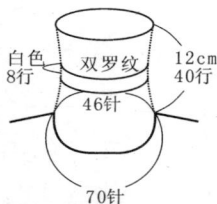

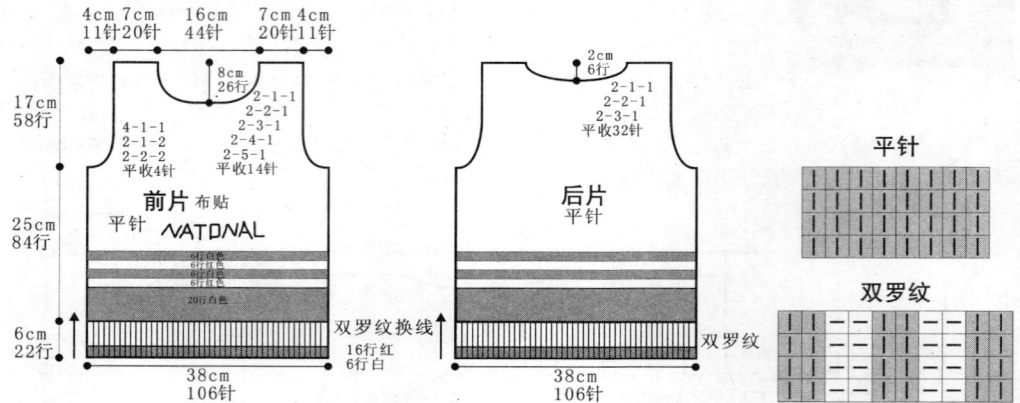

108

平针

双罗纹

前片
布贴
平针
NATIONAL

后片
平针

白色
8行
双罗纹
46针
12cm
40行
70针

17cm
58行

4cm 7cm   16cm   7cm 4cm
11针 20针   44针   20针 11针

8cm
26行
2-1-1
2-2-1
2-3-1
2-4-1
2-5-1
平收14针

4-1-1
2-1-2
2-2-2
平收4针

2cm
6行
2-1-1
2-2-1
2-3-1
平收32针

25cm
84行

6行白色
6行红色
4行白色
6行白色
20行白色

6cm
22行

双罗纹换线
16行红
6行白

38cm
106针

38cm
106针

双罗纹

【成品尺寸】衣长62cm 肩宽33cm 袖长54cm

【工具】13号棒针

【材料】红色棉线500g 白色棉线100g

【密度】10cm²：26针×34行

【制作过程】1. 前片、后两片：棒针编织法，衣服按前片和后片分别编织，完成后缝合而成。起针织后片，用双罗纹针起针法，红色棉线起104针织花样A，织至20行后，改织花样B，织至148行时，从第149行两侧开始袖窿减针，减针方法为1-4-1，2-1-5，织至206行时，从第207行开始后领减针，减针方法是中间留取42针不织，两侧各减2针，织至210行时，两肩部各余下20针，后片共织62cm。用同样的方法编织前片，织至第149行时，两侧开始袖窿减针，减针方法为1-4-1，2-1-5，同时中间留取22针不织，两侧前领减针，减针方法为2-2-8，2-1-6，各减22针，织至210行后，两肩部各余下10针，前片共织62cm。前片与后片的两侧缝要对应缝合，两肩缝也要对应缝合。编织2片口袋片，起36针，编织4针上针，28针下针，4针上针，重复往上编织，4行白色棉线与4行红色棉线交替编织，织花样B，织至34行后，两侧各收6针，改为白色棉线编织，织花样A，织至14行后，收针断线，将2口袋片缝合于衣身图所示位置。 2. 前襟、衣领：起22针，编织花样C，一边织一边两侧加针，加针方法为2-2-8，2-1-6，织片加至66针，不加减针往上编织至40行时，从第41行中间留取18针不织，两侧减针织成前领，减针方法为2-2-7，织至62行时，两侧肩部各余下10针，收针断线，将肩部及前襟与衣服前片缝合。沿前后领口挑针编织衣领，挑起60针编织花样A，织至6行后，收针断线。

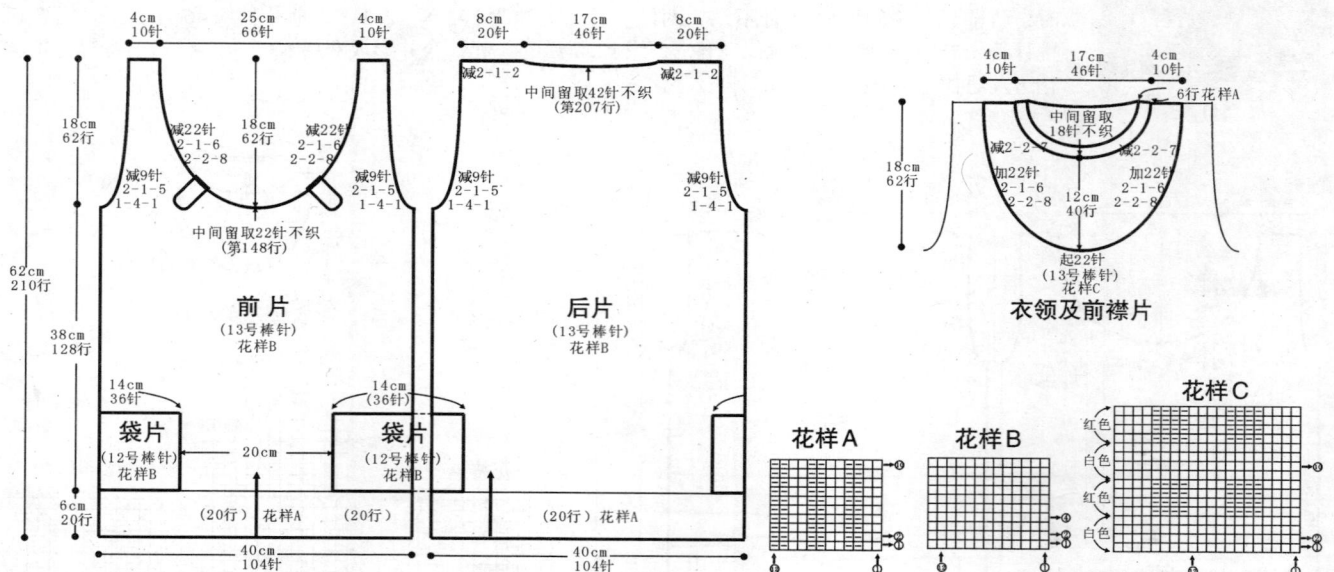

109

4cm   25cm   4cm
10针   66针   10针

8cm   17cm   8cm
20针   46针   20针

4cm   17cm   4cm
10针   46针   10针

18cm
62行

减22针
2-1-6
2-2-8

18cm
62行

减22针
2-1-6
2-2-8

减2-1-2
中间留取42针不织
（第207行）
减2-1-2

6行花样A
中间留取
18针不织
减2-2-7
加22针
2-1-6
2-2-8
加22针
2-1-6
2-2-8

18cm
62行

12cm
40行

起22针
（13号棒针）
花样C

衣领及前襟片

减9针
2-1-5
1-4-1

减9针
2-1-5
1-4-1

减9针
2-1-5
1-4-1

减9针
2-1-5
1-4-1

中间留取22针不织
（第148行）

前 片
（13号棒针）
花样B

后 片
（13号棒针）
花样B

62cm
210行

38cm
128行

14cm
36针

14cm
（36针）

袋片
（12号棒针）
花样B

袋片
（12号棒针）
花样B

20cm

6cm
20行

（20行）花样A

（20行）花样A

40cm
104针

40cm
104针

花样A

花样B

花样C
红色
白色
红色
白色

132

110

【成品尺寸】衣长47cm　胸围72cm　肩宽30cm　袖长44cm

【工具】2.5mm棒针

【材料】粉红色羊毛线400g　白色羊毛线50g　深粉红色毛线少量

【密度】10cm²：34针×46行

【制作过程】1. 后片：起122针，编织双罗纹针5cm，然后先配色织一组花样B，然后再改织花样A，27cm后收袖窿，在离衣长2cm处收后领。　2. 前片：起122针，编织方法与后片相同，离衣长5cm处收前领。　3. 缝合：将前后片及袖片进行缝合。　4. 领口挑128针，编织双罗纹针40行后对折。

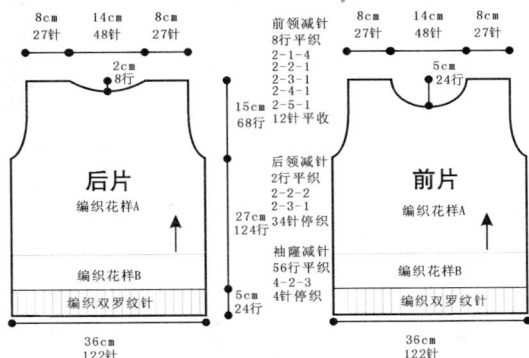

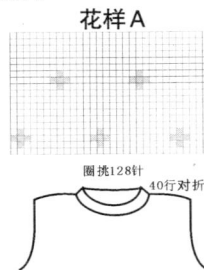

花样A

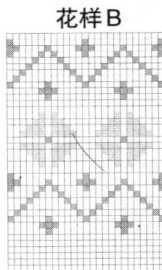

花样B

圈挑128针
40行对折

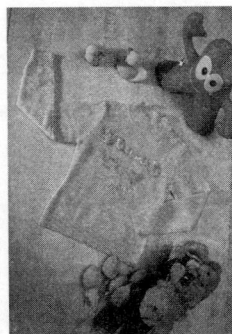

111

【成品尺寸】衣长52cm　胸围74cm　袖长42cm

【工具】2mm棒针　绣花针

【材料】粉红色羊毛绒线400g　绣花、亮片若干

【密度】10cm²：44针×53行

【制作过程】1. 前片、后片：按图起163针，先织5cm单罗纹后，改织全下针，左右两边按图所示收成袖窿。　2. 编织结束后，将前后片侧缝、肩部、袖子缝合。从领口挑针，织5cm单罗纹，形成圆领。　3. 装饰：在胸口的位置绣上图案，并缝上亮片。

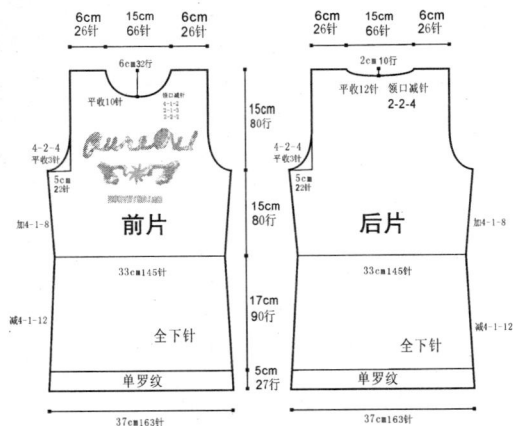

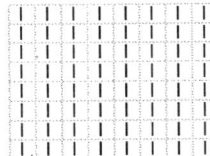

全下针

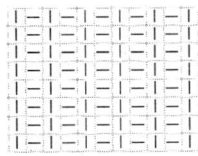

单罗纹

112

【成品尺寸】衣长38cm　胸围74cm　袖长34cm

【工具】3.5mm棒针

【材料】粉红色羊毛绒线400g　绣花图案若干

【密度】10cm²：20针×28行

【制作过程】1. 前片、后片：按图起74针，织5cm双罗纹后，改织全下针，左右两边按图所示收成袖窿。　2. 编织结束后，将前后片侧缝、肩部、袖子缝合。领圈挑针，织6cm双罗纹，形成圆领。　3. 装饰：缝上绣花图案。

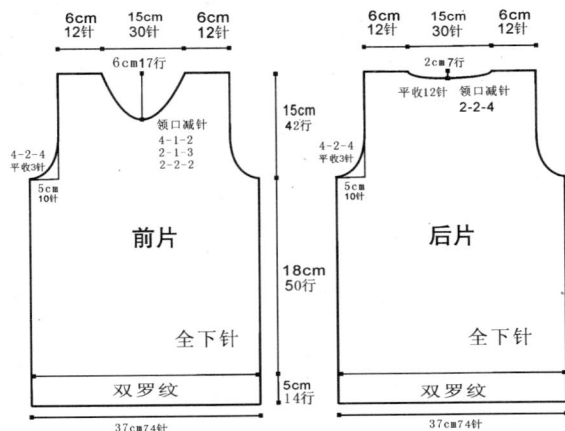

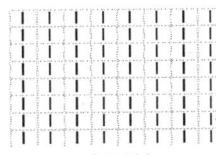

全下针

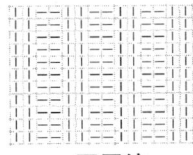

双罗纹

113

【成品尺寸】衣长52cm　胸围74cm　袖长42cm

【工具】2mm棒针　绣花针

【材料】粉红色羊毛绒线400g　绣花、亮片若干

【密度】10cm²：44针×53行

【制作过程】1. 前片、后片：按图起163针，先织5cm单罗纹后，改织全下针，左右两边按图所示收成袖窿。　2. 编织结束后，将前后片侧缝、肩部、袖子缝合。从领口挑针，织5cm单罗纹，形成圆领。　3. 装饰：在胸口的位置绣上图案，并缝上亮片。

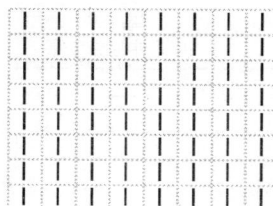

全下针

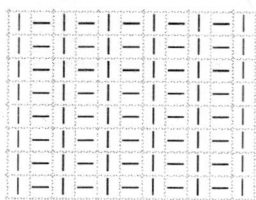

单罗纹

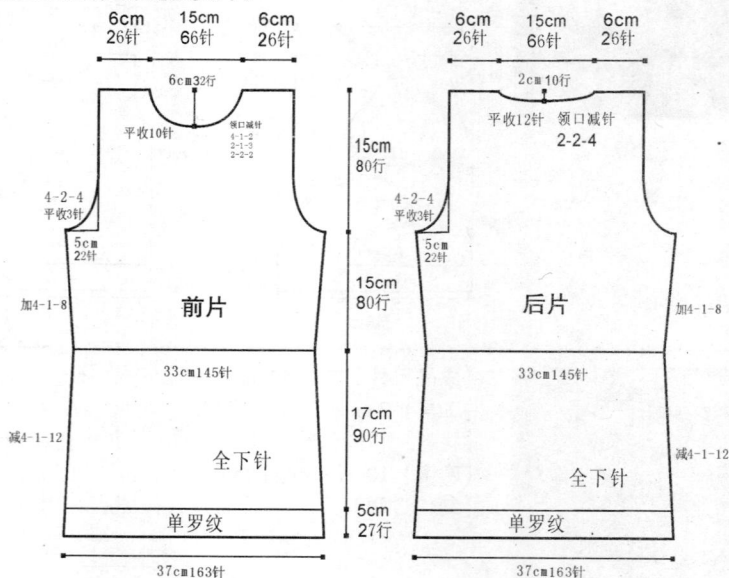

114

【成品尺寸】衣长62cm　肩宽33cm　袖长54cm

【工具】13号棒针

【材料】红色棉线300g　白色棉线250g

【密度】10cm²：26针×34行

【制作过程】1. 棒针编织法，衣服按前片和后片分别编织，完成后缝合而成。　2. 起针织后片，用双罗纹针起针法，红色棉线起104针织花样A，织至20行后，改为20行红色棉线与20行白色棉线间隔编织，织花样B，织至148行时，从第149行两侧开始袖窿减针，减针方法为1-4-1，2-1-5，织至206行时，从第207行开始后领减针，减针方法是中间留取42针不织，两侧各减2针，织至210行时，两肩部各余下20针，后片共织62cm。　3. 用同样的方法编织前片，织至第129行时，将织片分成左右两片，分别编织，先织左片，起针织时右侧减针织成前领，减针方法为2-1-33，织至第149行时，左侧开始袖窿减针，减针方法为1-4-1，2-1-5，减针后不加减针织至210行时，肩部余下20针，收针断线。用相同的方法往相反方向编织右片，襟片编织花样B24cm，织至完成。　4. 前片与后片的两侧缝要对应缝合，两肩缝也要对应缝合。

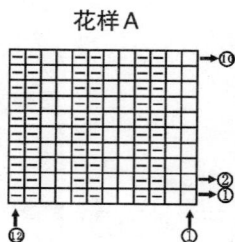

花样A

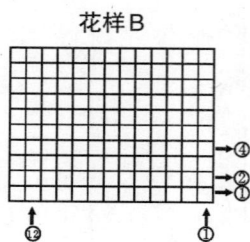

花样B

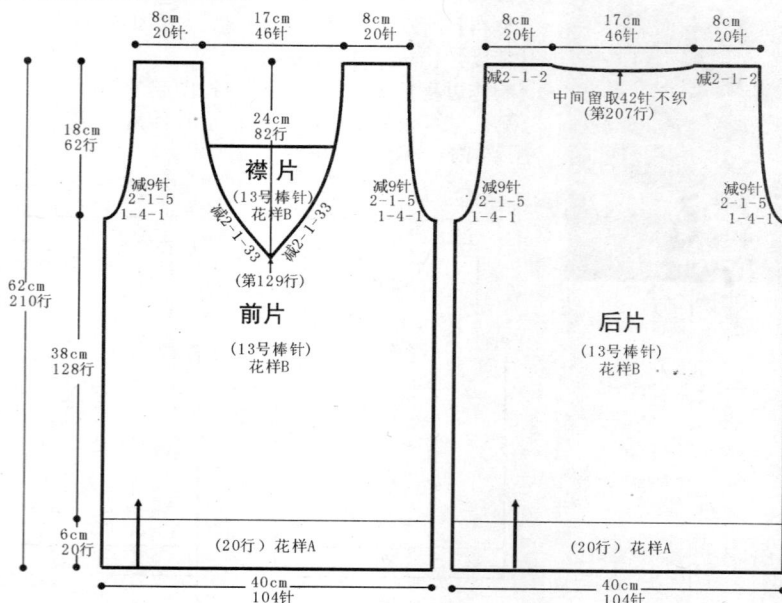

115

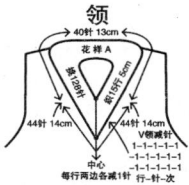

【成品尺寸】衣长37cm　胸围25cm　袖长36cm
【工具】3.5mm棒针
【材料】深红色棉线150g　白色、浅黄色、蓝色、青色、淡紫色、火红色毛线各100g　粉红色毛线少量
【密度】10cm²：32针×34行
【制作过程】1. 前片：起88针，编织花样A，织至20行后，均匀地减针成80针，按图所示编织花样B、花样C、花样B，每2、6、2、6行换一次颜色，织18cm后，再织8行时，在中间将前片平均分成2份，按图所示减针，形成前片V形领口，两边袖窿按图所示减针。　2. 后片：起88针，编织花样A，20行后，均匀地减针成80针，编织花样B，换色跟前片一样，织18cm后按图所示减针，形成后片袖窿与后领口。　3. 各片缝合后，领口均匀挑128针，编织花样A，V领中间两边的两针要相同，每行中心两边各减1针，织至15行后，收针。

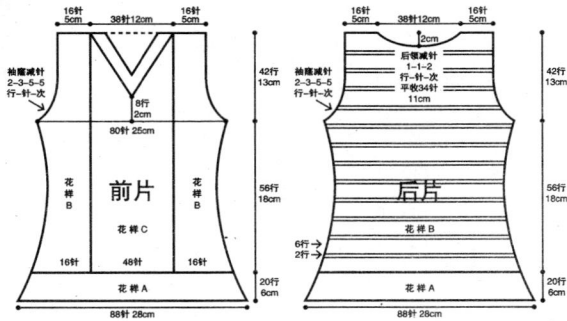

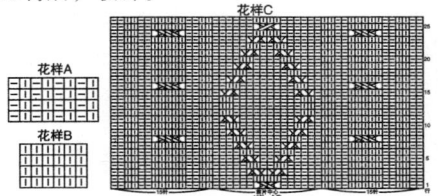

116

【成品尺寸】衣长46cm　胸围72cm　袖长40cm
【工具】3.25mm棒针
【材料】紫色、蓝色、黄色、白色、粉红色毛线各100g　红色线150g　拉链1条
【密度】10cm²：25针×28行
【制作过程】1. 左前片：用3.25mm棒针起46针，从下往上用红色线织5cm双罗纹，按图所示换色编织。　2. 后片：用3.25mm棒针起102针，换线与前片相同，后领按后片图解编织。　3. 前后片及袖片缝合后按图解挑领，用3.25mm棒针编织双罗纹，织至10cm后收针，往里面缝合形成双层领子。门襟挑针织平针，往里缝成2层。　4. 整理：装上拉链，清洗熨烫。

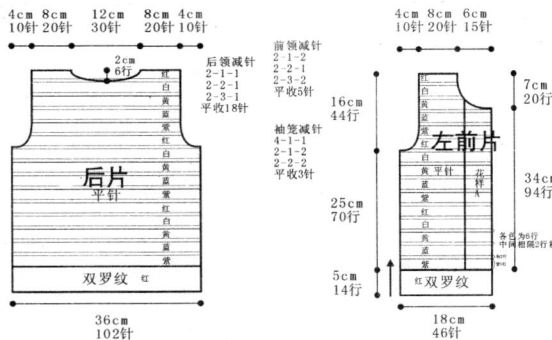

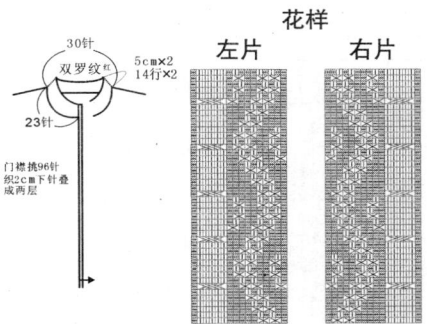

117

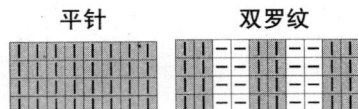

【成品尺寸】衣长42cm　胸围68cm　袖长38cm
【工具】3.25mm棒针
【材料】橙色、蓝色、黄色、白色、粉红色毛线各100g　红色毛线150g　纽扣4枚
【密度】10cm²：25针×28行
【制作过程】1. 左前片：用3.25mm棒针起44针，从下往上用粉红色毛线织双罗纹5cm，按图所示换色编织。　2. 后片：用3.25mm棒针起88针，换线与前片相同，后领按后片图解编织。　3. 前后片及袖片缝合后按图解挑门襟及领子，用3.25mm棒针编织双罗纹，每隔20针留1个纽扣眼，共留4个，织至4cm时收针。　4. 整理：钉上纽扣，清洗熨烫。

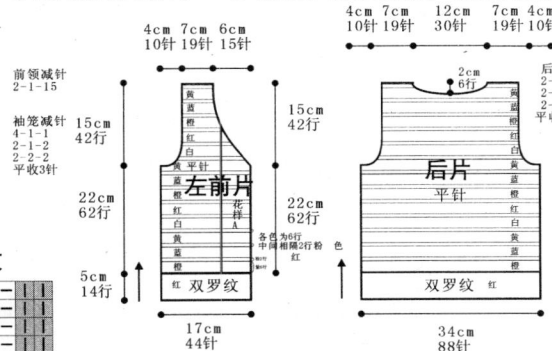

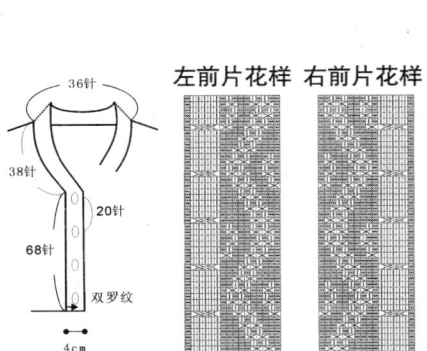

【成品尺寸】衣长50cm　肩宽32cm　袖长54cm
【工具】10号棒针
【材料】黑色棉线100g　白色棉线100g　红色、黄色、蓝色棉线各50g　拉链1条
【密度】10cm²：13针×17行
【制作过程】1. 棒针编织法，衣服按左前片、右前片和后片分别编织，完成后缝合而成。　2. 起针织后片，用双罗纹针起针法，黑色棉线起52针织花样A，织至10行后，改为4种线组合编织，织花样B，织至58行时，两侧减针织成袖窿，减针方法为1-3-1，2-1-2，两侧针数减少5针，余下42针继续编织，两侧不再加减针，织至第83行时，中间留取14针不织，两端相反方向减针编织，各减少2针，减针方法为2-1-2，最后两肩部余下12针，收针断线。　3. 起针织左前片，用双罗纹针起针法，起24针织花样A，织至10行后，改织花样B，织至58行时，左侧减针织成袖窿，减针方法为1-3-1，2-1-2，共减少5针，继续往上织至79行时，右侧减针织成前领，减针方法为1-3-1，2-1-4，共减少7针，织至86行时，肩部余下12针，收针断线，用同样的方法相反方向编织右前片。　4. 前片与后片的两侧缝要对应缝合，两肩部也要对应缝合。　5. 编织衣领，沿领口挑针，挑起40针，蓝色棉线编织，织花样B，织至26行后，向内与起针合并形成双层衣领，收针断线。　6. 缝好拉链。

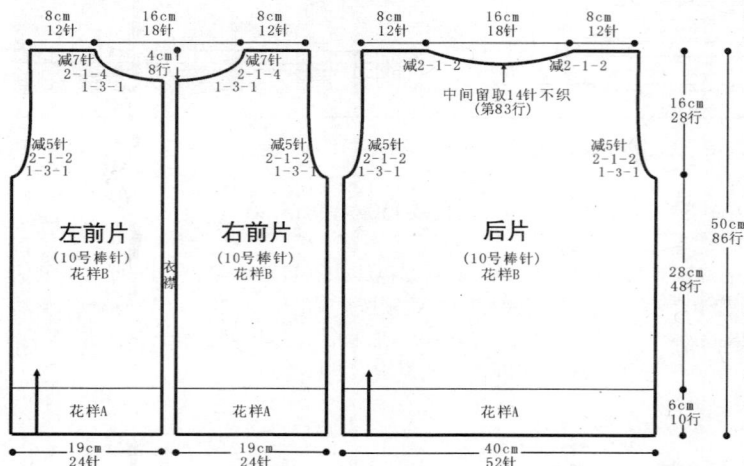

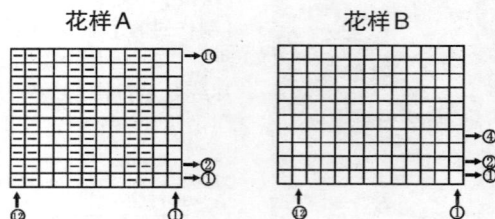

118

【成品尺寸】衣长55cm　胸围74cm　袖长42cm
【工具】3.5mm棒针
【材料】黑色、红色、白色羊毛绒线各100g　扣子10枚　衣袋装饰绳2条
【密度】10cm²：20针×28行
【制作过程】1. 前片：分左右两片，分别按图起37针，织5cm双罗纹后，改织全下针，并间色，左右两边按图所示收成袖窿。后片：按图起74针，织5cm双罗纹后，改织全下针，并间色，左右两边按图收成袖窿。　2. 编织结束后，将侧缝、肩部、袖子缝合。领圈挑针，织10cm双罗纹，形成翻领。门襟另织，与前片门襟至衣领缝合。衣袋分2片按实物图编织并与前片缝合。　3. 装饰：缝上扣子和衣袋绳子。

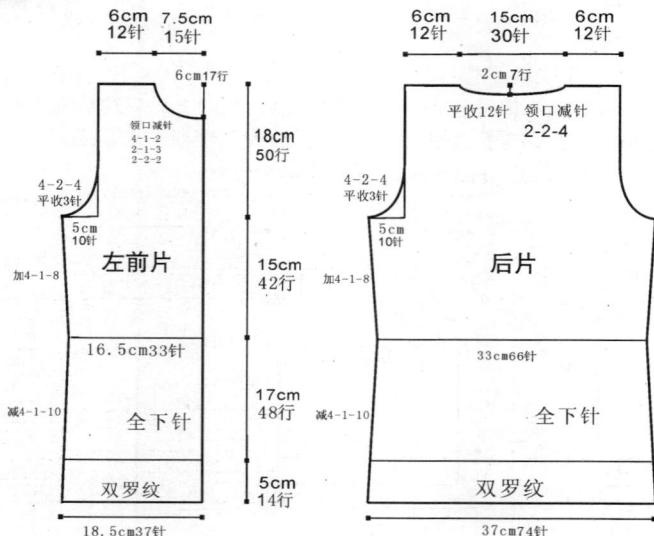

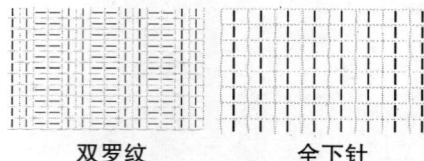

119

136

120

【成品尺寸】衣长55cm　胸围74cm　袖长42cm
【工具】3.5mm棒针
【材料】黑色、红色羊毛绒线各200g　扣子2枚　衣袋绳子2条
【密度】10cm²：20针×28行
【制作过程】1. 前片、后片：按图起74针，织5cm双罗纹后，改织至14cm全下针，并间色，左右两边按图所示收成袖窿。　2. 编织结束后，将侧缝、肩部、袖子缝合。从领圈挑针，织3cm全下针，折边缝合，形成双层U领。前领片另织，并间色，与U领缝合。帽子另织按图所示与领圈缝合。　3. 装饰：缝上扣子，衣袋另织，与前片缝合，并穿上绳子。

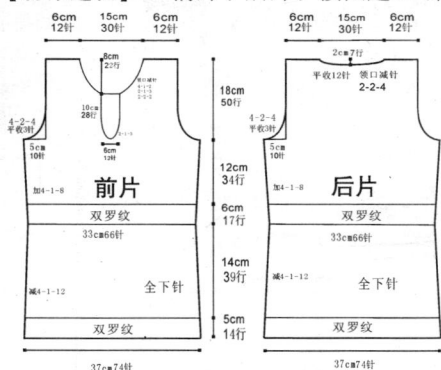

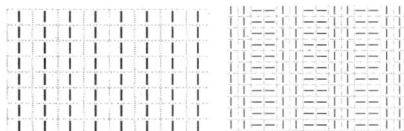

全下针　　双罗纹

121

【成品尺寸】衣长55cm　胸围74cm　袖长42cm
【工具】3.5mm棒针
【材料】红色、黑色、白色羊毛绒线各150g　扣子2枚　腰带扣1个　亮片若干
【密度】10cm²：20针×28行
【制作过程】1. 前片、后片：按图起74针，织5cm双罗纹后，改织全下针，并间色，左右两边按图所示收成袖窿。　2. 编织结束后，将侧缝、肩部、袖子缝合。从领圈挑针，织3cm全下针，折边缝合，形成双层V领。前领片另织，与V领缝合。帽子另织按图所示与领圈缝合。　3. 装饰：衣袋另织，与前片缝合，并缝上扣子，腰带另织，装好腰带扣，按图装饰。

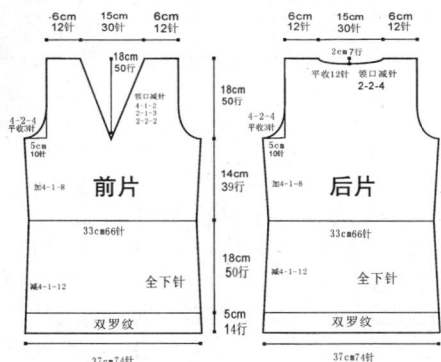

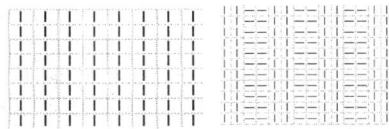

全下针　　双罗纹

122

【成品尺寸】衣长46cm　肩宽33cm　袖长48cm
【工具】10号棒针
【材料】砖红色棉线400g　红色、白色、蓝色棉线各少量
【密度】10cm²：15针×22行
【制作过程】1. 后片：白色棉线起60针，织花样A，织至4行后，改织砖红色棉线，织至6cm后，改织花样B，织至30cm时开始袖窿减针，减针方法为1-2-1，2-1-3后，织至45cm，收后领，中间留取22针不织，两侧减针，方法为2-1-2，后片共织46cm。　2. 前片：白色棉线起60针，织花样A，织至4行后，改织砖红色棉线，织至6cm后，改织花样B，织至30cm时开始袖窿减针，减针方法为1-2-1，2-1-3后，织至40cm后，收前领，中间留取10针不织，两侧减针，方法为2-2-3，2-1-2，前片共织46cm。　3. 领子：砖红色棉线沿领口挑起56针织花样A，织至6行后，改织4行白色棉线，共织4cm。

□红色
□白色
☒蓝色
图案

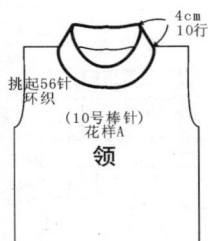

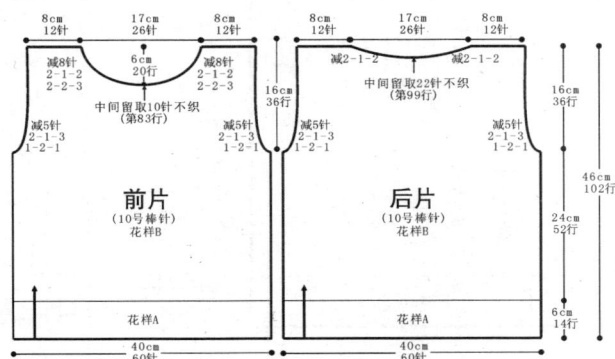

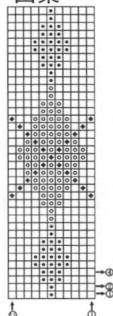

花样A　　花样B

123

【成品尺寸】衣长38cm 胸围74cm 袖长34cm
【工具】3.5mm棒针 绣花针
【材料】红色羊毛绒线400g 黑色、白色羊毛绒线各少量 贴图1个 装饰绳子1条
【密度】10cm²：20针×28行
【制作过程】1. 前片、后片：按图起74针，织5cm双罗纹后，改织全下针，并间色，左右两边按图所示收成袖窿。 2. 编织结束后，将前后片侧缝、肩部、袖子缝合。领圈挑针，织4cm双罗纹，形成圆领。 3. 装饰：缝上贴图，系上装饰绳子。

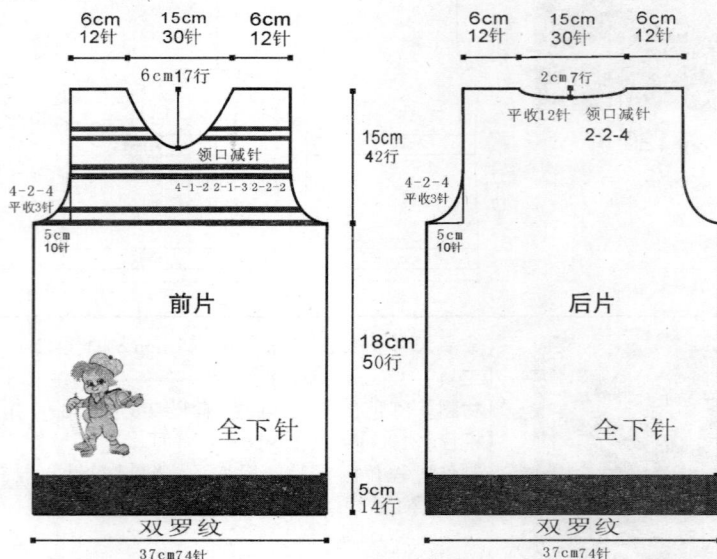

前片图：
6cm 12针 | 15cm 30针 | 6cm 12针
6cm 17行
领口减针
4-1-2 2-1-3 2-2-2
4-2-4 平收3针
5cm 10针
前片 全下针
双罗纹
37cm 74针

后片图：
6cm 12针 | 15cm 30针 | 6cm 12针
2cm 7行
平收12针 领口减针 2-2-4
15cm 42行
4-2-4 平收3针
5cm 10针
后片 全下针
18cm 50行
5cm 14行
双罗纹
37cm 74针

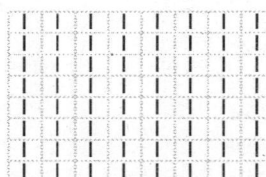

全下针

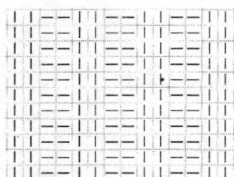

双罗纹

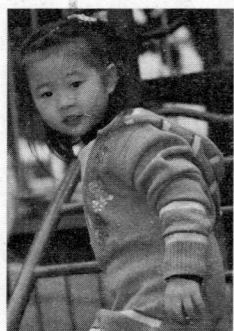

124

【成品尺寸】衣长62cm 肩宽33cm 袖长54cm
【工具】13号棒针
【材料】粉红色棉线500g 红色、白色棉线各少量
【密度】10cm²：26针×34行
【制作过程】1. 棒针编织法，衣服按前片和后片分别编织，完成后缝合而成。 2. 起针织后片，用单罗纹针起针法，粉红色棉线起104针织花样A，织至20行后，改为4行白色棉线，2行红色棉线与20行粉红色棉线间隔编织，织花样B，织至52行后，改为全部粉红色棉线编织，织至148行后，从第149行两侧开始袖窿减针，减针方法为1-4-1，2-1-5，织至206行后，从第207行开始后领减针，减针方法是中间留取42针不织，两侧各减少2针，织至210行时，两肩部各余下20针，后片共织62cm。 3. 用同样的方法编织前片，织至第129行时，将织片分成左右两片，分别编织，先织左前片，起针织时右侧减针织成前领，减针方法为2-1-33，织至149行时，左侧开始袖窿减针，减针方法为1-4-1，2-1-5，减针后不加减针织至210行时，肩部余下20针，收针断线，用相同的方法往相反方向编织右前片。 4. 前片与后片的两侧缝要对应缝合，两肩缝也要对应缝合。

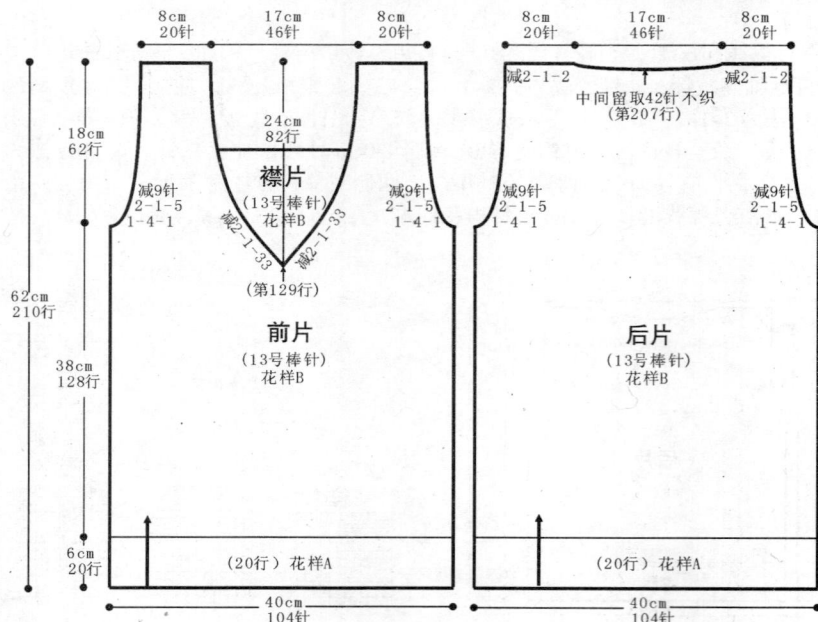

前片图：
8cm 20针 | 17cm 46针 | 8cm 20针
24cm 82行
襟片 (13号棒针) 花样B
18cm 62行
减9针 2-1-5 1-4-1
减2-1-33
减2-1-33 (第129行)
62cm 210行
38cm 128行
前片 (13号棒针) 花样B
6cm 20行
(20行) 花样A
40cm 104针

后片图：
8cm 20针 | 17cm 46针 | 8cm 20针
减2-1-2 减2-1-2
中间留取42针不织 (第207行)
减9针 2-1-5 1-4-1
后片 (13号棒针) 花样B
(20行) 花样A
40cm 104针

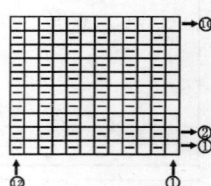

花样A

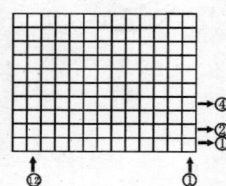

花样B

125

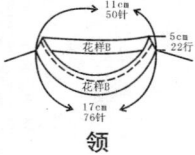

领

【成品尺寸】衣长38cm 胸围52cm 袖长36cm
【工具】3.0mm棒针 3.25mm棒针
【材料】粉红色毛线400g 白色毛线150g
【密度】10cm²：44针×44行
【制作过程】1. 后片：起116针，织花样A，织至20cm时，开始收袖窿，两边各平收2针，再每隔4行两边各减1针，共减6次，织至30cm时，开始收后领窝，每隔1行两边各收1针，共收针2次，织至32cm后，平收，在下方挑起120针织花样B5cm，全部收针。 2. 前片：分3片织。先织中间，起14针织花样A至26cm时，全部收针。左右前片：起51针织花样A，织至20cm时，开始收袖窿，先收2针，再每隔4行收1针，共收6次，织至26cm时，开始留前领窝，靠门襟一边先平收8针，缝合前3片，在下方挑起120针织花样B5cm，全部收针。 3. 领子：缝合前后片，挑起126针，织花样B织至3cm后，换针织至5cm时收针。

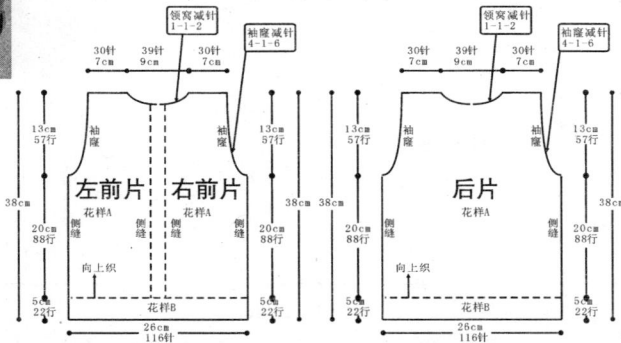

花样A

花样B

126

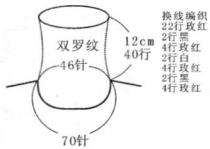

双罗纹

【成品尺寸】衣长48cm 胸围76cm 袖长42cm
【工具】3.0mm棒针 3.25mm棒针 绣针
【材料】玫红色线400g 白色线50g 黑色线80g 粉红色线30g
【密度】10cm²：28针×34行
【制作过程】1. 前片、后片：用3.0mm棒针、玫红色线起106针，从下往上织双罗纹15cm，按图所示换线，换3.25mm棒针织平针，把换色花样织入前胸，织至16cm处开挂肩，按图解两边分别收袖窿、领子。 2. 前后片及袖片缝合（袖片打几个褶）后，按图所示挑领子，用3.0mm棒针编织双罗纹，按图所示换线，织至12cm处收针，往里面缝合形成双层领子。 3. 装饰：换色花样上的线条用绣针绣上。

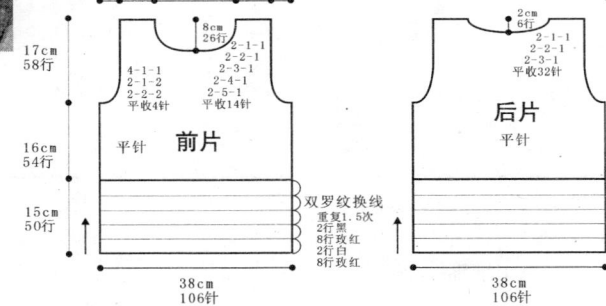

前片

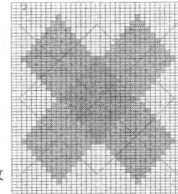

后片

花样

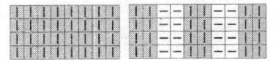

平针　双罗纹

127

【成品尺寸】衣长45cm 胸围72cm 肩宽30cm 袖长44cm
【工具】2.5mm棒针
【材料】橙色羊毛线250g 深咖啡色线少量 印花1套 拉链1条
【密度】10cm²：34针×46行
【制作过程】1. 后片：起122针，配色编织双罗纹针5cm，然后织反针，织至30cm后收袖窿，在离衣长2cm处收后领。 2. 前片：起122针，配色编织双罗纹针5cm，然后织左边50针反针，织右边72针花样，织至30cm后，收袖窿，离衣长10cm处，收针前领。 3. 缝合：将前后片与袖片进行缝合。 4. 领口挑128针，配色编织双罗纹针80行后对折缝合。 5. 沿着门襟边挑42针编织单罗纹针10行，然后再里折缝合，将拉链藏于门襟下边，缝上印花。

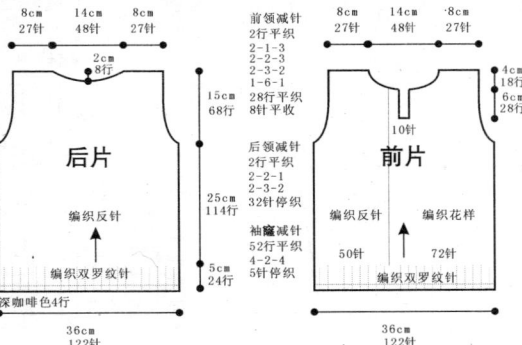

后片

前片

双罗纹

平针

花样

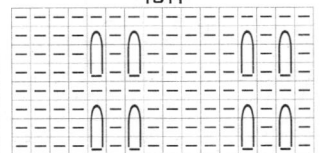

128

【成品尺寸】衣长38cm　胸围74cm　袖长34cm
【工具】3.5mm棒针　绣花针
【材料】白色羊毛绒线400g　橙色长毛线少量　绣花图案若干
【密度】10cm²：20针×28行
【制作过程】1. 前片、后片：按图起74针，织5cm双罗纹后，改织花样，并间色，后片改织全下针，左右两边按图所示收成袖窿。　2. 编织结束后，将前后片侧缝、肩部、袖子缝合。领圈挑针，织5cm双罗纹，并间色，形成圆领。

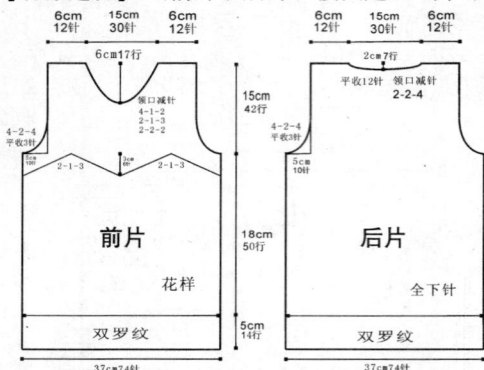

6cm 15cm 6cm
12针 30针 12针
6cm17行
领口挑针
6cm 15cm 6cm
12针 30针 12针
2cm 7行
平收12针　领口减针
2-2-4
15cm 42行
4-2-4 平收3针
5cm 10针
领口减针
4-1-2
2-1-3
2-2-2
4-2-4 平收3针
5cm 10针
2-1-3　2-1-3

前片
花样

后片
全下针

15cm 42行
18cm 50行

5cm 14行

双罗纹
37cm74针

双罗纹
37cm74针

花样　　全下针　　双罗纹

129

【成品尺寸】衣长39cm　胸围68cm　肩宽27cm　袖长34cm
【工具】8号棒针
【材料】橙色毛线650g　白色毛线少量
【密度】10cm²：24针×30行
【制作过程】1. 前后片以机器边起针编织双罗纹针，按图所示减针收袖窿、前领窝、后领窝。　2. 袖子用与前后片同样方法起针编织，按图所示加针袖下、减针袖坡、袖山。　3. 前后片及袖片缝合，风帽上好后，在帽沿口横向织3cm双罗纹针。

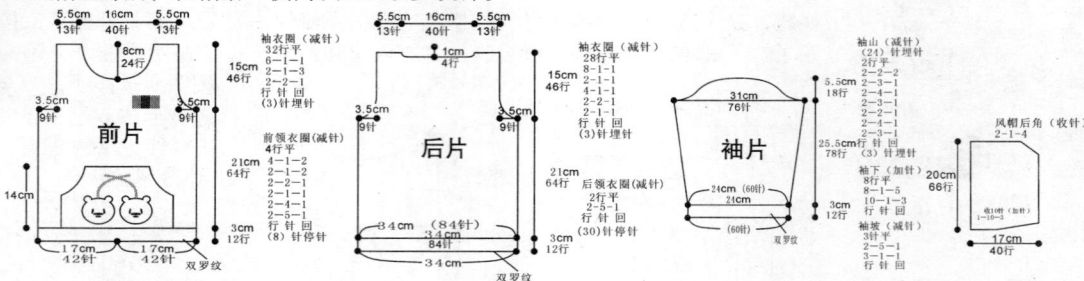

16cm(36针)
横向织3cm高双针罗纹
22针

5.5cm 16cm 5.5cm
13针 40针 13针
8cm 24行
15cm 46行
3.5cm 9针　3.5cm 9针

前片
14cm
3cm 12针
前领衣圈(减针)
4行平
4-1-1
2-2-1
2-2-1
行针回
21cm 64行
2-1-2
2-2-1
行针回
1 7cm 42针　1 7cm 42针

5.5cm 16cm 5.5cm
13针 40针 13针
1cm 4行
15cm 46行
3.5cm 9针　3.5cm 9针

后片
后领衣圈(减针)
2行平
2-5-1
行针回
(30)针停针
21cm 64行
3cm 12针
8 4cm (84针)
3 4cm

袖衣圈(减针)
32行平
6-1-1
2-1-3
2-2-1
行针回
袖衣圈(减针)
28行平
8-1-1
2-1-2
2-2-1
2-2-1
行针回
(3)针埋针

31cm 76针
24cm(60针)
24cm
(60针)
25.5cm 78针
袖下(加针)
8行平
8-1-1
10-1-3
行针回
袖坡(减针)
3行平
2-3-1
3-1-1
行针回
3cm 12针

袖片
双罗纹

袖山(减针)
(24)针埋针
2行平
2-2-1
2-2-2
2-2-4
2-2-2
行针回
5.5cm 18行
(3)针埋针

风帽后角(收针)
2-1-4
20cm 66行
减11针(加针)
1-10-2
17cm 40针

130

【成品尺寸】衣长44cm　肩宽33cm　袖长46cm
【工具】10号棒针　12号棒针　1.5mm钩针
【材料】红色粗棉线300g　红色中细棉线50g
【密度】10cm²：12针×18行
【制作过程】1. 后片：起8针织花样A，一边织一边两侧加针，加针方法为2-2-4，2-1-6，4-1-2，两侧各加16针，织至28行后，不加减针往上编织，织至48行后，改织花样B，织至52行时，两侧同时减针2针，然后织成插肩袖窿，减针方法为2-1-12，两侧针数减少12针时，织至76行，余下12针。　2. 前片：起8针织花样A，一边织一边两侧加针，加针方法为2-2-4，2-1-6，4-1-2，两侧各加16针，织至28行后，不加减针往上编织，织至48行后，改织花样B，织至52行时，两侧同时减针2针，然后织成插肩袖窿，插肩减针方法为2-1-12，两侧针数减少12针，织至70行，织片内侧减针织成衣领，减针方法为2-2-1，2-1-2，织至76行时，收针断线。　3. 袖子：起26针，编织花样D，一边织一边两侧加针，加针方法为10-1-5，两侧的针数各增加5针，将织片织成36针，共织54行，接着编织袖山，两侧同时减针2针，然后织成插肩袖山，减针方法为2-1-12，两侧针数减少12针，织至82行时，余下8针。　4. 沿着左右袖口边缘钩织花样E，作为袖口花边。　5. 沿着衣服下摆绑系一圈流苏。

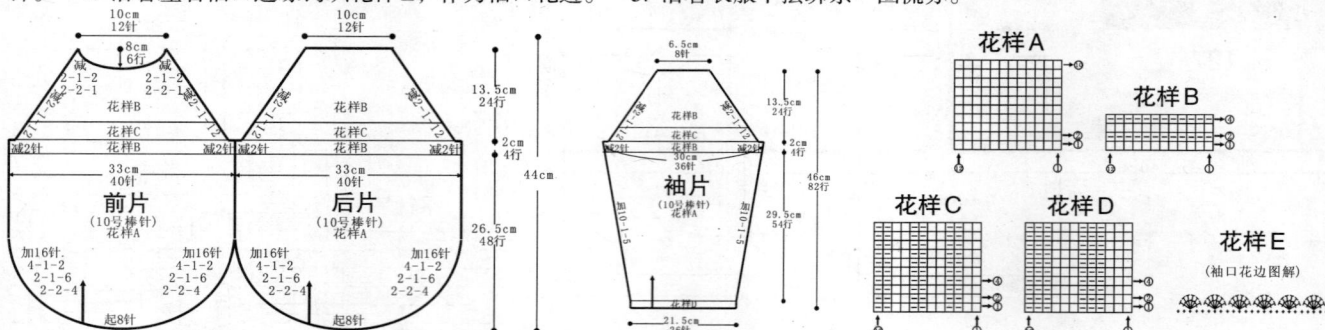

10cm 12针
8cm 6行
减2-1-2
2-2-1
花样B
花样C
花样B
减2针　花样B　减2针
33cm 40针
前片
(10号棒针)
花样A
加16针
4-1-2
2-1-6
2-2-4
起8针

10cm 12针
花样B
花样C
花样B
减2针　花样B　减2针
33cm 40针
后片
(10号棒针)
花样A
加16针
4-1-2
2-1-6
2-2-4
起8针

13.5cm 24行
2cm 4行
44cm

6.5cm 8针
花样B
花样C
花样B
花样A
袖片
(10号棒针)
花样A
13.5cm 24行
2cm 4行
36针
46cm 82行
29.5cm 54行
21.5cm 26针

花样A
花样B
花样C　花样D
花样E
(袖口花边图解)

131

【成品尺寸】衣长38cm　胸围74cm　袖长34cm
【工具】3.5mm棒针　小号钩针
【材料】橙色羊毛绒线400g　黄色、白色、红色羊毛绒线少量
【密度】10cm²：20针×28行
【制作过程】1. 前片、后片：按图起74针，织5cm双罗纹后，改织全下针，并间色和编入图案，左右两边按图所示收成袖窿。　2. 领口：前后领各按图所示均匀地减针，形成领口。　3. 编织结束后，将前后片侧缝、肩部、袖子缝合。从领口按图所示重叠少许挑针，织9cm双罗纹后，改织至3cm单罗纹，形成翻领。　4. 装饰：用钩针钩织花朵，缝好。

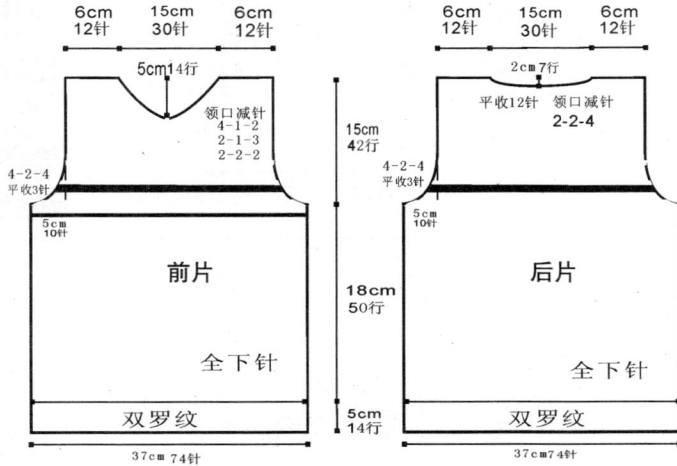

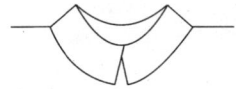
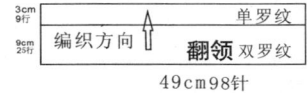

领子结构图

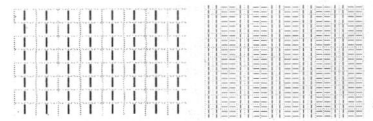

全下针　　**双罗纹**

132

【成品尺寸】衣长46cm　肩宽40cm　袖长48cm
【工具】12号棒针
【材料】蓝色棉线200g　浅蓝色棉线200g　烫贴1片　烫胶1片
【密度】10cm²：26针×34行
【制作过程】1. 后片：浅蓝色棉线起104针，织花样A，织至6cm时，改为蓝色棉线织花样B，织至30cm时，插肩减针，减针方法为1-4-1，2-1-27，织至46cm，织片余下42针。　2. 前片：浅蓝色棉线起104针，织花样A，织至6cm后，改为蓝色棉线织花样B，织至30cm时，插肩减针，减针方法为1-4-1，2-1-27，织至43cm时，中间收20针，两侧减针织成前领，减针方法为2-2-5，织至46cm，两侧各余1针。　3. 领子：浅蓝色线沿领口挑针织花样A，挑起136针织至4cm。　4. 前片贴上烫贴合烫胶。

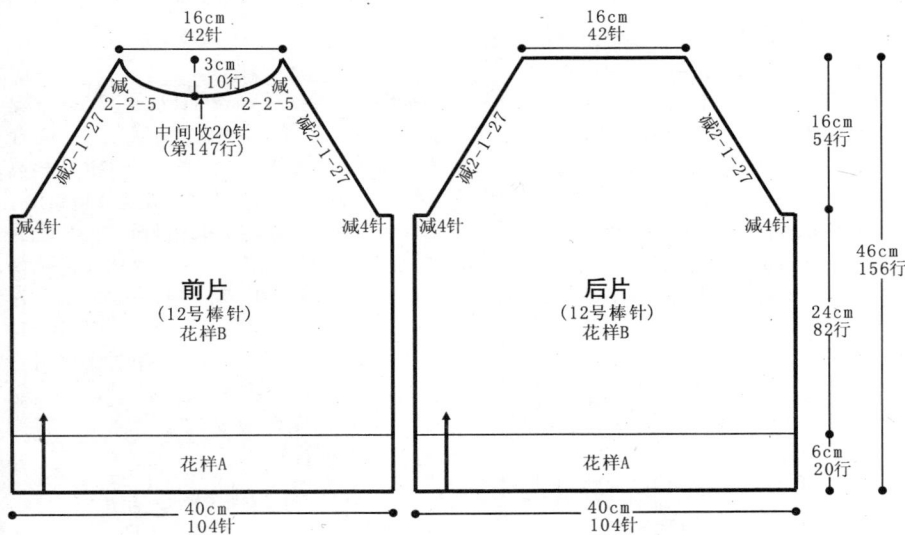

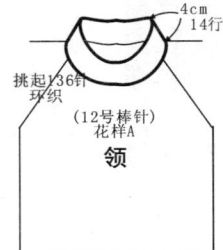

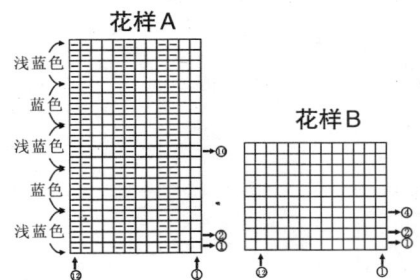

【成品尺寸】衣长49cm　胸围83cm　肩宽34cm　袖长50cm
【工具】7号棒针
【材料】蓝色毛线400g　红色、白色毛线各少量　短拉链1条
【密度】10cm²：27针×35行
【制作过程】1. 前后片以机器边起针编织双罗纹针，衣身编织基本针法，按图配色编织，按图所示减针收袖窿、前领窝、后领窝。　2. 袖子用与前后片同样方法起针，加减针。袖外侧中缝用另一色线横向织下针3cm。　3. 前后片与袖片缝合，按领挑针示意图挑织衣领，编织单罗纹针。

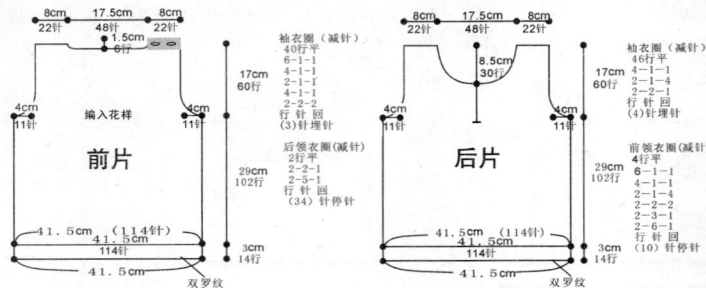

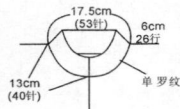

133

前片

袖衣圈（减针）
40行平
6-1-1
4-1-1
2-1-1
2-2-2
行 针 回
(3)针埋针

8cm 22针　17.5cm 48针　8cm 22针
1.5cm 6行
17cm 60行

编入花样

4cm 11针　　4cm 11针

后领衣圈（减针）
行针平
2-2-1
2-5-1
行 针 回
(34)针停针

29cm 102行

41.5cm（114针）
41.5cm 114针
41.5cm

3cm 14行
双罗纹

后片

袖衣圈（减针）
46行平
4-1-1
4-1-4
行 针 回
(4)针埋针

8cm 22针　17.5cm 48针　8cm 22针
8.5cm 30行

17cm 60行

4cm 11针　　4cm 11针

前领衣圈（减针）
4行平
6-1-1
2-1-1
4-1-4
2-3-1
2-5-1
行 针 停针
(10)针停针

29cm 102行

41.5cm（114针）
41.5cm 114针
41.5cm

3cm 14行
双罗纹

17.5cm（53针）　6cm 28针
13cm（40针）　单罗纹

【成品尺寸】衣长38cm　胸围66cm　肩宽24cm　袖长36cm
【工具】2.5mm棒针
【材料】蓝色棉线100g　黑色、白色线各50g　布贴1套　拉链1条
【密度】10cm²：34针×46行
【制作过程】1. 后片：起112针，编织双罗纹针4cm，然后织平针，织至20cm后收袖窿，在离衣长2cm处收后领。　2. 前片：起56针，编织双罗纹针4cm，然后织平针，织至20cm后，收袖窿，离衣长5cm处收针前领。　3. 袖片：起62针，编织双罗纹针6cm，然后改织平针，织至26cm后，收袖山。　4. 缝合：将前后片与袖片进行缝合。　5. 领口：用黑色线挑138针，织双罗纹针56行后对折缝合。　6. 沿着门襟衣领边用黑色棉线挑适合针数，编织单罗纹针12行，然后再里折缝合，将拉链藏于门襟下边。贴上布贴。　7. 注意：前、后片与袖片配色编织，注意袖片与衣片对称。

134

挑138针编织双罗纹针　56行对折

12行

后片
编织平针

5cm 17针　14cm 48针　5cm 17针
2cm 8行

14cm 64行

前领减针
8行平
2-1-3
2-2-2
2-3-1
10针停织

后领减针
2行平
2-2-1
2-3-2
32针停织

20cm 92行

袖窿减针
44行平针
4-2-5
5针停织

4cm 20行

编织双罗纹针

33cm 112针

左前片
（2片）
编织平针

5cm 17针
5cm 22行

黑色16行
白色2行反向织
黑色16行

蓝色8行
白色3行 蓝色8行

16.5cm 56针

平针

双罗纹

【成品尺寸】衣长46cm　肩宽33cm　袖长48cm
【工具】12号棒针
【材料】红色棉线150g　白色棉线250g　拉链1条
【密度】10cm²：26针×34行
【制作过程】1. 棒针编织法，衣服按左前片、右前片和后片分别编织，完成后缝合而成。　2. 起针织后片，用双罗纹针起针法，起104针织花样A，红色棉线织至20行后，改为白色棉线与红色棉线组合编织花样B，织至102行时，两侧减针织成袖窿，减针方法为1-4-1，2-1-5，两侧针数减少9针，不加减针织至153行时，中间留取40针不织，两侧减针织成后领，减针方法为2-1-2，织至156行时，两肩部各余下21针，收针断线。　3. 起针织左前片，用双罗纹针起针法，起49针织花样A，红色棉线织至20行后，改为白色棉线与红色棉线组合编织花样B，织至102行时，左侧减针织成袖窿，减针方法为1-4-1，2-1-5，共减少9针，不加减针织至136行时，右侧减针织成前领，减针方法为1-7-1，2-2-6，共减少19针，织至156行时，肩部留下21针，收针断线，用同样的方法相反方向编织右前片。　4. 前片与后片的两侧缝要对应缝合，两肩缝也要对应缝合。

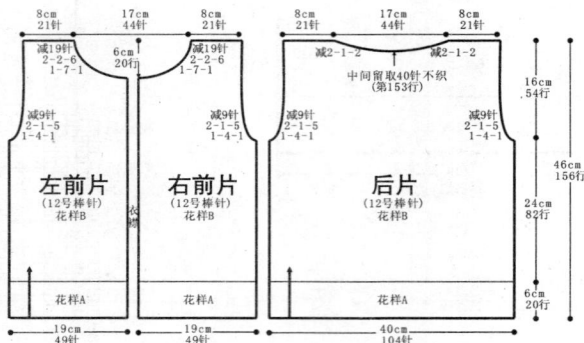

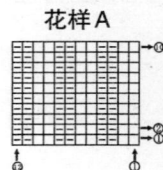

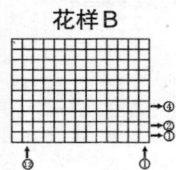

135

左前片
（12号棒针）
花样B

减19针
2-2-6
1-7-1

8cm 21针　17cm 44针　8cm 21针
6cm 20行

减9针
2-1-5
1-4-1

花样A

19cm 49针

右前片
（12号棒针）
花样B

减19针
2-2-6
1-7-1

减9针
2-1-5
1-4-1

花样A

19cm 49针

后片
（12号棒针）
花样B

减2-1-2　17cm 44针　减2-1-2
中间留取40针不织
(第153行)

减9针
2-1-5
1-4-1

16cm 54行

46cm 150行

24cm 82行

6cm 20行

花样A

40cm 104针

花样A

花样B

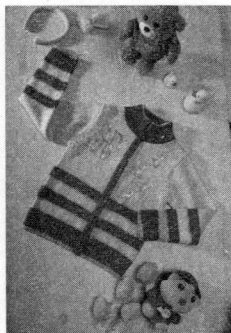

136

【成品尺寸】衣长38cm　胸围70cm　袖长34cm
【工具】3.5mm棒针
【材料】白色羊毛绒线400g　红色、金色羊毛绒线各少量　拉链1条　亮片图案若干
【密度】10cm²：20针×28行
【制作过程】1. 前片：分左右两片，分别按图起35针，织5cm双罗纹后，改织全下针，并间色，左右两边按图所示收成袖窿。后片：按图起70针，织5cm双罗纹后，改织全下针，并间色，左右两边按图所示收成袖窿。　2. 编织结束后，将侧缝、肩部、袖子缝合。领圈挑针，织6cm双罗纹，并间色。门襟挑针，织3cm下针，折边缝合，形成双层门襟。　3. 装饰：缝上拉链和亮片图案。

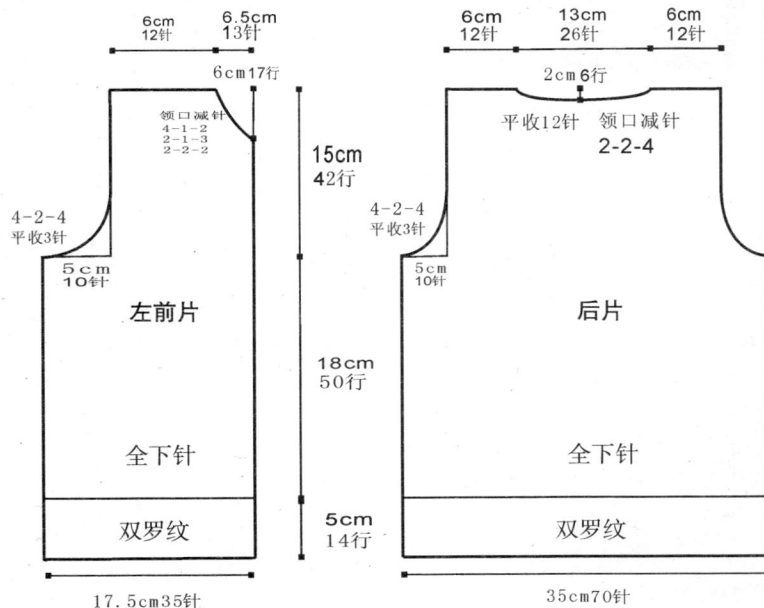

左前片　全下针　双罗纹
6cm 12针　6.5cm 13针
6cm17行
领口减针
4-1-2
2-1-3
2-2-2
15cm 42行
4-2-4 平收3针
5cm 10针
18cm 50行
5cm 14行
17.5cm35针

后片　全下针　双罗纹
6cm 12针　13cm 26针　6cm 12针
2cm 6行
平收12针　领口减针 2-2-4
4-2-4 平收3针
5cm 10针
35cm70针

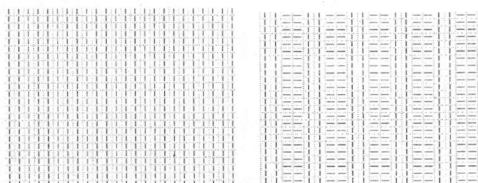

全下针　　双罗纹

137

【成品尺寸】衣长46cm　肩宽40cm　袖长48cm
【工具】12号棒针
【材料】粉红色棉线200g　白色棉线150g　拉链1条
【密度】10cm²：26针×34行
【制作过程】1. 棒针编织法，衣服按左前片、右前片和后片分别编织，完成后缝合而成。　2. 起针织后片，用双罗纹针起针法，白色棉线起104针织花样A，织4行白色棉线与4行粉红色棉线间隔编织，织至20行后，改为粉红色棉线编织花样B，织至102行后，两侧减针织成插肩袖窿，减针方法为1-3-1，2-1-27，两侧针数减少30针，余下44针，留待编织衣领。　3. 起针织左前片，用双罗纹针起针法，起49针织花样A，织4行白色棉线与4行粉红色棉线间隔编织，织至20行后，改为粉红色棉线编织花样B，织至102行时，左侧减针织成插肩袖窿，减针方法为1-3-1，2-1-27，共减少30针，继续往上织至142行时，右侧减针织成前领，减针方法为1-11-1，2-1-7，共减少18针，织至156行时，收针断线，用同样的方法相反方向编织右前片。　4. 前片与后片的两侧缝要对应缝合。

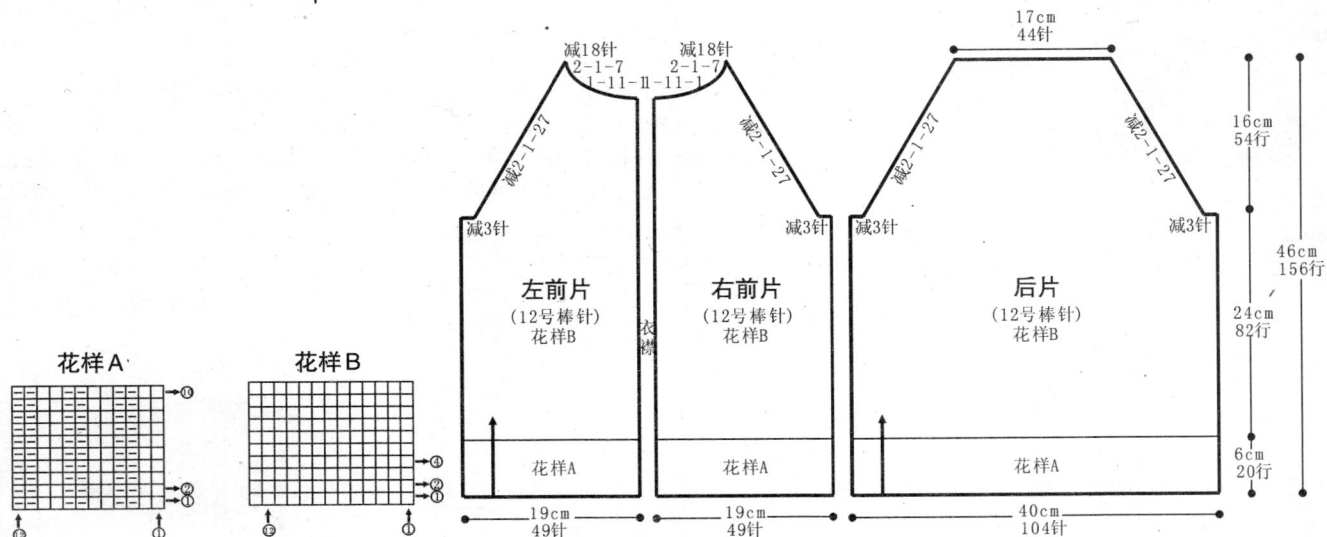

减18针 2-1-7 1-11-1　减18针 2-1-7 1-11-1
减2-1-27
减3针
左前片（12号棒针）花样B
右前片（12号棒针）花样B
花样A　花样A
19cm 49针　19cm 49针

17cm 44针
减2-1-27
后片（12号棒针）花样B
减3针
花样A
40cm 104针
16cm 54行
46cm 156行
24cm 82行
6cm 20行

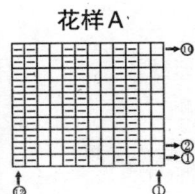

花样A　　花样B

143

138

【成品尺寸】衣长47cm　胸围72cm　袖长42cm
【工具】3.75mm棒针
【材料】玫红色线300g　白色线200g　布贴1个
【密度】10cm²：22针×28行
【制作过程】1. 前片：用3.75mm棒针起80针，从下往上织双罗纹6cm，按图所示换线编织，用玫红色线织平针，织至27cm处开斜肩。　2. 后片：用3.75mm棒针起80针，织法与前片相同，后领按后片图解编织。　3. 前后片及袖片缝合后按图所示挑领子，织12cm叠成双层。　4. 装饰：把1个布贴按图贴在前胸。

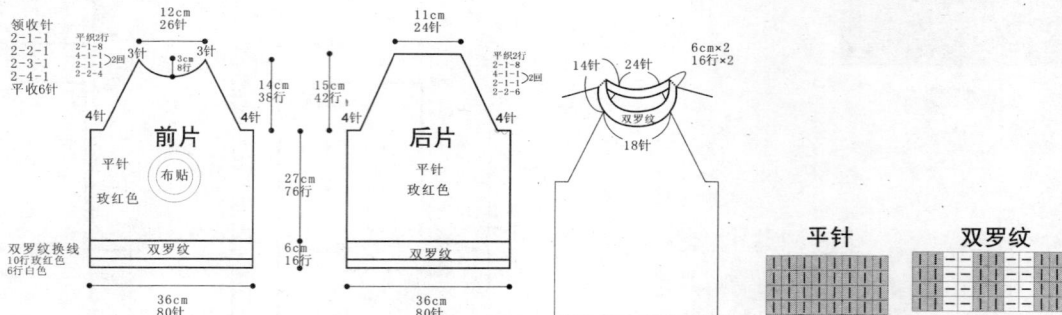

领收针
2-1-1
2-2-1
2-3-1
2-4-1
平收6针

12cm 26针　平织2行 3针
3针
2-1-1
2-1-8
2-1-1 ×2回
2-2-4
4针　前片　4针
14cm 38行
平针
玫红色
布贴
双罗纹换线
10行玫红色
6行白色
双罗纹
36cm 80针

11cm 24针
平织2行
2-1-8
4-1-1 ×2回
2-2-6
15cm 42行
4针　后片　4针
平针
玫红色
27cm 76行
6cm 16行
双罗纹
36cm 80针

14针　24针　6cm×2 16行×2
双罗纹
18针

平针　　双罗纹

139

【成品尺寸】衣长47cm　胸围72cm　袖长42cm
【工具】3.75mm棒针
【材料】玫红色线300g　白色线180g　拉链1条　布贴2个
【密度】10cm²：22针×28行
【制作过程】1. 前片：用3.75mm棒针起40针，从下往上织双罗纹6cm，按图所示换线编织，用玫红色线织平针，织至27cm处开斜肩。　2. 后片：用3.75mm棒针起80针，织法与前片相同，后领按后片图解编织。　3. 袖片：用3.75mm棒针白色线起34针，从下往上织双罗纹6cm，往上织平针。　4. 前后片及袖片缝合后按图解挑领子，织12cm叠成双层。　5. 装饰：把2个布贴按图贴在前片。缝上拉链。

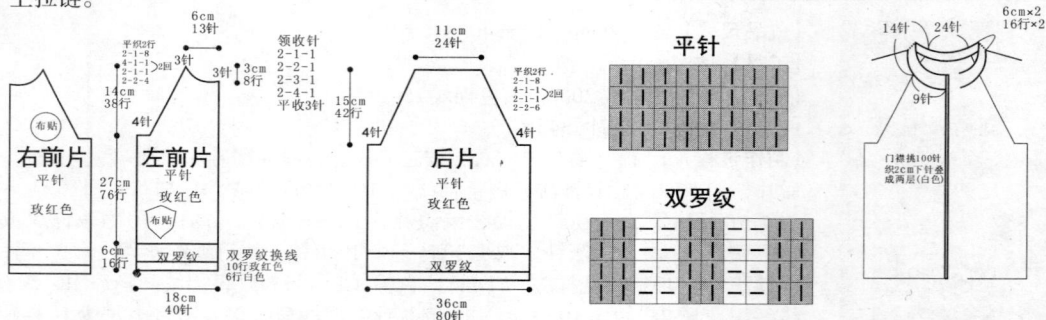

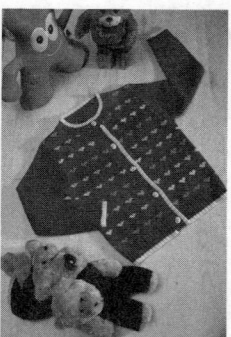

6cm 13针　领收针
平织2行
4-1-1
2-1-8
4-1-1 ×2回
2-2-1
14cm 38行
布贴
右前片
平针
玫红色
27cm 76行
布贴
6cm 16行
双罗纹换线
10行玫红色
6行白色
18cm 40针

3针　3cm 8行
2-1-1
2-2-1
2-3-1
2-4-1
平收3针
4针　左前片　平针　玫红色　双罗纹

11cm 24针
平织2行
4-1-1
2-1-8
4-1-1 ×2回
2-2-6
15cm 42行
4针　后片　4针
平针
玫红色
双罗纹
36cm 80针

平针

双罗纹

14针　24针　6cm×2 16行×2
9针
门襟挑100针
织2cm下针叠
成两层(白色)

140

【成品尺寸】衣长44cm　胸围72cm　袖长38cm
【工具】3.0mm棒针
【材料】红色线400g　绿色、白色、黄色线各50g·苹果纽扣5枚
【密度】10cm²：28针×32行
【制作过程】1. 左右前片：用3.0mm棒针起50针，从下往上织双罗纹5cm，按图所示换线，往上仍用红色线织下针10行，从第11行起织花样，织至23cm处开挂肩，按图所示分别收袖窿、领子。　2. 后片：用3.0mm棒针起100针，织法与前片相同，后领按后片图解编织。　3. 门襟挑100针，织4cm，在2cm处留5个扣眼。　4. 前后片及袖片缝合后按图解挑领子，用3.0mm棒针编织双罗纹，织至5cm收针。

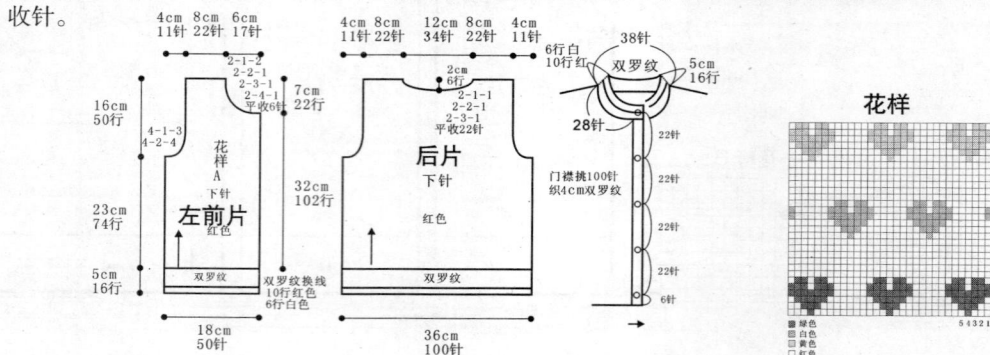

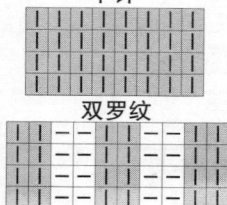

平针

双罗纹

4cm 8cm 6cm
11针 22针 17针
2-1-2
2-1-1
2-3-1
2-4-1
平收6针
16cm 50行
4-1-3
4-2-4
花样A
左前片
下针
红色
23cm 74行
5cm 16行
双罗纹
双罗纹换线
10行红色
6行白色
18cm 50针

4cm 8cm 22针 8cm 4cm
11针 22针 34针 22针 11针
2cm 6行
2-1-1
2-1-1
2-3-1
平收22针
7cm 22行
后片
下针
红色
32cm 102行
双罗纹
36cm 100针

38针
6行白
10行红
双罗纹
2cm 6行
28针
门襟挑100针
织4cm双罗纹
22针
22针
22针
22针
6针
5cm 16行

花样

绿色
白色
黄色
红色
5 4 3 2 1

【成品尺寸】衣长38cm　胸围70cm　袖长34cm
【工具】3.5mm棒针　绣花针　小号钩针
【材料】红色羊毛绒线400g　白色羊毛绒线少量　拉链1条　绣花图案　钩织图案
【密度】10cm²：20针×28行
【制作过程】1. 前片：分左右两片，分别按图起35针，织5cm双罗纹后，改织全下针，左右两边按图示收成袖窿。后片：按图起70针，织5cm双罗纹后，改织全下针，左右两边按图收成袖窿。　2. 领口：前后领各按图示均匀减针，形成领口。
3. 编织结束后，将侧缝、肩部、袖子缝合。帽子另织，帽缘至门襟挑针，织3cm全下针，折边缝合，形成双层门襟，折边向外。　4. 装饰：缝上拉链。用钩针钩织图案，缝上绣花图案。

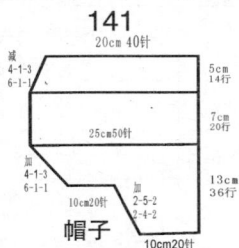

141

帽子

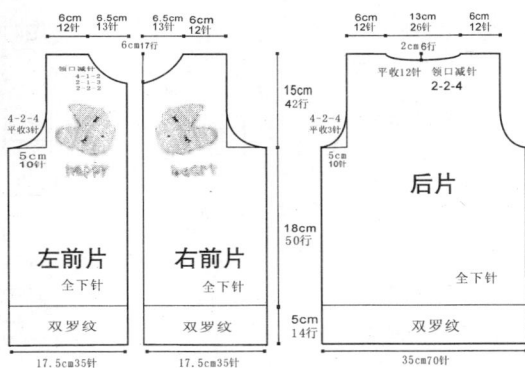

左前片　右前片

后片

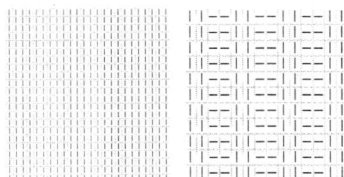

全下针　双罗纹

【成品尺寸】衣长52cm　胸围74cm　袖长42cm
【工具】2mm棒针　绣花针
【材料】西瓜红色羊毛绒线400g　绣花、亮片若干
【密度】10cm²：44针×53行
【制作过程】1. 前片、后片：按图起163针，先织5cm单罗纹后，改织全下针，左右两边按图所示收成袖窿。　2. 编织结束后，将前后片侧缝、肩部、袖子缝合。从领口挑针，织5cm单罗纹，形成圆领。　3. 装饰：在胸口的位置，绣上图案，并缝上亮片。

142

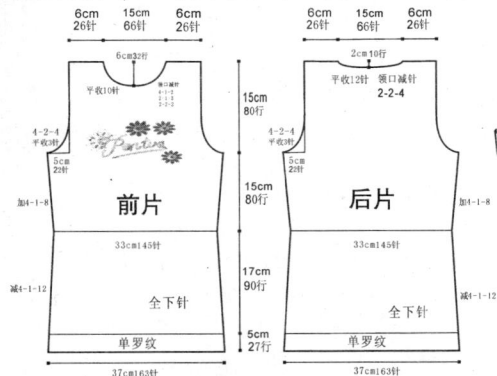

前片　后片

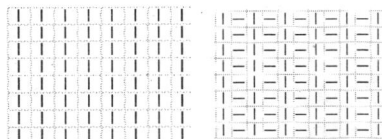

全下针　双罗纹

【成品尺寸】衣长43cm　胸围74cm　袖长41cm
【工具】3mm棒针
【材料】红色绒线500g　烫贴1张
【密度】10cm²：40针×50行

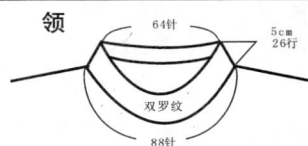

领

【制作过程】1. 前片：双罗纹起针法起148针，双罗纹针编织8cm，下针编织18.5cm后按袖窿减针及前领减针织出袖窿和前领。　2. 后片：编织方法与前片类似，不同为开领见后领减针。　3. 袖片（两片）：双罗纹起针法起84针，双罗纹针编织8cm，按袖下加针，下针织24cm后按袖山减针织9cm后收针。用相同方法织出另一片。　4. 缝合：前片和后片肩部腋下缝合，袖片袖下缝合，装袖。5. 领：前领和后领各挑88针和64针，双罗纹针织5cm后双罗纹针收针。　6. 收尾：衣服洗完晾干后如前片图在合适位置烫上烫贴。

143

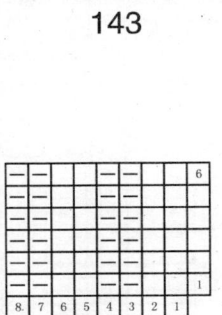

双罗纹

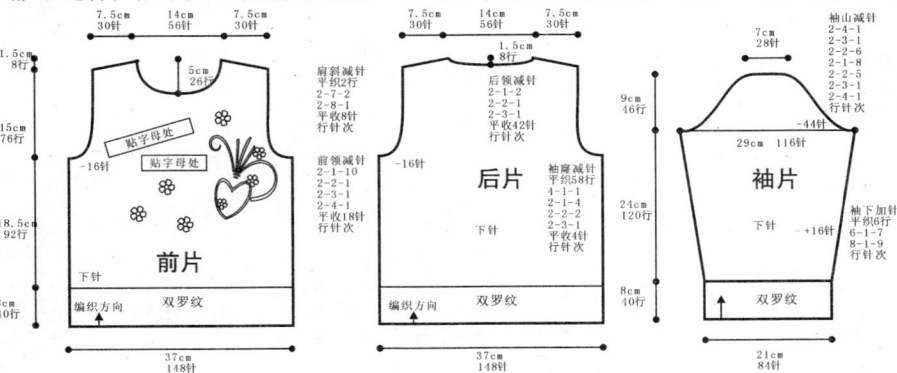

前片　后片　袖片

【成品尺寸】 衣长43cm　胸围50cm　袖长45cm
【工具】 12号棒针
【材料】 大红色毛线400g　金色、银色亮片各适量　金丝线、银丝线各少许　蝴蝶贴布1幅
【密度】 10cm²：48针×48行
【制作过程】 1. 前片、后片：起140针，织花样B5cm后，改织花样A，织至28cm时收袖窿，两边各平收2针，每隔1行两边各收1针，收4次，织至42cm后，同时留前领窝，织至46cm后，收后领窝，先平收4针，再隔1针收1针，收2次，织至48cm。　2. 袖片：起68针，织花样B至5cm，每隔4针加1针，加4次，再每隔1行加1针，加6次，织至30cm后开始收袖山，先两边各平收2针，然后每隔1行两边各收1针，收4次，织至45cm后最后平收。并缝合前片、后片。　3. 领：缝合后挑140针织花样B5cm后，全部收针。　4. 缝合领及图案（如图）。

144

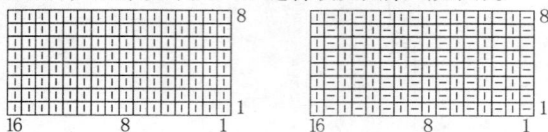

花样A　　　　　　花样B

图案

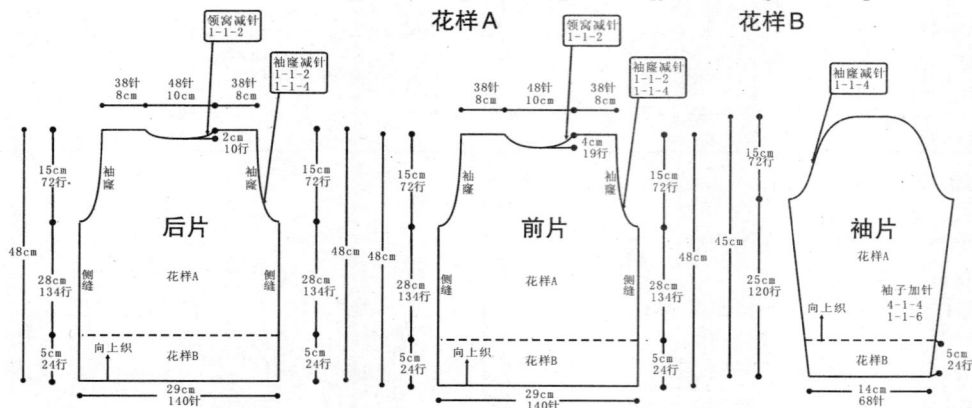

后片　花样A
前片　花样A
袖片　花样A

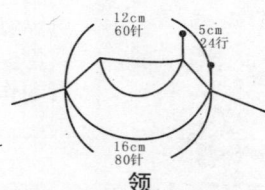

领

【成品尺寸】 衣长56cm　肩宽32cm　袖长50cm
【工具】 12号棒针
【材料】 红色棉线400g　白色棉线100g　黑色棉线少量
【密度】 10cm²：26针×34行
【制作过程】 1. 棒针编织法，衣身按前片、后片来编织。　2. 起针织后片，用双罗纹针起针法，红色棉线起104针织花样A，共织34行，改织花样B，织至136行时，两侧开始袖窿减针，减针方法为1-4-1，2-1-5，两侧针数减少10针，余下84针继续编织，两侧不再加减针，织至第187行时，中间留取38针不织，两端相反方向减针编织，各减少2针，减针方法为2-1-2，最后两肩部余下21针，再收针断线。　3. 起针织前片，用双罗纹针起针法，红色线起104针织花样A，共织34行，改用红色棉线、白色棉线和黑色棉线组合编织，织花样B，织至136行时，两侧开始袖窿减针，减针方法为1-4-1，2-1-5，两侧针数减少10针，余下84针继续编织，两侧不再加减针，织至第171行时，中间留取26针不织，两端相反方向减针编织，各减少8针，减针方法为2-2-2，2-1-4，最后两肩部余下

145

21针，再收针断线。　4. 前片与后片的两侧缝要对应缝合，两肩部也要对应缝合。

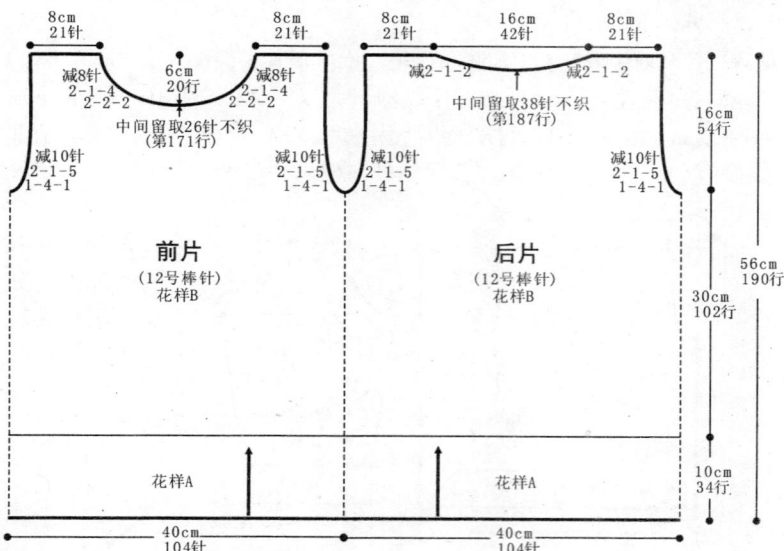

前片
（12号棒针）
花样B

后片
（12号棒针）
花样B

花样A　　　花样A

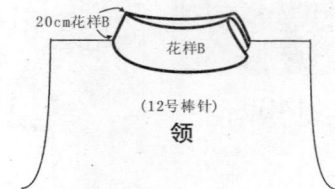

20cm花样B
花样B
（12号棒针）
领

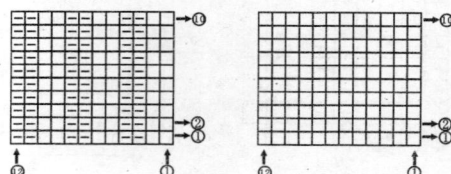

花样A　　　　花样B

【成品尺寸】衣长46cm　肩宽33cm　袖长48cm

【工具】12号棒针

【材料】深蓝色棉线250g　白色棉线150g　红色棉线少量

【密度】10cm²：26针×34行

【制作过程】1. 棒针编织法，衣服按前片和后片分别编织，完成后缝合而成。　2. 起针织后片，用双罗纹针起针法，深蓝色棉线起104针织花样A，织至20行时，从第21行起，改织花样B，织至88行后，改为白色棉线与蓝色棉线间隔编织，织至102行时，两侧减针织成袖窿，减针方法为1-4-1，2-1-5，两侧针数减少9针，不加减针至153行时，中间留取40针不织，两侧减针织成后领，减针方法为2-1-2，织至156行时，两肩部各余下21针，再收针断线。　3. 起针织前片，用双罗纹针起针法，起104针织花样A，织至20行时，从第21行起，改织花样B，织至88行后，改用白色棉线与深蓝色棉线间隔编织，织至102行时，两侧减针织成袖窿，减针方法为1-4-1，2-1-5，两侧针数减少9针，不加减针至136行时，从第137起将织片中间留取20针不织，两侧减针织成前领，减针方法为2-2-4，2-1-4，两侧各减少12针，织至156行时，两肩部各余下21针，再收针断线。　4. 前片与后片的两侧缝要对应缝合，两肩缝也要对应缝合。

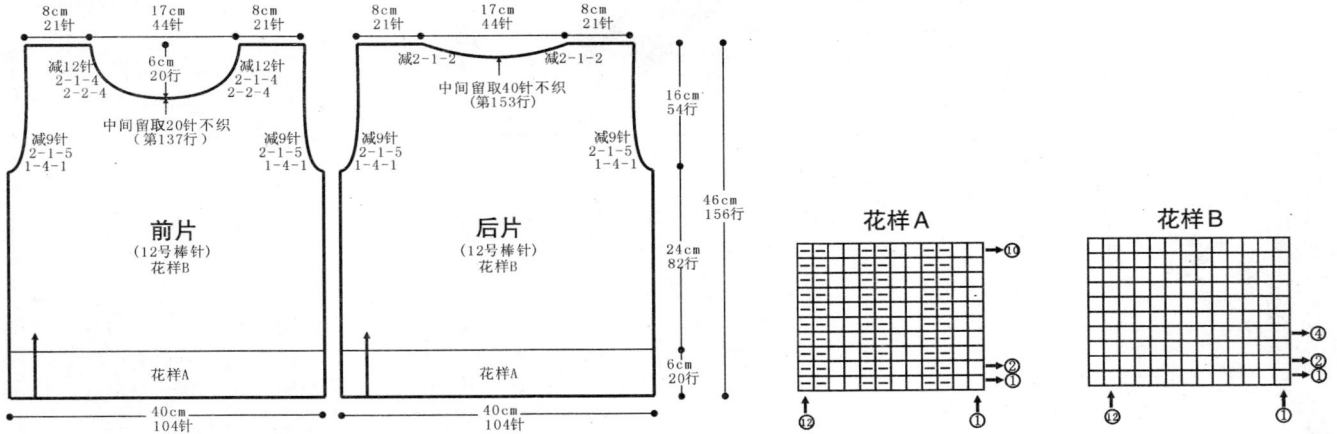

146

【成品尺寸】衣长44cm　胸围84cm　袖长48.5cm

【工具】7号棒针

【材料】褐色毛线650g　白色毛线少量

【密度】10cm²：27针×35行

【制作过程】1. 前片、后片以机器边起针编织双罗纹针，衣身编织下针，按图所示减针袖窿、前领窝、后领窝。　2. 袖子与前片、后片用同样方法起针编织，袖身换白色毛线编织，按图所示加减针编织袖片。　3. 前片、后片及袖片缝合，按领挑针示意图，挑织衣领编织双罗纹针。

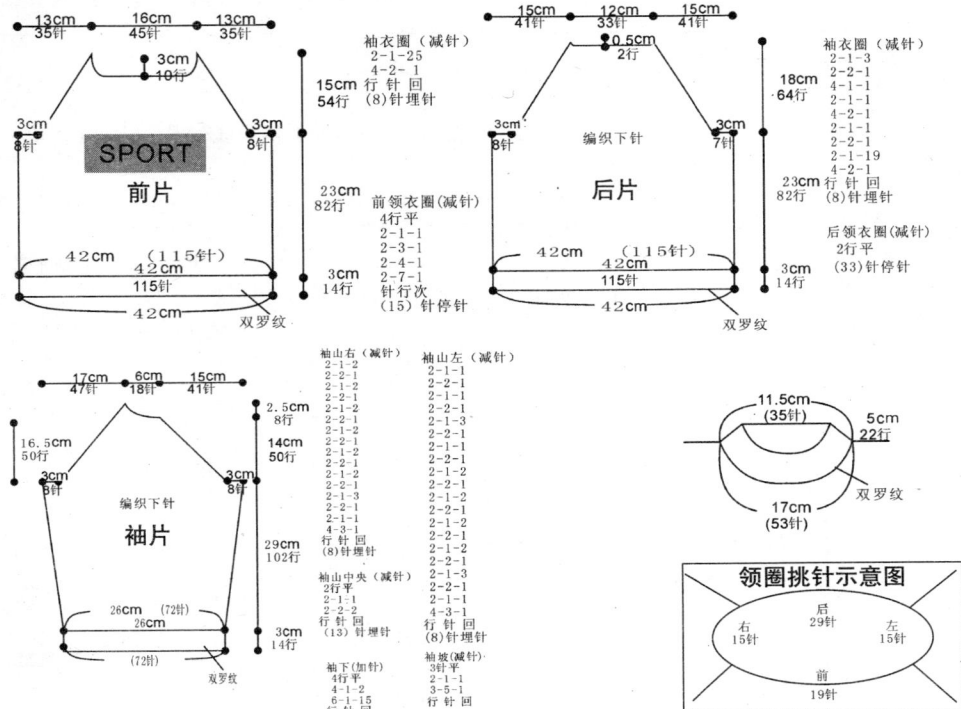

147

147

148

【成品尺寸】衣长38cm　胸围74cm　袖长34cm
【工具】3.5mm棒针
【材料】墨绿色、灰色、白色羊毛绒线各100g　烫贴图案若干
【密度】10cm²：20针×28行
【制作过程】1. 前片、后片：按图起74针，织5cm双罗纹后，改织全下针，并间色，左右两边按图所示收成袖窿。　2. 编织结束后，将前片、后片侧缝、肩部、袖子缝合。领圈挑针，织5cm双罗纹，形成圆领。　3. 装饰：贴上烫贴图案。

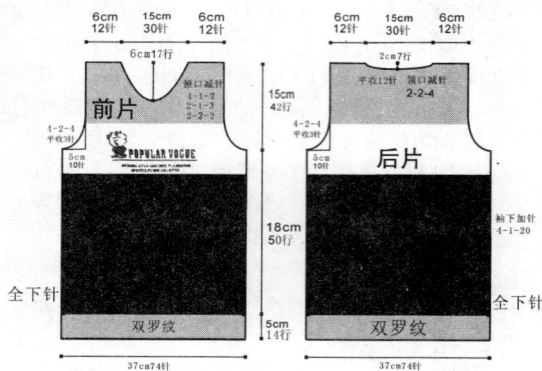

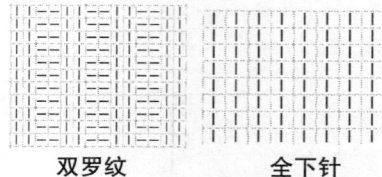

| 6cm
12针 | 15cm
30针 | 6cm
12针 | | 6cm
12针 | 15cm
30针 | 6cm
12针 |

6cm17行

2cm7行

前片

领口减针
4-1-2
2-1-3
2-2-2

后片

平收12针　领口减针
2-2-4

15cm
42行

4-2-4
平收10针

5cm
10行

POPULAR VOGUE

5cm
10行

18cm
50行

袖下加针
4-1-20

全下针

全下针

5cm
14行

双罗纹

双罗纹

37cm74针

37cm74针

双罗纹　　　全下针

149

【成品尺寸】衣长38cm　胸围74cm　连肩袖长41cm
【工具】3.5mm棒针
【材料】白色羊毛绒线400g　红色、黑色羊毛绒线各少量　扣子4枚
【密度】10cm²：20针×28行
【制作过程】1. 前片、后片：按图起74针，织5cm双罗纹后，改织全下针，并间色，左右两边按图所示收成插肩袖。　2. 编织结束后，将前片、后片侧缝、袖子缝合。左前肩不用缝合，扣子边另织，按图缝合。领窝挑针，织10cm双罗纹，并间色，折边缝合，形成双层圆领。　3. 装饰：缝上扣子。

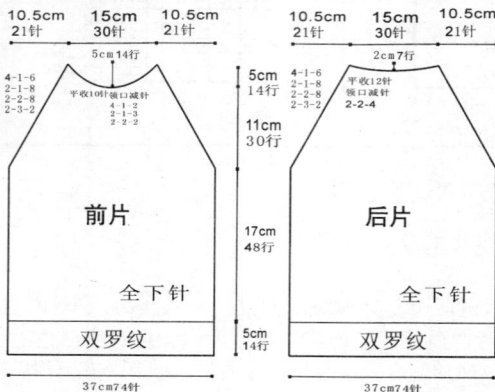

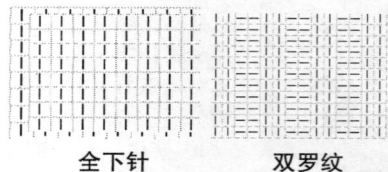

| 10.5cm
21针 | 15cm
30针 | 10.5cm
21针 | | 10.5cm
21针 | 15cm
30针 | 10.5cm
21针 |

5cm14行

2cm7行

4-1-6
2-1-8
2-2-8
2-3-2

平收10针领口减针
2-1-2
2-1-3
2-2-2

4-1-6
2-1-8
2-2-2
2-3-2

平收12针　领口减针
2-2-4

5cm
14行

11cm
30行

前片

后片

17cm
48行

全下针

全下针

双罗纹

5cm
14行

双罗纹

37cm74针

37cm74针

全下针　　　双罗纹

150

【成品尺寸】衣长46cm　肩宽40cm　袖长48cm
【工具】11号棒针
【材料】白色棉线200g　粉红色毛绒线150g　粉红色丝线少量　拉链1条
【密度】10cm²：18针×24行
【制作过程】1. 后片：用白色棉线编织，起72针，织花样A，织至6cm后，改织花样B，织至30cm时插肩减针，减针方法为1-4-1，2-1-19，织至46cm长度，织片余26针。　2. 左前片：用白色棉线编织，起36针，织花样A，织至6cm后，改织花样B，织至30cm时，左侧平收4针，插肩减针，减针方法为2-1-19，织至42cm时，左侧平收7针，减针方法为2-1-5，织至46cm长度，余下1针。　3. 用同样方法往相反方向织右前片。　4. 领子：用白色棉线沿领口挑起针织花样A，挑起62针织至8cm。　5. 衣襟：缝上拉链，前片用丝线绣上小花。

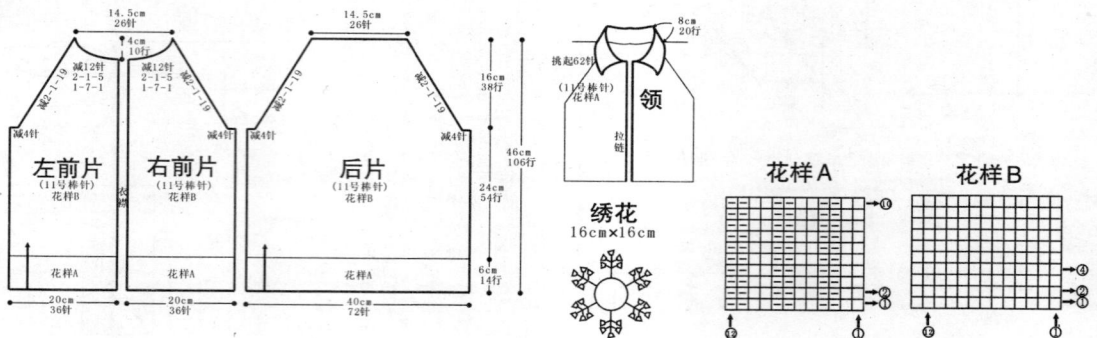

| 14.5cm
26针 | | 14.5cm
26针 | | 8cm
20行 |

4cm
10行

减12针
2-1-5
1-7-1

减12针
2-1-5
1-7-1

挑起62针
(11号棒针)
花样A

领

16cm
38行

减2-1-19

减2-1-19

减2-1-19

减2-1-19

减4针

减4针

减4针

46cm
106行

左前片
(11号棒针)
花样B

右前片
(11号棒针)
花样B

后片
(11号棒针)
花样B

拉链

24cm
54行

花样A

花样A

花样A

6cm
14行

绣花
16cm×16cm

20cm
36针

20cm
36针

40cm
72针

花样A　　　花样B

151

【成品尺寸】衣长44cm　胸围68cm　袖长37cm
【工具】4.0mm棒针　绣针1根
【材料】白色线350g　粉红色线50g　红色线50g　蓝色线30g　装饰圈7个　拉链1条
【密度】10cm²：20针×30行
【制作过程】1. 左前片：用4.0mm棒针、粉红色线起34针，从下往上织双罗纹，按图所示换线编织，按图解分别收袖窿、领子。　2. 后片：用4.0mm棒针起68针，织法与前片相同，后领按后片图解编织。换线编织，织至23cm处按图解收袖山。　3. 前片、后片及袖片缝合后按图解挑领子，用4.0mm棒针编织双罗纹，织至4cm处换蓝色线织至6行，再换白色线编织，共织10cm收针，往里缝合成双层领子。　4. 装饰：前片小花处用绣针绣上小花，装上拉链。

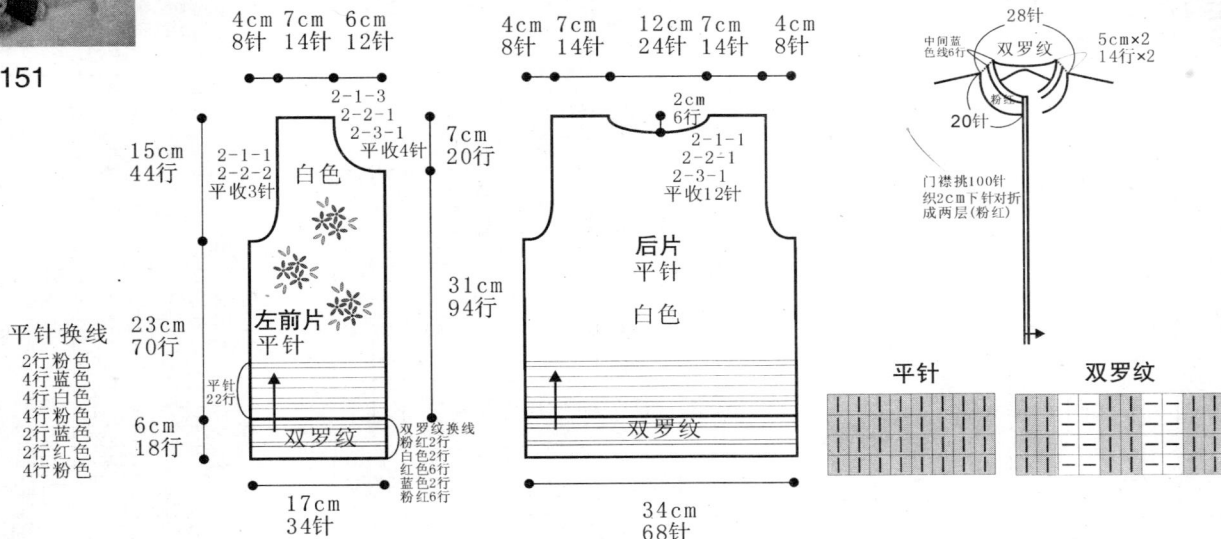

平针换线
2行粉色
4行蓝色
4行白色
4行粉色
2行蓝色
2行红色
4行粉粉

平针　　双罗纹

152

【成品尺寸】衣长44cm　胸围72cm　袖长38cm
【工具】3.0mm棒针
【材料】白色棉线400g　红色棉线100g　圆形布贴1个　拉链1条
【密度】10cm²：25针×40行
【制作过程】1. 左前片：用3.0mm棒针起46针，从下往上织单罗纹6cm，按图解所示红、白色线相间编织，换白色棉线织至22cm处开挂肩，按图解分别收袖窿、收领子。　2. 后片：用3.0mm棒针起90针，织法与前片相同，后领按后片图解编织。　3. 前片、后片及袖片缝合后按图解挑领子，用3.0mm棒针编织单罗纹，红、白色棉线相间织至10cm片收针，往里面缝合成双层领子。　4. 装饰：把圆形布贴贴在左前片上部，装上拉链，清洗，熨烫。

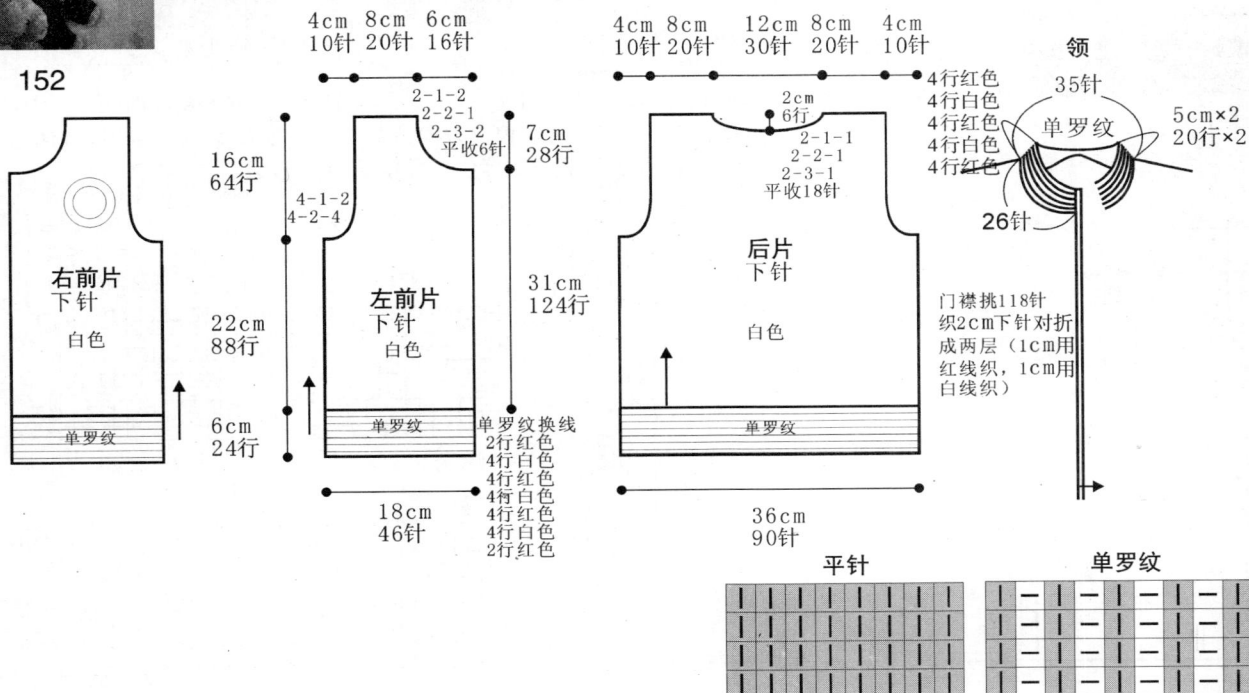

平针　　单罗纹

【成品尺寸】衣长45cm　胸围44cm　袖长42cm
【工具】12号棒针
【材料】白色毛线200g　紫色、蓝色、粉红色、淡紫色毛线各150g　拉链1条
【密度】10cm²：40针×40行
【制作过程】1. 后片：起88针，织花样B7cm，织至30cm时收袖窿，平收2针。然后隔2行两边各收1针，收4次。再织至43cm后，收后领窝和肩，先平收4针，再隔1针收1针，收2行，将收肩织至45cm（编织时注意换线）。　2. 左、右前片：起44针织花样B7cm，织至32cm收袖窿，平收2针。然后隔2行两边各收1针，收4次。再织至38cm收前领窝，靠近门襟一边平收4针，然后每隔1行减1针，减针4次，织至45cm时，全部收针。　3. 领子：缝合前片、后片后，挑起领围128针，织花样B织至7cm，收针。　4. 门襟：挑起88针（包括领子）织花样A4cm，收机器针，对折缝合。

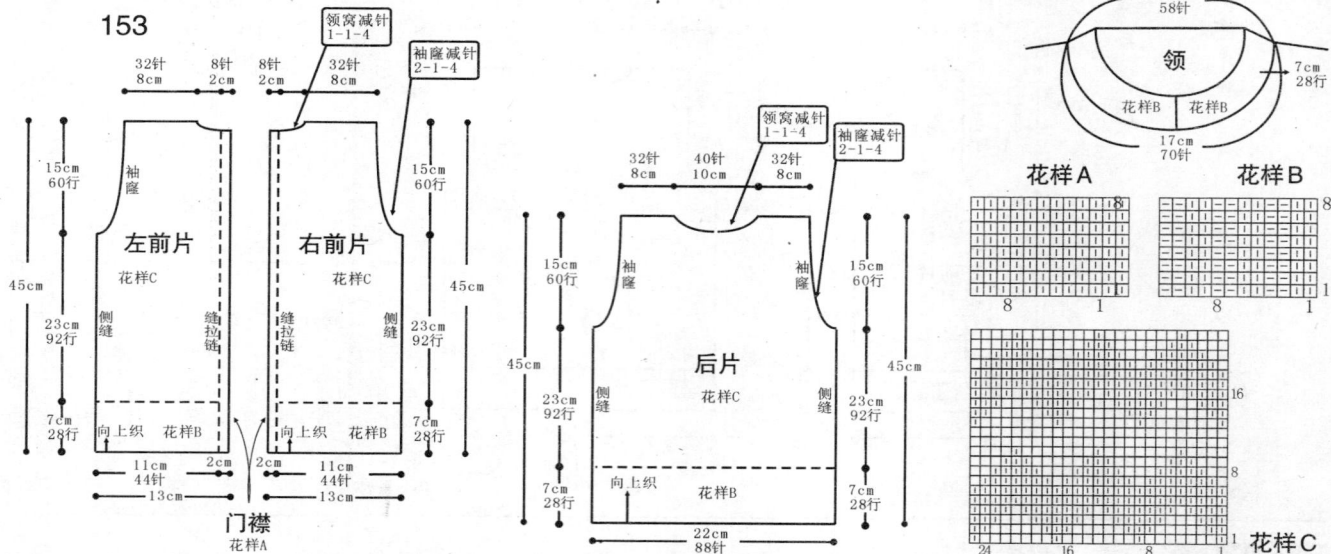

153

左前片
花样C

右前片
花样C

32针 8cm
8针 2cm
8针 2cm
32针 8cm

领窝减针
1-1-4
袖窿减针
2-1-4

15cm 60行
15cm 60行
45cm
45cm
23cm 92行
23cm 92行
7cm 28行
7cm 28行

袖窿
侧缝
缝拉链
缝拉链
侧缝
袖窿

向上织　花样B
向上织　花样B

11cm 44针
2cm
2cm
11cm 44针
13cm
13cm

门襟
花样A

后片
花样C

32针 8cm
40针 10cm
32针 8cm

领窝减针
1-1-4
袖窿减针
2-1-4

15cm 60行
15cm 60行
45cm
45cm
23cm 92行
23cm 92行
袖窿
侧缝
侧缝
袖窿
7cm 28行
7cm 28行

向上织　花样B
22cm 88针

领
14cm 58针
7cm 28行
17cm 70针
花样B　花样B

花样A
8　8　1
花样B
8　8　1
花样C
24　16　8　1
16　8

【成品尺寸】衣长56cm　肩宽25cm　袖长46cm
【工具】12号棒针
【材料】灰色棉线500g
【密度】10cm²：26针×34行
【制作过程】1. 棒针编织法，衣身按前片、后片来编织。　2. 起针织后片，下针起针法，起84针织花样A，共织88行，改织花样B，织至102行后，改织花样C，织至136行时，两侧需要同时减针织成袖窿，减针方法为1-4-1，2-1-5，两侧针数减少9针，余下66针继续编织，两侧不再加减针，织至第187行时，中间留取28针不织，两端相反方向减针编织，各减少2针，减针方法为2-1-2，最后两肩部余下17针，收针断线。　3. 起针织前片，下针起针法，起84针织花样A，共织88行，改织花样B，织至102行后，改织花样C，中间编织10针花样B，重复往上编织至136行，两侧需要同时减针织成袖窿，减针方法为1-4-1，2-1-5，两侧针数减少9针，余下66针继续编织，两侧不再加减针，织至第171行时，中间留取16针不织，两端相反方向减针编织，各减少8针，减针方法为2-2-2，2-1-4，最后两肩部余下17针，收针断线。　4. 前片与后片的两侧缝隙缝合，两肩部要对应缝合。

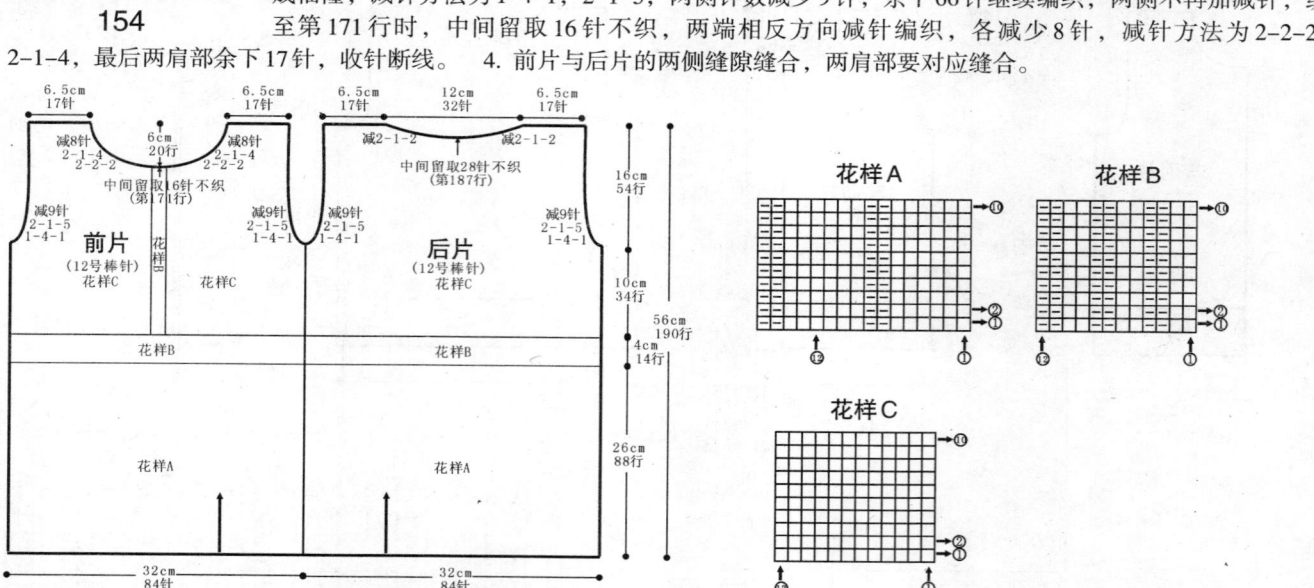

154

前片
(12号棒针)
花样C

6.5cm 17针
6cm 20行
6.5cm 17针
6.5cm 17针
12cm 32针
6.5cm 17针

减8针
2-2-1
2-2-2
减8针
2-2-1
2-2-2
减2-1-2
减2-1-2

中间留取16针不织
（第171行）
中间留取28针不织
（第187行）

减9针
2-1-5
1-4-1
减9针
2-1-5
1-4-1
减9针
2-1-5
1-4-1
减9针
2-1-5
1-4-1

花样C
花样B
花样C

后片
(12号棒针)
花样C

花样B
花样B

花样A
花样A

16cm 54行
10cm 34行
56cm 190行
4cm 14行
26cm 88行

32cm 84针
32cm 84针

花样A
花样B

花样C

155

【成品尺寸】衣长55cm　胸围74cm　袖长42cm
【工具】3.5mm棒针
【材料】黑色、白色羊毛绒线各200g　扣子2枚　衣袋绳子2条
【密度】10cm² : 20针×28行
【制作过程】1. 前片、后片：按图起74针，先织双层平针底边后，改织全下针，并间色，左右两边按图所示收成袖窿。　2. 编织结束后，将侧缝、肩部、袖子缝合。前领片另织，并间色，与领尖缝合。帽子另织按图与领圈缝合。　3. 装饰：缝上扣子，衣袋另织，与前片缝合，并穿上绳子。

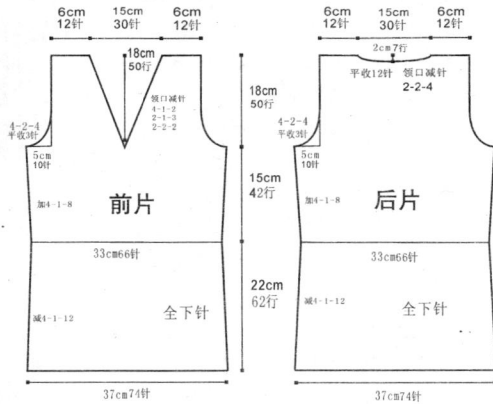

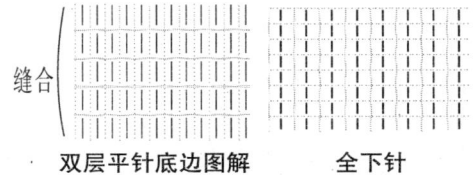

前片
6cm 12针　15cm 30针　6cm 12针
18cm 50针
领口减针
4-1-2
2-1-2
2-2-2
4-2-4 平收3行
5cm 10针
加4-1-8
33cm66针
18cm 50行
15cm 42行
22cm 62行
减4-1-12
全下针
37cm74针

后片
6cm 12针　15cm 30针　6cm 12针
2cm 7行
平收12针　领口减针 2-2-4
4-2-4 平收3行
5cm 10针
加4-1-8
33cm66针
减4-1-12
全下针
37cm74针

缝合
双层平针底边图解　　全下针

156

【成品尺寸】衣长47cm　胸围74cm　袖长42cm
【工具】3.5mm棒针
【材料】黑色羊毛绒线600g　丝绸布料缝制的衣领1件
【密度】10cm² : 20针×28行
【制作过程】1. 前片、后片：按图起74针，织双罗纹，左右两边按图所示收成袖窿。　2. 编织结束后，将前后片侧缝、肩部、袖子缝合。从领口挑针，织至4cm双罗纹，折边缝合，形成双层圆领。　3. 装饰：将丝绸布料缝制的衣领与领圈缝合。

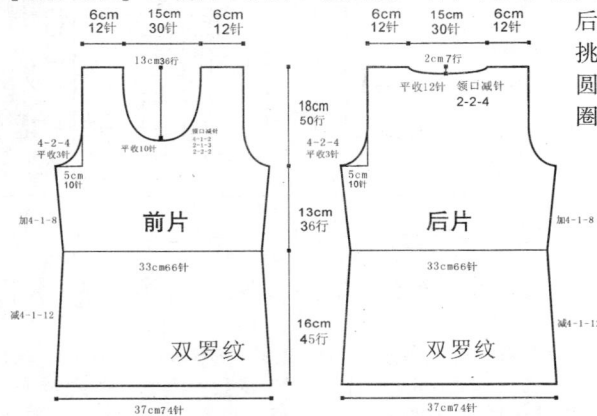

前片
6cm 12针　15cm 30针　6cm 12针
13cm36行
领口减针
2-1-2
2-1-1
2-2-2
4-2-4 平收3行
平收10针
5cm 10针
加4-1-8
33cm66针
18cm 50行
13cm 36行
16cm 45行
减4-1-12
双罗纹
37cm74针

后片
6cm 12针　15cm 30针　6cm 12针
2cm 7行
平收12针　领口减针 2-2-4
4-2-4 平收3行
5cm 10针
加4-1-8
33cm66针
双罗纹
37cm74针

双罗纹

157

【成品尺寸】衣长38cm　胸围74cm　袖长36cm
【工具】3.5mm棒针
【材料】黑色、白色羊毛绒线各200g　亮片图案若干
【密度】10cm² : 20针×28行
【制作过程】1. 前片、后片：按图起74针，先织双层平针底边后，改织全下针，并间色，左右两边按图所示收成袖窿。外前片另织，起36针，先织双层平针底边后，改织全下针完成，门襟另织，与前片缝合，多余部分打蝴蝶结。　2. 编织结束后，将前后片侧缝、肩部、袖子缝合。领圈挑针，织10cm单罗纹，形成双层圆领。3. 装饰：缝上亮片图案。

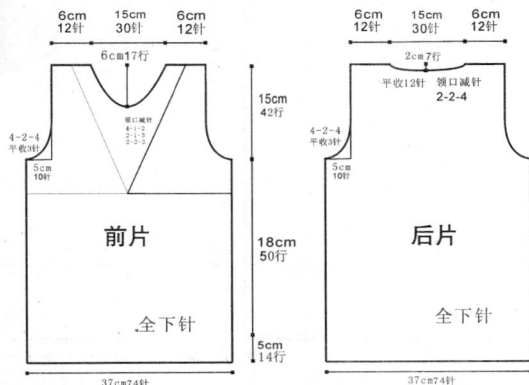

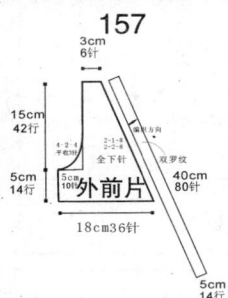

外前片
3cm 6针
15cm 42行
2-1-2 编织方向
5cm 14行
双罗纹
40cm 80针
18cm36针
5cm 14针

前片
6cm 12针　15cm 30针　6cm 12针
6cm17行
领口减针
2-1-2
4-1-2
2-2-2
4-2-4 平收3行
5cm 10针
全下针
15cm 42行
18cm 50行
5cm 14行
37cm74针

后片
6cm 12针　15cm 30针　6cm 12针
2cm 7行
平收12针　领口减针 2-2-4
4-2-4 平收3行
5cm 10针
全下针
37cm74针

缝合
双层平针底边图解　　全下针　　单罗纹

151

158

【成品尺寸】衣长46cm　肩宽40cm　袖长48cm

【工具】12号棒针

【材料】蓝色棉线400g　深蓝色、红色、白色棉线各少量

【密度】10cm²：26针×34行

【制作过程】1. 棒针编织法，衣服按左前片、右前片和后片分别编织，完成后缝合而成。　2. 起针织后片，用双罗纹针起针法，起104针织花样A，蓝色棉线织4行，改织4行白色棉线，8行红色棉线，4行白色棉线，然后全部改用蓝色棉线编织花样B，织至102行时，两侧减针织成袖窿，减针方法为1-4-1，2-1-5，两侧针数减少9针，不加减织至153行时，中间留取40针不织，两侧减针织成后领，减针方法为2-1-2，织至156行，两肩部各余下21针，再收针断线。　3. 起针织左前片，用双罗纹针起针法，起49针织花样A，蓝色棉线织4行，改织4行白色棉线，8行红色棉线，4行白色棉线，然后全部改用蓝色棉线编织花样B，织至94行后，改织4行红色棉线，4行白色棉线，织至102行后，全部改用蓝色棉线编织，左侧减针织成袖窿，减针方法为1-4-1，2-1-5，共减少9针，不加减针织至136行时，右侧减针织成前领，减针方法为1-7-1，2-2-6，共减少19针，织至156行时，肩部留下21针，再收针断线，用同样的方法相反方向编织右前片。　4. 前片与后片的两侧缝要对应缝合，两肩缝也要对应缝合。

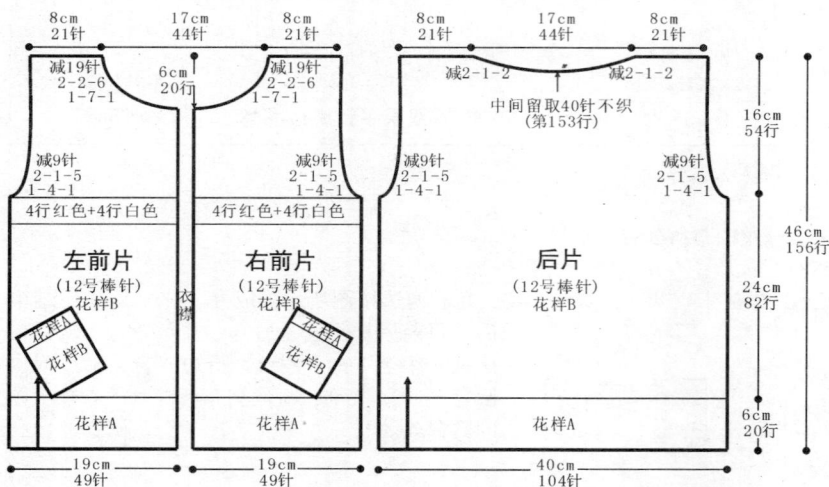

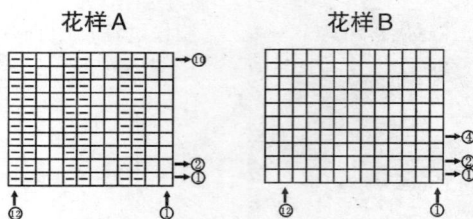

159

【成品尺寸】衣长38cm　胸围70cm　袖长34cm

【工具】3.5mm棒针绣花针

【材料】蓝色羊毛绒线400g　白色、红色、黑色毛线各少量　拉链1条　绣花图案

【密度】10cm²：20针×28行

【制作过程】1. 前片：分左右两片，分别按图起35针，织6cm双罗纹后，改织全下针，并间色，左右两边按图所示收成袖窿。后片：按图起70针，织6cm双罗纹后，改织全下针，并间色，左右两边按图收成袖窿。　2. 编织结束后，将侧缝、肩部、袖子缝合。领圈挑针，织10cm双罗纹，并间色，折边缝合，形成双层开襟圆领。门襟拉链边另织，折边缝合，形成双层拉链边。　3. 装饰：缝上拉链，绣上绣花图案。

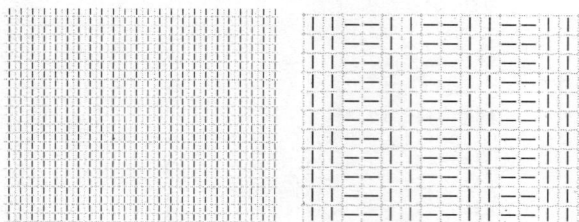

全下针　　　双罗纹

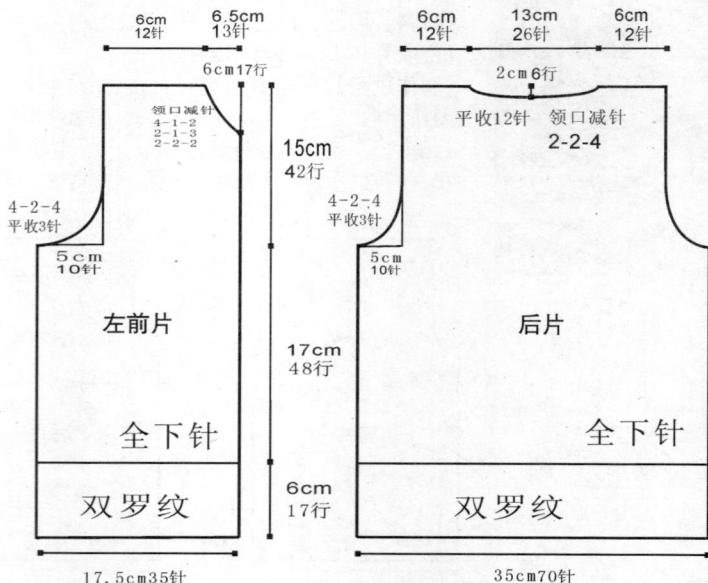

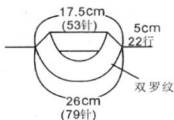

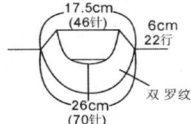

【成品尺寸】 衣长54.5cm　胸围98cm　肩宽35cm　袖长52cm
【工具】 8号棒针
【材料】 毛线700g　拉链1条
【密度】 10cm²：24针×30行
【制作过程】 1. 前片、后片以机器边起针编织双罗纹针，衣身编织花样，按图所示减针袖窿、前领窝、后领窝。　2. 袖子与前片、后片用同样方法起针编织，按图所示加针袖下、减针袖坡、袖山。注意袖子配色与衣身要一致。　3. 前片、后片及袖片缝合，按领挑针示意图挑织衣领编织双罗纹针。　4. 门襟处横向织下针2cm高，包住门襟和帽沿边，然后装上拉链。

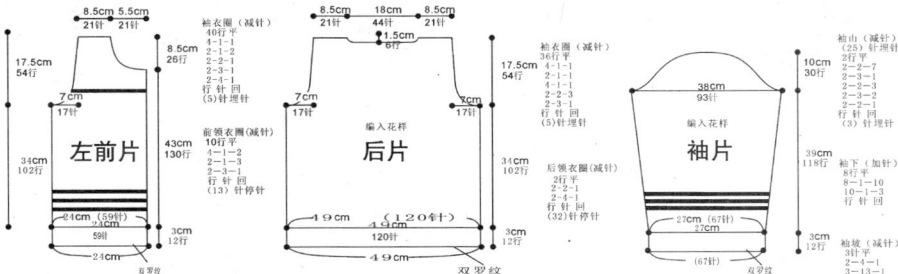

160

左前片　后片　袖片　花样

【成品尺寸】 衣长54.5cm　胸围98cm　肩宽35cm　袖长52cm
【工具】 8号棒针
【材料】 天蓝色毛线400g　绿色、黑色、白色毛线各少量　拉链1条
【密度】 10cm²：24针×30行
【制作过程】 1. 前片、后片以机器边起针编织双罗纹针，衣身编入花样，按图所示减针袖窿、前领窝、后领窝。　2. 袖子与前片、后片用同样方法起针编织，按图所示加针袖下、减针袖坡、袖山。注意袖子配色与衣身要一致。　3. 前片、后片及袖片缝合，按领挑针示意图，挑织衣领编织双罗纹针。　4. 门襟处横向织下针2cm高度，包住门襟边，然后装上拉链。

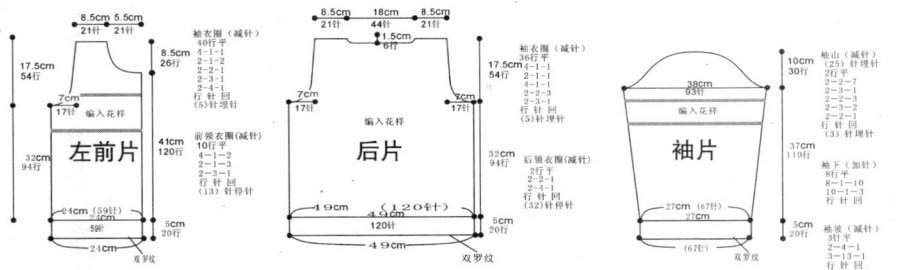

161

左前片　后片　袖片　花样

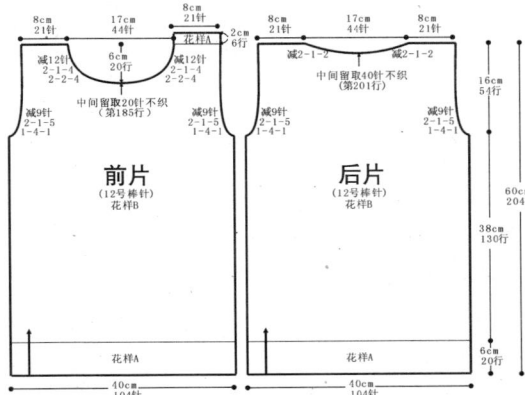

【成品尺寸】 衣长60cm　肩宽33cm　袖长48cm
【工具】 12号棒针
【材料】 白色棉线250g　绿色、蓝色棉线各50g　红色、黄色棉线各100g　扣子2枚
【密度】 10cm²：26针×34行
【制作过程】 1. 棒针编织法，衣服按前片和后片分别编织，完成后缝合而成。　2. 起针织后片，用双罗纹针起针法，绿色棉线起104针织花样A，织至20行时，从第21行起，织花样B，改织2行红色棉线，然后改用16行白色棉线与16行红色棉线间隔编织，重复往上织至86行，改用12行白色棉线与12行浅黄色棉线间隔编织，织至102行后，改用6行白色棉线与6行蓝色棉线间隔编织，两侧减针织成袖窿，减针方法为1-4-1，2-1-5，两侧针数减少9针，不加减针织至201行时，中间留取40针不织，两侧减针织成后领，减针方法为2-1-2，织至204行时，两肩部各余下21针，再收针断线。
3. 起针织前片，前片的编织方法与后片相同，织至184行，从第185起将织片中间留取20针不织，两侧减针织成前领，减针方法为2-2-4，2-1-4，两侧各减少12针，织至204行时，两肩部各余下21针，左侧肩部收针断线，右侧肩部继续往上编织花样A，织至3行后，留取2个扣眼，共织至6行，再收针断线。　4. 前片与后片的两侧缝要对应缝合，左肩缝也要对应缝合，在右肩缝钉好扣子。

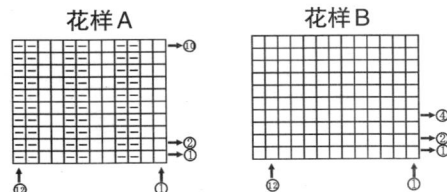

162

前片　后片　花样A　花样B

153

163

【成品尺寸】衣长38cm　胸围70cm　袖长34cm
【工具】3.5mm棒针　绣花针
【材料】粉红色、黄色羊毛绒线各200g　拉链1条　亮片若干
【密度】10cm²：20针×28行
【制作过程】1. 前片：分左右两片，分别按图起35针，织8cm双罗纹后，改织全下针，并间色，左右两边按图所示收成袖窿。后片：按图起70针，织8cm双罗纹后，改织全下针，并间色，左右两边按图收成袖窿。　2. 编织结束后，将侧缝、肩部、袖子缝合。领圈挑针，织10cm双罗纹，并间色，折边缝合，形成双层开襟圆领。门襟挑针，织至3cm下针，折边缝合，形成双层门襟。　3. 装饰：缝上拉链和亮片。

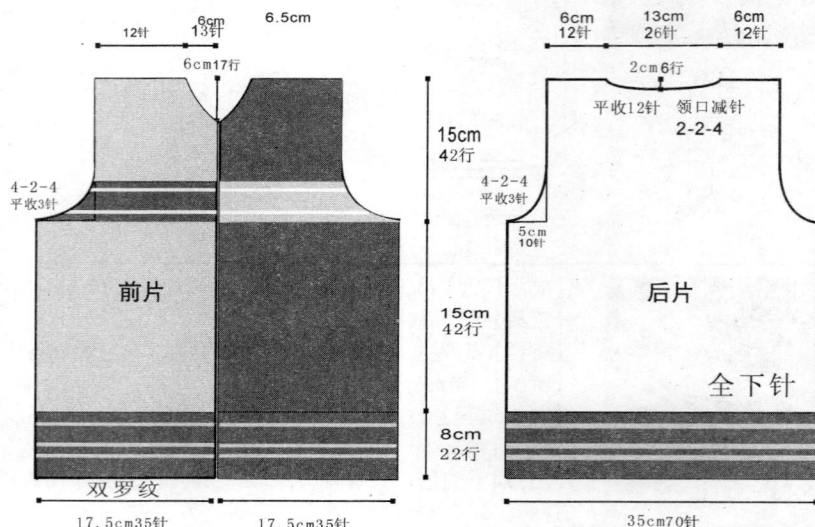

全下针

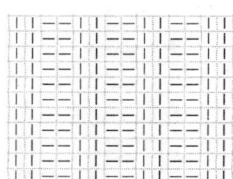
双罗纹

164

【成品尺寸】衣长46cm　肩宽32cm　袖长47cm
【工具】10号棒针
【材料】白色棉线150g　黄色棉线200g
【密度】10cm²：21针×28行
【制作过程】1. 后片：用白色棉线起84针，织花样A，织至5cm后改用黄色棉线织花样B，织至17cm时，中间留取20针不织，两侧减针留取后襟，减针方法为4-1-20，织至30cm时，袖窿减针，减针方法为1-4-1，2-1-3，织至45cm时，两侧肩部各余下5针，后片共织46cm。　2. 后襟片：用白色线起20针，一边织一边两侧加针，加针方法为4-1-20，织至29cm时，两侧各收针12针，余下36针继续往上编织10cm。沿后襟片边沿缝上流苏边。　3. 用同样的方法编织前片和前襟片。　4. 袖子：用白色棉线起44针织花样A，织至5cm时，两侧加针，加针方法为8-1-9，织至33cm时，织片变成62针，减针织袖山，减针方法为1-4-1，2-1-20，织至47cm时，织片余下14针。　5. 袖山头片：用黄色棉线起62针，织花样C，减针织袖山，减针方法为1-4-1，2-1-20，织至14cm，织片余下14针。

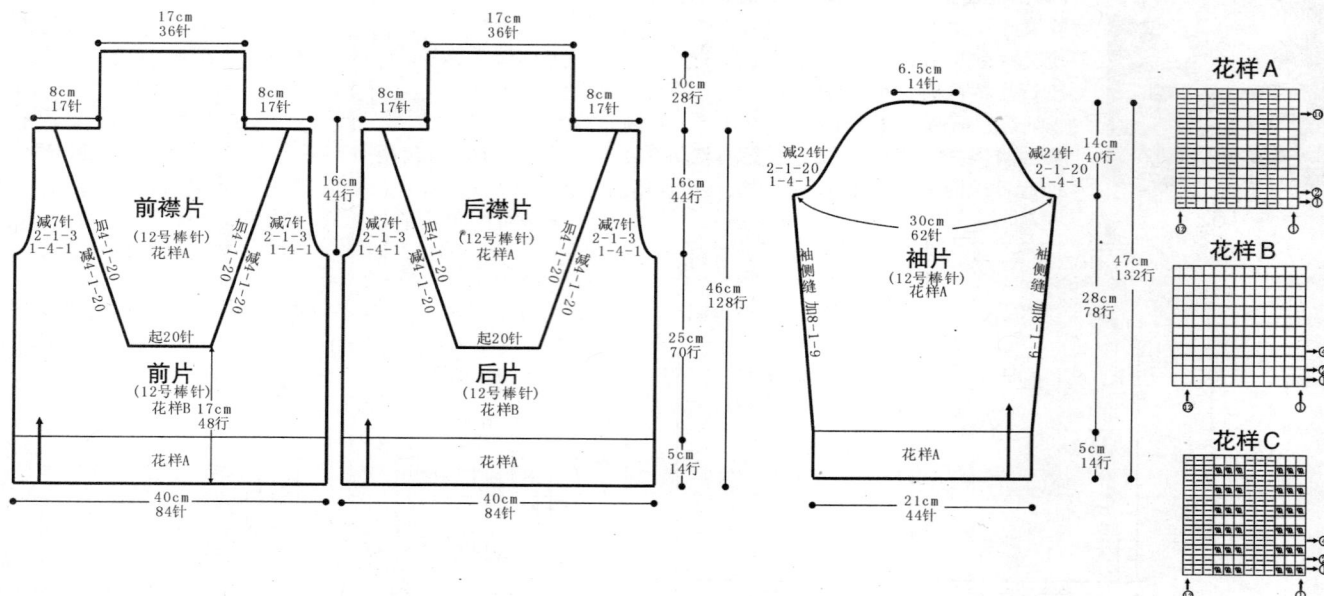

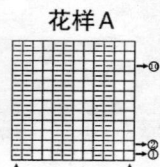
花样A

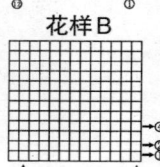
花样B

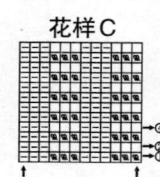
花样C

【成品尺寸】衣长38cm 袖长39cm 肩宽15cm 胸围60cm
【工具】4mm棒针 2mm棒针
【材料】黄色纯棉线300g 白色、橙色纯棉线各110g 白色纯棉线少量 白色蕾丝条少许 5枚纽扣
【密度】10cm²：28针×34行
【制作过程】1. 前片起84针编织花样A，用白色纯棉线织10行，橙色纯棉线织8行后，均匀地减针成66针，按图所示编织花样B，编织18cm后按图所示减针，形成前片袖窿和下领口。起12针，按图所示加针、减针，形成前片的领口，织好与前片缝合，中间放上蕾丝花边，形成前片的领口。 2. 后片：起84针编织花样A，用白色纯棉线织10行，橙色纯棉线织8行后，均匀地减针成66针，按图所示编织花样B，编织18cm后按图所示减针形成后片袖窿、领口。 3. 各片缝合，编织前片沿边和领片，用2mm棒针编织，前片沿边起80针，按图所示编织花样，一片留出纽扣洞，织40行收针，领片一片起160针，按图所示编织花样，织52行收针，与两片前片沿边缝合，对折后再与前片、后片缝合，形成前片、后片领子，缝上纽扣，完成。

165

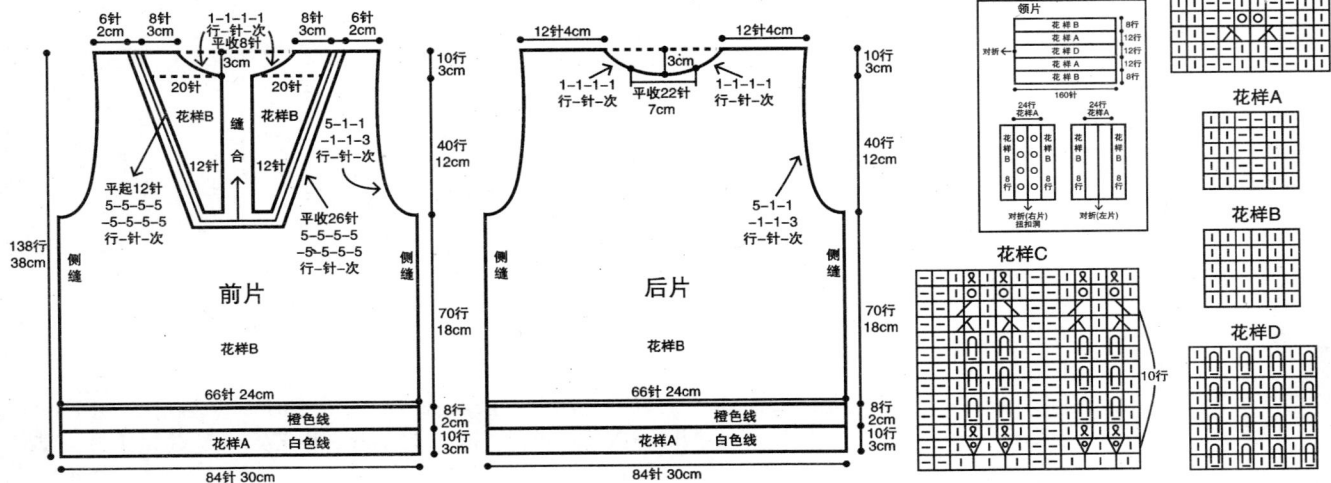

【成品尺寸】衣长44cm 胸围72cm 袖长38cm
【工具】3.0mm棒针 绣针1根
【材料】粉红色线250g 黄色线250g 白色线30g 字母布贴1个 拉链1条
【制作过程】1. 左前片：用3.0mm棒针起50针，从下往上织双罗纹5cm，按图所示换线往上用黄线织下针54行后，往上按图换线编织，按图解分别收袖窿、领子。左前片：衣边与右前片同，往上编织粉红色线与黄色线对换。 2. 后片：用3.0mm棒针起100针，衣边换线与前片同，往上织74行黄色，织2行白色，开挂肩开始用粉红色线织，后领按后片图解编织。 3. 前后片及袖片缝合后按图解挑领子，用3.0mm棒针编织双罗纹，按图所示换线，织至5cm处收针，往里叠成两层。门襟用黄色线挑108针，织至2cm平针往里叠成两层。 4. 装饰：把字母布贴贴入右前片右下角，装上拉链。

166

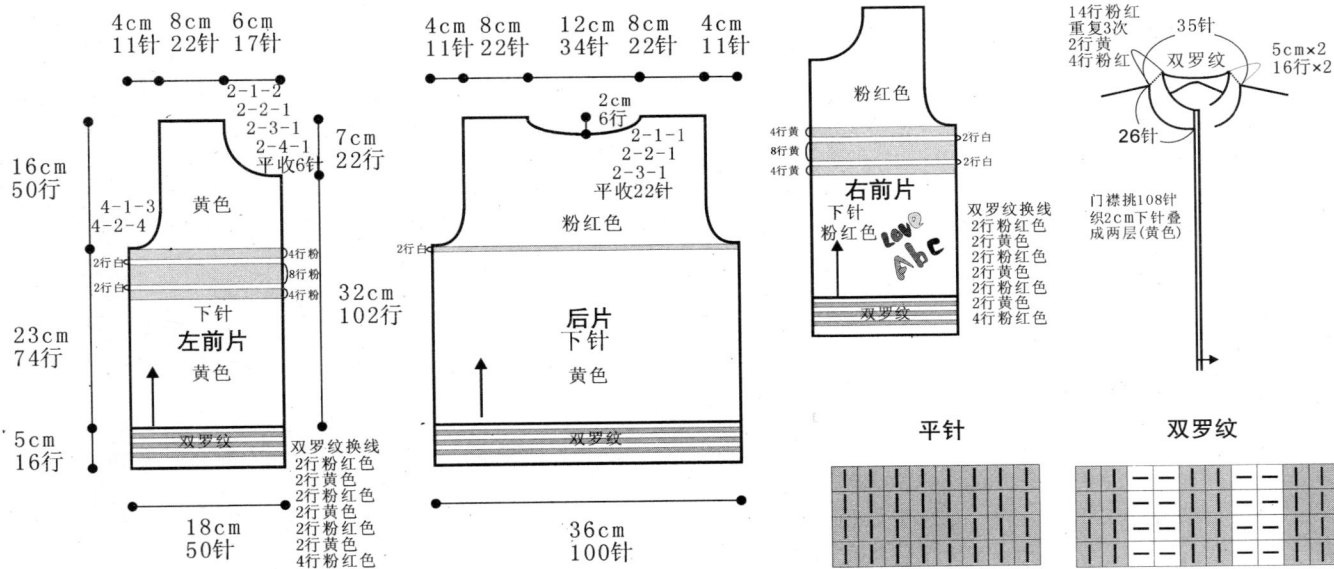

167

【成品尺寸】衣长50cm 胸围76cm 袖长42cm
【工具】2.5mm棒针 2.75mm棒针
【材料】蓝色毛线350g 白色毛线320g 蓝色蝴蝶结布贴1个
【密度】10cm²：38针×50行
【制作过程】1. 前片：用3.0mm棒针起144针，用天蓝色线从下往上织双罗纹5cm，换2.75mm棒针织平针，并按图解换色编织，织至28cm处开挂肩，按图解两边分别收袖窿、领子。 2. 后片：织法与前片相同，后领按后片图解编织。 3. 袖片：用2.5mm棒针起68针，用天蓝色线从下往上织双罗纹5cm，换2.75mm棒针织平针，按图解换色、放针、织至28cm处按图解收袖山。 4. 前片、后片及袖片缝合后按图解挑领子，用2.5mm棒针编织双罗纹，织至10cm处收针，往里缝合成双层领子。 5. 装饰：前片胸前缝上蓝色亮片蝴蝶结布贴。

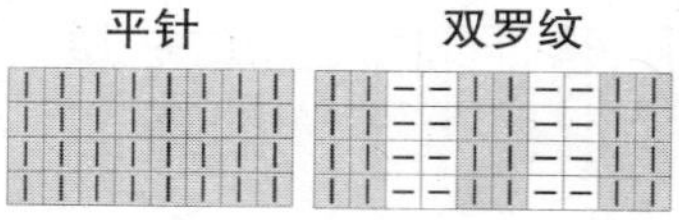

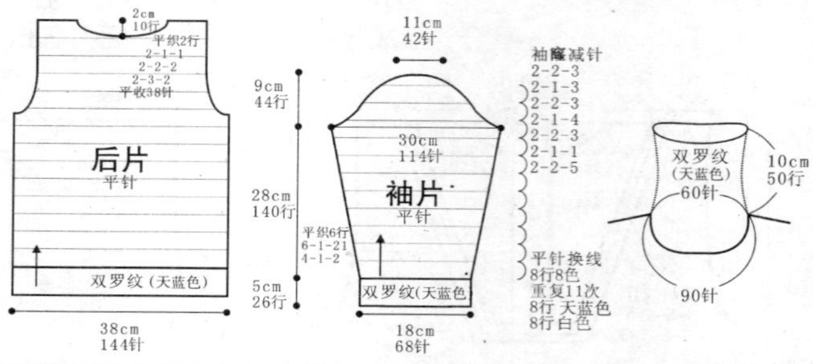

平针　双罗纹

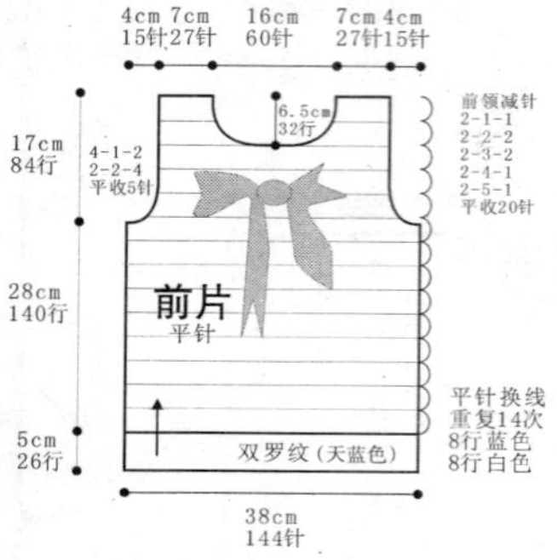

前片　后片　袖片

168

【成品尺寸】衣长48cm 胸围72cm 袖长42cm
【工具】3.75mm棒针
【材料】白色线250g 桃红色线100g 蓝色线100g
【密度】10cm²：22针×28行
【制作过程】1. 前片：用3.75mm棒针起80针，从下往上织花样18cm，按图所示两边收针，织至18cm处换线编织，织平针，织至15cm处开斜肩，按图解编织。 2. 后片：用3.75mm棒针起80针，织法与前片相同，后领按后片图解编织。 3. 前片、后片及袖片缝合后按图所示挑领子，用3.75mm棒针编织花样，织至6cm后收针，让领子自由往下卷。

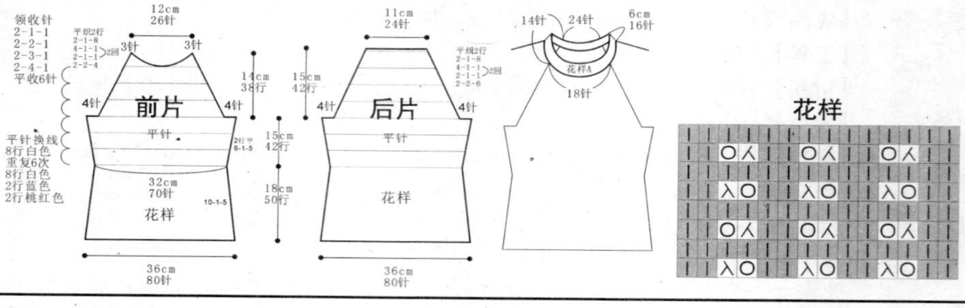

前片　后片　花样

169

【成品尺寸】衣长34cm 肩宽28cm 连肩袖长35cm
【工具】13号棒针
【材料】灰色棉线350g 白色棉线100g 红色、绿色棉线各30g
【密度】10cm²：32针×40行
【制作过程】1. 衣身片：起174针，织花样A，织至4cm长改织花样B图案a，织17行后，改为灰色线继续编织花样B，织至16cm，将织片分成左前片42针，后片90针和右前片42针，分别编织，两侧缝处各减8针，然后减针织成插肩，减针方法为2-1-4，织至18cm。 2. 将衣身片及左右袖片缝合，用白色棉线挑织衣领，挑起250针织花样B图案b，每14行减针1圈，每间隔4针减少1针，共织54行，织片余下103针，改为灰色线织花样A2cm。 3. 衣襟：沿左右前片边沿各挑起108针，织花样A，共织8行，右侧衣襟均匀留6个扣眼。

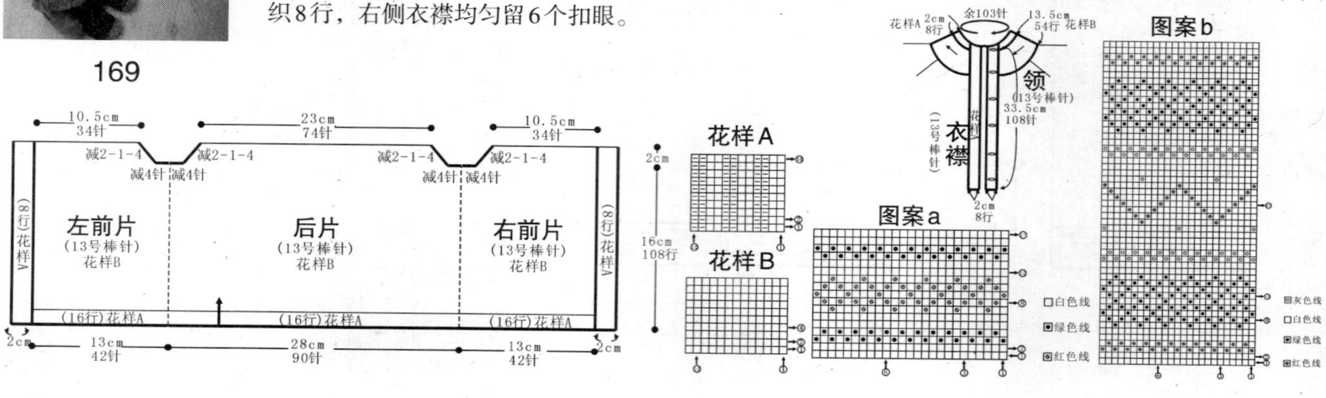

左前片 (13号棒针) 花样B　后片 (13号棒针) 花样B　右前片 (13号棒针) 花样B

领　衣襟　花样A　花样B　图案a　图案b

【成品尺寸】衣长62cm　肩宽33cm　袖长54cm

【工具】13号棒针

【材料】浅灰色棉线350g　白色棉线150g

【密度】10cm²：26针×34行

【制作过程】1. 棒针编织法，衣服按前片和后片分别编织，完成后缝合而成。　2. 起针织后片，用双罗纹针起针法，灰色棉线起104针织花样A，织至20行后，改织花样B，织至148行时，从第149行两侧开始袖窿减针，减针方法为1-4-1、2-1-5，织至206行时，从第207行开始后领减针，减针方法是中间留取42针不织，两侧各减少2针，织至210行时，两肩部各收下20针，后片共织62cm。　3. 用同样的方法编织前片，织至第129行时，将织片分成左右两片，分别编织，先织左片，起针织时右侧减针织成前领，减针方法为2-1-33，织至第149行时，左侧开始袖窿减针，减针方法为1-4-1、2-1-5，减针后不加减针织至210行，肩部余下20针，再收针断线，用相同的方法往相反方向编织右前片。　4. 前片与后片的两侧缝要对应缝合，两肩缝也要对应缝合。　5. 编织口袋片。用灰色棉线起52针，织12行灰色棉线与12行白色棉线间隔编织，织花样B，织至28行后，两侧减针织成袋口，减针方法为1-4-1、2-2-3、2-1-3，两侧各减少13针，减针后不加减针往上编织至56行时，再收针。沿左右两侧袋口挑针编织，用灰色棉线挑起24针织花样B，织至6行后，与起针合并形成双层袋口。完成后将口袋片按结构图所示位置缝合。

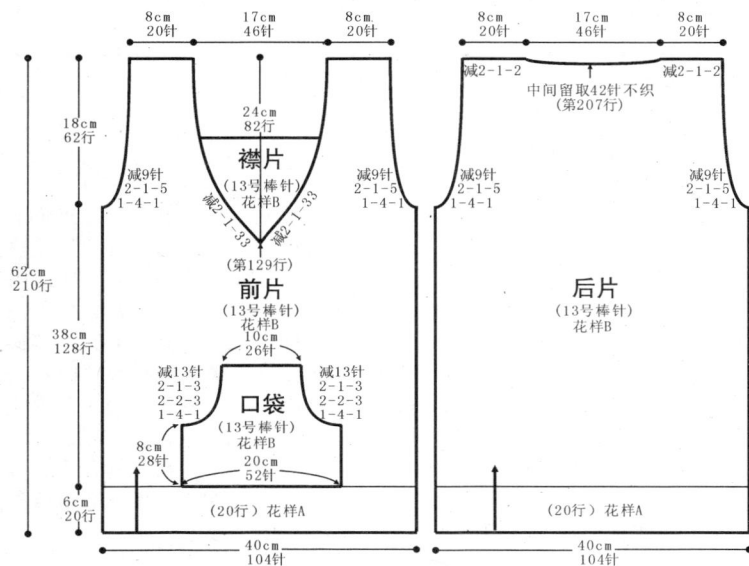

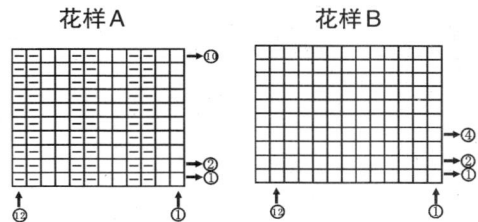

170

【成品尺寸】衣长38cm　胸围66cm　肩宽24cm　袖长36cm

【工具】2.5mm棒针

【材料】白色羊绒线100g　红色、藏蓝色羊绒线各50g　布贴1套　拉链1条

【密度】10cm²：34针×46行

【制作过程】1. 后片：起112针，配色编织双罗纹针4cm，然后织平针，织至20cm后收袖窿，在离衣长2cm处收后领。　2. 前片：起56针，配色编织双罗纹针4cm，然后织平针，织至20行后如图所示进行配色，结束后继续织平针，织至20cm后收袖窿，并进行配色编织，离衣长5cm处收前领。　3. 缝合：将前片、后片与袖片进行缝合。　4. 领口：用白色羊绒线挑132针，如图所示配色编织双罗纹针56行后对折缝合。　5. 沿着门襟衣领边，用红色羊绒线挑适合针数编织单罗纹针12行，然后再里面折缝合，将拉链藏于门襟下边。

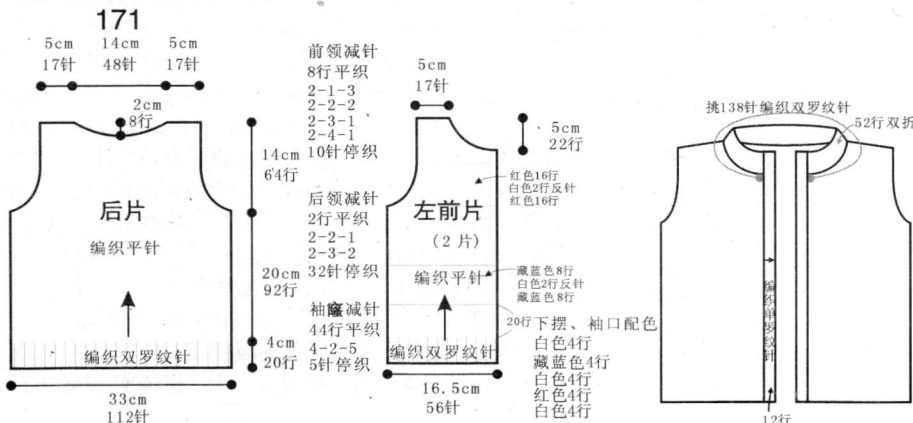

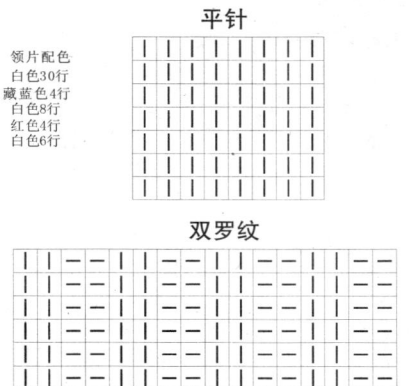

171

172

【成品尺寸】衣长38cm　胸围74cm　袖长34cm
【工具】3.5mm棒针
【材料】红色羊毛绒线400g　白色羊毛绒线少量　烫贴图案若干
【密度】10cm²：20针×28行
【制作过程】1. 前片、后片：按图起74针，织5cm双罗纹后，改织全下针，并间色，左右两边按图所示收成袖窿。　2. 编织结束后，将前片、后片侧缝.肩部袖子缝合，领窝挑针，织25cm全下针，并间色，边缘缝合，形成帽子，领尖至帽缘挑针，织3cm下针，折边缝合，形成双层帽子边，衣袋另织，按图缝好。
3. 装饰：贴上烫贴图案。

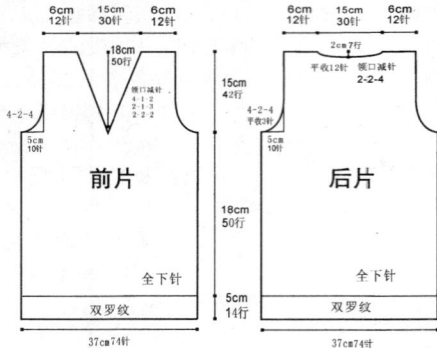
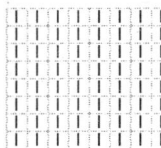
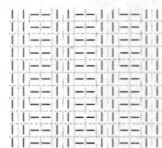

全下针　　　双罗纹　　　衣袋

173

【成品尺寸】衣长46cm　肩宽40cm　袖长48cm
【工具】12号棒针
【材料】橙色棉线200g　白色棉线200g　深蓝色棉线少量　拉链1条
【密度】10cm²：26针×34行
【制作过程】1. 后片：用橙色线起104针，织花样A，织至6cm后，改用橙色线织花样B，织至30cm时，插肩减针，减针方法为1-4-1，2-1-27，织至46cm长度，织片余下42针。　2. 左前片：用橙色线起49针织花样A，织至6cm后，改用橙色棉线织花样B，织至8行后，右侧33针每隔1针加1针，加起的针数留取暂时不织，织片右侧的33针一边织一边左侧减针织成口袋，减针方法为2-1-13，织至26行。另起线编织左前片49针，织至26行后，与口袋片的20针合并编织，织至30cm时，左侧插肩减针，减针方法为1-4-1，2-1-27，织至43cm时，右侧减针织成衣领，减针方法为1-11-1，2-1-7，织至46cm长度，余下1针。　3. 用同样方法往相反方向织右前片。　4. 领子：用橙色棉线沿领口挑起针织花样A，挑起100针织至8cm后，与起针合并形成双层衣领。　5. 衣襟：前襟连领共挑起104针，用橙色棉线织花样B，织至6行后，向内与起针合并，缝上拉链。　6. 口袋边：沿口袋边挑起20针，织花样B，织至8cm后与起针合并形成双层，将侧边缝合。

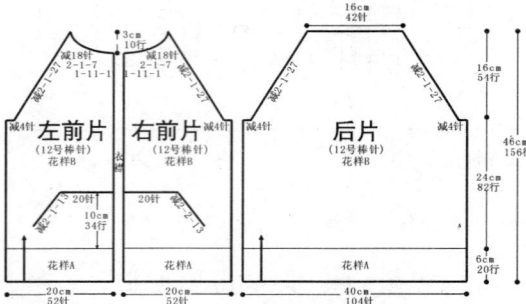

领

花样A　　　花样B　　　袋口

橙色
白色
橙色
深蓝色
橙色
白色
橙色

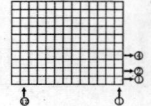
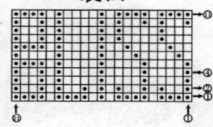

174

【成品尺寸】衣长46cm　肩宽40cm　袖长48cm
【工具】13号棒针
【材料】白色棉线350g　橙色棉线100g　拉链1条
【密度】10cm²：32针×40行
【制作过程】1. 后片：用白色棉线编织中间片，起116针，织花样A，织至30cm时，插肩减针，减针方法为1-2-1，4-2-13，织至46cm长度，织片余下64针。用橙色棉线编织左侧片，起5针，织至30cm时，左侧平收2针，继续织至46cm长度，右侧与后片缝合，用同样的方法相反方向编织右侧片。　2. 前片：用白色棉线编织中间片，起116针，织花样A，织至30cm时，插肩减针，减针方法为1-2-1，4-2-13，织至40cm时，中间收10针，继续织至44cm，左、右各平收18针，然后减针织成衣领，减2-2-4，织至46cm长度，两侧各余下1针。与后片同样方法编织左、右侧片。　3. 领子：用橙色线沿领口挑起210针织花样B，织至4行后，织1行上针，然后再织4行下针，与起针合并形成双层机织领，沿机织领上针的位置挑起210针白色棉线织花样A，织至7cm后，改用橙色棉线织至8cm时。　4. 衣襟：衣领及衣襟边沿，挑起106针织花样B，织至6行后，向内与起针合并，缝上拉链。

花样A　　　花样B
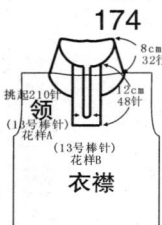
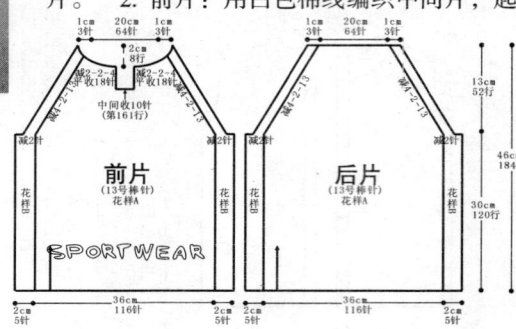

领

衣襟

SPORTWEAR

175

【成品尺寸】衣长48cm　胸围76cm　袖长42cm
【工具】3.0mm棒针　3.25mm棒针
【材料】白色线300g　淡粉红色线50g　粉红色线60g　米老鼠布贴1个
【密度】10cm²：30针×36行
【制作过程】1. 前片、后片：用3.0mm棒针起114针，从下往上用白色线织双罗纹5cm，用3.25mm棒针织平针并按图所示换线，织至26cm处开挂肩，按图解两边分别收袖窿、收领子。　2. 前片、后片及袖片缝后按图所示挑领子，用3.0mm棒针编织双罗纹，织至12cm处收针，往里面缝合成双层领子。　3. 装饰：按图所示缝上布贴，旁边用粉红色线绣上卷曲的线条，清洗，熨烫。

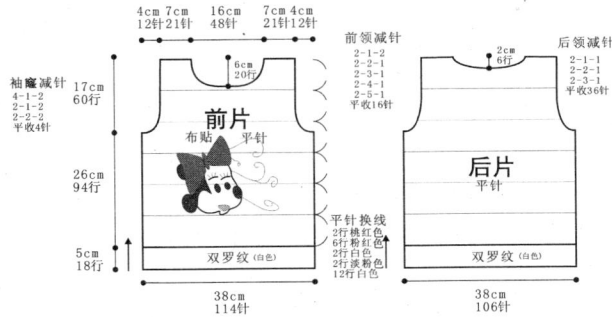

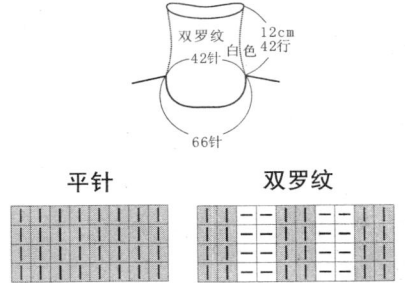

4cm 7cm　16cm　7cm 4cm
12针 21针　48针　21针 12针

前领减针　　　　　　　后领减针
2-1-2　　　　　　　　2-1-1
2-2-1　　　　　　　　2-3-1
2-3-1　　　　　　　　2-4-1
2-4-1　　　　　　　　2-5-1
2-5-1　　　　　　　　平收36针
平收16针

袖窿减针
4-1-2
2-1-2
2-2-2
平收4针

17cm
60行

6cm
20行

2cm
6行

前片
布贴　平针

后片
平针

26cm
94行

平针换线
2针桃红色线
6行粉红色线
2针白色线
2行淡粉色线
12行白色线

5cm
18行

双罗纹（白色）　　　　双罗纹（白色）

38cm
114针

38cm
106针

双罗纹
42针　　12cm
42行
白色

66针

平针　　　　双罗纹

176

【成品尺寸】衣长50cm　肩宽34cm　袖长54cm
【工具】11号棒针
【材料】粉红色棉线300g　红色、白色、绿色、黄色棉线各50g
【密度】10cm²：20针×26行
【制作过程】1. 棒针编织法，衣身按前片、后片分别编织而成。　2. 起针织后片，用双罗纹针起针法，粉红色线起80针织花样A双罗纹针，共织至16行时，改用4色线组合编织，织花样B，织至88行时，两侧同时减针织成袖窿，减针方法为1-2-1、2-1-4，各减少6针，余下72针，不加减针往上织至127行时，中间留取40针不织，两端相反方向减针编织，各减少2针，减针方法为2-1-2，最后两肩部各余下12针，再收针断线。　3. 起针织前片，用双罗纹针起针法，粉红色线起80针织花样A，共织至16行后，改用4色线组合编织，织花样B，织至88行时，两侧同时减针织成袖窿，减针方法为1-2-1、2-1-4，各减少6针，余下72针，不加减针往上织至115行时，中间留取12针不织，两端相反方向减针编织，各减少12针，减针方法为2-2-4、2-1-4，最后两肩部各余下12针，再收针断线。　4. 前片与后片的两侧缝要对应缝合，两肩部也要对应缝合。

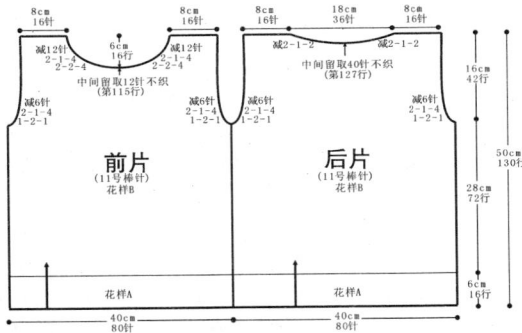

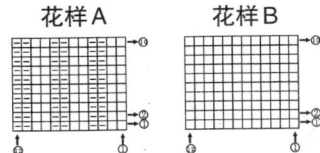

8cm　8cm　　8cm　18cm　8cm
16针　16针　16针　36针　16针

6cm
16行

减12针
2-2-4
2-1-4

减2-1-2
2-1-4

减12针
2-2-4
2-1-4

中间留取12针不织
（第115行）

中间留取40针不织（第127行）

16cm
42行

减6针
2-1-1
2-1-2
1-2-1

减6针
2-1-1
2-1-2
1-2-1

减6针
2-1-1
2-1-2
1-2-1

减6针
2-1-1
2-1-2
1-2-1

50cm
130行

前片
（11号棒针）
花样B

后片
（11号棒针）
花样B

28cm
72行

花样A　　　花样A

40cm
80针

40cm
80针

6cm
16行

花样A　　　花样B

177

【成品尺寸】衣长38cm　胸围74cm　袖长34cm
【工具】3.5mm棒针
【材料】橙红色、白色等羊毛绒线
【密度】10cm²：20针×28行
【制作过程】1. 前片、后片：按图起74针，织5cm双罗纹后，改织花样，并间色，左右两边按图示收成袖窿。　2. 领口：前后领各按图示均匀减针，形成领口。　3. 编织结束后，将前片、后片侧缝、肩部、袖子缝合。领圈挑针，织18cm双罗纹，形成高领。

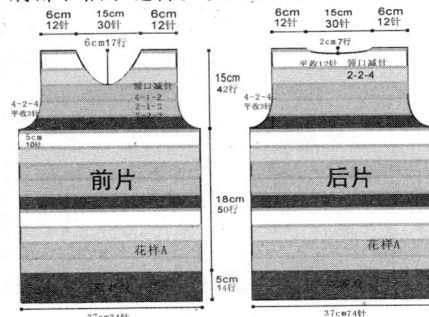

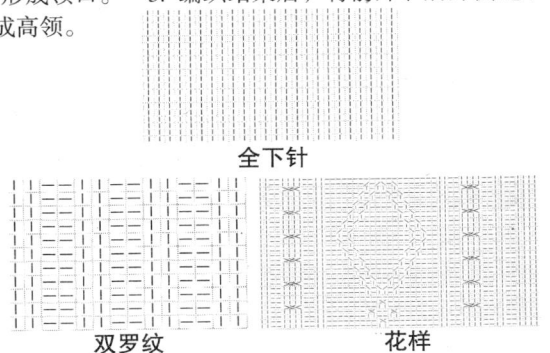

6cm　15cm　6cm　　　6cm　15cm　6cm
12针　30针　12针　　　12针　30针　12针

6cm17行　　　　　　2cm 7行

15cm
42行

领口减针　　平收12针　领口减针
4-1-4　　　　　　2-2-4
平收4针

前片　　　　　后片

3cm
10行

18cm
50行

花样A　　　　　花样A

5cm
14行

37cm74针　　　37cm74针

全下针

领子结构图

20cm40针

18cm
50行

双罗纹

围织49cm98针　4-1-20

双罗纹　　　　　花样

159

【成品尺寸】衣长46cm　肩宽33cm　袖长48cm
【工具】12号棒针
【材料】粉红色棉线350g　白色棉线50g　丝绸贴花1朵
【密度】10cm²：26针×34行
【制作过程】1. 后片：用粉红色棉线起104针，织花样A，织至6cm后，改用粉红色棉线与白色棉线间隔编织花样B，织至30cm，袖窿减针，减针方法为1-4-1，2-1-5，织至45cm后，收后领，中间留取40针不织，两侧减针为2-1-2，后片共织46cm长度。　2. 前片：用粉红色线起104针，织花样A，织至6cm后，改用粉红色与白色棉线间隔编织花样B，织至30cm时，袖窿减针，减针方法为1-4-1，2-1-5。织至40cm时，收前领，中间留取14针不织，两侧减2-2-6，2-1-2，前片共织46cm长度。　3. 领子：用粉红色棉线沿领口挑起98针织花样A，织至4cm长度。
4. 装饰：在前胸粘上丝绸贴花。

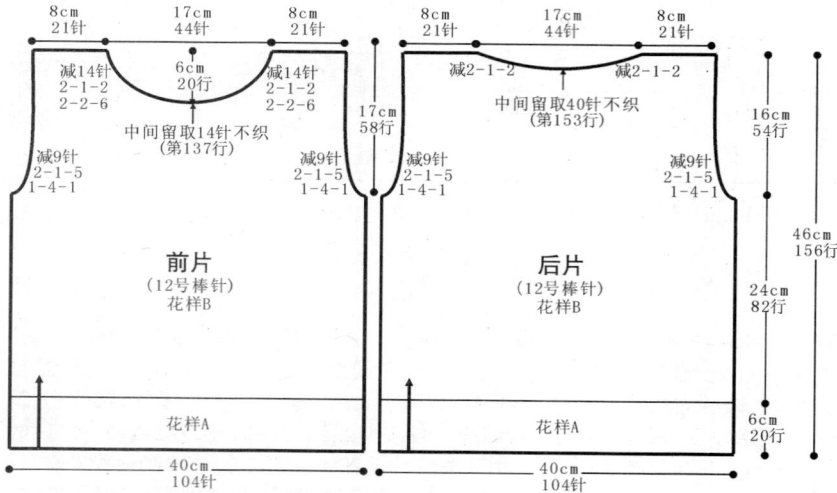

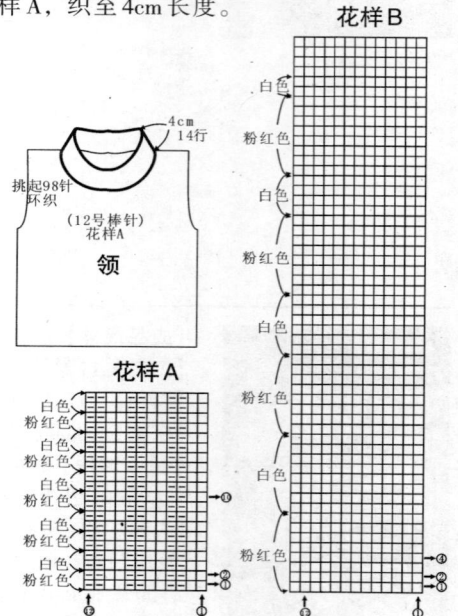

178

【成品尺寸】衣长62cm　肩宽33cm　袖长54cm
【工具】13号棒针
【材料】红色棉线500g　白色棉线100g
【密度】10cm²：26针×34行
【制作过程】1. 棒针编织法，衣服按前片和后片分别编织，完成后缝合而成。　2. 起针织后片，双罗纹针起针法，用红色棉线起104针织花样A，织至20行后，改织花样B，织至148行时，从第149行两侧开始袖窿减针，减针方法为1-4-1，2-1-5，织至206行时，从第207行开始后领减针，减针方法是中间留取42针不织，两侧各减少2针，织至210行时，两肩部各余下20针，后片共织62cm。　3. 用同样的方法编织前片，织至第149行时，两侧开始袖窿减针，减针方法为1-4-1，2-1-5，同时中间留取22针不织，两侧前领减针，减针方法为2-2-8，2-1-6，各减少22针，织至210行时，两肩部各余下10针，前片共织62cm。　4. 前片与后片的两侧要对应缝合，两肩缝也要对应缝合，沿前后领口边沿挑织花样A，织至6行后，再收针断线。　5. 编织两个口袋片，起36针，编织4针上针，28针下针，4针上针，重复往上编织，4行白色棉线与4行红色棉线交替编织，织花样B，织至34行后，两侧各收6针，改用白色棉线编织，织花样A，织至14行后，再收针断线，将两个口袋片缝合于衣身图所示位置。

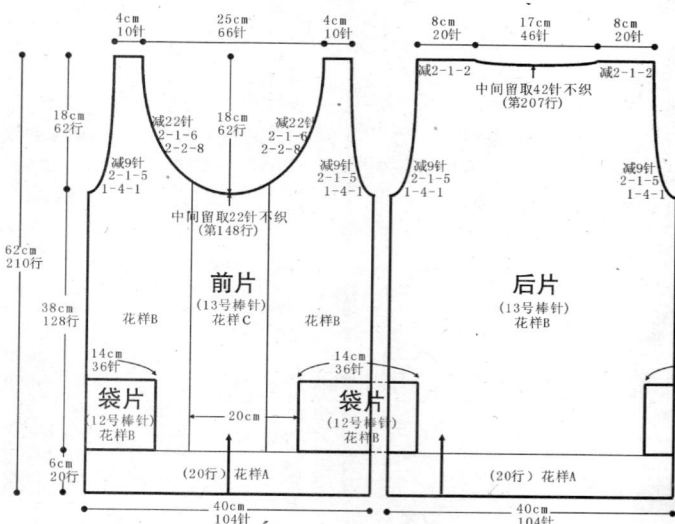

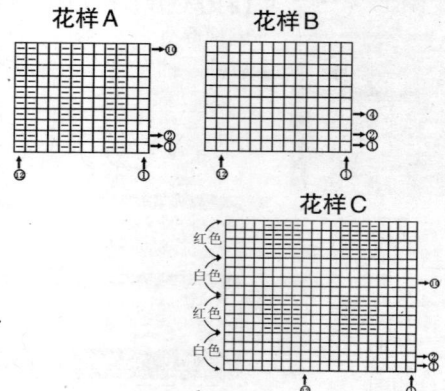

179

【成品尺寸】衣长33cm　胸围60cm　袖长32cm
【工具】9号棒针
【材料】红色毛线460g　拉链1条
【密度】10cm²：19针×30行
【制作过程】1. 毛衣由前片、后片和袖片及帽片编织组成。　2. 起544针编织双罗纹针边，共织18行，然后编织上针后片，身长编织至22cm时，开始袖窿减针，按图完成减针编织至肩部，身长共织至32cm时减出衣领，两肩各余11针。　3. 起28针双罗纹针边后，编织花样前片，袖窿减针同后片，身长共编织至28cm时，开始前衣领减针，按结构图减完针后收针断线。用同样方法编织完成另一前片。　4. 起26针编织双罗纹针边，从袖口编织花样袖片，按图所示两侧加针编织，编织25cm后，开始袖山减针，按图所示减针后余下12针，再断线。用同样方法再完成另一袖片。　5. 完成后，将前片、后片对应缝合。将两袖片的袖山与袖窿对应缝合。　6. 沿前领窝挑织6针下针，沿后领加针编织帽片，织至54行时，从中间平分后按图减出帽顶，完成后沿帽顶对接缝合。沿衣襟边、帽边连续挑织下针双层边。　7. 缝好拉链。

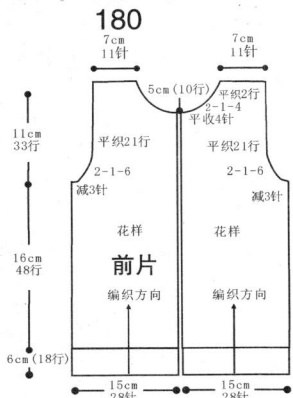

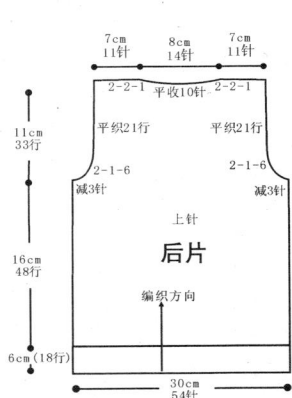

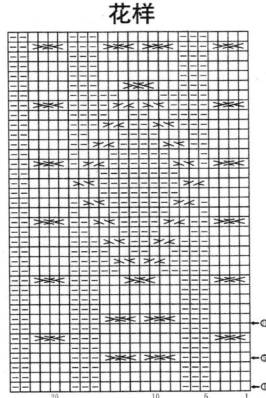

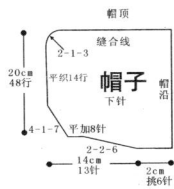

180　前片　后片　花样　帽子

【成品尺寸】衣长38cm　胸围70cm　袖长34cm
【工具】3.5mm棒针
【材料】红色羊毛绒线400g　扣子5枚　帽绳子1根
【密度】10cm²：20针×28行
【制作过程】1. 前片：分左右两片，分别按图起40针，织全下针，左右两边按图所示收成袖窿。后片：按图起80针，织全下针，左右两边按图收成袖窿。　2. 编织结束后，将侧缝、肩部、袖子缝合，帽子另织，领圈打皱褶后，与帽子缝合。衣袋和装饰带另织，与前片缝合。　3. 装饰：缝上扣子，穿上帽绳子。

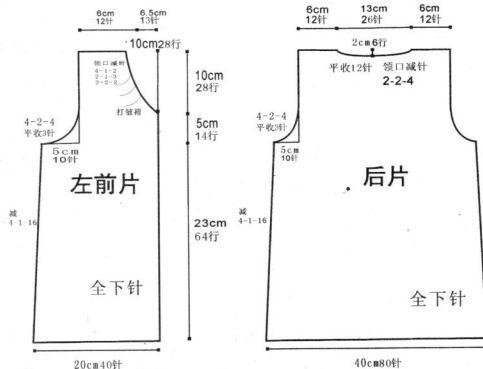

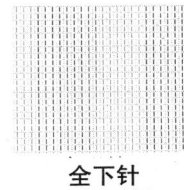

181　左前片　后片　全下针

【成品尺寸】衣长38cm　胸围70cm　袖长34cm
【工具】3.5mm棒针
【材料】红色羊毛绒线400g　扣子6枚
【密度】10cm²：20针×28行
【制作过程】1. 前片：分左右两片，分别按图起40针，织全下针，左右两边按图所示收成袖窿。后片：按图起80针，织全下针，左右两边按图收成袖窿。　2. 编织结束后，将侧缝、肩部、袖子缝合。领圈挑针，织5cm全下针，形成卷领，衣袋另织，与前片缝合。　3. 装饰：缝上扣子。

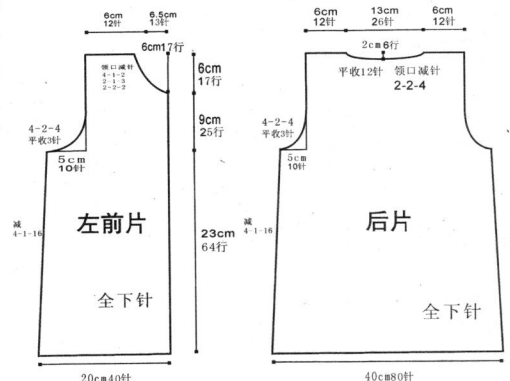

182　左前片　后片　全下针

183

【成品尺寸】衣长46cm 肩宽40cm 袖长48cm

【工具】12号棒针

【材料】白色棉线300g 灰色棉线50g 咖啡色棉线50g 红色棉线少量 拉链1条

【密度】10cm²：26针×34行

【制作过程】1. 棒针编织法，衣服按左前片、右前片和后片分别编织，完成后缝合而成。 2. 起针织后片，用双罗纹针起针法，起104针织花样A，用红色线织4行后，改织4行白色棉线，再织2行红色棉线，然后全部改用白色棉线编织，织至20行后，改织花样B，织至102行时，两侧减针织成插肩袖窿，减针方法为1-3-1，2-1-27，两侧针数减少30针，织至122行后，改织20行灰色棉线，然后继续编织白色棉线，织至156行时，余下44针，留待编织衣领。 3. 起针织左前片，用双罗纹针起针法，起49针织花样A，用红色棉线织4行后，改织4行白色棉线，再织2行红色棉线，然后全部改为白色棉线编织，织至20行后，改织花样B，织至102行后，左侧减针织成插肩袖窿，减针方法为1-3-1，2-1-27，共减少30针，织至122行后，改织20行灰色棉线，然后继续编织白色棉线，从第143行开始，右侧减针织成前领，减针方法为1-11-1，2-1-7，共减少18针，织至156行时，再收针断线，用同样的方法相反方向编织右前片。 4. 前片与后片的两侧缝要对应缝合。

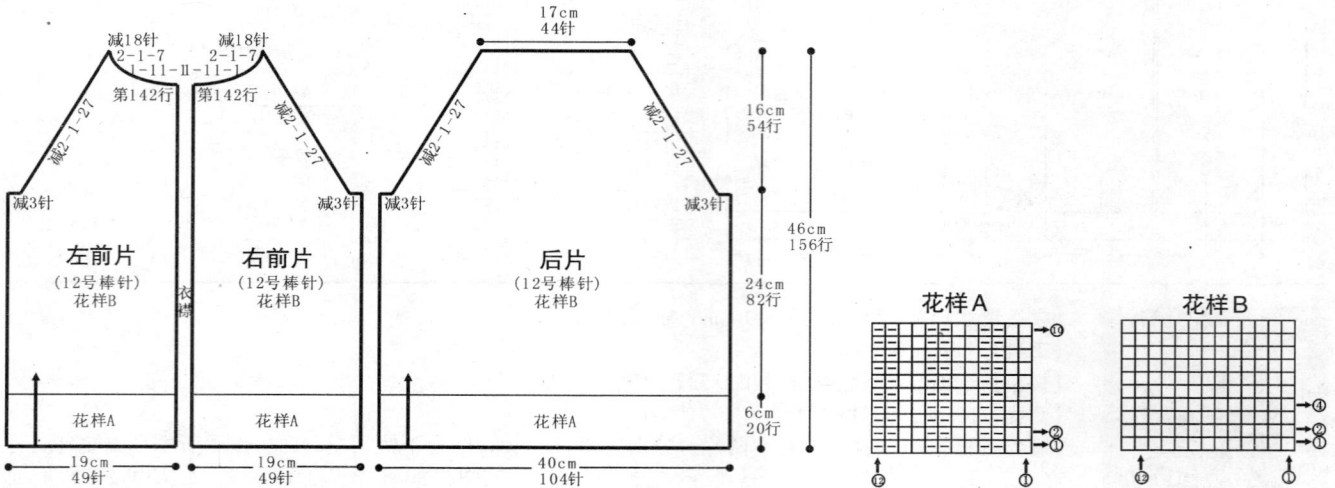

【成品尺寸】衣长38cm 胸围74cm 连肩袖长41cm

【工具】3.5mm棒针 绣花针

【材料】杏色羊毛绒线500g 咖啡色、白色羊毛绒线各少量 绣花图案

【密度】10cm²：20针×28行

【制作过程】1. 前片、后片：按图起74针，织5cm单罗纹后，改织花样，并间色，左右两边按图所示收成插肩袖窿。 2. 编织结束后，将前片、后片侧缝、袖子缝合。领窝挑针，织10cm单罗纹，折边缝合，形成双层圆领。 3. 装饰：绣上绣花图案。

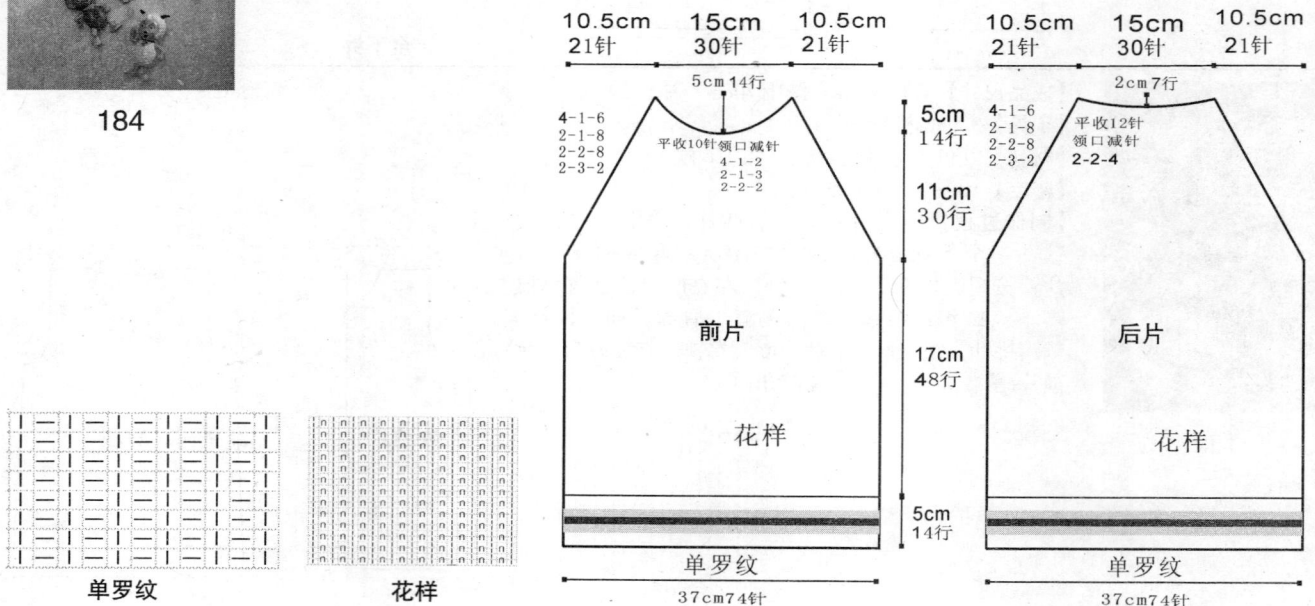

184

185

【成品尺寸】衣长38cm　胸围74cm　连肩袖长41cm
【工具】3.5mm棒针
【材料】米色、咖啡色羊毛绒线各200g　烫贴图案若干
【密度】10cm²：20针×28行
【制作过程】1. 前片、后片：按图起74针，织5cm双罗纹后，改织全下针，并间色，左右两边按图所示收成插肩袖。　2. 编织结束后，将前片、后片侧缝、袖子缝合。领尖挑针，织3cm下针，折边缝合，形成双层V领，领窝按图挑针，织25cm全下针，边缘缝合，形成帽子。　3. 装饰：贴上烫贴图案。

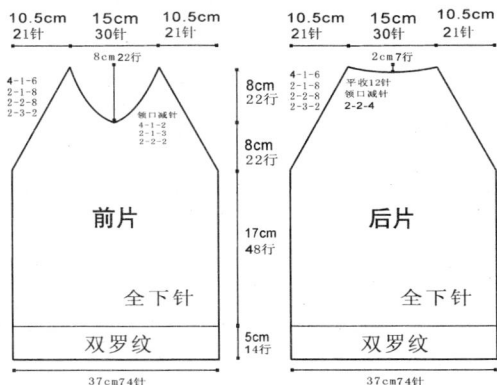

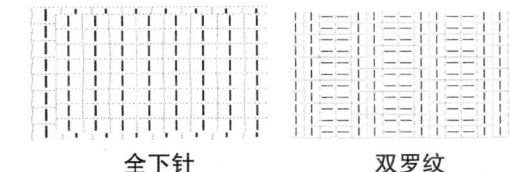

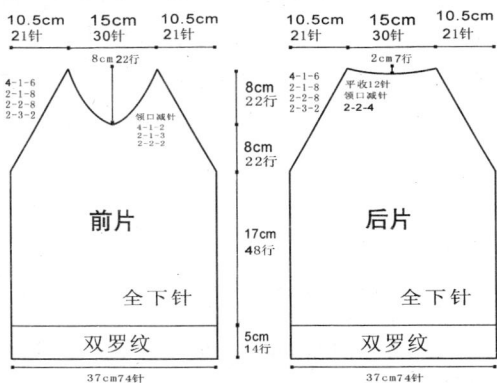

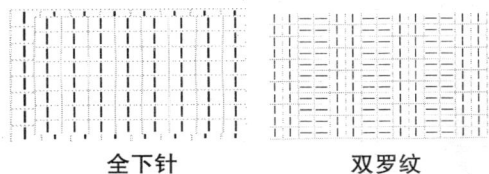

10.5cm 21针　15cm 30针　10.5cm 21针　10.5cm 21针　15cm 30针　10.5cm 21针

8cm 22行　2cm 7行

4-1-6　2-1-8　2-2-8　2-3-2
领口减针
4-1-2　2-1-3　2-2-2

4-1-6　2-1-8　2-2-8　2-3-2
平收12针　领口减针　2-2-4

8cm 22行　8cm 22行　17cm 48行　5cm 14行

前片　全下针
后片　全下针

双罗纹　双罗纹
37cm 74针　37cm 74针

全下针　双罗纹

186

【成品尺寸】衣长38cm　胸围74cm　连肩袖长41cm
【工具】3.5mm棒针
【材料】米色、咖啡色羊毛绒线各200g　烫贴图案若干
【密度】10cm²：20针×28行
【制作过程】1. 前片、后片：按图起74针，织5cm双罗纹后，改织全下针，并间色，左右两边按图所示收成插肩袖。　2. 编织结束后，将前片、后片侧缝、袖子缝合。领尖挑针，织3cm下针，折边缝合，形成双层V领，领窝按图挑针，织25cm全下针，边缘缝合，形成帽子。　3. 装饰：贴上烫贴图案。

10.5cm 21针　15cm 30针　10.5cm 21针　10.5cm 21针　15cm 30针　10.5cm 21针

8cm 22行　2cm 7行

4-1-6　2-1-8　2-2-8　2-3-2
领口减针
4-1-2　2-1-3　2-2-2

4-1-6　2-1-8　2-2-8　2-3-2
平收12针　领口减针　2-2-4

8cm 22行　8cm 22行　17cm 48行　5cm 14行

前片　全下针
后片　全下针

双罗纹　双罗纹
37cm 74针　37cm 74针

全下针　双罗纹

187

【成品尺寸】衣长56cm　肩宽33cm　袖长48cm
【工具】12号棒针
【材料】粉红色棉线100g　浅红色棉线300g　白色、浅紫色棉线各50g　拉链1条
【密度】10cm²：26针×34行
【制作过程】1. 棒针编织法，衣服按左前片、右前片和后片分别编织，完成后缝合而成。　2. 起针织后片，用双罗纹针起针法，用浅红色棉线起104针织花样A，织至20行后，改用4色线混合编织花样B，织至136行时，两侧减针织成袖窿，减针方法为1-4-1，2-1-5，两侧针数减少9针，不加减针织至187行时，中间留取40针不织，两侧减针织成后领，减针方法为2-1-2，织至190行时，两肩部各余下21针，再收针断线。　3. 起针织左前片，用双罗纹针起针法，浅红色棉线起49针织花样A，织至20行后，改用4色线混合编织花样B，织至136行时，左侧减针织成袖窿，减针方法为1-4-1，2-1-5，共减少9针，不加减针织至170行时，右侧减针织成前领，减针方法为1-7-1，2-2-6，共减少19针，织至190行，肩部留下21针，收针断线，用同样的方法相反方向编织右前片。　4. 起针织左口袋片，沿左前片花样A边沿挑针起针织，挑起49针，编织花样B，4色线组合编织，织至22行后，左侧减针织成袋口，减针方法为2-2-13，织至48行后，再收针，袋顶与衣身左前片对应缝合。沿袋口挑针编织袋边，织花样B，织至6行后，向内合并成双层袋口，用同样的方法编织右口袋片。　5. 前片，口袋片与后片的两侧缝要对应缝合，两肩缝也要对应缝合，装上拉链。

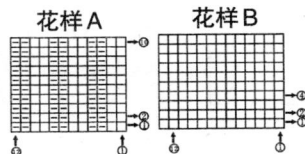

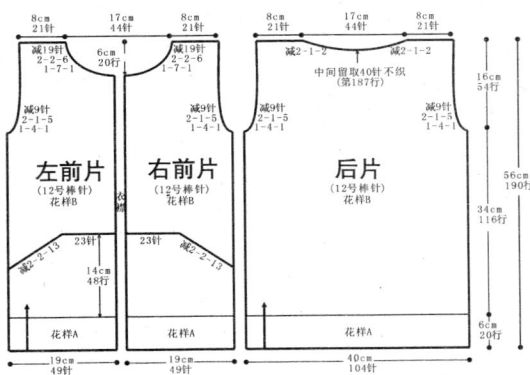

花样A　花样B

8cm 21针　17cm 44针　8cm 21针　8cm 21针　17cm 44针　8cm 21针

减19针　2-2-2　2-1-5　1-7-1　6cm 20行　减19针　2-2-2　2-1-5　1-7-1　减2-1-2　中间留取40针不织（第187行）

减9针　2-1-4　1-4-1　减9针　2-1-4　1-4-1　减9针　2-1-4　1-4-1　减9针　2-1-4　1-4-1

16cm 54行　56cm 190行　34cm 116行　6cm 20行

左前片（12号棒针）花样B　右前片（12号棒针）花样B　后片（12号棒针）花样B

23针　23针
减2-2-13　减2-2-13
14cm 48行

花样A　花样A　花样A

19cm 49针　19cm 49针　40cm 104针

163

【成品尺寸】 衣长 38cm　胸围 70cm　袖长 34cm
【工具】 3.5mm棒针　绣花针
【材料】 粉红色羊绒毛线 400g　拉链1条　绣花图案若干
【密度】 10cm² ：20针×28行
【制作过程】 1. 前片：分左右两片，分别按图起35针，织5cm双罗纹后，改织全下针，左右两边按图示收成袖窿。后片：按图起70针，织5cm双罗纹后，改织全下针，左右两边按图收成袖窿。　2. 编织结束后，将侧缝、肩部、袖子缝合。帽子另织，领圈挑针，织10cm双罗纹，形成翻领，拉链边挑针，织全下针，折边缝合，形成双层拉链边，内衣袋和袋口另织，按彩图缝合。　3. 装饰：缝上拉链，绣上绣花图案。

188

全下针

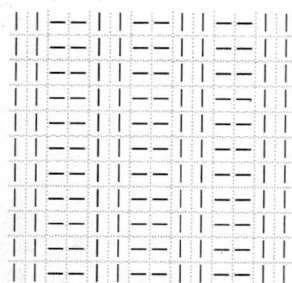

双罗纹

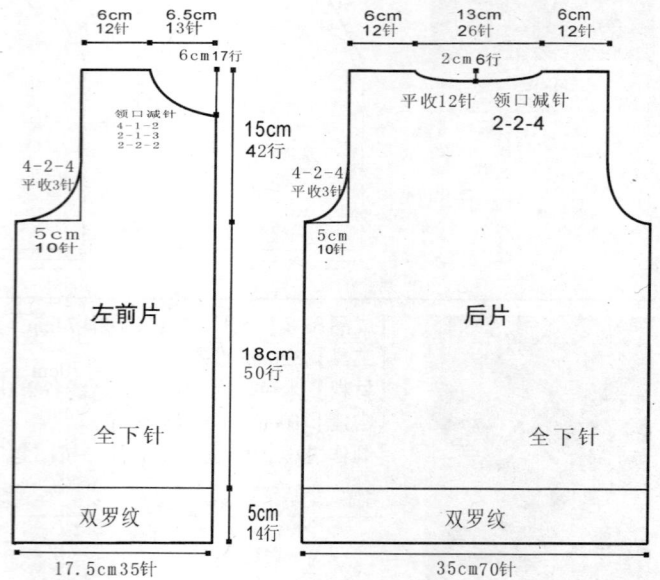

【成品尺寸】 衣长 38cm　胸围 70cm　袖长 40cm
【工具】 3.5mm棒针
【材料】 粉红色羊毛绒线 400g　拉链1条　亮珠若干　衣袋绳子1条
【密度】 10cm² ：20针×28行
【制作过程】 1. 前片：分左右两片，分别按图起35针，织5cm双罗纹后，改织全下针，左右两边按图所示收成袖窿。后片：按图起70针，织5cm双罗纹后，改织全下针，左右两边按图收成袖窿。2. 编织结束后，将侧缝、肩部、袖子缝合。领圈挑针，织10cm双罗纹，形成翻领，门襟边挑针，织至3cm下针，折边缝合，形成双层拉链边，衣袋另织花样，与前片缝合。　3. 装饰：缝上拉链和亮珠，系上衣袋绳子。

189

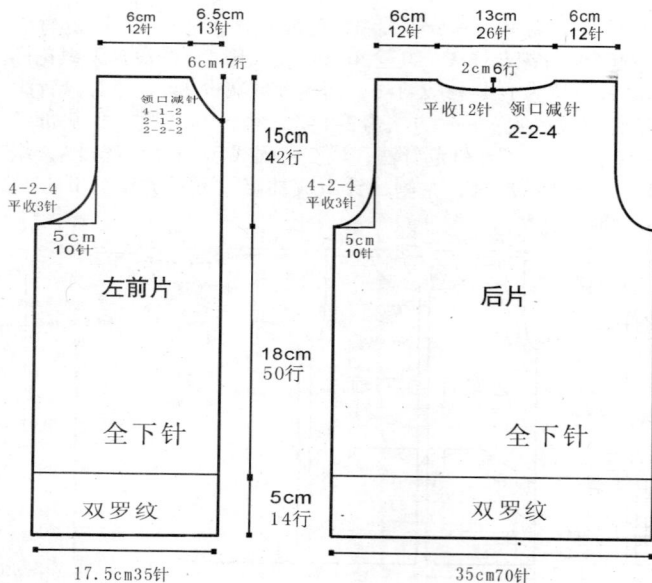

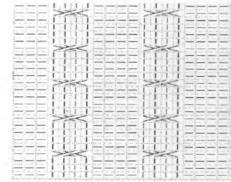

花样

全下针

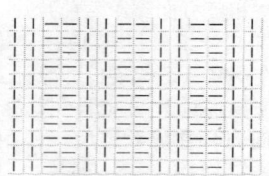

双罗纹

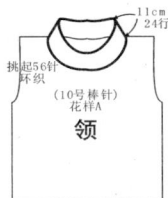

【成品尺寸】 衣长46cm　肩宽33cm　袖长48cm
【工具】 10号棒针　钩针
【材料】 白红色长绒线400g　粉红色长绒线100g
【密度】 10cm²：15针×22行
【制作过程】 1. 后片：用白色长绒线起60针，织花样A，织至6cm后，改用粉红色长绒线织花样B，织至30cm，袖窿减针，减针方法为1-2-1，2-1-3，织至45cm后，收后领，中间留取22针不织，两侧减针2-1-2，后片共织46cm。　2. 前片：用白色长绒线起60针，织花样A，织至6cm后，改用取粉红色长绒线织花样B，织至30cm时，袖窿减针，减针方法为1-2-1，2-1-3，织至40cm时，收前领，中间留取10针不织，两侧减针2-2-3，2-1-2，前片共织46cm。　3. 领子：用粉红色线沿领口挑起56针织花样A，织至5cm长改用白色长绒线编织，织11cm。　4. 用钩针钩织2片花样C花边，钩17cm的宽度，缝合于前片袖窿两侧。

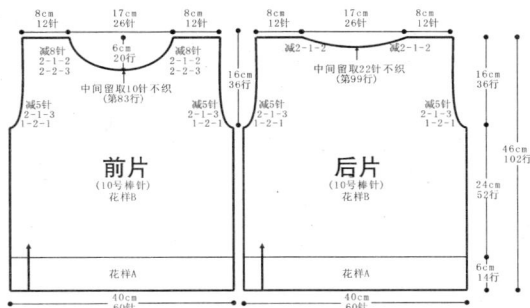

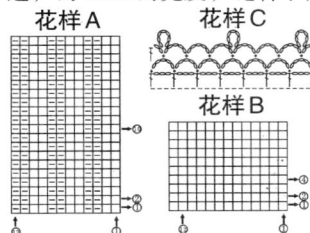

190

花样A　花样C　花样B

领
挑起56针
环织
(10号棒针)
花样A
11cm
24行

前片
(10号棒针)
花样B

后片
(10号棒针)
花样B

中间留取10针不织
(第83行)
中间留取22针不织
(第99行)

减针
2-1-2
2-2-3
减针
2-1-2
2-1-1
减8针
2-1-2
2-2-3

8cm　17cm　8cm
12针　26针　12针
8cm　17cm　8cm
12针　26针　12针

6cm
20行
16cm
36行
16cm
36行
46cm
102行
24cm
52行
6cm
14行

花样A　花样A

40cm　40cm
60针　60针

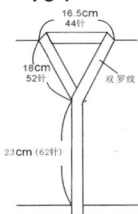

【成品尺寸】 衣长42cm　胸围70cm　肩宽27cm　袖长34cm
【工具】 8号棒针
【材料】 粉红色毛线650g
【密度】 10cm²：24针×30行
【制作过程】 1. 前片、后片以机器边起针编织基本针法几行再编织双罗纹针，衣身编织花样，按图所示减针袖窿、后领、前领。　2. 袖子同前片、后片一样起针编织，袖身编织花样，按图所示减针袖山。　3. 前片、后片和袖片缝合后，挑针编织门襟衣领，注意均匀挑针。　4. 起6针呈圆形编织下针，编织两条20cm长绳，最后在两端装上用同色线做的绒球。

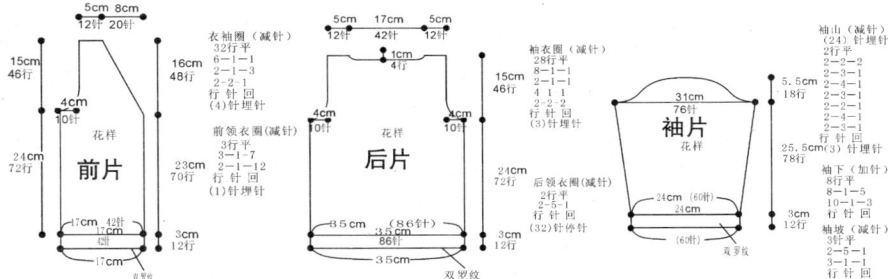

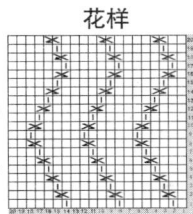

191

花样

前片
花样
后片
花样
袖片
花样

【成品尺寸】 衣长38cm　胸围70cm　袖长34cm
【工具】 3.5mm棒针
【材料】 粉红色羊毛绒线300g　浅红色长毛线少量　拉链1条　装饰丝绸花2朵
【密度】 10cm²：20针×28行
【制作过程】 1. 前片：分左右两片，分别按图起35针，先用浅红色长毛线织5cm单罗纹后，改用粉红色羊毛绒线织全下针，左右两边按图所示收成袖窿。后片：按图起70针，先用浅红色长毛线织5cm单罗纹后，改用羊毛绒线织全下针，左右两边按图收成袖窿。　2. 编织结束后，将侧缝、肩部、袖子缝合。领圈挑针，用浅红色长毛线织10cm双罗纹，形成翻领。门襟另织全下针，折边缝合，形成双层门襟。　3. 装饰：缝上拉链，衣袋另织，与前片缝合，缝上装饰丝绸花朵。

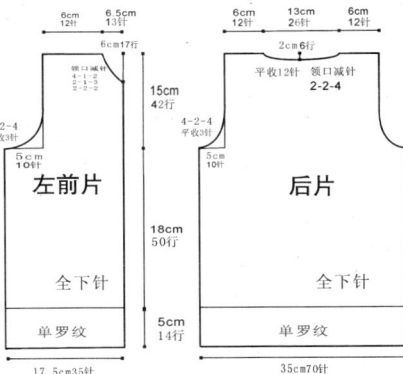

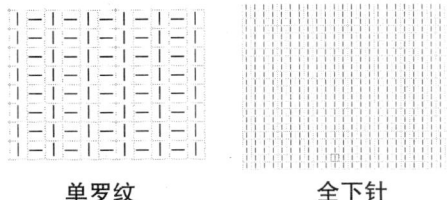

192

左前片
全下针
单罗纹

后片
全下针
单罗纹

领口减针
4-1-2
4-1-1
2-2-2

领口减针
平收12针
2-2-4

6cm　6.5cm
12针　13针
6cm　13cm　6cm
12针　26针　12针

15cm
42行
2cm 6行
18cm
50行
5cm
14行

4-2-4
平收3针
4-2-4
平收3针

5cm
10针
5cm
10针

17.5cm35针　35cm70针

单罗纹　全下针

165

193

【成品尺寸】衣长38cm 胸围74cm 袖长34cm
【工具】3.5mm棒针 绣花针
【材料】枚红色羊毛绒线400g 亮片若干
【密度】10cm²：20针×28行
【制作过程】1. 前片、后片：按图起74针，织5cm双罗纹后，改织全下针，并间色，左右两边按图所示收成袖窿。 2. 编织结束后，将前片、后片侧缝、肩部、袖子缝合。领圈挑针，织10cm单罗纹，折边缝合，形成双层圆领。 3. 装饰：缝上亮片。

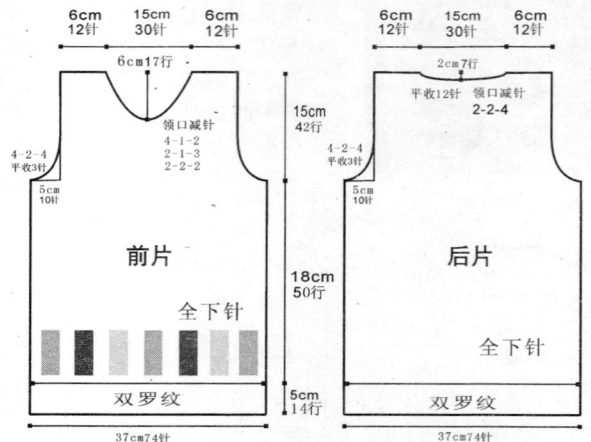

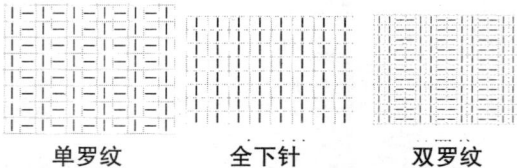

单罗纹　　全下针　　双罗纹

194

【成品尺寸】衣长33cm 胸围74cm 袖长40cm
【工具】3.5mm棒针 绣花针
【材料】红色羊毛绒线400g 黑色羊毛绒线少量 绣花图案若干
【密度】10cm²：20针×28行
【制作过程】1. 前片、后片：按图起74针，织5cm双罗纹后，后片改织全下针，并间色，左右两边按图所示收成袖窿。前片织花样。 2. 编织结束后，将前片、后片侧缝，肩部和袖子缝合，袖肩的位置与前片、后片的肩部按图缝合。领圈挑针，织5cm双罗纹，形成圆领。 3. 装饰：缝上绣花图案。

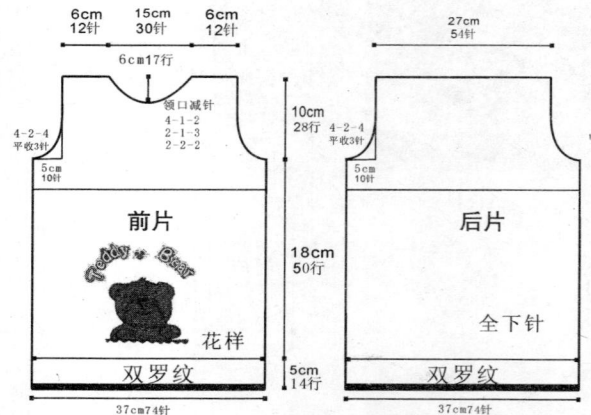

双罗纹　　花样　　全下针

195

花样

【成品尺寸】衣长46cm 胸围80cm 肩宽33cm 袖长46cm
【工具】7号棒针
【材料】橙色毛线650g 咖啡色毛线少量
【密度】10cm²：27针×35行
【制作过程】1. 前片、后片以机器边起针编织双针罗纹，衣身编织花样，按图所示减针袖窿、后领、前领。 2. 袖子同前片、后片一样起针编织，按图所示加减针。 3. 前片、后片和袖片缝合。装衣袖时，在"★"处要适当多折一点使其呈自然弧形。

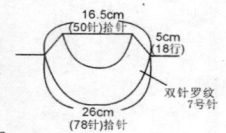

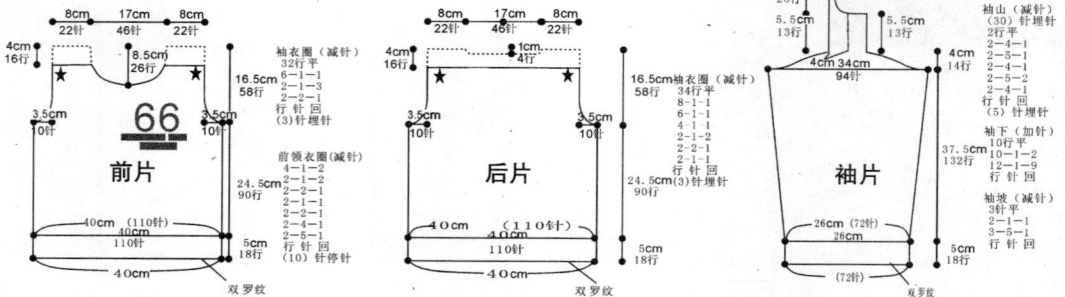

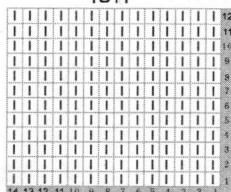

166

【成品尺寸】衣长46cm 肩宽33cm 袖长48cm
【工具】12号棒针
【材料】白色棉线350g 红色、蓝色棉线各50g 纽扣2枚
【密度】10cm²：26针×34行
【制作过程】1. 棒针编织法，衣服按前片和后片分别编织，完成后缝合而成。 2. 起针织后片，用双罗纹针起针法，白色棉线起104针织花样A，织至4行后，改织2行蓝色棉线，8行白色棉线，4行红色棉线，然后改为白色棉线编织，织至20行时，从第21行起，改织花样B，织至102行后，两侧减针织成袖窿，减针方法为1-4-1，2-1-5，两侧针数减少9针，不加减针至153行时，中间留取40针不织，两侧减针织成后领，减针方法为2-1-2，织至156行时，两肩部各余下21针，收针断线。 3. 起针织前片，前片的编织方法与后片相同，织至136行时，从第137行起将织片中间留取20针不织，两侧减针织成前领，减针方法为2-2-4，2-1-4，两侧各减少12针，织至156行时，两肩部各余下21针，左侧肩部收针断线，右侧肩部继续往上编织花样A，织至3行时，留2个纽扣眼，共织至6行，收针断线，前片用蓝色线和红色线绣花。 4. 前片与后片的两侧缝要对应缝合，左肩缝也要对应缝合，右肩缝钉好纽扣。

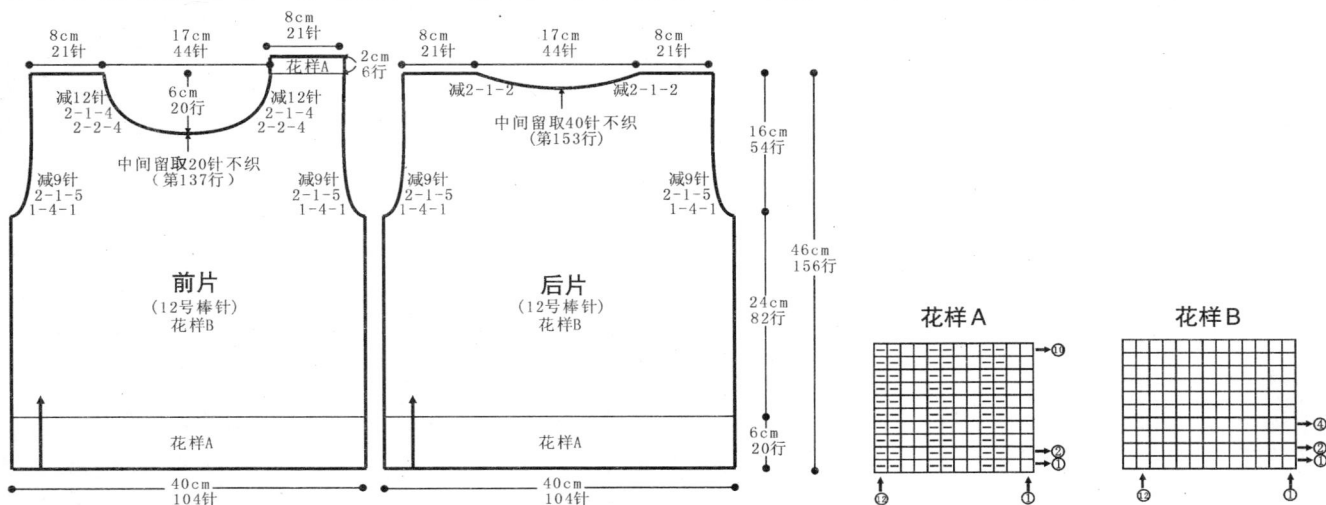

196

8cm
21针   17cm   8cm
44针   21针
花样A
2cm
6行
减12针   6cm   减12针
2-1-4   20行   2-1-4
2-2-4   2-2-4
中间留取20针不织
（第137行）
减9针   减9针
2-1-5   2-1-5
1-4-1   1-4-1

前片
（12号棒针）
花样B

花样A

40cm
104针

8cm   17cm   8cm
21针   44针   21针
减2-1-2   减2-1-2
中间留取40针不织
（第153行）

减9针   减9针
2-1-5   2-1-5
1-4-1   1-4-1

后片
（12号棒针）
花样B

花样A

40cm
104针

16cm
54行

46cm
156行

24cm
82行

6cm
20行

花样A   花样B

【成品尺寸】衣长38cm 胸围74cm 袖长34cm
【工具】3.5mm棒针
【材料】红色羊毛绒线500g 黑色羊毛绒线少量 白色羊毛绒线少量 烫贴图案若干
【密度】10cm²：20针×28行
【制作过程】1. 前片、后片：按图起74针，织5cm双罗纹后，改织全下针，并间色，左右两边按图所示收成袖窿。 2. 袖片：按图起40针，织5cm双罗纹后，改织全下针，并间色，织至20cm后，按图所示均匀地减针，收成袖山。 3. 编织结束后，将前后片侧缝、肩部、袖子缝合。领圈挑针，织5cm双罗纹，形成圆领。 4. 装饰：贴上烫贴图案。

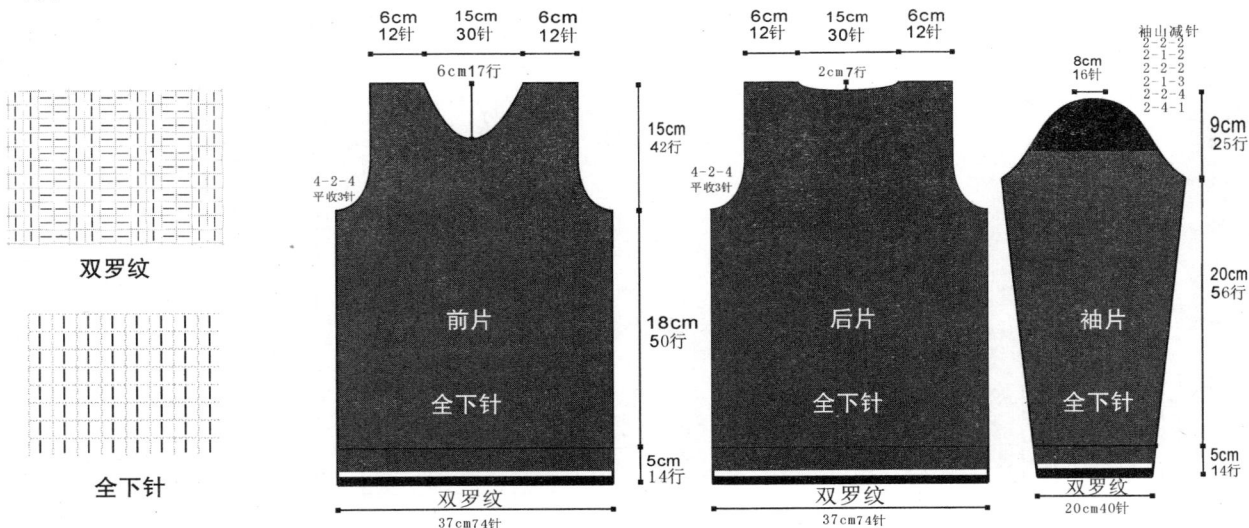

197

双罗纹

全下针

6cm   15cm   6cm
12针   30针   12针
6cm17行

4-2-4
平收3针

前片
全下针

15cm
42行

18cm
50行

5cm
14行
双罗纹
37cm74针

6cm   15cm   6cm
12针   30针   12针
2cm7行

4-2-4
平收3针

后片
全下针

双罗纹
37cm74针

袖山减针
2-1-2
2-1-2
2-2-2
2-1-3
2-2-2
2-4-1

8cm
16针

9cm
25行

20cm
56行

袖片
全下针

5cm
14行
双罗纹
20cm40针

【成品尺寸】衣长50cm　肩宽40cm　袖长60cm

【工具】12号棒针

【材料】藏蓝色棉线100g　白色棉线100g　粉红色、黄色、绿色棉线各50g

【密度】10cm²：26针×34行

【制作过程】1. 棒针编织法，衣服按左前片、右前片和后片分别编织，完成后缝合而成。　2. 起针织后片，用双罗纹针起针法，蓝色线起104针织花样A，织至20行后，改为4种线组合编织，织花样B，织至116行时，两侧减针织成插肩袖窿，减针方法为1-3-1，2-1-27，两侧针数减少30针，余下44针，留待编织衣领。　3. 起针织左前片，用双罗纹针起针法起49针织花样A，织至20行后，改为4种线组合编织花样B，织至116行时，左侧减针织成袖窿，减针方法为1-3-1，2-1-27，共减少30针，继续往上织至156行时，右侧减针织成前领，减针方法为1-11-1，2-1-7，共减少18针，织至170行时，收针断线，用同样的方法相反方向编织右前片。　4. 前片与后片的两侧缝要对应缝合。

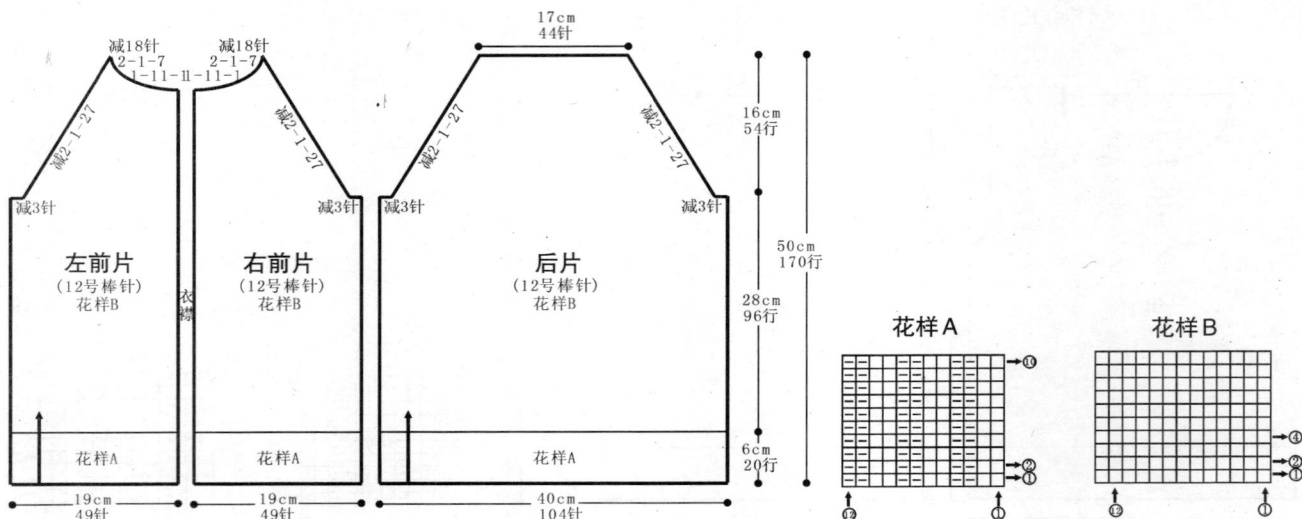

198

减18针　减18针
2-1-7　2-1-7
1-11-1　1-11-1

减2-1-27　减2-1-27　减2-1-27　减2-1-27

减3针　减3针　减3针　减3针

17cm 44针

16cm 54行

50cm 170行

28cm 96行

6cm 20行

左前片（12号棒针）花样B
右前片（12号棒针）花样B
后片（12号棒针）花样B

花样A　花样A　花样A

19cm 49针　19cm 49针　40cm 104针

花样A　花样B

【成品尺寸】衣长55cm　胸围74cm　袖长42cm

【工具】3.5mm棒针

【材料】黑色羊毛绒线450g　白色羊毛绒线50g　扣子2枚　衣袋绳子2条

【密度】10cm²：20针×28行

【制作过程】1. 前片、后片：按图起74针，织5cm双罗纹后，改织14cm全下针，腰部织6cm双罗纹，左右两边按图所示收成袖窿。　2. 编织结束后，将侧缝、肩部、袖子缝合。从领圈挑针，织3cm全下针，折边缝合，形成双层V领，前领片另织，并间色，与V领缝合。帽子另织按图与领圈缝合。　3. 装饰：缝上扣子，衣袋另织，与前片缝合，并穿上绳子。

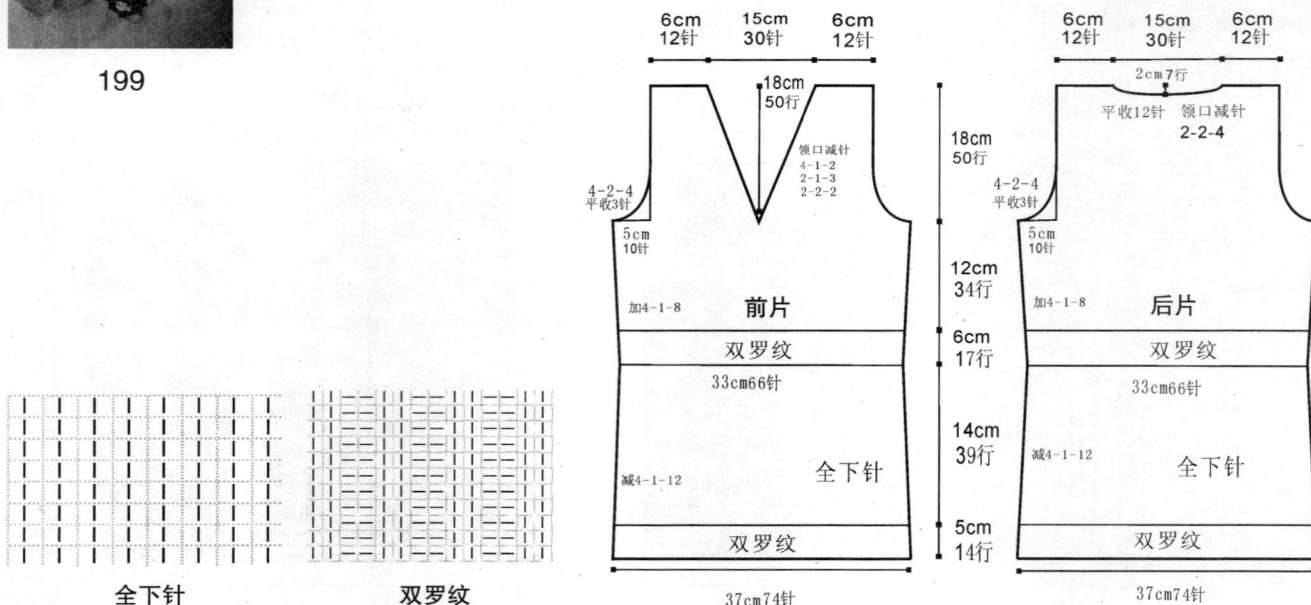

199

6cm 12针　15cm 30针　6cm 12针

18cm 50行

领口减针
4-1-2
2-1-3
2-2-2

4-2-4 平收3针

5cm 10针

前片
双罗纹

加4-1-8

33cm66针

12cm 34行

6cm 17行

14cm 39行

减4-1-12

全下针

双罗纹

5cm 14行

37cm74针

6cm 12针　15cm 30针　6cm 12针

2cm 7行

平收12针　领口减针 2-2-4

18cm 50行

4-2-4 平收3针

5cm 10针

后片
双罗纹

加4-1-8

33cm66针

减4-1-12

全下针

双罗纹

37cm74针

全下针　双罗纹

200

【成品尺寸】衣长55cm　胸围74cm　袖长42cm
【工具】3.5mm棒针
【材料】黑色羊毛绒线400g　白色羊毛绒线50g　扣子2枚　亮珠若干
【密度】10cm²：20针×28行
【制作过程】1. 前片、后片：按图起74针，织5cm双罗纹后，改织花样至23cm，再织全下针，并间色，左右两边按图所示收成袖窿。　2. 编织结束后，将侧缝、肩部、袖子缝合。从领圈挑针，织至3cm全下针，折迭缝合，形成双层V领，帽子另织按图与领圈缝合。　3. 装饰：缝上扣子和亮珠，腰带和腰带耳另织，按图装饰。

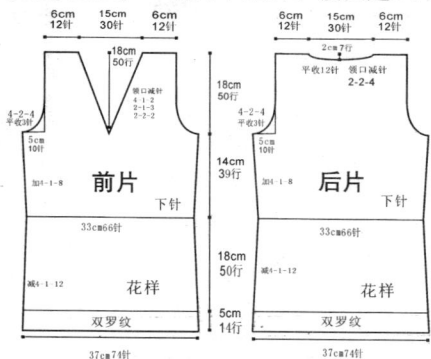

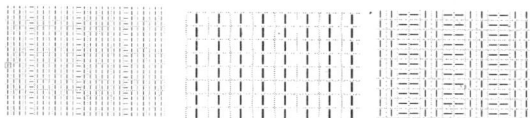

花样　　全下针　　双罗纹

201

【成品尺寸】衣长55cm　胸围74cm　袖长42cm
【工具】3.5mm棒针
【材料】黑色、白色羊毛绒线　扣子3枚　衣袋绳子2条
【密度】10cm²：20针×28行
【制作过程】1. 前片、后片：按图起74针，织5cm双罗纹后，改织全下针至19cm，并间色，腰部织至6cm双罗纹，前领口留12针后，左右两边按图所示收成袖窿。　2. 袖片：按图起40针，织5cm双罗纹后，改织全下针，并间色，织至26cm后，按图所示均匀地减针，收成袖山。　3. 编织结束后，将侧缝、肩部、袖子缝合。前领另织，按图缝合，领圈挑针，织至3cm双罗纹。　4. 装饰：缝上扣子，衣袋另织，与前片缝合，并穿上绳。

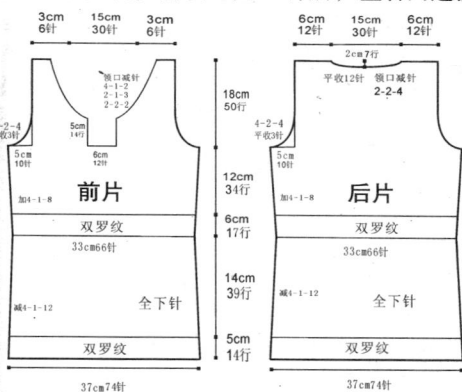

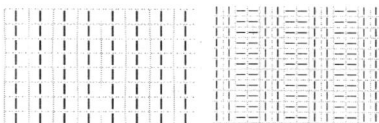

全下针　　双罗纹

202

【成品尺寸】衣长46cm　肩宽33cm　袖长48cm
【工具】12号棒针
【材料】蓝色棉线350g　黑色棉线100g　白色棉线少量
【密度】10cm²：26针×34行
【制作过程】1. 棒针编织法，衣服按前片和后片分别编织，完成后缝合而成。　2. 起针织后片，双罗纹针起针法，蓝色棉线起104针织花样A，蓝色、白色、黑色棉线间隔编织，织至20行后，从第21行起，改为蓝色线编织花样B，织至102行时，两侧减针织成袖窿，减针方法为1-4-1，2-1-5，两侧针数减少9针，不加减针至153行，中间留取40针不织，两侧减针织成后领，减针方法为2-1-2，织至156行时，两肩部各余下21针，再收针断线。　3. 起针织前片，双罗纹针起针法，蓝色棉线起104针织花样A，蓝色、白色、黑色棉线间隔编织，织至20行时，从第21行起，中间20针留取暂时不织，将织片分成左右两片分别编织，方向相反，以左片为例，蓝色线编织花样B，织至102行时，左侧减针织成袖窿，减针方法为1-4-1，2-1-5，共减少9针，不加减针织至136行时，从第137行起右侧针织成前领，减针方法为2-2-4，2-1-4，共减少12针，织至156行时，肩部余下21针，再收针断线。用同样方法往相反方向编织右片。　4. 起针织中间片20针，黑色棉线编织，不加减针织至136行时，留针待织衣领。　5. 左、中、前片缝合，前片与后片的两侧缝要对应缝合，两肩缝也要对应缝合。

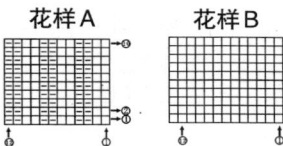

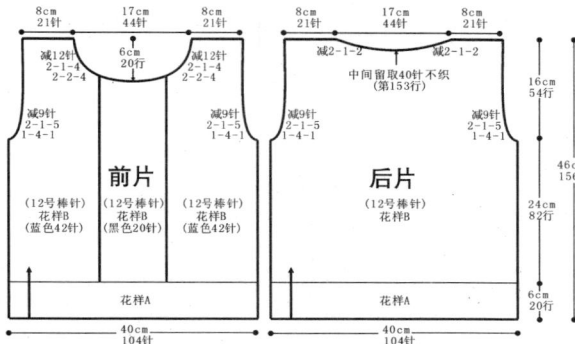

花样A　　花样B

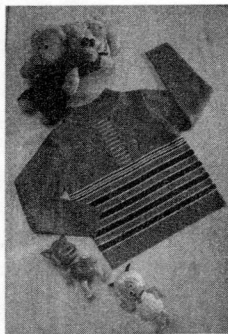

203

【成品尺寸】衣长38cm　胸围74cm　袖长34cm
【工具】3.5mm棒针
【材料】蓝色羊毛绒线500g　黑色、白色羊毛绒线各少量　装饰图案1枚
【密度】10cm²：20针×28行
【制作过程】1. 前片、后片：按图起74针，织5cm单罗纹后，改织全下针，并间色，前片织至23cm时，按图编入花样，左右两边按图所示收成袖窿。　2. 编织结束后，将前片、后片侧缝、肩部、袖子缝合。领圈挑针，织10cm单罗纹，折边缝合，形成双层圆领。　3. 装饰：贴上装饰图案.

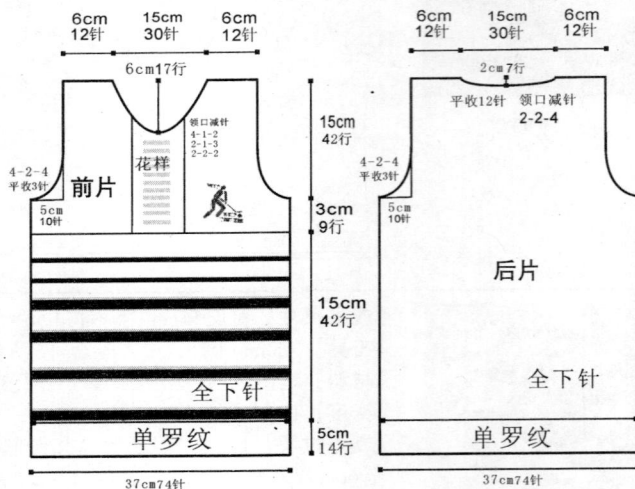

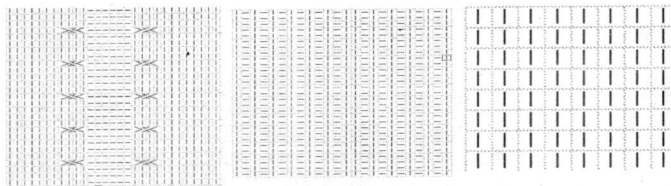

花样　　　单罗纹　　　全下针

204

【成品尺寸】衣长36cm　胸围54cm　袖长34cm
【材料】橄榄绿毛线250g　白色毛线100g　大红毛线50g
【密度】10cm²：38针×38行
【制作过程】1. 后片：起76针，织花样B7cm后，织花样A，织至30cm收袖窿，两边各平收2针，再每隔4行两边各收1针，收针3次。织至34cm收后领窝，织至36cm（织至3cm换线织一圈花样C，再织花样A1cm，换线织2行，再换线织1cm，再换线织14cm，换线织一圈花样C，换线织1cm，换线织2行，再换线织1cm，再换线织至36cm）收针。　2. 前片：起76针，织花样B7cm，织花样A，织至23cm收袖窿，两边各平收2针，再每隔4行两边各收1针，收针3次。织至26cm，在中间平收4针，分左右片织至31cm收前领窝，织至36cm（织至3cm换线织一圈花样C，再织花样A1cm，换线织2行，再换线织1cm，再换线织14cm，换线织一圈花样C，换线织1cm，换线织2行，再换线织1cm，再换线织至36cm）收针。　3. 袖子：起56针织花样B7cm（注意线的交换）后改织花样A，每织4行两边各加1针，加针6次，再每隔6行两边各加1针，加针8次，织至23cm收袖山，两边各平收2针，再每隔4行两边各收1针，收针4次，织至34cm时，全部收针。　4. 领子：缝合前片、后片及袖子，挑起领围72针，织花样B织至7cm，在前领开口竖挑42针织花样B2cm（注意：边加白色、红色毛线）。

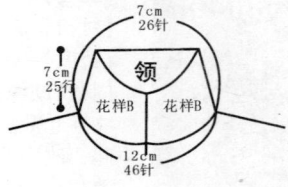

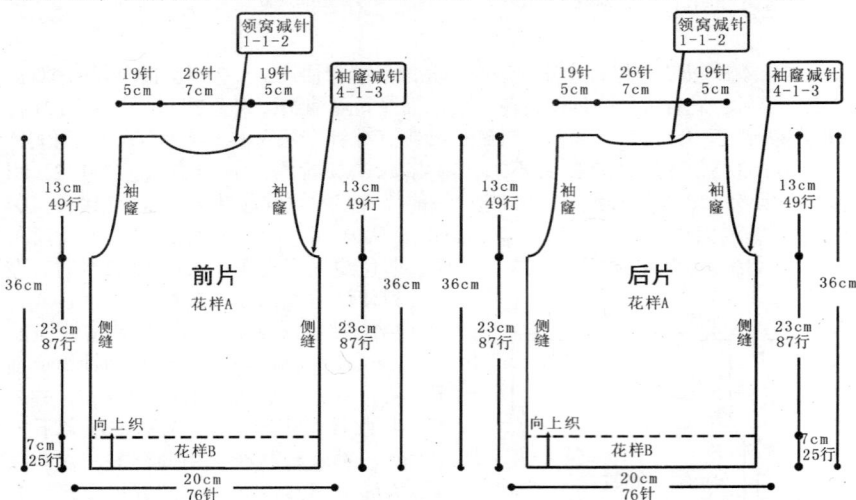

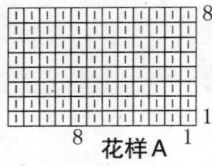

花样A

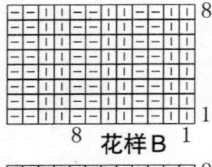

花样B

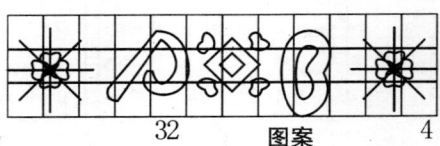

图案

花样C

205

【成品尺寸】衣长46cm　肩宽40cm　袖长48cm

【工具】12号棒针

【材料】浅蓝色棉线250g　深蓝色棉线250g

【密度】10cm²：26针×34行

【制作过程】1. 棒针编织法，衣服按前片和后片分别编织，完成后缝合而成。　2. 起针织后片，双罗纹针起针法，浅蓝色棉线起104针织花样A，4行浅蓝色棉线与4行深蓝色棉线间隔编织，织至20行后，改用深蓝色棉线织花样B，织至102行时，两侧减针织成插肩袖窿，减针方法为1-3-1，2-1-27，两侧针数减少30针，织至156行时，余下44针，留待编织衣领。　3. 起针织前片，双罗纹针起针法，浅蓝色棉线起104针织花样A，4行浅蓝色棉线与4行深蓝色棉线间隔编织，织至20行时，将织片分左、中、右3部分，左、右片用深蓝色棉线编织，中片用浅蓝色棉线编织，织至102行时，两侧减针织成插肩袖窿，减针方法为1-3-1，2-1-27，两侧针数减少30针，织至148行时，从第149行中间留取26针不织，两侧减针织成前领，减针方法为2-2-4，织至156行时，两侧各余下1针，留待编织衣领。　4. 前片与后片的两侧缝要对应缝合。

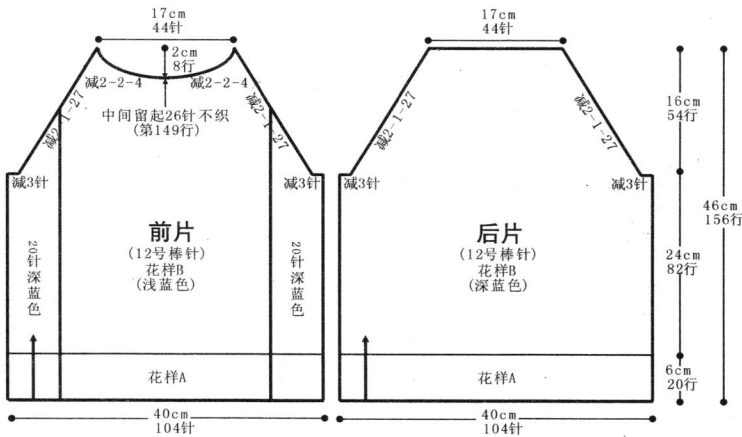
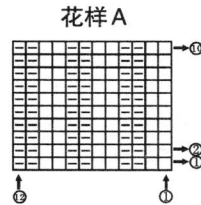
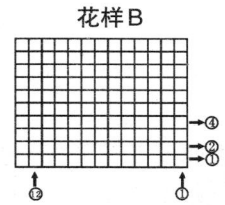

206

【成品尺寸】衣长50cm　肩宽32cm　袖长54cm

【工具】10号棒针

【材料】红色棉线100g　粉红色棉线100g　绿色、黑色、白色棉线各50g　拉链1条

【密度】10cm²：13针×17行

【制作过程】1. 棒针编织法，衣服按左前片、右前片和后片分别编织，完成后缝合而成。　2. 起针织后片，双罗纹针起针法，红色棉线起52针织花样A，织至10行，改为4种线组合编织，织花样B，织至58行，两侧减针成袖窿，减针方法为1-3-1，2-1-2，两侧针数减少5针，余下42针继续编织，两侧不再加减针，织至第83行时，中间留取14针不织，两端相反方向减针编织，各减少2针，减针方法为2-1-2，最后两肩部余下12针，收针断线。　3. 起针织左前片，双罗纹针起针法，起24针织花样A，织至10行后，改织花样B，织至58行时，左侧减针织成袖窿，减针方法为1-3-1，2-1-2，共减少5针，继续往上织至79行，右侧减针织成前领，减针方法为1-3-1，2-1-4，共减少7针，织至86行时，肩部余下12针，收针断线，用同样的方法相反方向编织右前片。　4. 前片与后片的两侧缝要减针对应缝合，两肩部也要对应缝合。　5. 编织衣领，沿领口挑起针织，挑起40针，用红色棉线编织，织花样B，织至26行后，向内与起针合并形成双层衣领，再收针断线。　6. 缝好拉链。

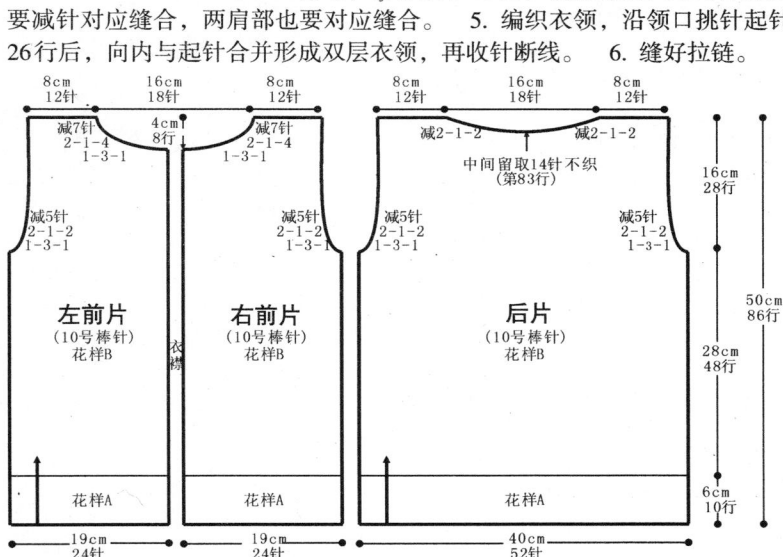
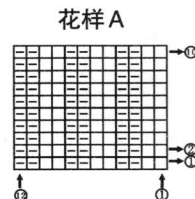
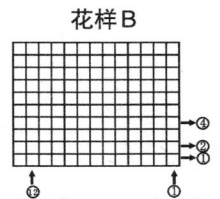

171

207

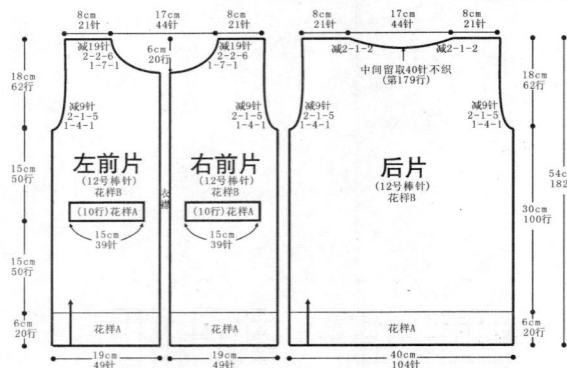

【成品尺寸】衣长54cm 肩宽33cm 袖长45cm
【工具】12号棒针
【材料】砖红色棉线200g 粉红色棉线150g 天蓝色棉线150g 浅蓝色棉线150g 烫花2片
【密度】10cm²：26针×33行
【制作过程】1. 后片：用砖红色棉线起104针，织花样A，织至6cm后，改用天蓝色棉线、浅蓝色棉线、砖红色棉线、粉红色棉线间隔编织，每20行换线编织，织花样B，织至36cm，袖窿减针，减针方法为1-4-1，2-1-5，织至53cm后，收后领，中间留取40针不织，两侧减针，方法为2-1-2，后片共织54cm长度。 2. 左前片：用砖红色棉线起49针，织花样A，织至6cm后，改用天蓝色棉线、浅蓝色棉线、砖红色棉线、粉红色棉线间隔编织，每20行换线编织，织花样B，织至21行时，中间留取39针不织，再从第22行留针的位置加起39针一起编织，织至36cm时，左侧袖窿减针，减针方法为1-4-1，2-1-5，织至48cm右侧前领减针，减针方法为1-7-1，2-2-6，共减少19针，左前片共织54cm长度。 3. 左前口袋：挑起留取的39针用砖红色棉线织花样A，织至10行后，两侧与衣身缝合，织片内侧沿袋口挑起78针环织，织至14cm时，将袋底合并。 4. 用同样方法往相反方向织右前片。 5. 衣襟：前襟挑起124针，用砖红色棉线织花样A，织至10行后，左侧衣襟均匀留6个扣眼。 6. 领子：用砖红色棉线沿领口挑针织花样A，挑起96针，织12cm长度。 7. 在右前片缝上烫花。

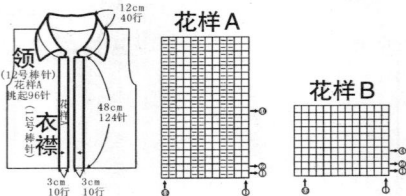

208

【成品尺寸】衣长38cm 胸围70cm 袖长34cm
【工具】3.5mm棒针
【材料】粉红色羊毛绒线500g 白色羊毛绒线少量 拉链1条 亮片若干
【密度】10cm²：20针×28行
【制作过程】1. 前片：分左右两片，分别按图起35针，织5cm双罗纹后，改织全下针，并间色，左右两边按图所示收成袖窿。后片：按图起70针，织5cm双罗纹后，改织全下针，左右两边按图收成袖窿。 2. 编织结束后，将侧缝、肩部、袖子缝合。领圈挑针，织10cm双罗纹，并间色，折边缝合，形成双层开襟圆领。门襟挑针，织至3cm下针，折边缝合，形成双层门襟。 3. 装饰：缝上拉链和亮片。

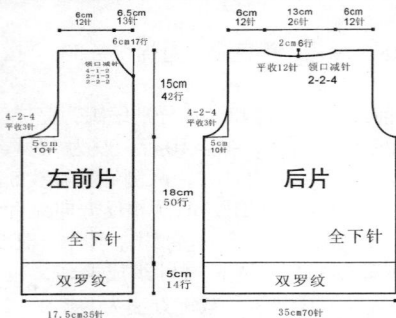

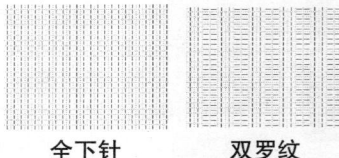

209

【成品尺寸】衣长38cm 胸围73cm 连肩袖长41cm
【工具】3.5mm棒针
【材料】粉红色、蓝色、橙色羊毛绒线各150g 绣花图案若干 拉链1条
【密度】10cm²：20针×28行
【制作过程】1. 前片：分左右两片编织，分别按图起36针，织5cm双罗纹后，改织全下针，并间色，左右两边按图所示收成插肩袖。后片：按图起74针，织5cm双罗纹后，改织全下针，并间色，左右两边按图所示收成插肩袖。 2. 领口：前后领各按图所示均匀地减针，形成领口。 3. 袖片：按图起40针，织5cm双罗纹后，改织全下针，并间色，织至20cm按图所示均匀地减针，收成插肩袖山。 4. 编织结束后，将前片、后片侧缝、肩部、袖子缝合。领圈挑针，织10cm双罗纹，并间色，形成翻领。 5. 装饰：绣上绣花图案，装上拉链。

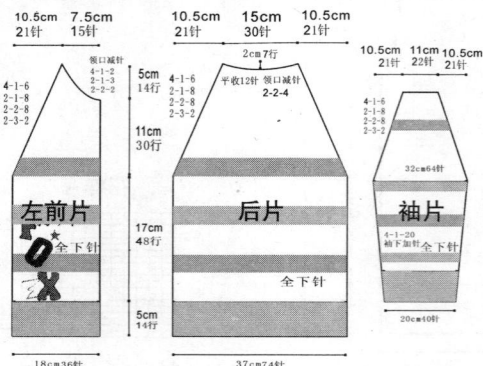

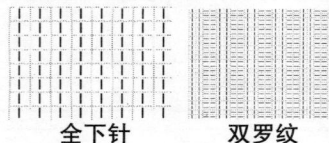

172

【成品尺寸】衣长50cm　肩宽32cm　袖长54cm
【工具】10号棒针
【材料】粉红色棉线100g　白色棉线300g　绿色、蓝色、红色棉线各50g　拉链1条
【密度】10cm²：13针×17行
【制作过程】1. 棒针编织法，衣服按左前片、右前片和后片分别编织，完成后缝合而成。　2. 起针织后片，双罗纹针起针法，用粉红色棉线起52针织花样A，织至10行后，改为4种线组合编织，织花样B，织至58行时，两侧减针织成袖窿，减针方法为1-3-1、2-1-2，两侧针数减少5针，余下42针继续编织，两侧不再加减针，织至第83行时，中间留取14针不织，两端往相反方向减针编织，各减少2针，减针方法为2-1-2，最后两肩部各下12针，再收针断线。　3. 起针织左前片，双罗纹针起针法，起24针织花样A，织至10行后，改织花样B，织至58行时，左侧减针织成袖窿，减针方法为1-3-1、2-1-2，共减少5针，继续往上织至79行，右侧减针织成前领，减针方法为1-3-1、2-1-4，共减少7针，织至86行时，肩部各下12针，收针断线，用同样的方法相反方向编织右前片。　4. 前片与后片的两侧缝要对应缝合，两肩部也要对应缝合。　5. 编织衣领，沿领口挑起针织，挑起40针，用粉红色棉线编织，织花样B，织至26行后，向内与起针合并形成双层衣领，收针断线。　6. 缝好拉链。

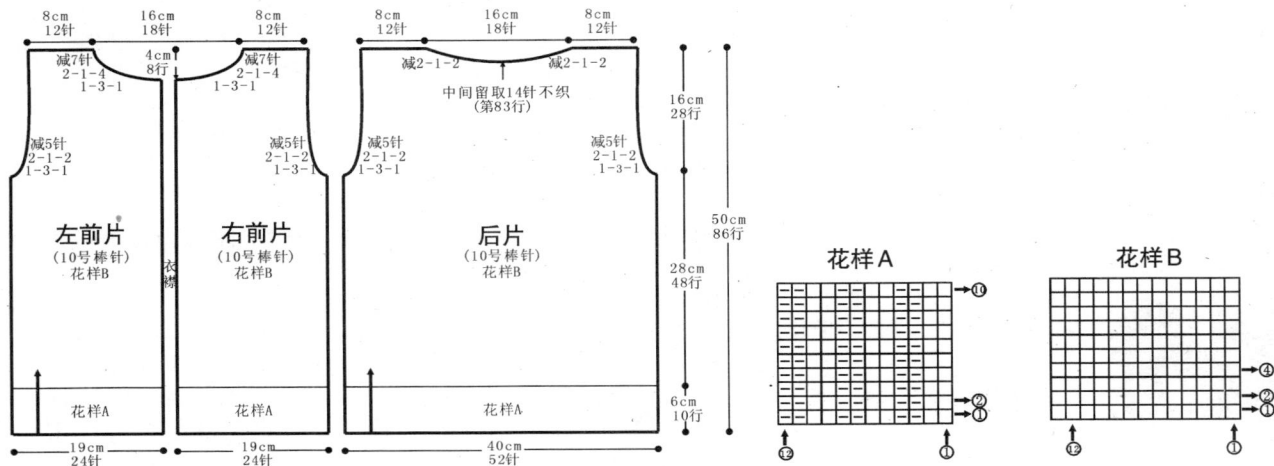

210

【成品尺寸】衣长46cm　肩宽40cm　袖长48cm
【工具】11号棒针
【材料】白色棉线200g　粉红色绒线150g　珍珠若干　拉链1条　丝绸小花2朵
【密度】10cm²：18针×24行
【制作过程】1. 后片：用白色棉线编织，起72针，织花样A，织至6cm后，改织花样B，织至30cm后，插肩减针，减针方法为1-4-1、2-1-19，织至46cm长度，织片余26针。　2. 左前片：用白色棉线编织，起36针，织花样A，织至6cm后，改织花样B，织至30cm时，左侧平收4针，插肩减针2-1-19，织至42cm时，左侧平收7针，减针方法为2-1-5，织至46cm长度，余下1针。　3. 用同样方法往相反方向织右前片。　4. 袖子：用白色线起36针织花样A，织至6cm后，改为粉红色线织花样B，袖片两侧加针8-1-7，织至32cm时，织片变成50针，减针织插肩袖山，减针方法为1-4-1、2-1-19，织至48cm的长度，织片余下4针。　5. 领子：用白色棉线沿领口挑起针织花样A，挑起62针织8cm长度。　6. 衣襟：缝上拉链，前片缝上2朵丝绸小花，花样A分布缝上珍珠。

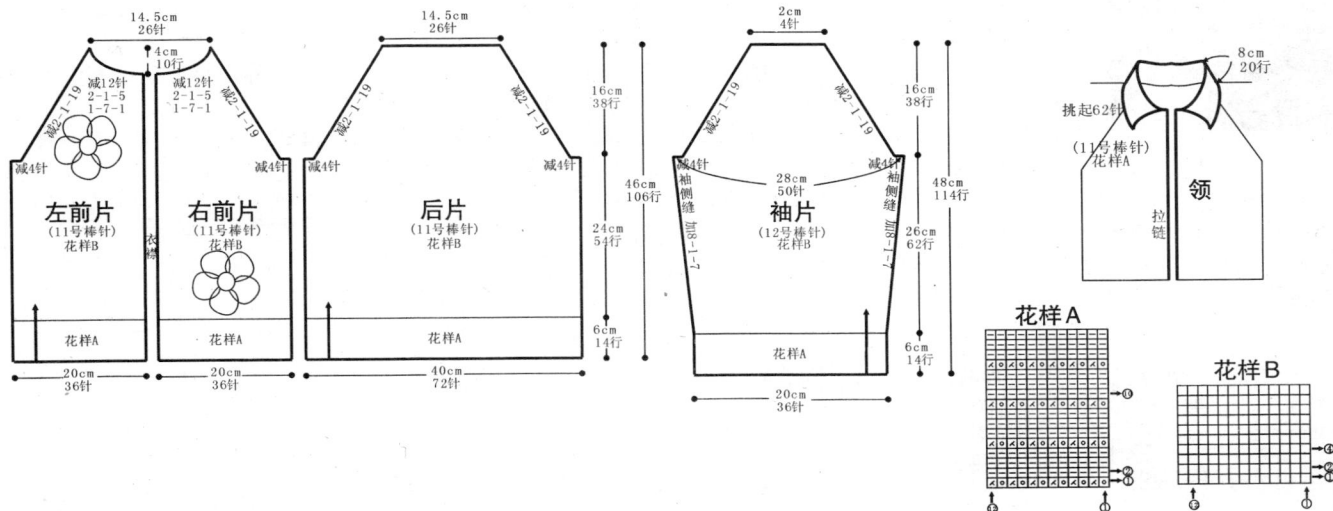

211

173

【成品尺寸】衣长30cm　胸围28cm　袖长25cm

【工具】3.5mm棒针

【材料】白色棉线350g　粉红色羽毛线150g　白色、粉红色、紫色丝纱条各少量　拉链1条

【密度】10cm²：24针×30行

【制作过程】1. 前片：分左右两边。分别起34针编织花样A15行后，编织花样B14cm再按示减针，形成前片的袖窿、领口。　2. 后片：起68针编织花样A15行后，编织花样B14cm，再按图所示减针，形成后片的袖窿、领口。　3. 袖片：起34针编织花样A15行后，编织花样B再按示加针袖片，织13cm再按示减针，形成袖山。　4. 各片缝合后挑针，前片沿边两边各74针，编织花样B6行对折缝合，形成双层底面、领口、均匀挑针80针，编织花样A15行，再收针，前片再缝合拉链，最后在前片用丝纱条按图所示绣图，完成。

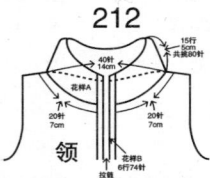

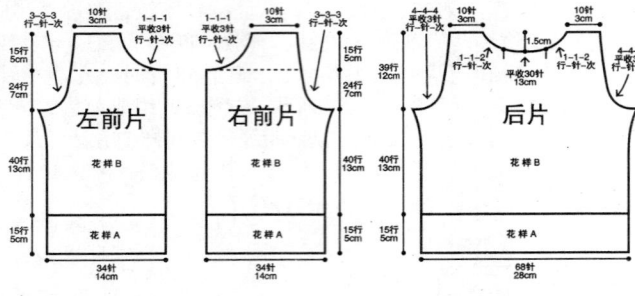

212

领

左前片　右前片　后片

花样A　花样B　图案

【成品尺寸】衣长46cm　肩宽40cm　袖长48cm

【工具】11号棒针

【材料】白色棉线400g　粉红色绒线100g　丝绸小花2朵　扣子5枚

【密度】10cm²：18针×24行

【制作过程】1. 后片：用粉红色绒线起72针，织花样A，织至6cm后，改用白色线织花样B，织至30cm后，插肩减针，减针方法为1-4-1，2-1-19，织至46cm长度，织片余下26针。　2. 前片：用粉红色线起72针，织花样A，织至6cm，改织花样B，将织片按左前片30针，衣襟片12针和右前片30针，3片编织，先织左前片，用白色线织至30cm时，左侧平收4针，插肩减针，减针方法为2-1-19，织至42cm时，右侧减针2-1-5织成前领，共织至46cm长度，余下2针。　3. 用同样方法往相反方向织右前片。衣襟片12针用粉红色线编织，织至42cm收针。　4. 领子：用白色棉线沿领口挑起针织花样A，挑起62针织5cm长度，改用粉红色绒线编织，领片共织11cm长度。　5. 衣襟：沿右前插肩缝挑起及领片侧缝挑起50针，用白色棉线织花样A，织至2cm长度，用同样的方法挑织右袖插肩缝及领片侧缝，完成后缝上扣子。　6. 在前片缝上2朵丝绸小花。

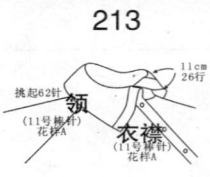

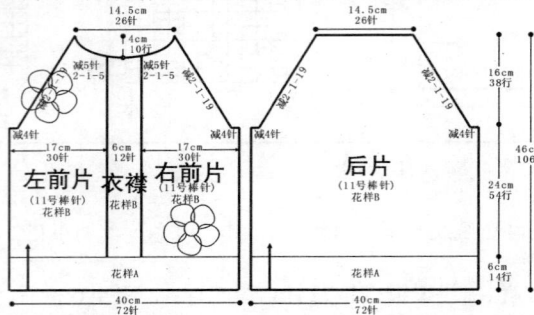

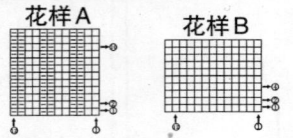

213

花样A　花样B

领　衣襟

挑起62针（11号棒针）花样A

左前片　衣襟　右前片　后片

【成品尺寸】衣长46cm　肩宽33cm　袖长48cm

【工具】12号棒针

【材料】白色棉线300g　粉红色棉线50g

【密度】10cm²：26针×34行

【制作过程】1. 棒针编织法，衣服按前片和后片分别编织，完成后缝合而成。　2. 起针织后片，下针起针法，用红色线起104针织花样A，织至20行时，改用白色线织花样B，织至402行，两侧减针织成袖窿，减针方法为1-4-1，2-1-5，两侧针数减少9针，不加减针织至第153行，中间留取40针不织，两侧减针织成后领，减针方法为2-1-2，织至156行时，两肩部各余下21针，收针断线。　3. 起针织前片，下针起针法，起104针织花样A，织至20行，改用白色棉线织花样B，织至102行时，两侧减针织成袖窿，减针方法为1-4-1，2-1-5，两侧针数减少9针，织至第117行时，将织片中间留取32针不织，两侧减针织成前领，减针方法为2-2-8，2-1-8，两侧各减24针，织至第156行时，两肩部各余下3针，收针断线。　4. 起针织前襟片，前领口挑起32针，用粉红色棉线编织花样C，一边织一边两侧挑加针，加针方法为2-2-8，2-1-8，织至20行时，织片中间留取20针，两侧减针织成前领，减针方法为2-2-4，2-1-4，两侧各减少12针，最后两侧各余下18针，收针断线。　5. 前片与后片的两侧缝要对应缝合，两肩缝也要对应缝合。

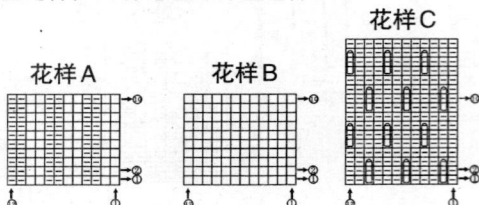

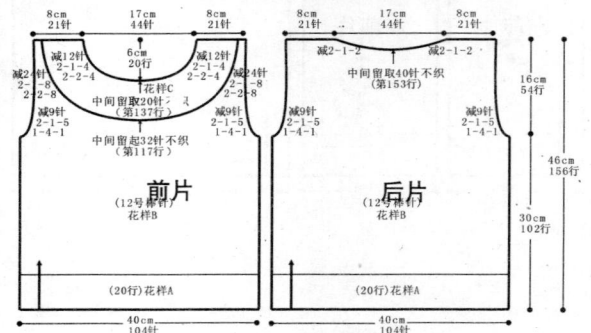

214

花样C

花样A　花样B

前片（12号棒针）花样B

后片（12号棒针）花样B

（20行）花样A

215

【成品尺寸】衣长38cm　胸围70cm　袖长34cm

【工具】3.5mm棒针　绣花针

【材料】白色羊毛绒线500g　粉红色毛绒线50g　拉链1条　亮珠若干

【密度】10cm²：20针×28行

【制作过程】1. 前片：分左右两片，分别按图起35针，织5cm双罗纹后，改织全下针，并间色，左右两边按图所示收成袖窿。后片：按图起70针，织5cm双罗纹后，改织全下针，左右两边按图收成袖窿。　2. 编织结束后，将侧缝、肩部、袖子缝合。领圈挑针，织10cm双罗纹，并间色，形成翻领。门襟边挑针，织至3cm下针，折边缝合，形成双层拉链边。　3. 装饰：缝上拉链，绣上亮珠。

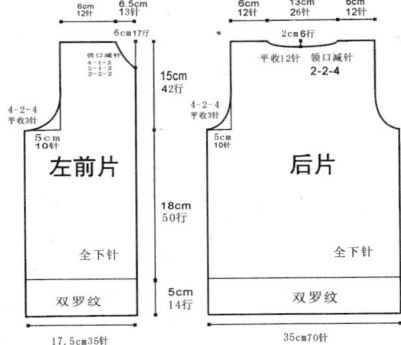

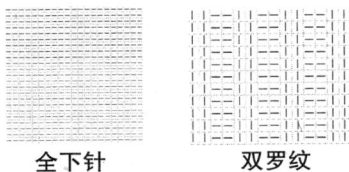

全下针　　**双罗纹**

216

【成品尺寸】衣长38cm　胸围70cm　袖长34cm

【工具】3.5mm棒针　绣花针

【材料】白色羊毛绒线500g　黄色羊毛绒线50g　拉链1条　绣花若干

【密度】10cm²：20针×28行

【制作过程】1. 前片：分左右两片，分别按图起35针，织8cm花样后，改织全下针，并间色，左右两边按图所示收成袖窿。后片：按图起70针，织8cm花样后，改织全下针，并间色，左右两边按图收成袖窿。　2. 袖片：按图起36针，织8cm花样后，改织全下针，并间色，织至17cm按图所示均匀地减针，收成袖山。　3. 编织结束后，将侧缝、肩部、袖子缝合。领圈挑针，织10cm花样，并间色，折边缝合，形成双层开襟圆领。门襟挑针，织至3cm下针，折边缝合，形成双层门襟。　4. 装饰：缝上拉链，绣上绣花。

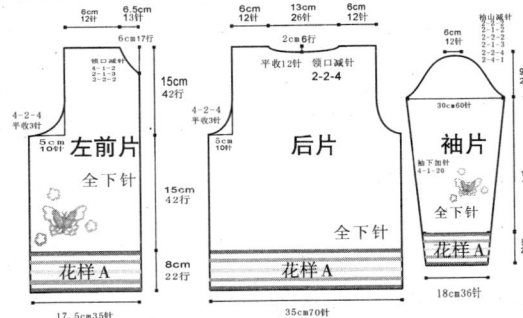

全下针　　**花样**

217

【成品尺寸】衣长56cm　肩宽25cm　袖长46cm

【工具】12号棒针

【材料】灰色棉线500g

【密度】10cm²：26针×34行

【制作过程】1. 棒针编织法，衣身按前片、后片来编织。　2. 起针织后片，下针起针法，起84针织花样A，共织88行，改织花样B，织至102行后，改织花样C，织至136行，两侧需要同时减针织成袖窿，减针方法为1-4-1，2-1-5，两侧针数减少9针，余下66针继续编织，两侧不再加减针，织至第187行时，中间留取28针不织，两端往相反方向减针编织，各减少2针，减针方法为2-1-2，最后两肩部余下17针，收针断线。　3. 起针织前片，下针起针法，起84针织花样A，共织88行，改织花样B，织至102行，改为花样C与花样D组合编织，组合方法如图所示，重复往上编织至136行，两侧需要同时减针织成袖窿，减针方法为1-4-1，2-1-5，两侧针数减少9针，余下66针继续编织，两侧不再加减针，织至第153行时，中间收6针，将织片分成左右两片继续编织，编织方法相同，方向相反，以左前片为例，不加减针往上织18行后，右侧减针织成前领，减针方法为1-5-1，2-2-2，2-1-4，各减少13针，减针后不加减针织至170行，最后肩部余下17针，收针断线，用同样的方法相反方向编织右前片。　4. 前片与后片的两侧缝隙缝合，两肩部也要对应缝合。

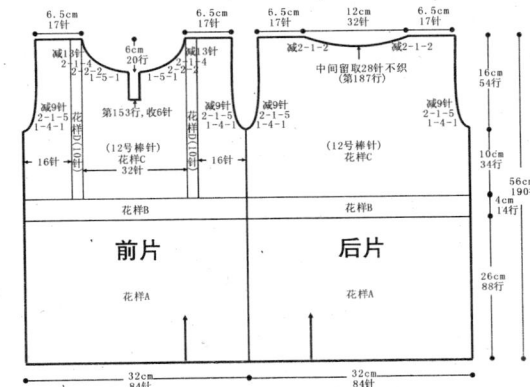

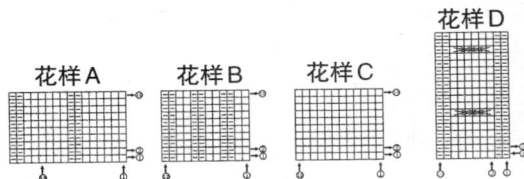

花样A　**花样B**　**花样C**　**花样D**

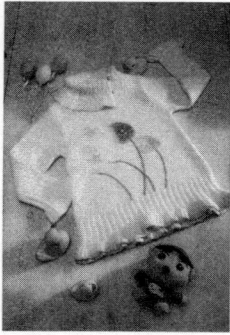

218

【成品尺寸】衣长50cm　肩宽33cm　袖长52cm
【工具】10号棒针
【材料】白色棉线500g
【密度】10cm²：15针×22行
【制作过程】1. 后片：起120针，织花样C，织至4cm后，改织花样A，织至6cm后，改织花样B，织至34cm时，袖窿减针，减针方法为1-2-1，2-1-3，织至49cm，收后领，中间留取22针不织，两侧减针2-1-2，后片共织50cm长度。　2. 前片：起120针，织花样C，织至4cm后，改织花样A，织至6cm后，改织花样B，织至34cm时，袖窿减针，减针方法为1-2-1，2-1-3，织至44cm时，收前领，中间留取10针不织，两侧减针2-2-3，2-1-2，前片共织50cm长度。　3. 领子：沿领口挑起56针织花样A，织7cm长将织片加针成112针，织花样C，领子共织11cm长度。　4. 在前片缝上花朵图案。

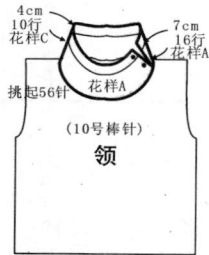

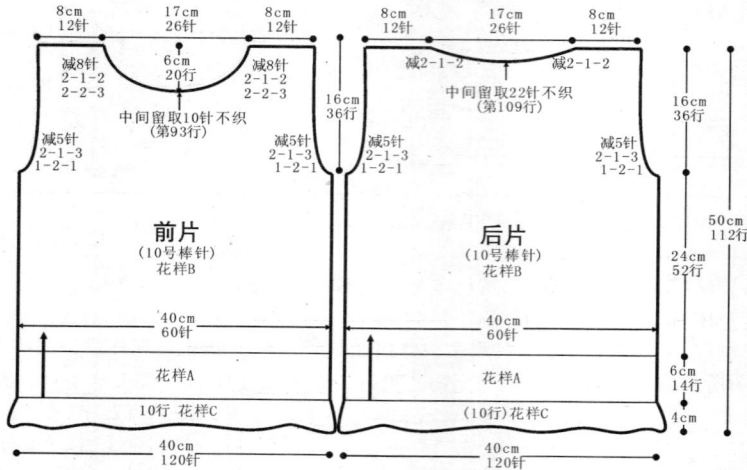

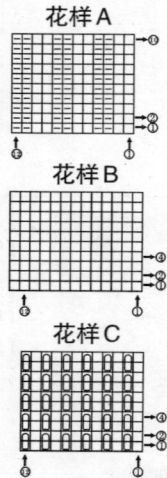

219

【成品尺寸】衣长48cm　胸围20cm　袖长45cm
【工具】10号棒针
【材料】白色毛线250g　白色球毛线300g
【密度】10cm²：60针×60行
【制作过程】1. 后片：起164针，织花样B8cm后，织花样A至35cm收袖窿，平收2针。然后隔4行两边各收1针，收4次。再织至45cm时，收后领窝和肩，先平收4针，再隔1针收1针，收2行。（编织时注意换线）。　2. 左、右前片：分别起82针织花样B8cm后，织花样A至35cm收袖窿，平收2针。然后隔4行两边各收1针，收4次。再织至41cm收前领窝，靠近门襟一边平收4针，然后每隔1行减1针，减针4次，织至48cm，全部收针。　3. 帽子：缝合前片、后片后，挑起领围120针，织花样A至24cm，收针。　4. 门襟：挑起340针（包括帽子）织花样A2cm，对折缝合，收机器针。

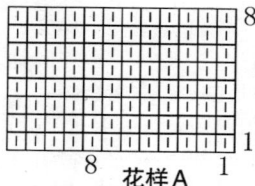

花样A

花样B

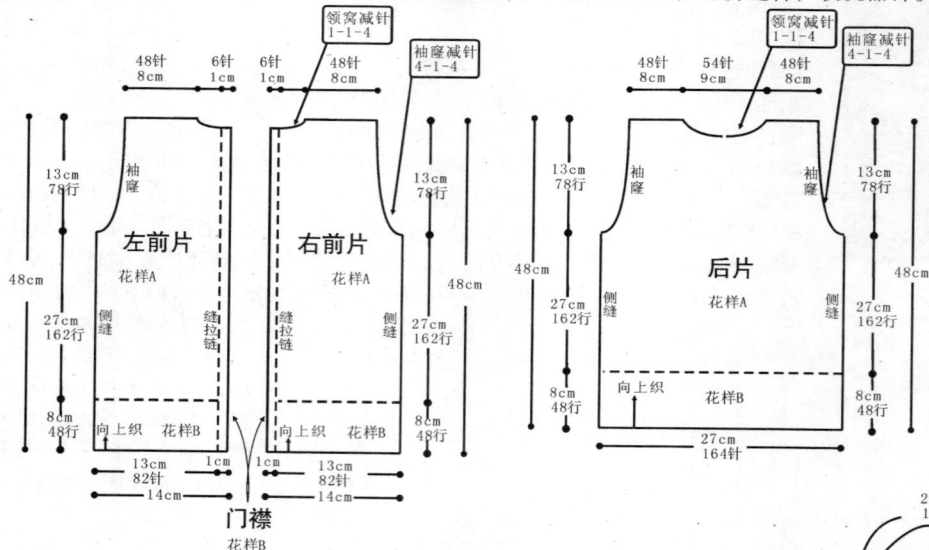

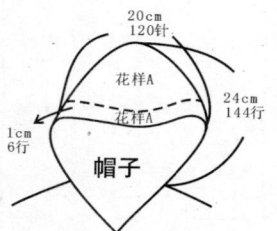

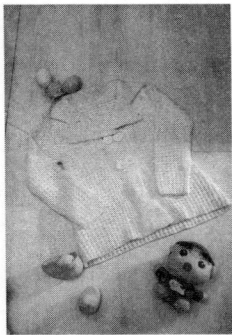

【成品尺寸】衣长48cm　肩宽33cm　袖长46cm
【工具】10号棒针
【材料】白色棉线350g　扣子4枚
【密度】10cm²：15针×22行
【制作过程】1. 后片：起60针，织花样B，织至32cm，袖窿减针，减针方法为1-2-1，2-1-3，织至47cm时，收后领，中间留取22针不织，两侧减针2-1-1，后片共织48cm长度。　2. 右前片：起36针，右侧织18针花样B，左侧织18针花样A作为衣襟，织至32cm右侧袖窿减针，减针方法为1-2-1，2-1-3，右前片共织48cm长度。用同样的方法相反方向编织左前片。（注意左前片衣襟要留双排扣眼共4个）　3. 袖子：起28针织花样B，袖片两侧加针12-1-6，织至39.5cm时，织片变成40针，减针织袖山，减针方法为1-2-1，2-2-7，织至46cm的长度，织片余下8针。　4. 领子：用白色棉线沿领口挑起44针织花样A，前领两侧各留5cm不挑，织8cm长度。

220

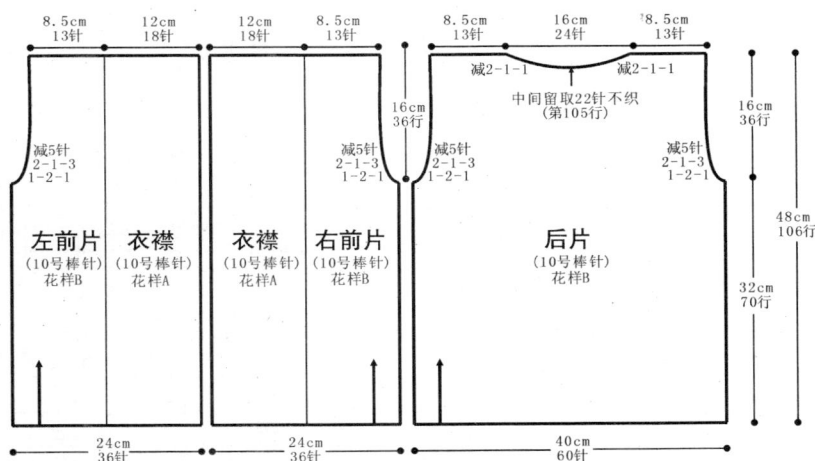

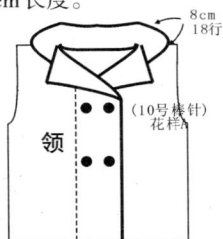

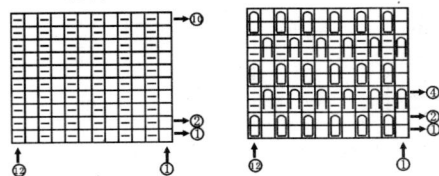

【成品尺寸】衣长46cm　肩宽33cm　袖长48cm
【工具】12号棒针
【材料】白色棉线350g　白色长绒线50g　粉红色棉线20g　亮片若干　拉链1条
【密度】10cm²：26针×34行
【制作过程】1. 后片：用粉红色线起104针，织花样A，粉红色棉线与白色长绒线间隔编织至6cm后，改用白色棉线织花样B，织至30cm，袖窿减针，减针方法为1-4-1，2-1-5。织至45cm收后领，中间留取40针不织，两侧减针2-1-2，后片共织46cm长度。　2. 左前片：用粉红色线起49针，织花样A，粉红色棉线与白色长绒线间隔编织至6cm后，改用白色棉线织花样B，织至30cm，左侧袖窿减针，减针方法为1-4-1，2-1-5，织至40cm右侧前领减针，减针方法为1-7-1，2-2-6，共减少19针，左前片共织46cm长度。用同样方法往相反方向织右前片。　3. 袖子：用粉红色线起56针织花样A，粉红色棉线与白色长绒线间隔编织至6cm后，改用白色棉线织花样B，袖片两侧加针8-1-11，织至34cm时，织片变成78针，减针织袖山，减针方法为1-4-1，2-1-24，织至48cm的长度，织片余下22针。　4. 领子：用粉红色线沿领口挑起92针织花样A，用粉红色棉线与白色长绒线间隔编织至6cm后，改用白色棉线编织，织12cm与起针合并形成双层衣领。　5. 衣襟：前襟连领共挑起104针，用白色棉线织花样B，织至6行后，向内与起针合并，缝上拉链。　6. 在前片缝上亮片图案，平针绣前胸两片粉红色图案。

221

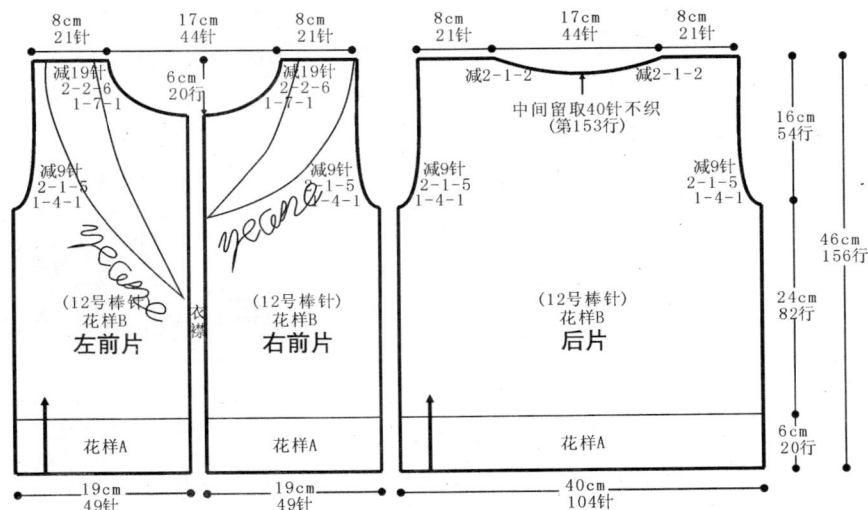

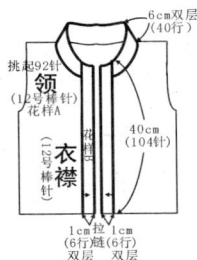

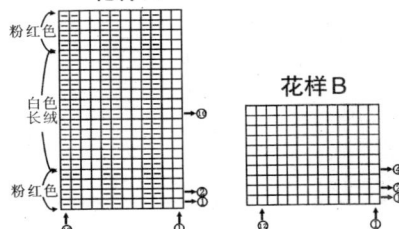

177

【成品尺寸】 衣长45cm　胸围58cm　袖长46cm
【工具】 12号棒针
【材料】 白色毛线400g　紫、绿、粉红色毛线各50g　拉链1条
【密度】 10cm²：40针×40行
【制作过程】 1. 花色主要用毛线的颜色体现，主色为白色毛线。　2. 后片：起88针，织花样B7cm（分布为8行、4行、8行、2行、8行），织花样A至31cm收袖窿，平收2针。然后隔4行两边各收1针，收4次。再织至43cm收后领窝和肩，先平收4针，再隔1针收1针，收2行。织至45cm（编织时注意换线，分布为10cm、2cm、10cm、2cm、2cm、2cm、2cm、1cm、10cm、1cm、2cm、2cm）收针。　3. 左、右前片：起44针织花样B7cm（分布为：8行、4行、8行、2行、8行），织至31cm收袖窿，平收2针。然后隔2行两边各收1针，收4次。再织至38cm时，收前领窝，靠近门襟一边平收4针，然后每隔1行减1针，减4次，织至45cm（编织时注意换线，分布为10cm、2cm、10cm、2cm、2cm、2cm、2cm、1cm、10cm、1cm、2cm、2cm，）收针。　4. 领子：缝合前片、后片后，挑起领围120针，织花样B织至14cm，收针，对折缝合。　5. 门襟：挑起152针（包括领子）织花样A4cm，收机器针，对折缝合。

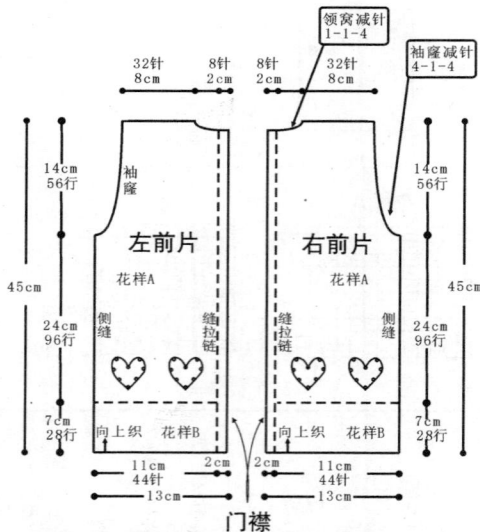

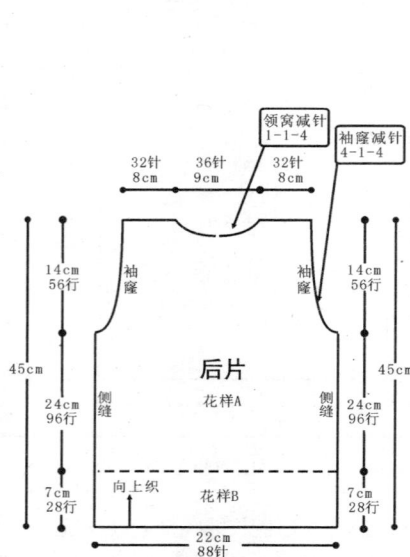

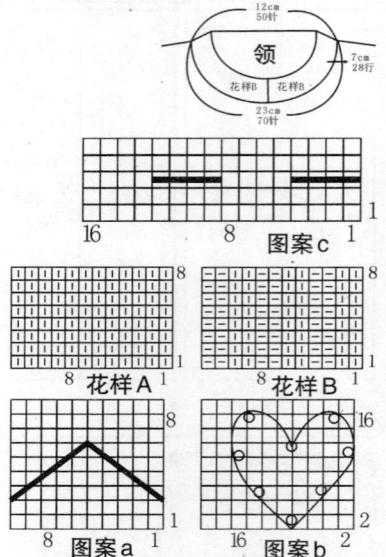

222

【成品尺寸】 衣长46cm　肩宽33cm　袖长48cm
【工具】 12号棒针
【材料】 白色棉线350g　粉红色棉线30g　粉红色彩绒线30g　贴花图案1个　拉链1条　亮片图案
【密度】 10cm²：26针×34行
【制作过程】 1. 后片：用白色棉线起104针，织花样A，织至6cm后，改用白色棉线织花样B，织至30cm时，袖窿减针，减针方法为1-4-1、2-1-5，织至45cm时，收后领，中间留取40针不织，两侧减针2-1-2，后片共织46cm长度。　2. 右前片：用白色棉线起49针，织花样A，织至6cm后，改用白色棉线织花样B，织至30cm时，右侧袖窿减针，减针方法为1-4-1、2-1-5，织至40cm左侧前领减针，减针方法为1-7-1、2-2-6，共减少19针，右前片共织46cm长度。　3. 右前片：织下摆边，用白色线起49针，织花样A，织至6cm收针，从侧缝横向编织左前片衣身，起62针，织花样B，左侧加针织袖窿，方法为2-2-5、2-32-1，然后平织至28行，左侧减针织前领，减针方法为1-4-1、2-2-6，织至19cm宽度，余下88针，与下摆边缝合。　4. 领子：用白色棉线沿领口挑起92针织花样A，织12cm与起针合并形成双层衣领。　5. 衣襟：前襟连领共挑起120针，用白色线织花样B，织至6行后，向内与起针合并，缝上拉链。　6. 在前片缝上亮片图案，平针绣前胸2片粉红色图案。

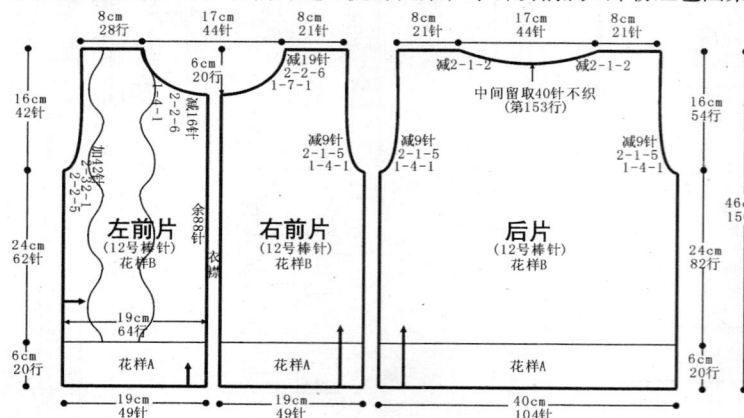

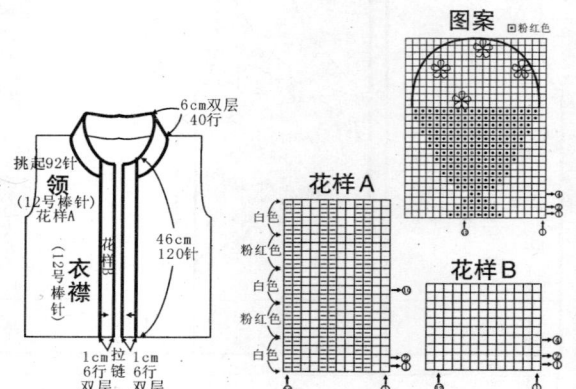

223

224

【成品尺寸】衣长46cm　肩宽33cm　袖长48cm
【工具】10号棒针
【材料】白色棉线400g　紫色、粉红色、黄色长绒线各30g
【密度】10cm²：15针×22行
【制作过程】1. 后片：用白色棉线起60针，织花样A，织至6cm后，改为白色棉线与彩色绒线间隔编织花样B，织至30cm时，袖窿减针，减针方法为1-2-1，2-1-3，织至45cm，收后领，中间留取22针不织，两侧减针2-1-2，后片共织46cm长度。　2. 前片：用白色棉线起60针，织花样A，织至6cm后，改用白色棉线与彩色绒线间隔编织花样B与花样C组合，织至30cm时，袖窿减针，减针方法为1-2-1，2-1-3。织至40cm时，收前领，中间留取10针不织，两侧减针2-2-3，2-1-2，前片共织46cm长度。　3. 领子：用白色棉线沿领口挑起56针织花样A，织至4cm长度。

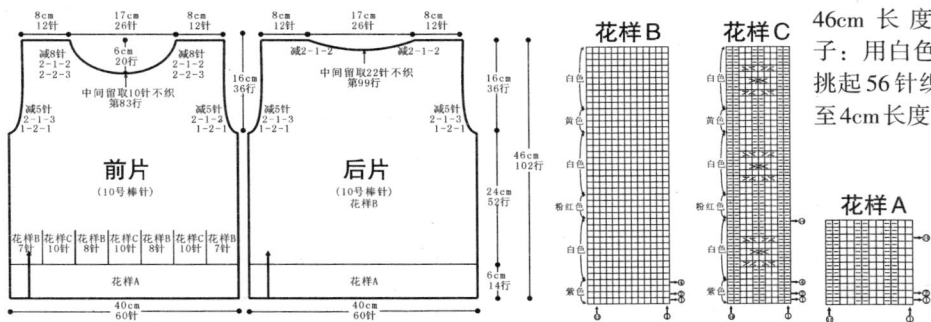

花样B　花样C

前片
（10号棒针）
花样A

后片
（10号棒针）
花样B

领

花样A

225

【成品尺寸】衣长50cm　肩宽40cm　袖长60cm
【工具】12号棒针
【材料】红色棉线400g　黑色棉线100g　粉红色、白色、绿色棉线各50g
【密度】10cm²：26针×34行
【制作过程】1. 棒针编织法，衣服按前片和后片分别编织，完成后缝合而成。　2. 起针织后片，双罗纹针起针法，用红色线起104针织花样A，织至20行，改织花样B，织至116行，改为4种线组合编织，两侧减针织成插肩袖窿，减针方法为1-3-1，2-1-27，两侧针数减少30针，余下44针，留待编织衣领。　3. 起针织前片，双罗纹针起针法，用红色棉线起104针织花样A，织至20行后，改为4种线组合编织花样B，织至32行后，全部改用红色线编织，织至116行后，改为4种线组合编织，两侧减针织成袖窿，减针方法为1-3-1，2-1-27，各减少30针，继续往上织至156行时，从第157行将中间留取22针不织，两侧减针织成前领，减针方法为2-1-7，共减少7针，织至170行，收针断线。　4. 前片与后片的两侧缝要对应缝合。

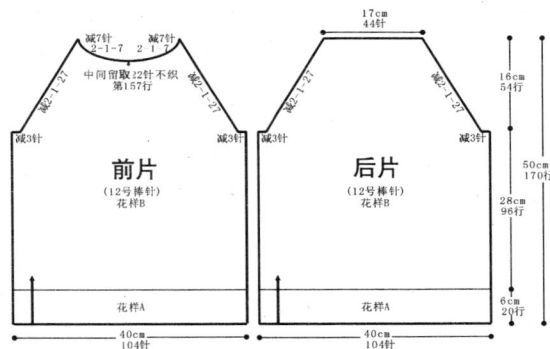

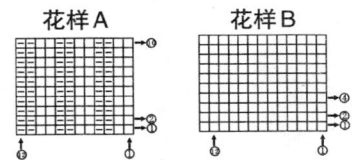

前片
（12号棒针）
花样B

后片
（12号棒针）
花样B

花样A

花样B

花样A

226

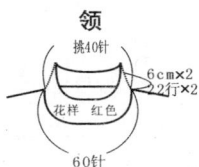

【成品尺寸】衣长48cm　胸围76cm　袖长42cm
【工具】3.25mm棒针
【材料】红色线300g　黑色线250g　鸡心衣贴1个
【密度】10cm²：24针×36行
【制作过程】1. 前片：用3.25mm棒针起92针，从下往上用红色线织至6cm花样，红、黑两色换线织平针，腰部两边各收5针。　2. 后片：织法与前片同，后领按后片图解编织。　3. 前片、后片及袖片缝合后按图解挑领子，用3.25mm棒针编织双罗纹织领口。　4. 装饰：用鸡心衣贴贴入前胸。

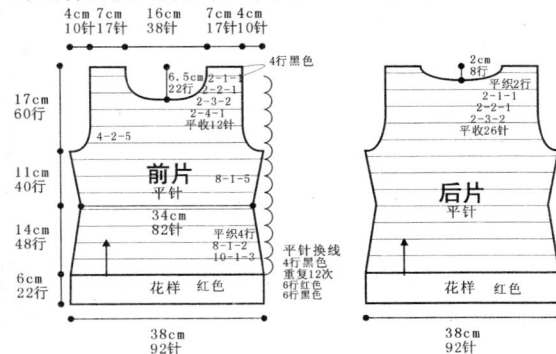

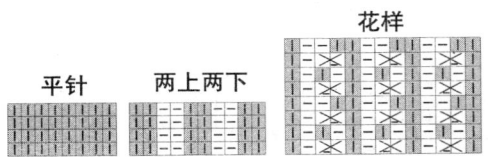

领

前片
平针

后片
平针

花样

平针　两上两下

227

【成品尺寸】衣长38cm　胸围74cm　袖长34cm
【工具】3.5mm棒针
【材料】红色羊毛绒线400g　绣花图案若干
【密度】10cm²：20针×28行
【制作过程】1. 前片、后片：按图起74针，织5cm双罗纹后，改织全下针，并间色，左右两边按图所示收成袖窿。　2. 编织结束后，将前片、后片侧缝、肩部、袖子缝合。领圈挑针，织10cm双罗纹，折边缝合，形成双层圆领。　3. 装饰：缝上绣花图案。

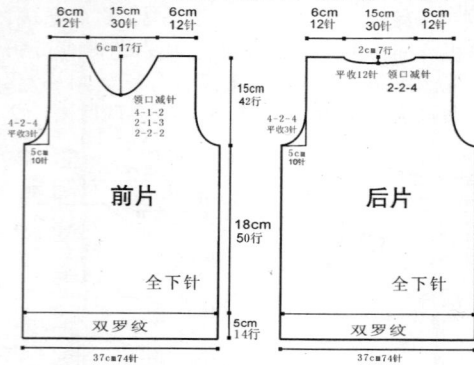

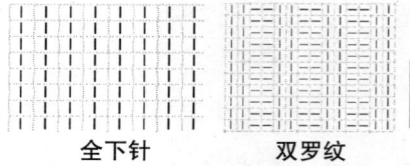

6cm 15cm 6cm
12针 30针 12针
6cm17行
领口减针
4-1-2
2-1-3
2-2-2
4-2-4
平收3针
5cm
10针
15cm
42行
前片
全下针
18cm
50行
5cm
14行
双罗纹
37cm74针

6cm 15cm 6cm
12针 30针 12针
2cm 7行
平收12针　领口减针
2-2-4
4-2-4
平收3针
5cm
10针
15cm
42行
后片
全下针
双罗纹
37cm74针

全下针　双罗纹

228

【成品尺寸】衣长38cm　胸围74cm　袖长40cm
【工具】3.5mm棒针
【材料】红色羊毛绒线400g　贴图若干
【密度】10cm²：20针×28行
【制作过程】1. 前片、后片：按图起74针，织至6cm双罗纹后，改织全下针，左右两边按图所示收成袖窿。　2. 编织结束后，将前片、后片侧缝、肩部、袖子缝合。领圈挑针，织8cm双罗纹，折边缝合，形成双层圆领。　3. 装饰：缝上贴图。

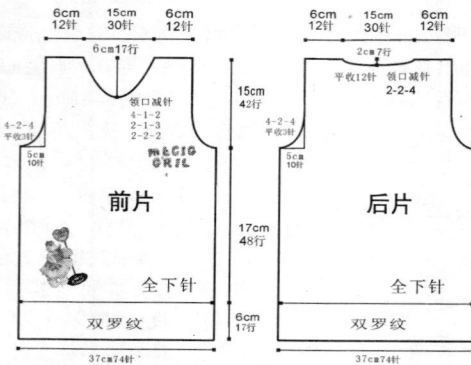

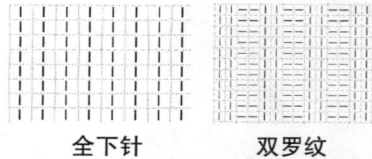

6cm 15cm 6cm
12针 30针 12针
6cm17行
领口减针
4-1-2
2-1-3
2-2-2
4-2-4
平收3针
5cm
10针
15cm
42行
magic girl
前片
全下针
17cm
48行
6cm
17行
双罗纹
37cm74针

6cm 15cm 6cm
12针 30针 12针
2cm 7行
平收12针　领口减针
2-2-4
4-2-4
平收3针
5cm
10针
15cm
42行
后片
全下针
双罗纹
37cm74针

全下针　双罗纹

229

【成品尺寸】衣长50cm　肩宽40cm　袖长60cm
【工具】12号棒针
【材料】白色棉线400g　粉红色、黄色、绿色棉线各50g
【密度】10cm²：26针×34行
【制作过程】1. 棒针编织法，衣服按前片和后片分别编织，完成后缝合而成。　2. 起针织后片，双罗纹针起针法，用白色棉线起104针织花样A，织至20行后，改织花样B，织至116行，改用4种线组合编织，两侧减针织成插肩袖窿，减针方法为1-3-1，2-1-27，两侧针数减少30针，余下44针，留待编织衣领。　3. 起针织前片，双罗纹针起针法，白色棉线起104针织花样A，织至20行后，改织花样B，织至116行，改用4种线组合编织，两侧减针织成袖窿，减针方法为1-3-1，2-1-27，各减少30针，继续往上织至156行时，从第157行将中间留取22针不织，两侧减针织成前领，减针方法为2-1-7，共减少7针，织至170行，再收针断线。　4. 前片与后片的两侧缝要对应缝合。

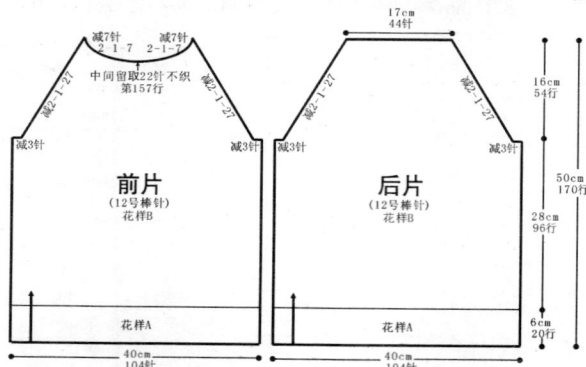

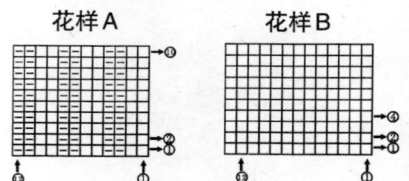

减7针 减7针
2-1-7 2-1-7
中间留取22针不织
第157行
减2-1-27
减3针　减3针
前片
(12号棒针)
花样B
花样A
40cm
104针

17cm
44针
减2-1-27
减3针　减3针
后片
(12号棒针)
花样B
16cm
54行
50cm
170行
28cm
96行
花样A
6cm
20行
40cm
104针

花样A　花样B

【成品尺寸】衣长47cm　胸围74cm　袖长42cm
【工具】3.5mm棒针
【材料】白色绒线500g　粉红色绒线100g
【密度】10cm²：19针×28行
【制作过程】1. 前片、后片用粉红色线以机器边起针，编织双罗纹针，用粉红色绒线编织5行换白色绒线编织3行，再换粉红色绒线编织3行，后改用白色绒线，双罗纹针织10cm长度。正身后片全部用白色绒线织，前片用粉红色按配花图编织配色花样，织19cm长度后，前片、后片按图所示减针成袖窿，领位置以中心线为界按衣前后领图分左右两边减针成领口。　2. 前片、后片及袖片缝合后，挑针织领口，编织双罗纹针，注意均匀挑针。

230

领
双罗纹针
12CM 35行
18CM 34针
25CM 48针

后片
全下针
双罗纹针

6CM 11针 ／ 15CM 28针 ／ 6CM 11针
3CM 平收6针
2-2-4
4-2-4 平收2针
18CM 50行
18CM 50行
10CM 28行
37CM 70针

前片
配花花样
双罗纹针

6CM 11针 ／ 15CM 28针 ／ 6CM 11针
6CM 平收5针
4-1-2
2-1-3
2-2-2
4-2-4 平收2针
2-1-6
2-2-2
平收2针
37CM 70针

下针

双罗纹

前衣片配花图

【成品尺寸】衣长45cm　胸围74cm　袖长41cm
【工具】4号棒针　5号棒针　2.5mm钩针
【材料】白色棉线400g　粉红色、红色球球线各30g　白色围巾装饰线100cm　装饰珠2颗
【密度】10cm²：25针×33行
【制作过程】1. 前片：用4号棒针起92针，双罗纹针编织至6cm，换5号棒针按图配色编织，按袖窿减针及前领减针织出袖窿和前领。　2. 后片：类似于前片，不同为双罗纹以上都为白线下针编织，开领，见后领减针。　3. 整理：前片和后片肩部、腋下缝合，袖片袖下缝合，装袖。　4. 挑领：4号棒针白线前片和后片各挑55针，40针，双罗纹针10cm双罗纹针收针，织完向外翻折。　5. 小花：用钩针按图所示钩织，此花为双层花，按图所示第4圈向内钩织，钩完缝在前片合适位置，花蕊处缝上装饰珠。

231

前片
下针白线

7cm 18针 ／ 15cm 36针 ／ 7cm 18针
1.5cm 6行
4cm 14行
前领减针
2-1-3
2-2-1
2-3-1
平收12针
行针次
15cm 50行
22.5cm 74行
−10针
−10针
粉色4行
白色2行
红色4行
白色2行
28针　56针　28针
双罗纹(白线)
6cm 20行
37cm 92针

后片
下针

7cm 18针 ／ 15cm 36针 ／ 7cm 18针
1.5cm 6行
肩斜减针
平织2行
2-6-2
平收6针
行针次
后领减针
2-1-1
2-2-1
2-3-1
平收24针
行针次
袖窿减针
平织36行
4-1-1
2-1-3
2-2-2
平收2针
行针次
双罗纹
37cm 92针

4

小花图解

领
10cm 33行
16cm 40针
22cm 55针

双罗纹

						6
						1

8 7 6 5 4 3 2 1

181

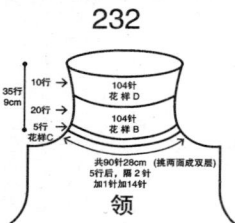

232

【成品尺寸】衣长26cm　胸围46cm　袖长24cm

【工具】3.2mm棒针

【材料】白色棉线350g　粉红色羽毛线100g　珠子少许

【密度】10cm²：33针×44行

【制作过程】1. 前片起75针编织花样D8行后，编织花样A，织至13cm后，再按图所示两边减针，中间平收33针，形成前片领口跟袖窿，领边挑66针编织花样C10行对折缝合，成双层，另编织花样D，按图所示平收33针，然后两边每行加针，织至3cm后，中间平收21针，两边按图所示减针，形成前片领口，然后缝合在前片双层花样C的下面。　2. 后片再起75针编织花样D8行后，编织花样A13cm再按图示减针，形成后片的袖窿、领口。　3. 各片缝合后挑针领口，共挑90针，编织花样C10行，并针形成双层底面，再按图所示编织花样B20行、花样D10行，再收针。　4. 最后在前片缝上珠子，完成。【花样B的全用粉红色羽毛线】

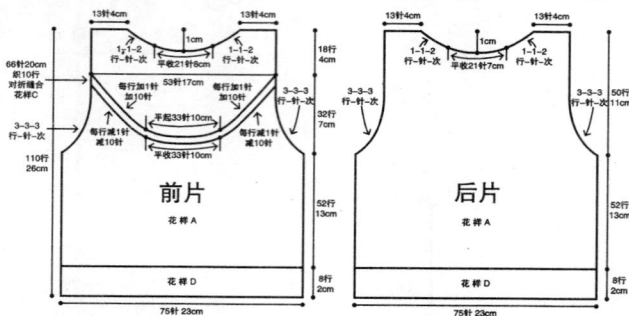

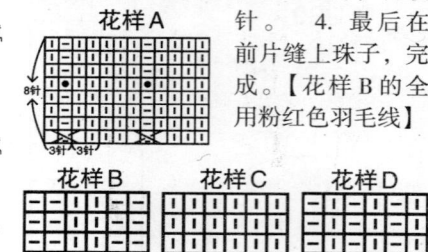

花样A

花样B　花样C　花样D

233

【成品尺寸】衣长56cm　肩宽33cm　袖长48cm

【工具】12号棒针

【材料】浅红色棉线350g　粉红色、白色棉线各50g　拉链1条

【密度】10cm²：26针×34行

【制作过程】1. 棒针编织法，衣领是在前片、后片及袖片编织缝合后，挑针起针织。　2. 沿领口挑针起针织，挑起92针织花样A，用浅红色线编织，织至30行后，再收针断线。　3. 在左、右衣襟侧横向挑织花样B，用浅红色线编织，织至6行后，与起针合并形成双层，缝好拉链。

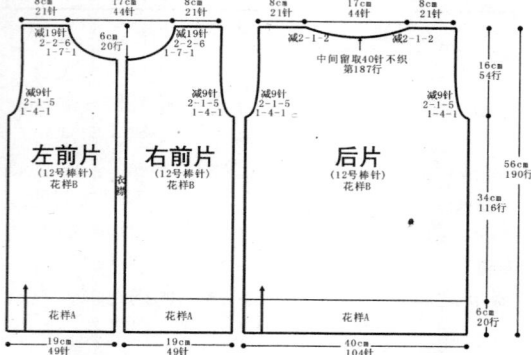

左前片　右前片　后片

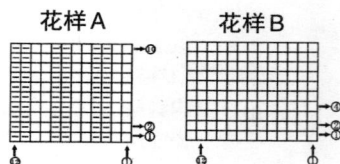

花样A　花样B

234

花样B

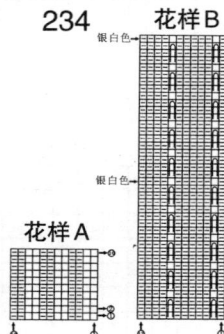

花样A

【成品尺寸】衣长36cm　肩宽33cm　袖长48cm

【工具】12号棒针

【材料】粉红色棉线300g　银白色线少量　拉链1条

【密度】10cm²：26针×34行

【制作过程】1. 棒针编织法，衣服按左前片、右前片和后片分别编织，完成后缝合而成。　2. 起针织后片，双罗纹针起针法，用粉红色线起104针织花样A，织至20行，改用银白色线与粉红色线组合编织，织花样B，织至68行，两侧减针织成袖窿，减针方法为1-4-1，2-1-5，两侧针数减少9针，不加减针织至第119行，中间留取40针不织，两侧减针成后领，减针方法为2-1-2，织至122行后，两肩部各余下21针，再收针断线。　3. 起针织左前片，双罗纹针起针法，用粉红色线起49针织花样A，织至20行后，改为银白色线与粉红色线组合编织花样B，织至68行后，左侧减针织成袖窿，减针方法为1-4-1，2-1-5，共减少9针，不加减针织至102行，右侧减针织成前领，减针方法为1-7-1，2-2-6，共减少19针，织至122行时，肩部留21针，收针断线，用同样的方法相反方向编织右前片。　4. 左前片、右前片与后片的两侧缝要对应缝合，两肩缝也要对应缝合。

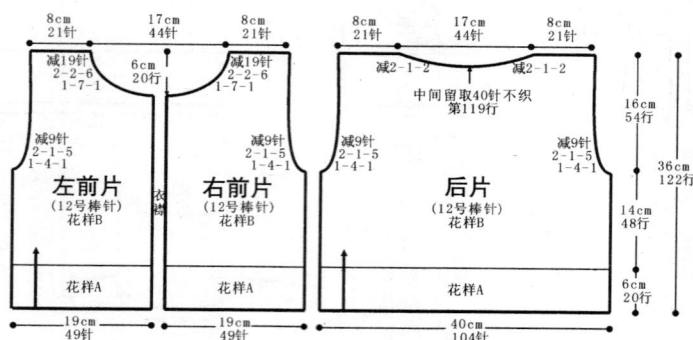

左前片　右前片　后片

【成品尺寸】衣长38cm　胸围70cm　袖长34cm
【工具】3.5mm棒针　绣花针
【材料】白色羊毛绒线350g　粉红色长毛线少量　拉链1条　绣花图案若干
【密度】10cm²：20针×28行
【制作过程】1. 前片：分左右两片，分别按图起35针，织6cm双罗纹后，改织全下针，并间色和编织花样，左右两边按图示收成袖窿。后片：按图起70针，织6cm双罗纹后，改织全下针，并间色和编织花样，左右两边按图收成袖窿。　2. 编织结束后，将侧缝、肩部、袖子缝合。领圈挑针，织6cm双罗纹，并间色，形成开襟圆领。门襟挑针，织3cm下针，折边缝合，形成双层门襟。　3. 装饰：缝上拉链和绣花图案。

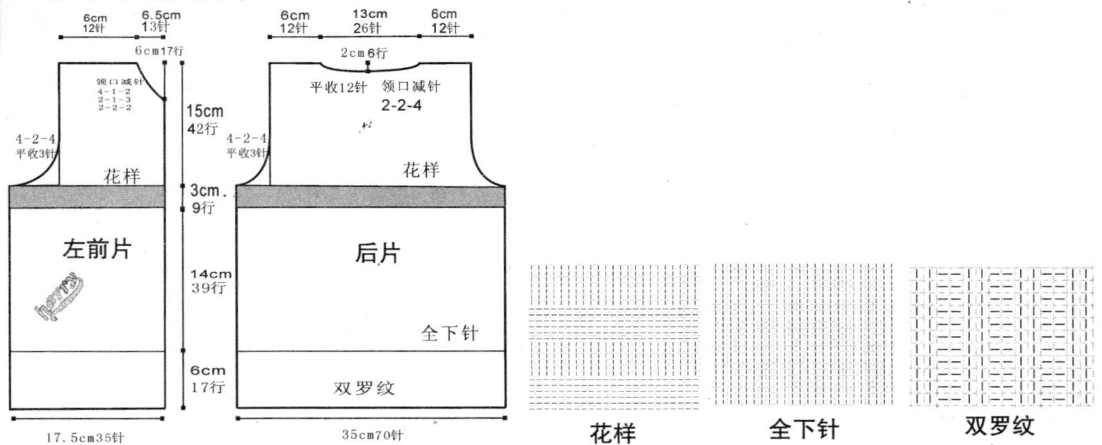

235

6cm 6.5cm ‖ 6cm 13cm 6cm
12针 13针 ‖ 12针 26针 12针
6cm17行 ‖ 2cm6行
领口减针 ‖ 平收12针　领口减针
4-1-2 ‖ 2-2-4
2-1-3
2-2-2
15cm42行
4-2-4 ‖ 4-2-4
平收3针 ‖ 平收3针
花样 ‖ 花样
3cm.9行
左前片 ‖ 后片
14cm39行
全下针
6cm17行
双罗纹
17.5cm35针 ‖ 35cm70针

花样　　全下针　　双罗纹

【成品尺寸】衣长43cm　胸围66cm　袖长37cm
【工具】4.0mm棒针
【材料】白色线350g　粉红色线200g　红色线100g　咖啡色线30g　装饰圈7个　拉链1条
【密度】10cm²：18针×27行
【制作过程】1. 左前片：用4.0mm棒针、粉色线起30针，从下往上织单罗纹4行，换白色线织10行，共织5cm，往上换粉色线织23cm，开挂肩，并按图解换编织，按图解分别收袖窿、收领子。右前片：衣边与左同，换白色线织平针，织到10cm处，按图解换线。　2. 后片：用4.0mm棒针起60针，织法与前片同，后领按后片图解编织。　3. 前片、后片和袖片缝合后按图解挑领子，用4.0mm棒针编织单罗纹，织到4cm处换红色线织6行，再换白线编织，共织10cm收针，往里缝成双层领子。
4. 装饰：装饰圈按图位置贴上，装上拉链。

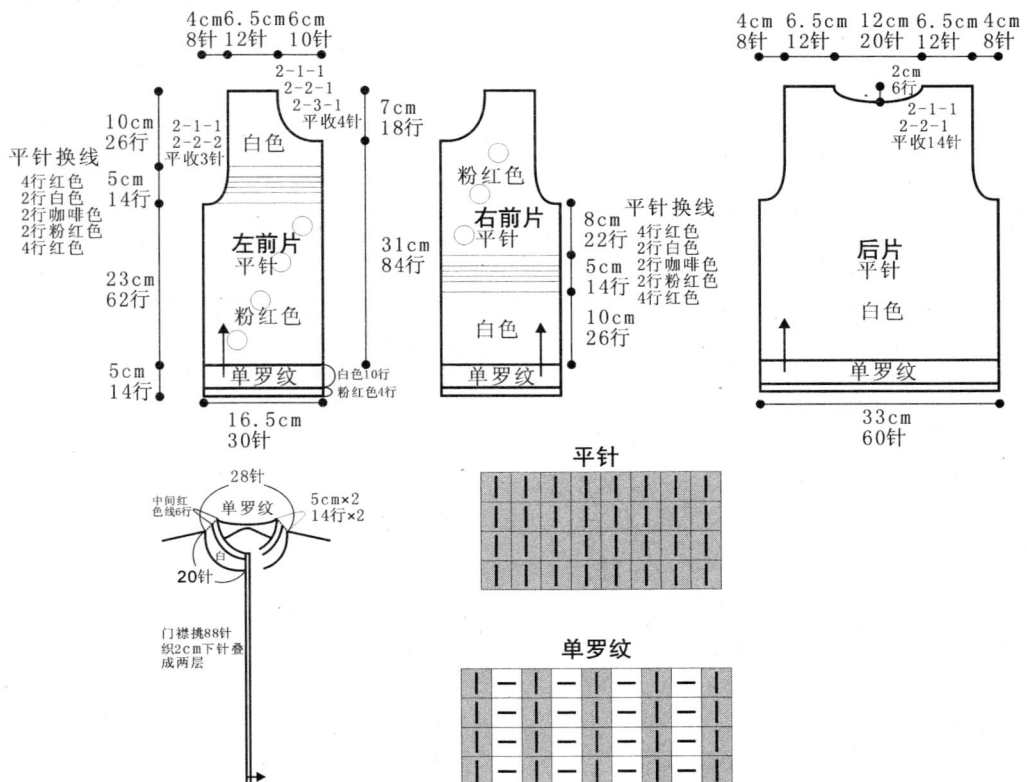

236

4cm6.5cm6cm
8针12针10针
2-1-1
2-2-1
2-3-1
平收4针
10cm26行
平针换线
4行红色
2行白色
2行咖啡
2行粉色
4行红色
2-1-1
2-2-2
平收3针
白色
5cm14行
左前片
平针
23cm62行
粉红色
5cm14行
单罗纹
白针10行
粉红色4行
16.5cm30针

7cm18行

右前片
平针
31cm84行
粉红色

白色
单罗纹

8cm22行 平针换线
4行红色
2行白色
2行咖啡
2行粉红
4行红色
5cm14行
10cm26行

4cm 6.5cm 12cm 6.5cm 4cm
8针 12针 20针 12针 8针
2cm6行
2-1-1
2-2-1
平收14针
后片
平针
白色
单罗纹
33cm60针

28针
中间红色线6行
单罗纹
5cm×2
14行×2
白色
20针
门襟挑88针
织2cm下针叠成两层

平针

单罗纹

【成品尺寸】 衣长47cm　胸围72cm　袖长41cm

【工具】 3.0mm棒针

【材料】 白色线400g　粉红色、绿色、蓝色、黄色绣线各少量　拉链1条

【密度】 10cm²：28针×38行

【制作过程】 1. 左前片：起50针，从下往上织双罗纹6cm，织至31cm处收袖窿，按图所示分别收袖窿、领子。　2. 后片：用3.0mm棒针起100针，织法与前片相同，后领按后片图解编织。　3. 前片、后片及袖片缝合后按图所示织帽子，门襟连帽挑176针织下针。　4. 装饰：用绣针按图绣上花样，颜色可随意，装上拉链。

237

【成品尺寸】 衣长50cm　胸围66cm　袖长60cm

【工具】 12号棒针

【材料】 粉红色毛线350g　白色毛线100g　其他颜色毛线各50g

【密度】 10cm²：50针×50行

【制作过程】 1. 后片：起152针，织花样B12cm，织花样C和花样D，织至33cm时，再收袖窿，平收2针。然后隔4行两边各收1针，减针21次，织至41cm织花样C，再织至48cm时，收后领窝，先平收4针，再隔1针收1针，收2行。织至50cm收针（编织时注意换线）。　2. 左前片、右前片：各起76针，织花样B12cm，织花样C和花样D，织至33cm时，收袖窿，平收2针。然后隔4行两边各收1针，减少21次，织至41cm时，织花样C，再织至45cm收前领窝，先平收4针，再隔1针收1针，收针2行。织至50cm收针（编织时注意换线）。　3. 帽子：缝合前片、后片后，挑起领围220针，织花样B织至22cm，收针，对折缝合。　4. 门襟：挑起500针（包括帽子）织花样A2cm，对折缝合。

238

【成品尺寸】 衣长40cm　胸围60cm　袖长36cm

【工具】 12号棒针

【材料】 白色毛线450g　其他颜色毛线适量

【密度】 10cm²：38针×38行

【制作过程】 1. 后片：起98针，织花样B3cm后，改织花样A10cm，每隔4行两边各减1针，减针6次，织至26cm收袖窿，平收2针。然后隔4行两边各收1针，收6次。再织至38cm时，收后领窝，先平收4针，再隔1针收1针，收2行。织至40cm，再收针。　2. 左前片、右前片：各起48针织花样B3cm，织花样A10cm，每隔4行两边各减1针，减针6次，织至26cm时，收袖窿，平收2针。然后隔4行两边各收1针，收6次。织至26cm收袖窿，平收2针。然后隔4行两边各收1针，收6次。再织至33cm收前领窝，平收4针，然后每隔4行减1针，减针6次，织至40cm时，全部收针。　3. 帽子：分两片，左片、右片相同，起70针织花样A，靠缝合的一边，每隔4行加1针，加针10次，织至24cm时，全部收针。　4. 口袋：起40针织花样B3cm，织花样A至15cm时，全部收针。　5. 门襟：挑起176针（包括帽子）织花样B3cm（左边每隔24针留扣眼）。

239

【成品尺寸】衣长40cm 胸围60cm 袖长36cm
【工具】12号棒针
【材料】白色毛线450g 其他颜色毛线适量
【密度】10cm²：38针×38行
【制作过程】1. 后片：起98针，织花样B3cm后，改织花样A10cm，每隔4行两边各减1针，减针6次，织至26cm收袖窿，平收2针。然后隔4行两边各收1针，收6次。再织至38cm收后领窝，先平收4针，再隔1针收1针，收2行。织至40cm，收针。 2. 左前片、右前片：各起48针织花样B3cm，织花样A10cm，每隔4行两边各减1针，减针6次，织至26cm收袖窿，平收2针。然后隔4行两边各收1针，收6次。织至26cm收袖窿，平收2针。然后隔4行两边各收1针，收针6次。再织至33cm收前领窝，平收4针，然后每隔4行减1针，减6次，织至40cm，全部收针。 3. 帽子：分两片，左片、右片相同，起70针织花样A，靠缝合的一边，每隔4行加1针，加针10次，织至24cm时，全部收针。 4. 口袋：起40针织花样B3cm后，改织花样A至15cm，全部收针。 5. 门襟：挑起176针
（包括帽子）织花样B3cm（左边每隔24针留扣眼）。

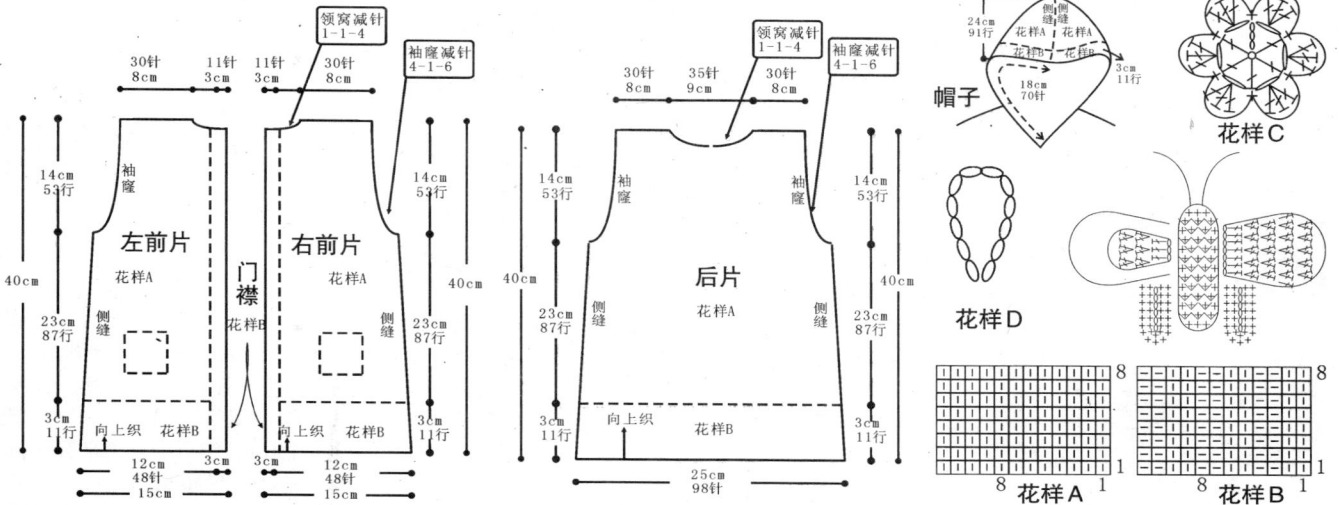

240

领窝减针
1-1-4

袖窿减针
4-1-6

30针 11针 11针 30针
8cm 3cm 3cm 8cm

14cm
53行

左前片
花样A

门襟

右前片
花样A

40cm

23cm
87行

侧缝
花样B

侧缝
花样B

3cm
11行

向上织 花样B 向上织 花样B

12针 3cm 3cm 12针
48针 48针
15cm 15cm

领窝减针
1-1-4

袖窿减针
4-1-6

30针 35针 30针
8cm 9cm 8cm

14cm
53行

14cm
53行

40cm

后片
花样A

23cm
87行

侧缝

侧缝

3cm
11行

向上织 花样B

25cm
98针

帽子
24cm
91行

侧缝缝
花样缝合
花样A

花样B 花样B

18cm
70针

3cm
11行

花样C

花样D

花样A

花样B

【成品尺寸】衣长46cm 肩宽33cm 袖长48cm
【工具】12号棒针
【材料】白色羊毛线200g 紫色、浅紫色、粉红色、天蓝色棉线各50g
【密度】10cm²：26针×34行
【制作过程】1. 棒针编织法，衣服按前片和后片分别编织，完成后缝合而成。 2. 起针织后片，双罗纹针起针法，白色线起104针织花样A，织至20行，从第21行起，用紫色、浅紫色、粉红色、天蓝色、白色线混合编织花样B，织至102行时，两侧减针织成袖窿，减针方法为1-4-1，2-1-5，两侧针数减少9针，不加减针织至153行时，中间留取40针不织，两侧减针织成后领，减针方法为2-1-2，织至156行时，两肩部各余下21针，再收针断线。 3. 起针织前片，双罗纹针起针法，用白色线起104针织花样A，织至20行，从第21行起，用紫色、浅紫色、粉红色、天蓝色、白色线混合编织花样B，织至102行，两侧减针织成袖窿，减针方法为1-4-1，2-1-5，两侧针数减少9针，不加减针织至136行，从第137起将织片中间留取20针不织，两侧减针织成前领，减针方法为2-2-4，2-1-4，两侧各减少12针，织至156行，两肩部各余下21针时，再收针断线。 4. 前片与后片的两侧缝要对应缝合，两肩缝也要对应缝合。

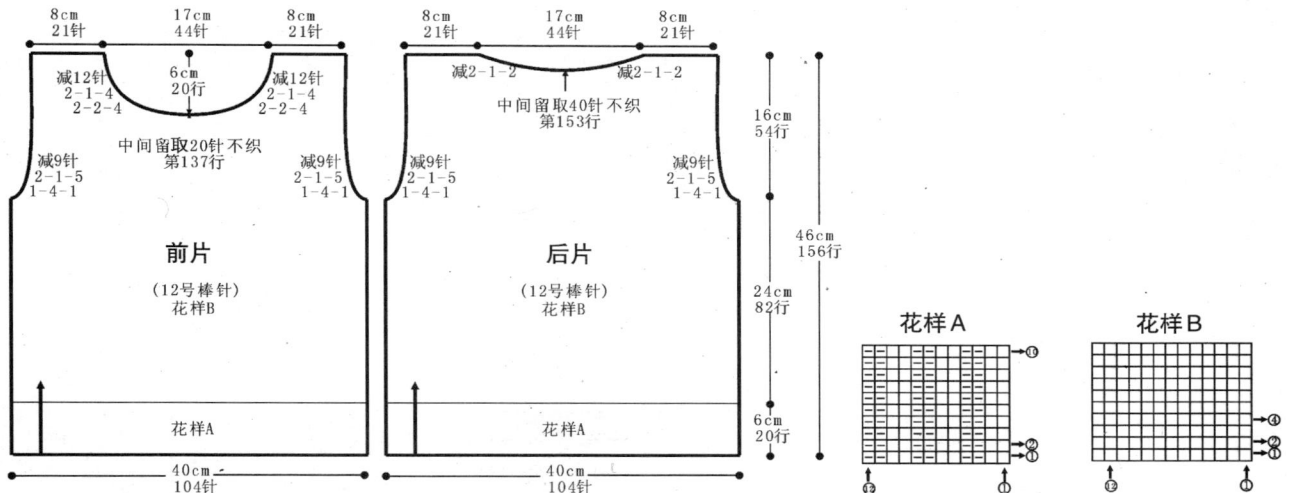

241

8cm 17cm 8cm
21针 44针 21针

减12针
2-1-4
2-2-4

6cm
20行

减12针
2-1-4
2-2-4

中间留取20针不织
第137行

减9针
2-1-5
1-4-1

减9针
2-1-5
1-4-1

前片
（12号棒针）
花样B

花样A

40cm
104针

8cm 17cm 8cm
21针 44针 21针

减2-1-2 减2-1-2

中间留取40针不织
第153行

16cm
54行

减9针
2-1-5
1-4-1

减9针
2-1-5
1-4-1

46cm
156行

后片
（12号棒针）
花样B

24cm
82行

花样A

6cm
20行

40cm
104针

花样A

花样B

242

【成品尺寸】衣长48cm　胸围76cm　袖长42cm

【工具】3.25mm棒针

【材料】白色棉线400g　紫色线120g　亮钻贴少许

【密度】10cm²：24针×36行

【制作过程】1. 前片：用3.25mm棒针起92针，从下往上用紫、白线相间织下针6cm双罗纹，用白色线织平针，腰部两边各收5针，按图解编织。　2. 后片：织法与前片相同，后领按后片图所示编织。　3. 前片、后片及袖片缝合后按图解挑领子，用3.25mm棒针织领口。　4. 装饰：用亮钻贴上R、Q两字，用专用颜料画3个圈。

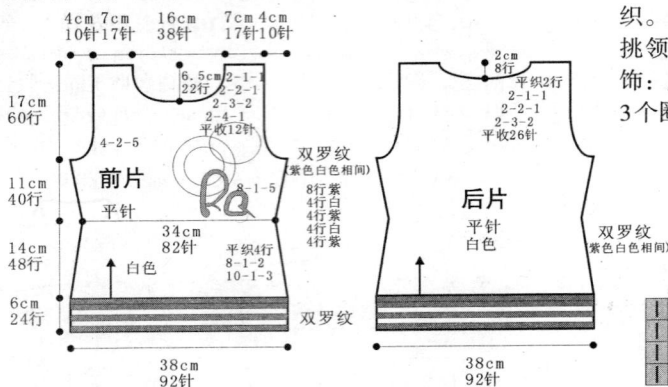

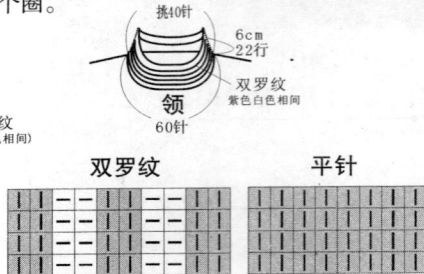

前片：
- 4cm 10针　7cm 17针　16cm 38针　7cm 17针　4cm 10针
- 17cm 60行
- 6.5cm 22行
- 2-1-1
- 2-2-1
- 2-3-2
- 2-4-1
- 平织12行
- 4-2-5
- 11cm 40行
- 8-1-5
- 14cm 48行
- 34cm 82针
- 平织4行
- 8-1-2
- 10-1-3
- 白色
- 6cm 24行　双罗纹
- 双罗纹 紫色白色相间
- 8行紫 4行白 4行紫 4行白 4行紫
- 38cm 92针

后片：
- 2cm 8针
- 平织2行
- 2-1-1
- 2-2-1
- 平收26针
- 后片 平针 白色
- 双罗纹 紫色白色相间
- 38cm 92针

领：
- 挑40针
- 6cm 22行
- 双罗纹 紫色白色相间
- 60针

双罗纹　平针

243

【成品尺寸】衣长50cm　胸围76cm　袖长44cm

【工具】3.25mm棒针

【材料】白色棉线400g　紫色线60g　红色线少量　苹果布贴2个

【密度】10cm²：24针×36行

【制作过程】1. 前片：用3.25mm棒针起92针，从下往上用紫线织下针2cm，换白线织双罗纹5cm，继续用白色线织下针，收放针按图解编织。　2. 后片：织法与前片同，后领按后片图解编织。　3. 前片、后片及袖片缝合后按图解挑领子，用3.25mm棒针、白线编织双罗纹，织至4cm处换紫线织平针2cm，衣边、袖口、领口的紫色平针会自由往下卷。　4. 装饰：将苹果布贴如图缝在毛衣前胸，用红线绣上sweet。

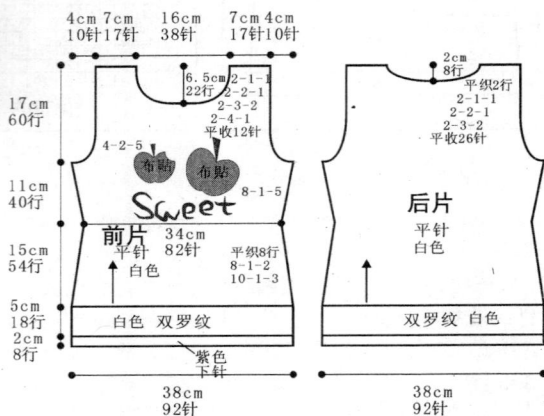

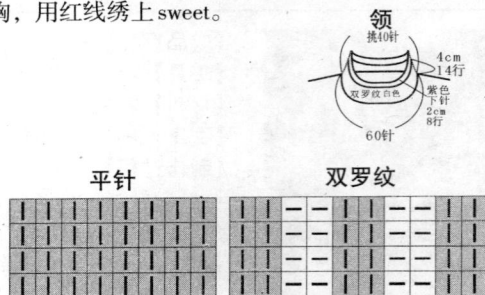

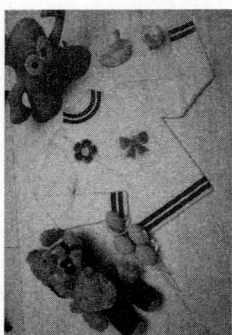

前片：
- 4cm 10针　7cm 17针　16cm 38针　7cm 17针　4cm 10针
- 17cm 60行
- 6.5cm 22行
- 2-1-1
- 2-2-1
- 2-3-2
- 2-4-1
- 平收12针
- 4-2-5
- 布贴 布贴
- 11cm 40行
- 8-1-5
- sweet
- 前片 平针 白色
- 34cm 82针
- 平织8行
- 8-1-2
- 10-1-3
- 15cm 54行
- 5cm 18行
- 2cm 8行
- 白色 双罗纹
- 紫色下针
- 38cm 92针

后片：
- 2cm 8针
- 平织2行
- 2-1-1
- 2-2-1
- 2-3-2
- 平收26针
- 后片 平针 白色
- 双罗纹 白色
- 38cm 92针

领：
- 挑40针
- 4cm 14行
- 双罗纹 白色
- 紫色下针 2cm 8行
- 60针

平针　双罗纹

244

【成品尺寸】衣长48cm　胸围76cm　袖长42cm

【工具】3.0mm棒针　3.25mm棒针

【材料】白色线400g　红色线80g　黑色线50g　紫色小花　红色蝴蝶布贴　亮片

【密度】10cm²：28针×34行

【制作过程】1. 前片、后片：用3.0mm棒针起106针，从下往上织双罗纹8cm，换3.25mm棒针织平针，织至31cm处开挂肩，按图解两边分别收袖窿、领子。　2. 前片、后片及袖片缝合后按图解挑领子，用3.0mm棒针编织双罗纹，同衣边一样换色，织至12cm处收针，往里面缝合成双层领子。　3. 装饰：将紫色小花、红色蝴蝶布贴缝在前胸，把亮片像项链一样连接两布贴贴在前胸。

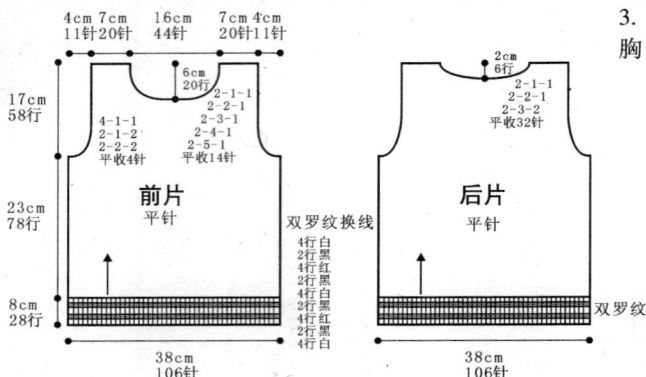

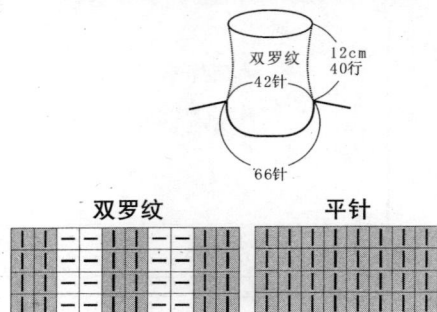

前片：
- 4cm 11针　7cm 20针　16cm 44针　7cm 20针　4cm 11针
- 17cm 58行
- 6cm 20行
- 2-1-1
- 2-2-1
- 2-3-1
- 4-1-1
- 1-1-2
- 2-2-2
- 2-5-1
- 平收4针
- 平收14针
- 23cm 78行
- 前片 平针
- 双罗纹换线
- 4行白 2行黑 4行红 2行黑 4行白 2行黑 4行白
- 8cm 28行
- 双罗纹
- 38cm 106针

后片：
- 2cm 6针
- 2-1-1
- 2-2-1
- 2-3-2
- 平收32针
- 后片 平针
- 4行白 2行黑 4行红 2行黑 4行白 2行黑 4行白
- 双罗纹
- 38cm 106针

领：
- 双罗纹 42针
- 12cm 40行
- 66针

双罗纹　平针

【成品尺寸】衣长46cm　肩宽40cm　袖长48cm
【工具】12号棒针
【材料】砖红色棉线50g　粉红色棉线350g　黄色、蓝色、绿色棉线各少量　苹果贴花1个
【密度】10cm²：26针×34行
【制作过程】1. 后片：用砖红色线起104针，织花样A，织至6cm后，改用粉红色线织花样B，织至30cm，袖窿减针，减针方法为1-4-1，2-1-5，织至45cm，收后领，中间留取40针不织，两侧减针2-1-2，后片共织46cm长度。　2. 前片：用砖红色线起104针，织花样A，织至6cm后，改用粉红色线织花样B，织至30cm后，改织图案，袖窿减针，减针方法为1-4-1，2-1-5，织至32行后，改粉红色线编织，织至40cm时，收前领，中间留取14针不织，两侧减针2-2-6，2-1-2，前片共织46cm长度。　3. 领子：用砖红色线沿领口挑起98针织花样A，织至4cm长度。　4. 粘上苹果贴花。

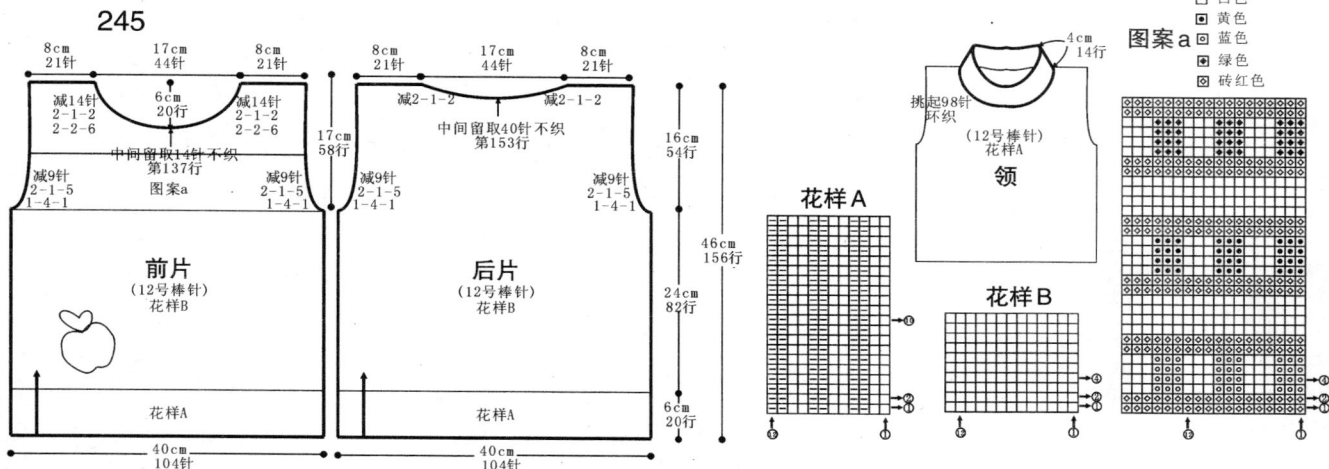

245

前片
（12号棒针）
花样B
花样A
8cm 21针　17cm 44针　8cm 21针
减14针 2-1-2 2-2-6
6cm 20行
中间留取14针不织 第137行
减9针 2-1-5 1-4-1
图案a

后片
（12号棒针）
花样B
花样A
8cm 21针　17cm 44针　8cm 21针
减2-1-2
中间留取40针不织 第153行
减9针 2-1-5 1-4-1
17cm 58行
16cm 54行
46cm 156行
24cm 82行
6cm 20行
40cm 104针

领
挑起98针环织
（12号棒针）
花样A
4cm 14行

图案a
□ 白色
■ 黄色
▣ 蓝色
▦ 绿色
▨ 砖红色

花样A
花样B

【成品尺寸】衣长38cm　胸围74cm　袖长34cm
【工具】3.5mm棒针　小号钩针
【材料】粉红色羊毛绒线400g　白色羊毛绒线少量　钩织贴图2个
【密度】10cm²：20针×28行
【制作过程】1. 前片、后片：按图起74针，织5cm双罗纹后，改织全下针，左右两边按图所示收成袖窿。　2. 编织结束后，将前片、后片侧缝、肩部、袖子缝合。领圈挑针，织8cm双罗纹，折边缝合，形成双层圆领。　3. 装饰：用钩针钩织图案缝好。

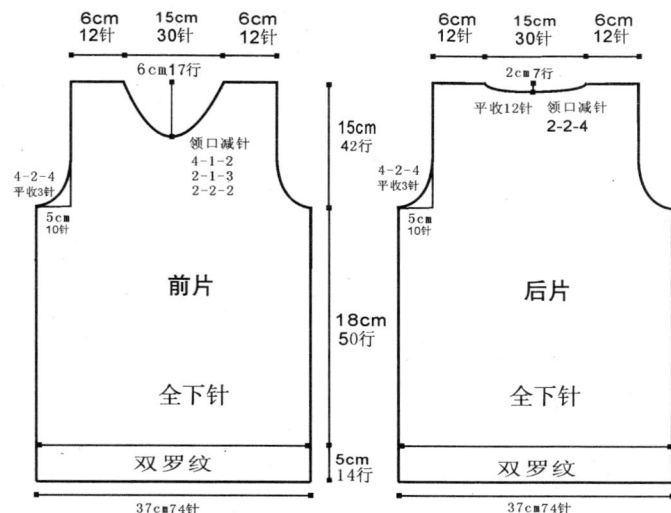

246

前片
全下针
双罗纹
6cm 12针　15cm 30针　6cm 12针
6cm17行
领口减针 4-1-2 2-1-3 2-2-2
4-2-4 平收3针
5cm 10针
15cm 42行
18cm 50行
5cm 14行
37cm74针

后片
全下针
双罗纹
6cm 12针　15cm 30针　6cm 12针
2cm 7行
平收12针　领口减针 2-2-4
4-2-4 平收3针
5cm 10针
37cm74针

全下针　　双罗纹

187

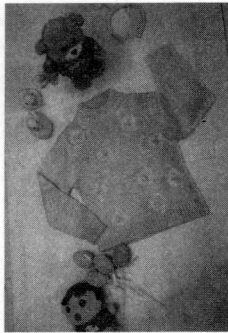

247

【成品尺寸】衣长48cm　胸围76cm　袖长42cm

【工具】3.0mm棒针　3.25mm棒针

【材料】粉红色棉线400g　白色小珠子27颗　白色纱带180cm

【密度】10cm²：24针×36行

【制作过程】1. 前片：用3.0mm棒针起92针，从下往上织双罗纹5cm，换3.25mm棒针织平针，织至26cm处开挂肩，按图解两边分别收袖窿、收领子。　2. 后片：织法与前片相同，后领按后片图解编织。　3. 前片、后片及袖片缝合后按图解挑领子，用3.0mm棒针编织双罗纹，织至10cm时，再收针，往里面缝合成双层领子。

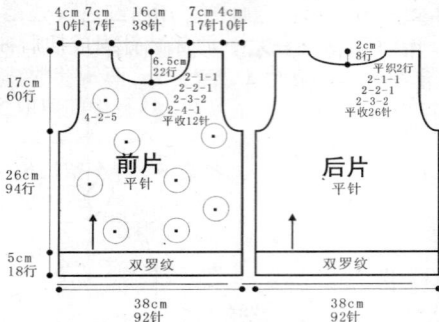

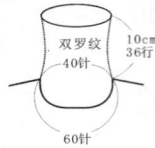

4. 装饰：前片圆圈为白色纱带装饰的小花，共9朵，每朵小花黑点处钉3颗小珠子，圆圈为20cm白色纱带围成的小花，纱带褶皱点缝合。

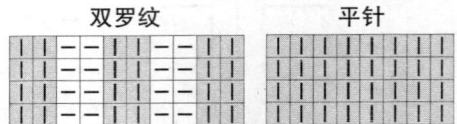

4cm 7cm　16cm　7cm 4cm
10针17针　38针　17针10针

17cm
60行
　6.5cm
　22行
　2-1-1
　2-1-1
　2-2-1
4-2-5　　2-2-1
　　　　2-4-1
　　　平收12针

2cm
8行
平收2针
2-1-1
2-1-1
2-3-2
平收26针

前片
平针

后片
平针

26cm
94行

5cm
18行
双罗纹　　双罗纹

38cm
92针　　38cm
92针

双罗纹
40针
10cm
36行
60针

双罗纹　　**平针**

248

【成品尺寸】衣长56cm　肩宽40cm　袖长48cm

【工具】12号棒针

【材料】浅红色棉线300g　白色棉线50g　红色、蓝色、灰色棉线各少量

【密度】10cm²：26针×34行

【制作过程】1. 棒针编织法，衣服按前片和后片分别编织，完成后缝合而成。　2. 起针织后片，双罗纹针起针法，用浅红色线起104针织花样A，织至20行，改织花样B，织至136行，改用5色线混合编织，两侧减针织成插肩袖窿，减针方法为1-3-1，2-1-27，两侧针数减少30针，织至190行，余下44针，留待编织衣领。　3. 起针织前片，双罗纹针起针法，用浅红色线起104针织花样A，织至20行后，改织花样B，织至136行时，改用5色线混合编织，两侧减针织成插肩袖窿，减针方法为1-3-1，2-1-27，两侧针数减少30针，织至182行时，从第183行中间留取26针不织，两侧减针织成前领，减针方法为2-2-4，织至190行时，两侧各余下1针，留待编织衣领。　4. 前片与后片的两侧缝要对应缝合。

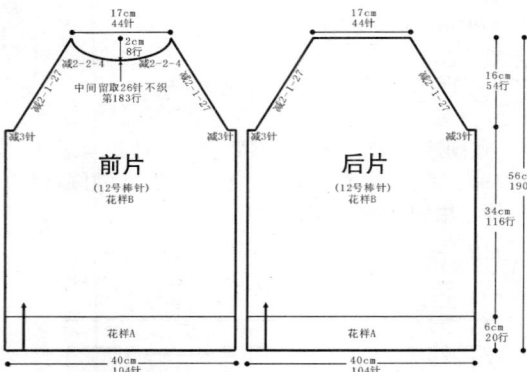

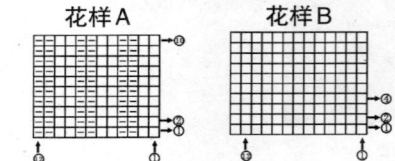

17cm
44针
2cm
8行
减2-2-4
减2-2-1　中间留取26针不织　减2-2-1
　　第183行
减3针　　　　　减3针

17cm
44针
减2-2-1　　减2-2-1
16cm
5行
减3针　　　　　减3针

前片
(12号棒针)
花样B

后片
(12号棒针)
花样B

56cm
190行
34cm
116行

花样A　　花样A

6cm
20行

40cm
104针　　40cm
104针

花样A　　**花样B**

249

【成品尺寸】衣长38cm　胸围74cm　袖长34cm

【工具】3.5mm棒针　绣花针

【材料】浅玫红色羊毛绒线400g　绣花图案若干

【密度】10cm²：20针×28行

【制作过程】1. 前片、后片：按图起74针，织5cm单罗纹后，左右两边按图所示收成袖窿。　2. 编织结束后，将前片、后片侧缝、肩部、袖子缝合。领圈挑针，织至4cm单罗纹，形成圆领。　3. 装饰：绣上绣花图案。

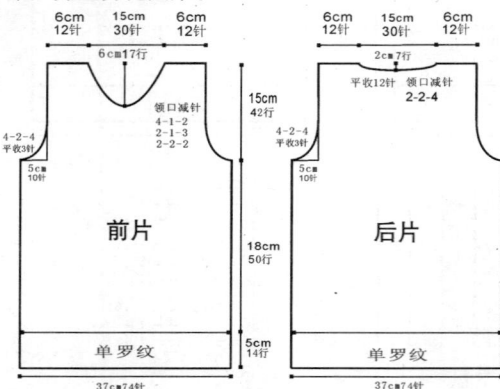

6cm 15cm 6cm
12针 30针 12针

6cm 15cm 6cm
12针 30针 12针

6cm17行
领口减针
4-1-2
4-1-3
2-2-2

2cm 7行
平收12针　领口减针
　　　　　2-2-4

4-2-4
平收3针
5cm
10针

15cm
42行

4-2-4
平收3针
5cm
10针

前片　　　后片

18cm
50行

5cm
14行
单罗纹　　　单罗纹

37cm74针　　37cm74针

单罗纹

250

【成品尺寸】衣长56cm　肩宽40cm　袖长48cm

【工具】12号棒针

【材料】粉红色棉线100g　白色棉线150g　红色、蓝色、黄色、绿色棉线各50g

【密度】10cm²：26针×34行

【制作过程】1. 棒针编织法，衣服按前片和后片分别编织，完成后缝合而成。　2. 起针织后片，双罗纹针起针法，用粉红色线起104针织花样A，织至20行，改用6色线组合编织，织花样B，织至136行，两侧减针织成插肩袖窿，减针方法为1-3-1，2-1-27，两侧针数减少30针，织至190行，余下44针，留待编织衣领。　3. 起针织前片，双罗纹针起针法，用粉红色线起104针织花样A，织至20行后，改用6色线组合编织，织花样B，织至136行后，两侧减针织成插肩袖窿，减针方法为1-3-1，2-1-27，两侧针数减少30针，织至182行时，从第183行中间留取26针不织，两侧减针织成前领，减针方法为2-2-4，织至190行，两侧各余下1针，留待编织衣领。　4. 前片与后片的两侧缝要对应缝合。　5. 沿前片的右侧插肩挑起32针，织花样A，织至6行时，收针断线。注意前片需要均匀留出3个扣眼。

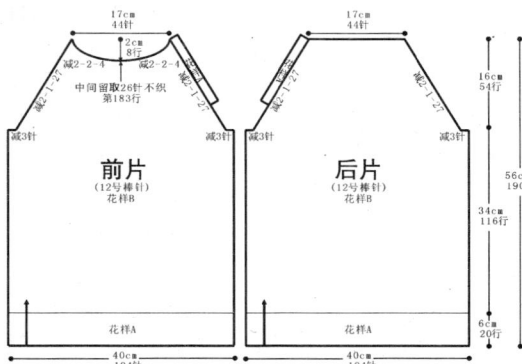

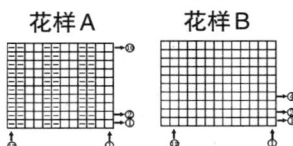

花样A　花样B

251

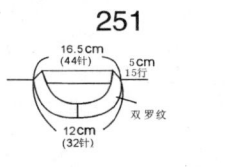

【成品尺寸】衣长38cm　胸围72cm　袖长36cm

【工具】8号棒针

【材料】粉红色毛线650g　白色毛线少量　胶木扣5枚　拉链1条

【密度】10cm²：24针×30行

【制作过程】1. 前片、后片用蓝色毛线起针编织花样，织几行后换黄色毛线编织，衣身编织基本针法。　2. 袖子与前片、后片用相同方法编织，按图所示减袖山。　3. 前片、后片及袖片缝合后，按图所示拾针编织门襟衣领。

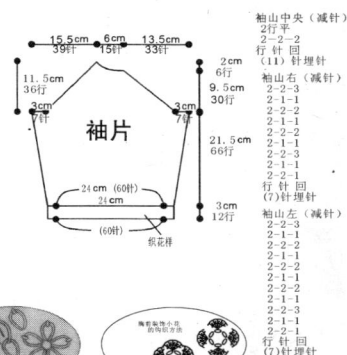

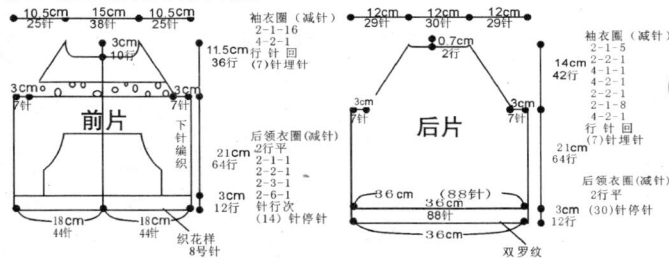

252

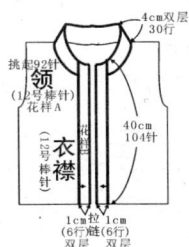

【成品尺寸】衣长46cm　肩宽33cm　袖长48cm

【工具】12号棒针

【材料】蓝色棉线350g　白色、粉红色长绒线各30g　拉链1条

【密度】10cm²：26针×34行

【制作过程】1. 后片：用蓝色线起104针，织花样A，织至8行与起针合并形成双层边，改用蓝色、白色、粉红色线间隔编织，如衣摆图案，织至30cm，袖窿减针，减针方法为1-4-1，2-1-5，织至45cm收后领，中间留取40针不织，两侧减针2-1-2，后片共织46cm长度。　2. 左前片：用蓝色线起49针，织花样A，织至8行与起针合并形成双层边，改用蓝色、白色、粉红色线间隔编织，如衣摆图案，织至30cm时，左侧袖窿减针，减针方法为1-4-1，2-1-5，织至40cm时，前领减针，减针方法为1-7-1，2-2-6，共减少19针，左前片共织46cm长度。用同样方法往相反方向织右前片。　3. 领子：用蓝色线沿领口挑起针织花样A，挑起92针织8cm与起针合并形成双层衣领。　4. 衣襟：前襟连领共挑起104针，用蓝色线织花样B，织至6行时，向内与起针合并，缝上拉链。

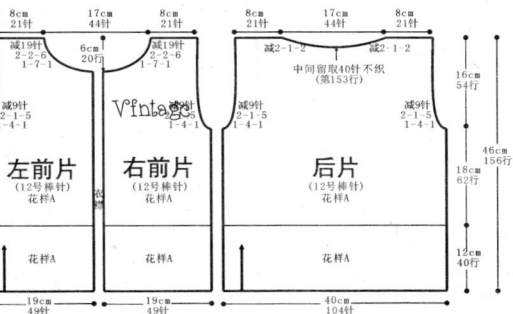

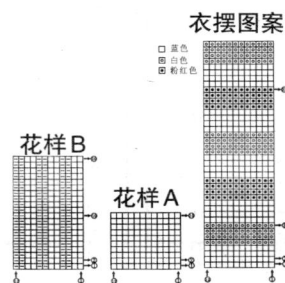

衣摆图案

花样B

花样A

【成品尺寸】衣长46cm　肩宽33cm　袖长48cm
【工具】12号棒针
【材料】蓝色棉线200g　白色棉线150g　拉链1条
【密度】10cm²：26针×34行
【制作过程】1. 后片：用蓝色线起104针，织花样A，织至6cm后，改织花样B，织至30cm，袖窿减针，减针方法为1-4-1，2-1-5，织至45cm收后领，中间留取40针不织，两侧减针2-1-2，后片共织46cm长度。　2. 左前片：用蓝色线起49针，织花样A，织至6cm后，改织花样B，织至30cm，左侧袖窿减针，减针方法为1-4-1，2-1-5，织至40cm右侧前领减针，减针方法为1-7-1，2-2-6，共减少19针，左前片共织46cm长度，用同样方法往相反方向织右前片。　3. 领子：用蓝色线沿领口挑起92针织花样A，织12cm与起针合并形成双层衣领。　4. 衣襟：前襟连领共挑起104针，用蓝色线织花样B，织至6行向内与起针合并，缝上拉链。

253

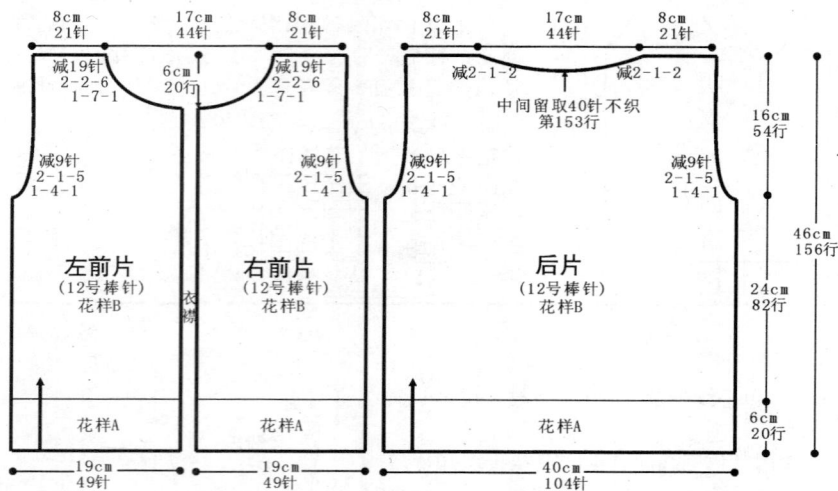

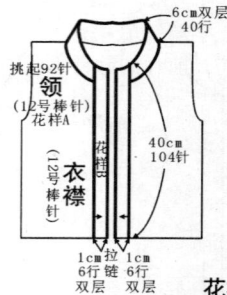

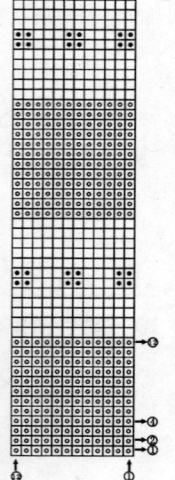

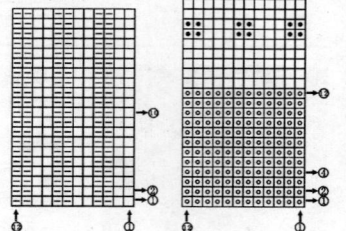

【成品尺寸】衣长46cm　肩宽33cm　袖长48cm
【工具】12号棒针
【材料】花棉线300g　蓝色棉线50g　白色棉线50g　黄色棉线50g
【密度】10cm²：26针×34行
【制作过程】1. 棒针编织法，衣服按前片和后片分别编织，完成后缝合而成。　2. 起针织后片，下针起针法，用蓝色线起104针织花样A，织至8行时，从第9行起，改用蓝色、黄色、白色、花棉线间隔编织花样B，织至102行时，两侧减针织成袖窿，减针方法为1-4-1，2-1-5，两侧针数减少9针，不加减针织至153行，中间留取40针不织，两侧减针织成后领，减针方法为2-1-2，织至156行时，两肩部各余下21针，再收针断线。　3. 起针织前片，前片的编织方法与后片相同，不加减针织至136行时，从第137起将织片中间留取20针不织，两侧减针织成前领，减针方法为2-2-4，2-1-4，两侧各减少12针，织至156行时，两肩部各余下21针，收针断线。　4. 前片与后片的两侧缝要对应缝合，两肩缝也要对应缝合。

254

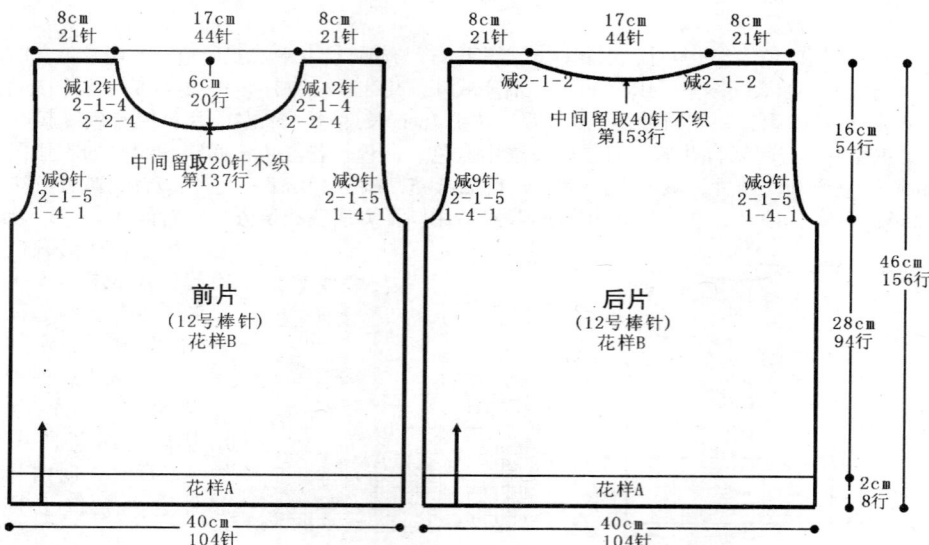

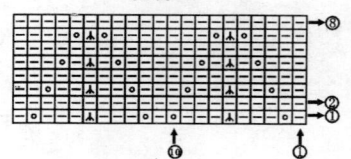

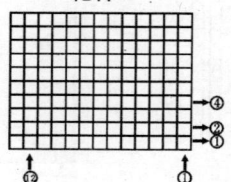

【成品尺寸】衣长56cm　肩宽40cm　袖长56cm

【工具】10号棒针

【材料】白色棉线450g

【密度】10cm²：16针×20行

【制作过程】1. 棒针编织法，衣服按前片和后片分别编织，完成后缝合而成。　2. 起针织后片衣摆，单罗纹针起针法，起64针织花样B，织至16行后，织1行上针，再织至20行花样B，收针断线。3. 起针织后片，在衣摆上针的一行挑针起针织，挑起64针，织花样A，织至16行后，改织花样B，织至28行后，改回编织花样A，织至16行后，两侧减针织成插肩袖窿，减针方法为1-4-1，2-1-16，两侧针数减少20针，织至92行，余下24针，留待编织衣领。　4. 起针织前摆片和前片，前摆片的编织与后摆片方法相同，前片的起针编织方法与后片相同，织至72行时，将织片从中间分开成左右两片分别编织，中间减针织成前领，减针方法为2-1-11，织至92行时，两侧各余下1针，留待编织衣领。　5. 前片与后片的两侧缝要对应缝合。

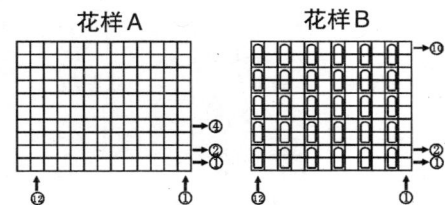

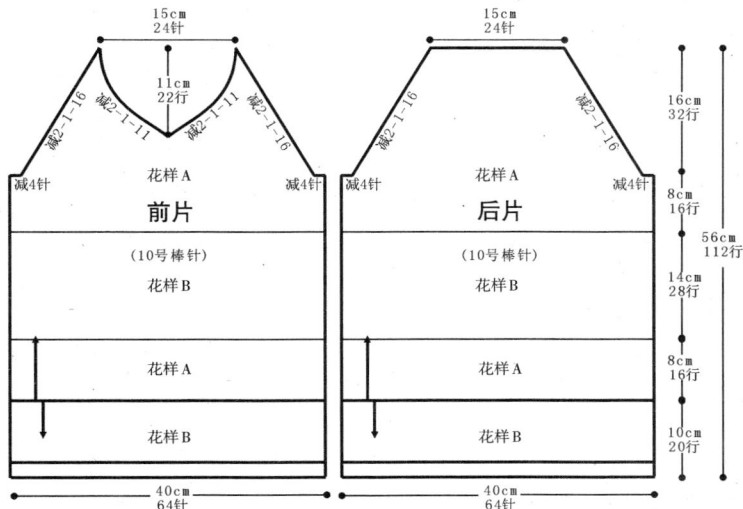

255

花样A　花样B

前片　（10号棒针）花样A　花样B　花样A　花样B

后片　（10号棒针）花样A　花样B　花样A　花样B

15cm 24针　11cm 22行　减2-1-11　减2-1-16　减4针　40cm 64针　16cm 32行　8cm 16行　56cm 112行　14cm 28行　8cm 16行　10cm 20行

【成品尺寸】衣长62cm　肩宽33cm　袖长54cm

【工具】13号棒针

【材料】白色棉线500g

【密度】10cm²：26针×34行

【制作过程】1. 前片、后片：起针织后片，单罗纹针起针法，起104针织花样A全下针，织14行后，织一行上针，再织14行下针，从第30行与起针合并形成双层衣摆，继续往上编织，织至76行时，从第77行两侧开始袖窿减针，减针方法为1-4-1，2-1-5，织至134行时，从第135开始后领减针，减针方法是中间留取42针不织，两侧各减2针，织至138行时，两肩部各余下20针，后片共织41cm长度。编织后摆片，起130针，编织花样A，织至16行后，与起针合并形成双层衣摆，继续往下编织至72行，与扣片边沿缝合，缝合时均匀制作4个褶皱。用同样的方法编织前片，织至第77行两侧开始袖窿减针，减针方法为1-4-1，2-1-5，同时将织片从中间分开成左前片和右前片，分别编织，以左前片为例，起针织时右侧减针织成衣领，减针方法为8-2-5，2-2-5，2-1-3，织至138行，肩部余下20针，收针断线，用相同方法往相反方向编织右前片。前片与后片的两侧缝要对应缝合，两肩缝对应缝合。衣身腰部穿入绳子。　2. 领片：沿前后衣领挑起78针，编织花样A，不加减针织74行后，收针，将帽顶缝合。起针织衣领及帽襟，起1针，编织花样B，一边织一边右侧加针，加针方法为2-1-10，加至11针，不加减针编织至208行，右侧减针编织方法为2-1-10，织至228行的长度，织片余下1针，将领尖缝合。将衣领与衣服领口及帽襟对应缝合。

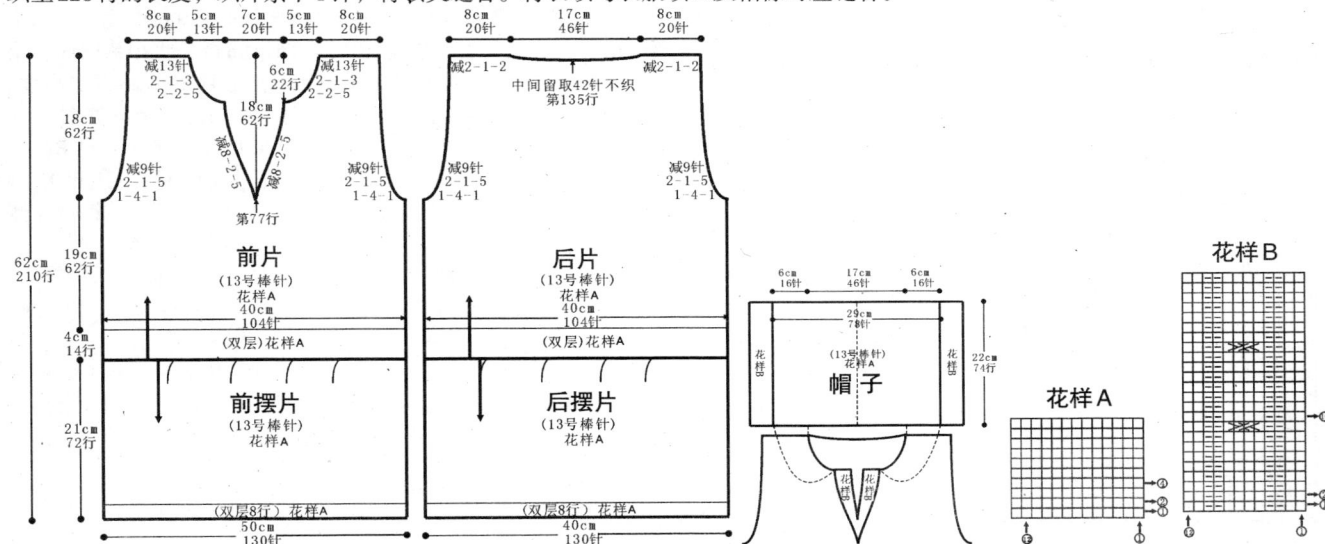

256

前片　（13号棒针）花样A　40cm 104针　（双层）花样A

前摆片　（13号棒针）花样A　（双层8行）花样A　50cm 130针

后片　（13号棒针）花样A　40cm 104针　（双层）花样A

后摆片　（13号棒针）花样A　（双层8行）花样A　40cm 130针

帽子　（13号棒针）花样A　花样B　花样B

花样A　花样B

8cm 20针　5cm 13针　7cm 20针　5cm 13针　8cm 20针　减13针 2-1-3 2-2-5　6cm 22行　减13针 2-1-3 2-2-5　减9针 2-1-5 1-4-1　减8-2-5　减8-2-5　18cm 62行　减9针 2-1-5 1-4-1　第77行

8cm 20针　17cm 46针　8cm 20针　减2-1-2　中间留取42针不织 第135行　减2-1-2　减9针 2-1-5 1-4-1　减9针 2-1-5 1-4-1

18cm 62行　19cm 62行　62cm 210行　4cm 14行　21cm 72行

6cm 16针　17cm 46针　6cm 16针　29cm 78针　22cm 74行

【成品尺寸】衣长38cm　胸围70cm　袖长34cm
【工具】3.5mm棒针
【材料】白色羊毛绒线400g　白色长毛线50g　拉链1条　装饰绳2条
【密度】10cm²：20针×28行
【制作过程】1. 前片：分左右两片，分别按图起35针，先用白色长毛线织5cm单罗纹后，改用羊毛绒织花样，左右两边按图所示收成袖窿。后片：按图起70针，先用白色长毛线织5cm单罗纹后，改用羊毛绒织花样，左右两边按图收成袖窿。　2. 编织结束后，将侧缝、肩部、袖子缝合。领圈挑针，用白色长毛线织10cm双罗纹，形成翻领。　3. 装饰：缝上拉链，系上装饰绳。

257

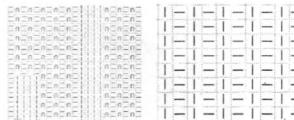

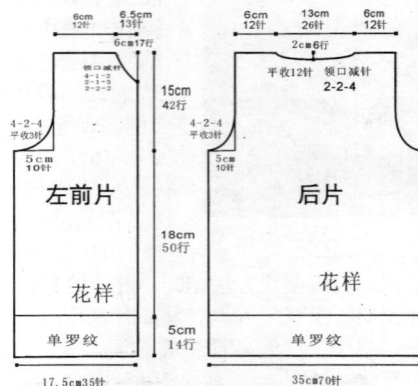

花样　　　单罗纹

【成品尺寸】衣长52cm　胸围74cm　袖长42cm
【工具】3.5mm棒针
【材料】白色羊毛绒线　丝绸花边和亮片若干
【密度】10cm²：20针×28行
【制作过程】1. 前片、后片：按图起74针，先织双层平针底边后，改织15cm花样，再改织全下针，胸口的位置继续织花样，左右两边按图所示收成袖窿。　2. 编织结束后，将前片、后片侧缝、肩部、袖子缝合。从领口按图所示挑针，织8cm双罗纹，形成双层圆领。　3. 装饰：按图缝上丝绸花边和亮片。

258

缝合　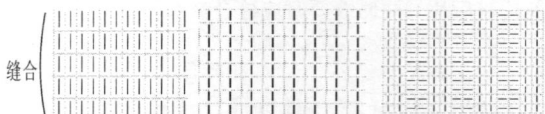

双层平针底边图解　　全下针　　双罗纹

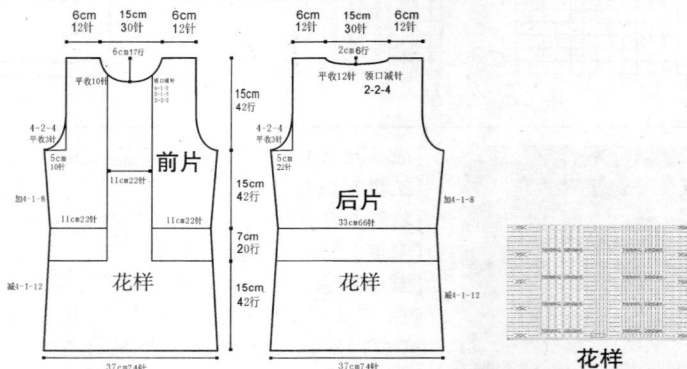

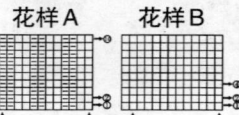

花样

【成品尺寸】衣长23cm　肩宽33cm　袖长54cm　裙长62cm
【工具】13号棒针
【材料】粉红色棉线400g　白色棉线300g
【密度】10cm²：26针×34行
【制作过程】1. 裙子：起针织后片，双罗纹针起针法，用粉红色线起104针织花样A，织至28行后，改织花样B，织至148行时，从第149行两侧开始袖窿减针，减针方法为1-4-1，2-1-5，织至206行时，从第207行开始后领减针，方法是中间留取42针不织，两侧各减2针，织至210行，两肩部各余下20针，后片共织62cm长度。起针织前片，双罗纹针起针法，用粉红色线起104针织花样A，织至28行后，改用6行粉红色线与6行白色线间隔编织，织花样B，织至148行，从第149行两侧开始袖窿减针，减针方法为1-4-1，2-1-5，织至170行，开始编织双层花样A，织至186行，将织片向内与第170行合并成双层边，中间穿入绳子，然后改用白色线继续编织花样B，不加减针织至26行的高度，中间留取22针不织，两侧减针织成前领，减针方法为2-2-6，织至40行时，两肩部各余下20针。前片共织62cm长度。　2. 上衣：以左前片为例，起15针，编织花样B，一边一边右侧加针，加针方法为2-2-9，2-1-2，共加20针，织至18行时，左侧袖窿减针，减针方法为1-4-1，2-1-5，共减少9针，减针后左侧不加减针往上织至26行时，右侧减针织成前领，减针方法为6-1-9，织至80行时，织片余下17针，收针断线，用相同方法往相反方向编织右前片。沿左、右前片边沿分别挑织花样A，挑起76针，织至6行后，再收针断线。缝合方法，先将上衣左、右前片与裙前片合并对应与裙后片缝合两侧缝，再缝合两肩缝。缝合完成后挑织衣领，沿裙片领口挑起94针，编织花样A，织至18行后，再收针断线。

259

花样A　花样B

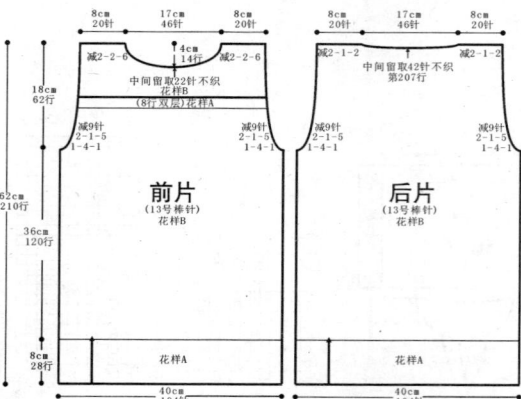

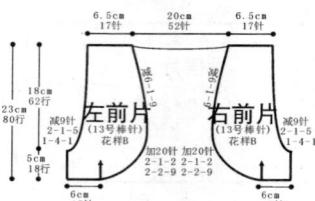

【成品尺寸】 衣长38cm　胸围74cm　袖长34cm
【工具】 3.5mm棒针　绣花针
【材料】 白色羊毛绒线500g　红色羊毛绒线少量　绣花图案1朵
【密度】 10cm²：20针×28行
【制作过程】 1. 前片、后片：按图起74针，织5cm单罗纹后，改织全下针，并间色，左右两边按图所示收成袖窿。前领片另织，与前片叠压缝合。　2. 领口：前后领各按图所示均匀地减针，形成领口。　3. 编织结束后，将前片、后片侧缝、肩部、袖子缝合。领带另织，按图缝合。　4. 装饰：缝上绣花图案。

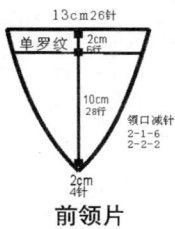

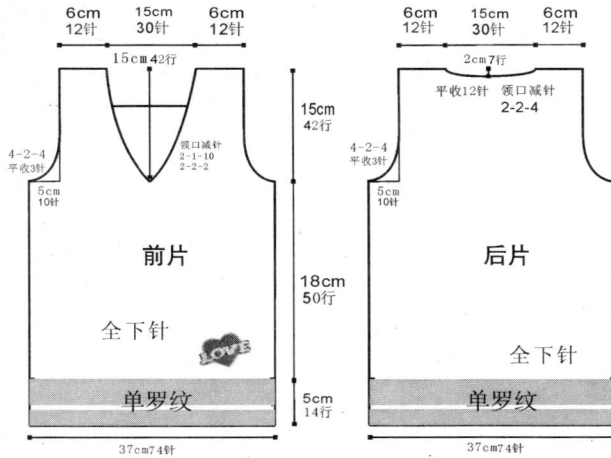

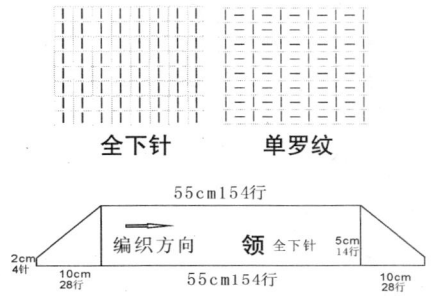

260

6cm 12针　15cm 30针　6cm 12针
15cm 42行
4-2-4 平收3针　5cm 10针　领口减针 2-1-10 2-2-2　15cm 42行
前片
全下针
LOVE
18cm 50行
单罗纹
5cm 14行
37cm 74针

6cm 12针　15cm 30针　6cm 12针
2cm 7行
平收12针　领口减针 2-2-4
4-2-4 平收3针　5cm 10针
后片
全下针
单罗纹
37cm 74针

全下针　单罗纹

55cm 154行
编织方向　**领**　全下针
2cm 4针　10cm 28针　55cm 154行　10cm 28针　5cm 14针

13cm 26针
单罗纹　2cm 6行
10cm 28行　领口减针 2-1-6 2-2-2
2cm 4针
前领片

【成品尺寸】 衣长45cm　胸围76cm　肩宽30cm　袖长41cm
【工具】 3号棒针　4号棒针
【材料】 粉红色棉线450g　白色棉线100g　灰色含金丝线40g　烫贴2张　圆形纽扣1枚　摁扣1对
【密度】 10cm²：40针×50行
【制作过程】 1. 前片、后片：前片衣长45cm，3号棒针粉红色线普通起针法起152针，下针不加减织至4cm后，按腋下减针及腋下加针织出腋下，按袖窿减针及前领减针织出袖窿和前领，底边4cm处对折缝合，后片类似于前片，不同为开领见后领减针。　2. 坎肩（左右两片）：配色如袖片，用4号针粉红色线起40针，按坎肩加针，坎肩袖窿减针及坎肩加针织出坎肩，织完换3号针在坎肩底边及门襟处共挑150针，编织3cm后收针，对称织出另一片。　3. 整理：前片、后片及坎肩整理后肩部、腋下缝合，袖片袖下缝合，装袖，注意坎肩处。　4. 挑领：4号针前领窝和后领窝各挑68针和56针，扭针单罗纹编织至6cm后多织2行做折山；换3号针粉红色线织至6cm后收针，织完向内对折缝合。　5. 收尾：在前片及坎肩合适位置贴上烫贴，在坎肩合适位置钉上圆形纽扣及摁扣。

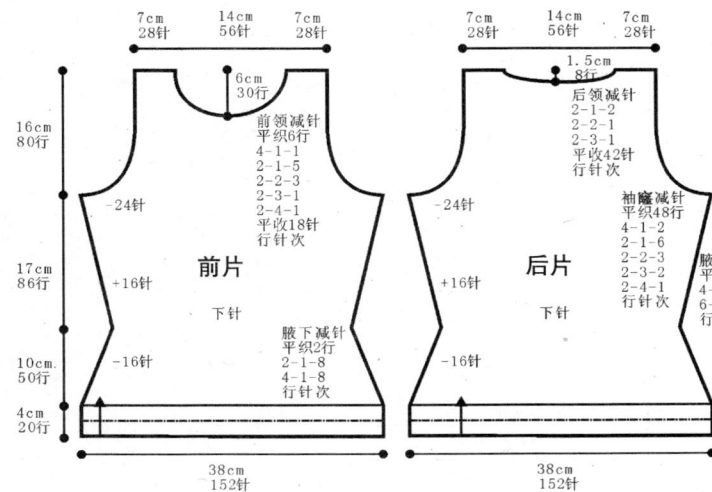

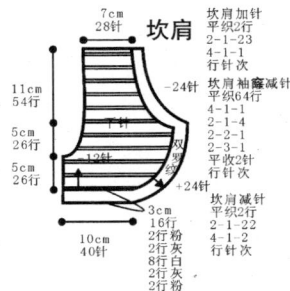

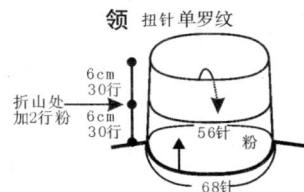

261

7cm 28针　14cm 56针　7cm 28针
6cm 30行
16cm 80行
前领减针 平织6行 4-1-1 2-1-5 2-2-3 2-3-1 2-4-1 平收18针 行针次
-24针
前片
下针
17cm 86行
+16针
10cm 50行
-16针
4cm 20行
腋下减针 平织2行 2-1-8 4-1-8 行针次
38cm 152针

7cm 28针　14cm 56针　7cm 28针
1.5cm 8行
后领减针 2-1-2 2-1-1 2-3-1 平织42行 行针次
袖窿减针 平织48行 4-1-2 2-1-1 2-2-3 2-3-2 2-4-1 行针次
-24针
后片
下针
+16针
腋下加针 平织4行 4-1-7 6-1-9 行针次
-16针
腋下减针 平织2行 2-1-8 4-1-8 行针次
38cm 152针

7cm 28针
坎肩
坎肩加针 平织2行 2-1-23 4-1-1 行针次
11cm 54行
下针
坎肩袖窿减针 平织64行 4-1-1 2-1-4 2-2-3 2-3-1 平收2行 行针次
5cm 26行
-24针
双罗纹
5cm 26行
12针
+24针
3cm 16行　2行粉 2行灰 8行白 2行灰 2行粉
坎肩减针 2行 2-1-22 4-1-2 行针次
10cm 40针

领 扭针单罗纹
折山处 加2行粉
6cm 30行
6cm 30行
56针 粉
68针

单罗纹

8	7	6	5	4	3	2	1	
	Q	—	Q	—	Q	—	Q	4
	Q	—	Q	—	Q	—	Q	3
	Q	—	Q	—	Q	—	Q	2
	Q	—	Q	—	Q	—	Q	1

双罗纹

8	7	6	5	4	3	2	1	
	—							4
								3
								2
							—	1

【成品尺寸】衣长45cm　胸围76cm　肩宽28cm　袖长41cm
【工具】3号棒针　4号棒针
【材料】粉红色棉线550g　灰色含金丝线50g　烫贴2张
【密度】10cm²：40针×50行
【制作过程】1. 前片：用3号针粉红色线双罗纹起针法起152针，双罗纹配色编织至6cm后；换4号针粉红色线按腋下减针及腋下加针织出腋下；按袖山减针及前领减针织出袖山和前领。　2. 后片：类似于前片，不同为开领，见后领减针。　3. 坎肩（左右两片）：用4号针粉红色线普通起针法起40针，按坎肩加针，坎肩袖窿减针及坎肩加针织出坎肩，织完换3号针在坎肩底边及门襟处共挑150针，织2.5cm后收针，对称织出另一片。　4. 整理：前片、后片及坎肩整理后肩部，腋下缝合，袖片袖下缝合，装袖时，注意坎肩处。　5. 挑领：用4号针在前领窝和后领窝各挑68针和56针，扭针单罗纹配色编织至30行后多织2行做折山；换3号针粉红色线织至6cm后收针，织完向内对折缝合。
6. 收尾：如系带图编织2条系带，织完缝在坎肩合适位置，在前片合适位置贴上烫贴。

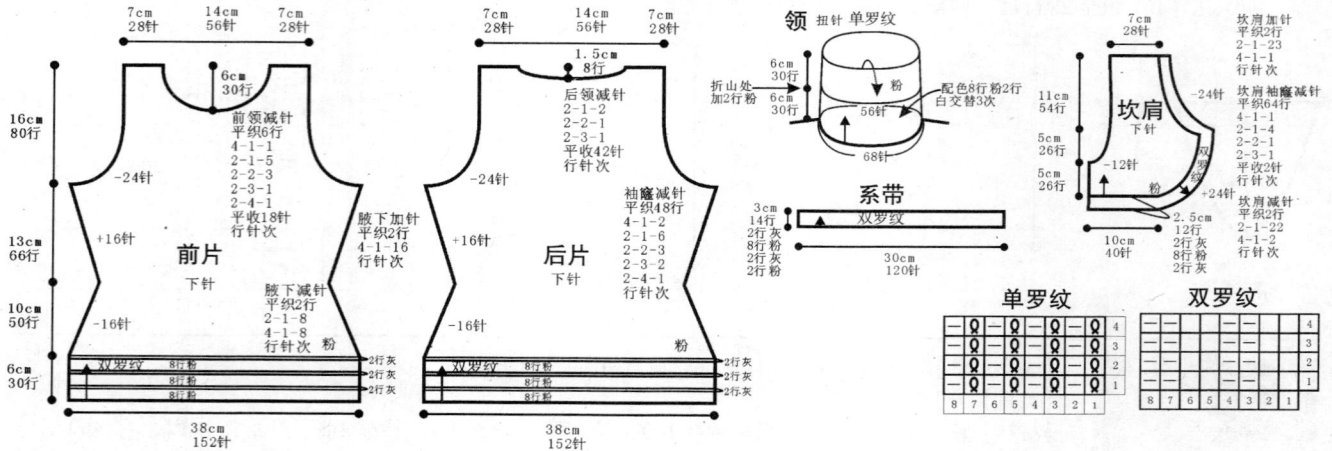

262

【成品尺寸】衣长38cm　胸围70cm　袖长34cm
【工具】3.5mm棒针
【材料】玫红色羊毛绒线500g　粉红色羊毛绒线少量　拉链1条　装饰图案
【密度】10cm²：20针×28行
【制作过程】1. 前片：分左右两片，分别按图所示起35针，织5cm双罗纹后，改织全下针，左右两边按图所示收成袖窿。后片：按图起70针，织5cm双罗纹后，改织全下针，左右两边按图所示收成袖窿。　2. 编织结束后，将侧缝、肩部、袖子缝合。领圈挑针，织10cm双罗纹，折边缝合，形成双层开襟圆领。门襟挑针，织至3cm下针，折边缝合，形成双层门襟。　3. 装饰：缝上拉链和装饰图案。

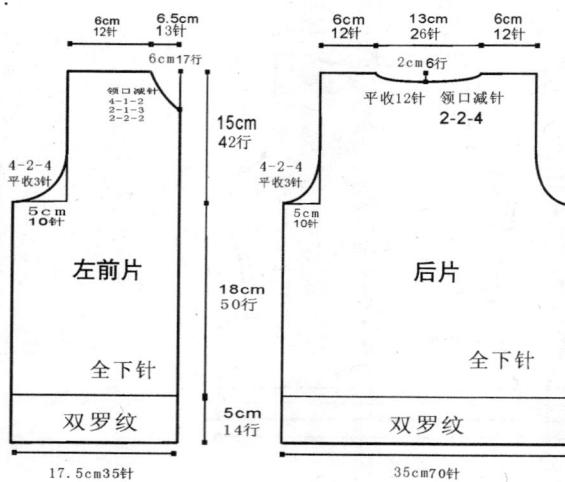

263

【成品尺寸】衣长62cm　肩宽33cm　袖长54cm
【工具】13号棒针
【材料】红色棉线400g　白色棉线150g
【密度】10cm²：26针×34行
【制作过程】1. 棒针编织法，衣服按前片、前摆片、后片和后摆片分别编织，完成后缝合而成。
2. 起针织后片，单罗纹起针法，起104针织花样A，织至28行后，改织花样B，织至150行，从第151行两侧开始袖窿减针，减针方法是1-4-1，2-1-5，织至206行，从第207行开始后领减针，方法是中间留取42针不织，两侧各减2针，织至210行时，两肩部各余下20针，后片共织62cm长度。
3. 用同样的方法编织前片，织至第151行时，两侧开始袖窿减针，减针方法为1-4-1，2-1-5，同时将织片从中间分开成左前片和右前片，分别编织。以左前片为例，起针织时右侧减针织成衣领，减针方法为8-2-5，2-2-5，2-1-3，织至138行时，肩部余下20针，收针断线，用相同方法往相反方向编织右前片。　　4. 前片与后片的两侧缝要对应缝合，两肩缝也要对应缝合。　　5. 编织口袋片：起52针，编织花样B，织至28行后，两侧减针织成袋口，减针方法为1-4-1，2-2-3，2-1-3，两侧各减少13针，减针后不加减针往上编织至56行，再收针。沿左、右两侧袋口挑针编织，用白色线挑起24针织花样B，织至6行后，与起针合并形成双层袋口。完成后将口袋片按结构图所示位置缝合。

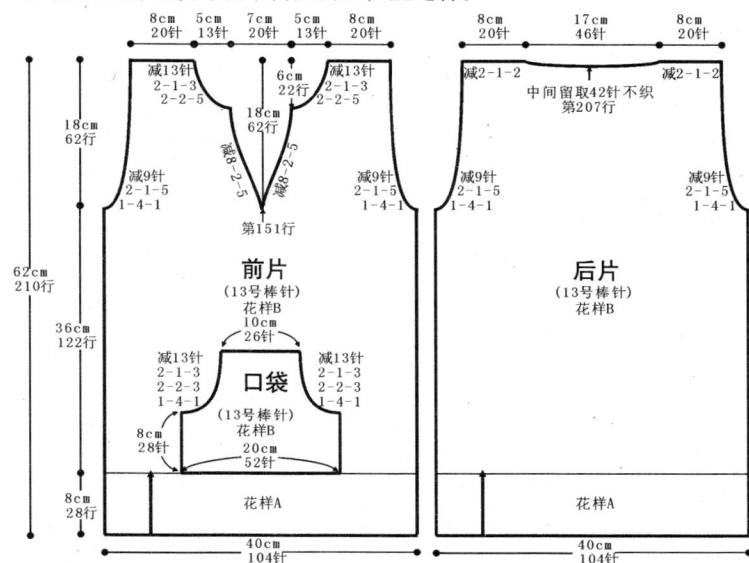

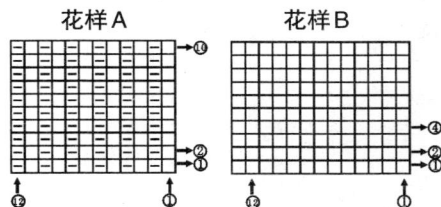

264

【成品尺寸】衣长46cm　胸围72cm　袖长40cm
【工具】3.25mm棒针　绣针1根
【材料】粉红色棉线250g　桃红色线250g　绿色线、粉红色线、紫色线、红色线、黄色线 、白色线各50g　30cm粉红色丝带2条　拉链1条
【密度】10cm²：22针×33行
【制作过程】1. 左前片：用桃红色线、3.25mm棒针起40针，从下往上织双罗纹5cm，往上织平针，织至15cm处按图解换色编织，织至10cm处开挂肩，按图解分别收袖窿、领子。　2. 后片：用3.25mm棒针起80针，织法与前片相同，后领按后片图解编织。　3. 前片、后片及袖片缝合后按图解挑领子，用3.25mm棒针编织双罗纹，织至10cm后收针，往里面缝合成双层领子。　4. 装饰：用绣针在左前片上方绣上小蝴蝶，装上拉链。

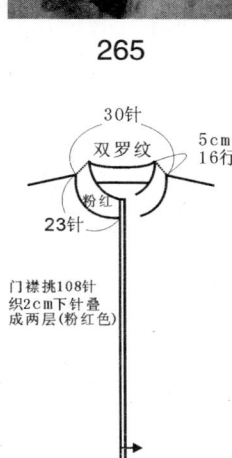

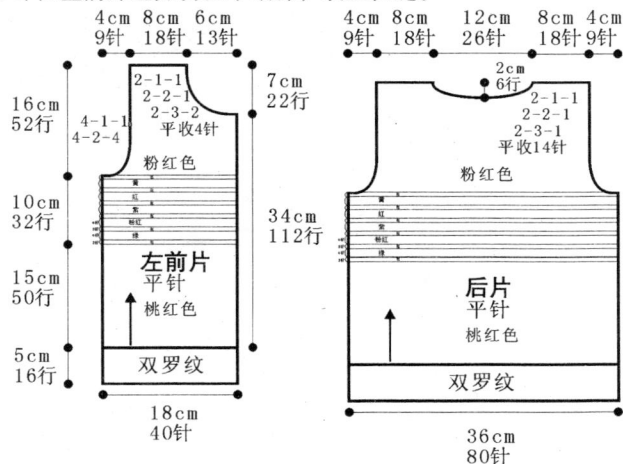

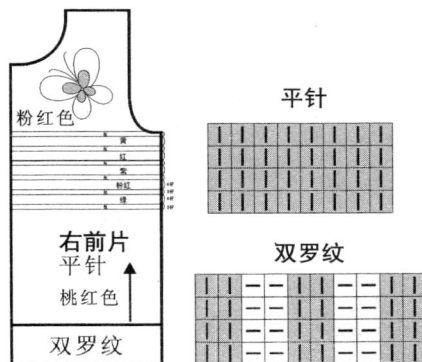

265

266

【成品尺寸】衣长46cm 肩宽33cm 袖长48cm
【工具】12号棒针
【材料】红色棉线200g 白色棉线200g 蓝色、粉红色棉线各少量 绳子1条
【密度】10cm²：26针×34行
【制作过程】1. 后片：用白色线起2针，织花样B，一边织一边两侧加针，加2-2-13，织至24行，另起白色线编织同样的一块织片，织至24行，将两织片共104针连起来编织，织至30cm，袖窿减针，减针方法为1-4-1，2-1-5，织至45cm收后领，中间留取40针不织，两侧减针2-1-2，后片共织46cm长度。 2. 用同样方法织前片。织至40cm，中间留取20针不织，两侧减针织成前领，减针方法为2-2-6，前片共织46cm长度。 3. 袖子：用粉红色线起56针，织花样A，蓝色、白色间隔编织，织至7cm时，改为红色线织花样B，加针8-1-11，织至34cm后，织片变成78针，减针织袖山，减针方法为1-4-1，2-1-24，织至48cm的长度，织片余下22针。 4. 帽子：用红色线沿领口挑起针织花样A，挑起96针织23cm的高度，将帽顶缝合。沿帽边挑起120针织花样B，织至6行后，与起针合并，

中间穿入绳子。

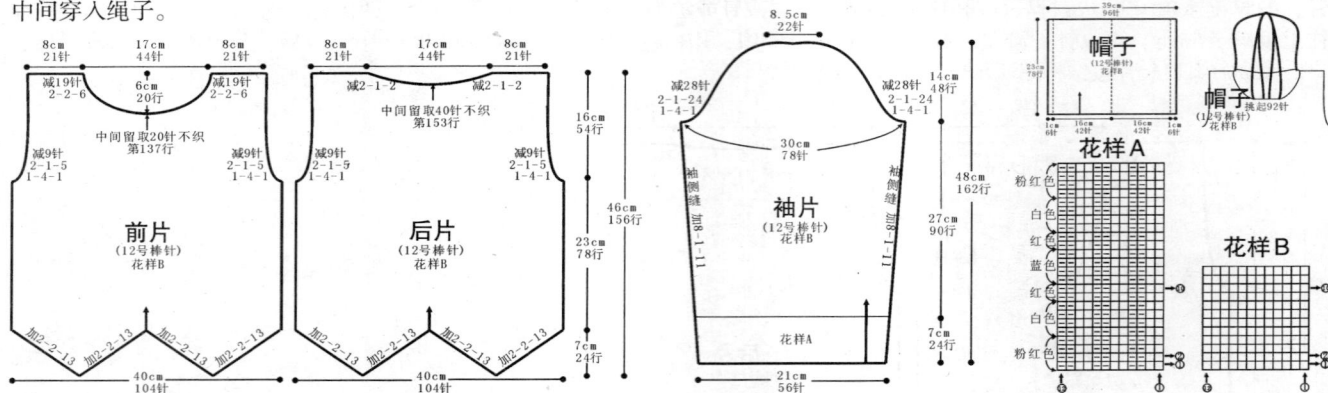

267

【成品尺寸】衣长38cm 胸围74cm 连肩袖长41cm
【工具】3.5mm棒针
【材料】玫红色羊毛绒线300g 粉红色毛绒线50g 绣花图案若干 拉链1条
【密度】10cm²：20针×28行
【制作过程】1. 前片：分左右两片编织，分别按图起36针，织5cm双罗纹后，改织全下针，并间色，左右两边按图所示收成插肩袖。后片：按图起74针，织5cm双罗纹后，改织全下针，并间色，左右两边按图所示收成插肩袖。 2. 编织结束后，将前片、后片侧缝、肩部、袖子缝合。领圈挑针，织10cm双罗纹，形成翻领。门襟另织至3cm全下针，折边缝合，形成双层门襟。 3. 装饰：绣上绣花图案，装上拉链。

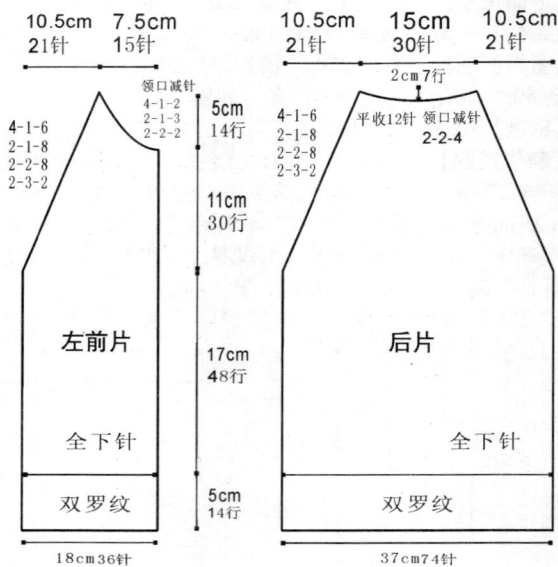

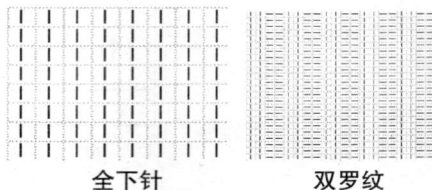

全下针　　双罗纹

268

【成品尺寸】衣长62cm　肩宽33cm　袖长54cm
【工具】13号棒针
【材料】粉红色棉线500g　红色棉线50g　白色棉线少量
【密度】10cm²：26针×34行
【制作过程】1. 棒针编织法，衣服按前片、前摆片、后片和后摆片分别编织，完成后缝合而成。2. 起针织后片，双罗纹针起针法，起104针织花样A，织至28行后，改织花样B，织至150行时，从第151行两侧开始袖窿减针，减针方法为1-4-1、2-1-5，织至206行时，从第207行开始后领减针，减针方法是中间留取42针不织，两侧各减2针，织至210行时，两肩部各余下20针，后片共织62cm长度。3. 用同样的方法编织前片，织至第151行两侧开始袖窿减针，减针方法为1-4-1、2-1-5，同时中间收针6针，将织片从中间分开成左前片和右前片，分别编织，以左前片为例，不加减针至190行后，右侧减针织成衣领，减针方法为1-8-1、2-2-4、2-1-4，织至210行，肩余下20针，收针断线，用相同方法往相反方向编织右前片。4. 前片与后片的两侧缝要对应缝合，两肩缝也要对应缝合。5. 编织口袋片：起52针，编织花样B，织至28行后，两侧减针织成袋口中，减针方法为1-4-1、2-2-3、2-1-3，两侧各减少13针，减针后不加减针往上编织至56行，收针。沿左、右两侧袋口挑针编织，用红色线挑起24针织花样B，织至6行后，与起针合并形成双层袋口。完成后将口袋片按图所示位置缝合。

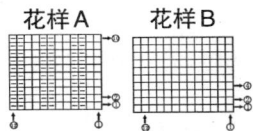

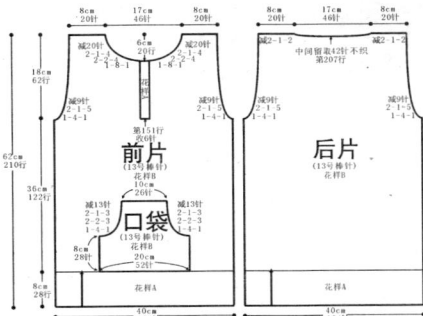

269

【成品尺寸】衣长46cm　肩宽33cm　袖长48cm
【工具】12号棒针
【材料】粉红色棉线450g　拉链1条
【密度】10cm²：26针×34行
【制作过程】1. 后片：起104针，织花样A，织至6cm后，改织花样B，织至30cm，袖窿减针，减针方法为1-4-1、2-1-5，织至45cm收后领，中间留取40针不织，两侧减针2-1-2。后片共织46cm长度。2. 左前片：起49针，织花样A，织至6cm后，改织花样B，织至30cm，左侧袖窿减针，减针方法为1-4-1、2-1-5，织至40cm右侧前领减针，减针方法为1-7-1、2-2-6，共减少19针，左前片共织46cm长度。用同样方法往相反方向织右前片。3. 领子：用粉红色线沿领口挑起92针织花样B，织至6cm两侧减针，减针2-2-7，织10cm的长度。4. 衣襟：前襟连领共挑起104针，织下针，织至6行向内与起针合并，缝上拉链。

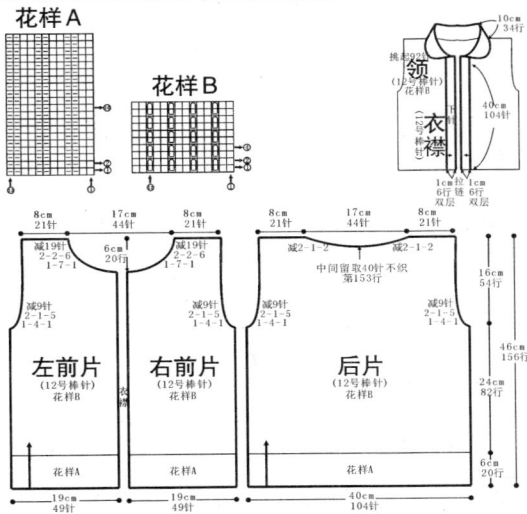

270

【成品尺寸】衣长47cm　胸围74cm　袖长42cm
【工具】3.5mm棒针
【材料】粉红色雪尼绒400g　粉红色丝光棉线100g　粉红色拉链1条　装饰花2朵
【密度】10cm²：19针×28行
【制作过程】1. 前片、后片用粉红色雪尼绒以机器边起针，编织双罗纹针6cm，改织下针，织23cm后按图所示减针成袖窿，后片领位置以中心线为界按衣前后领分左右两边减针成领口，前片领从衣襟处按图减针成领口，衣前片织2片。2. 前片、后片、长袖片、短袖片缝合后，从前衣襟处开始挑针织领口，编织双罗纹针10cm时，注意均匀挑针。3. 用粉红色丝光棉线起23针按衣袋编织图织衣袋。将衣袋缝合在衣前片，袋口缝好装饰花。4. 沿前衣襟至领均匀挑108针织双层下针成衣边，缝合拉链，完成。

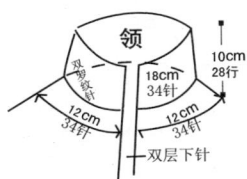

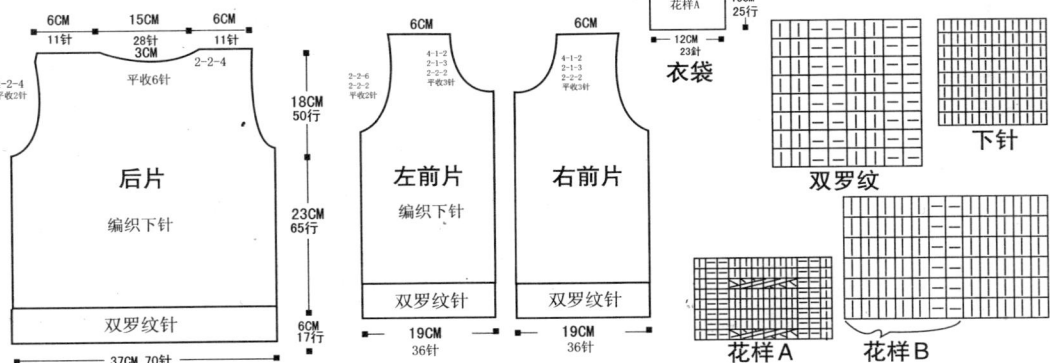

花样A　花样B
前片　后片
领　衣襟
左前片　右前片　后片
领　后片　左前片　右前片
衣袋　下针　双罗纹　花样A　花样B

271

【成品尺寸】衣长38cm　胸围70cm　袖长34cm

【工具】3.5mm棒针

【材料】粉红色羊毛绒线500g　粉红色毛绒线少量　拉链1条

【密度】10cm²：20针×28行

【制作过程】1. 前片：分左右两片，分别按图起35针，织5cm双罗纹后，改织花样，左右两边按图所示收成袖窿。后片：按图起70针，织5cm双罗纹后，改织全下针，左右两边按图收成袖窿。　2. 编织结束后，将侧缝、肩部、袖子缝合。领圈挑针。织10cm双罗纹，折边缝合，形成双层开襟圆领。门襟挑针，织至3cm下针，折边缝合，形成双层门襟。　3. 装饰：缝上拉链。

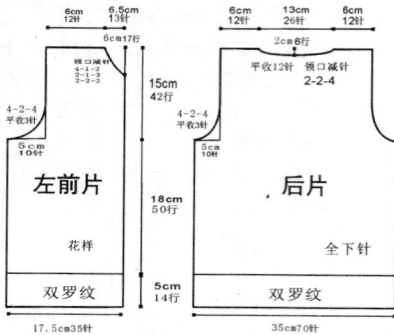

花样　　全下针　　双罗纹

272

【成品尺寸】衣长38cm　胸围72cm　袖长36cm

【工具】8号棒针

【材料】毛线650g　拉链1条

【密度】10cm²：24针×30行

【制作过程】1. 前片、后片以机器边起针编织双罗纹针，衣身按图编织花样。　2. 袖子从袖口起针编织双罗纹，袖身编织基本针法。　3. 前片、后片、袖片缝合后，挑针编织风帽，按领圈示意图挑。为使拉链上得平整美观，要在门襟处织6针单罗纹针，装衣袖时嵌入一根异色筋。

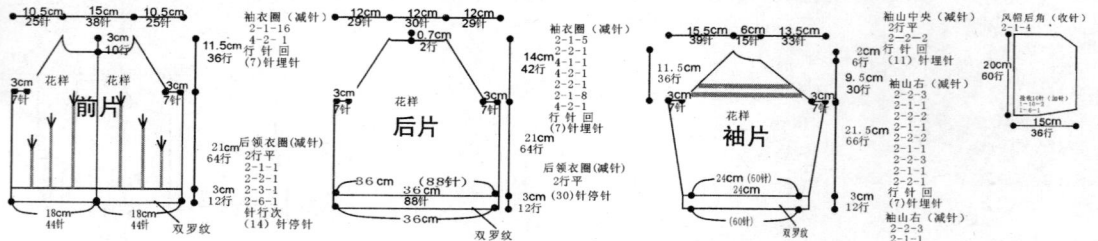

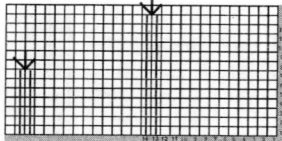

花样

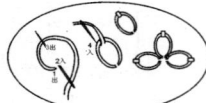

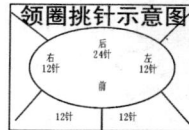

领圈挑针示意图

273

【成品尺寸】衣长47.5cm　胸围76cm　肩宽30cm　袖长41cm

【工具】5号棒针

【材料】粉红色绒线300g　粉红色含金丝棉线200g　装饰珠若干　拉链1条

【密度】10cm²：19.5针×30行

【制作过程】1. 前片：分左右两片，分别用绒线双罗纹起针法起36针，双罗纹织至6cm；按腋下减针绒线织10cm；换棉线按腋下加针下针、花样织15cm后按袖窿减针及前领减针织出袖窿和前领，对称织出另一片前片。　2. 后片：均为绒线编织，双罗纹起针法起74针，双罗纹织至6cm；按腋下减针及腋下加针织出腋下；按袖窿减针及后领减针织出袖窿和后领。　3. 整理：两片前片和后片肩部、腋下缝合，袖片袖下缝合，装袖。　4. 挑领：左右前领窝和后领窝各挑22针、22针、40针，下针编织8cm后收针。　5. 挑门襟：如图所示编织。　6. 钩小花：用钩针按小花图解钩4朵小花。　7. 收尾：4朵小花缝在前片合适位置；在门襟处缝上拉链，在前片合适位置装上装饰珠。

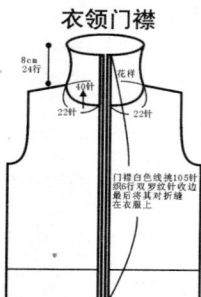

衣领门襟

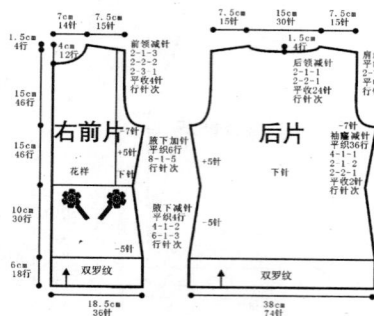

小花图解
（4朵）

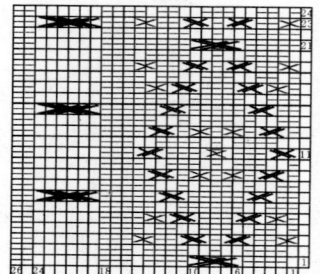

花样

【成品尺寸】衣长46cm　肩宽33cm　袖长48cm
【工具】12号棒针
【材料】红色棉线400g　拉链1条
【密度】10cm²：26针×34行
【制作过程】1. 棒针编织法，衣服按左前片、右前片和后片分别编织，完成后缝合而成。　2. 起针织后片，双罗纹针起针法，起104针织花样A，织至20行，改织花样B，织至102行，两侧减针织成袖窿，减针方法为1-4-1，2-1-5，两侧针数减少9针，不加减针织至153行，中间留取40针不织，两侧减针织成后领，减针方法为2-1-2，织至156行时，两肩部各余下21针，收针断线。　3. 起针织左前片，双罗纹针起针法，起49针织花样A，织至20行，改织花样B，织至102行，左侧减针织成袖窿，减针方法为1-4-1，2-1-5，共减少9针，不加减针织至136行，右侧减针织成前领，减针方法为1-7-1，2-2-6，共减少19针，织至156行，肩部留下21针，收针断线。用同样的方法相反方向编织右前片。　4. 前片与后片的两侧缝要对应缝合，两肩缝也要对应缝合。

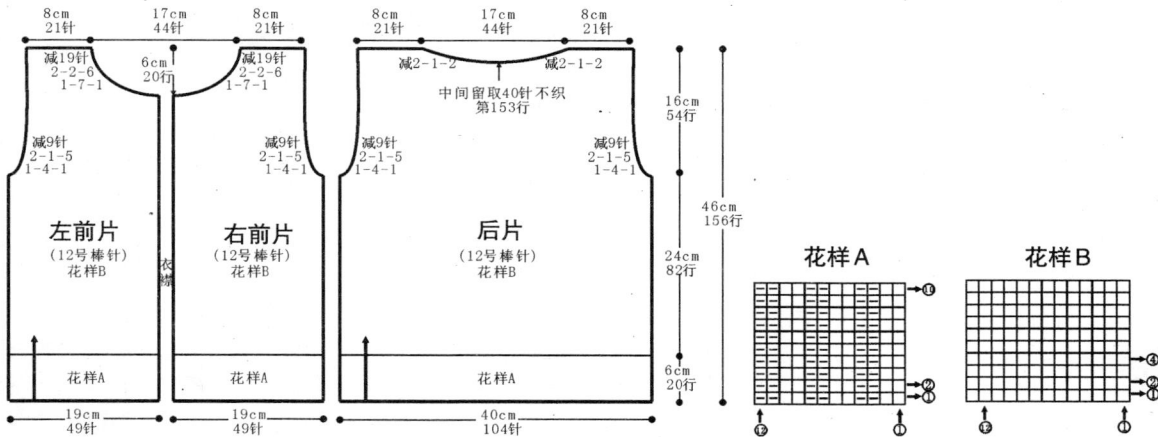

274

8cm 21针　17cm 44针　8cm 21针　　8cm 21针　17cm 44针　8cm 21针

减19针 2-2-6 1-7-1　6cm 20行　减19针 2-2-6 1-7-1

减2-1-2　中间留取40针不织 第153行　减2-1-2

16cm 54行

减9针 2-1-5 1-4-1　减9针 2-1-5 1-4-1　　减9针 2-1-5 1-4-1　减9针 2-1-5 1-4-1

46cm 156行

左前片 （12号棒针） 花样B　衣襟　右前片 （12号棒针） 花样B　　后片 （12号棒针） 花样B

花样A　花样B

24cm 82行

花样A　花样A　　花样A

6cm 20行

19cm 49针　19cm 49针　　40cm 104针

【成品尺寸】衣长54cm　裙长62cm　肩宽33cm　袖长54cm
【工具】13号棒针
【材料】红色棉线400g
【密度】10cm²：26针×34行
【制作过程】1. 棒针编织法，裙子按左前片、右前片和后片分别编织，完成后缝合而成。　2. 起针织后片，双罗纹针起针法，起104针织花样A，织至28行后，改织花样B，织至148行，从第149行两侧开始袖窿减针，减针方法为1-4-1，2-1-5，织至206行，从第207行开始领减针，方法是中间留取42针不织，两侧各减2针，织至210行，两肩部各余下20针，后片共织62cm长度。　3. 起针织左前片，双罗纹针起针法，起35针，织花样A，织至28行后，改织花样B，织至148行时，从第149行左侧开始袖窿减针，减针方法为1-4-1，2-1-5，织至156行，从第157行右侧开始前领减针，减针方法为6-1-9，织至210行时，肩部余下17针，前片共织62cm长度。　4. 用相同方法往相反方向编织右前片，完成后将左、右前片侧缝与后片对应缝合，肩缝缝合。　5. 制作口袋，编织2片口袋片，完成后缝合于左、右前片下摆，如图所示，起36针，编织花样B，织38行后，制作一个如图褶皱，将织片收成26针，织4行花样A，收针断线。

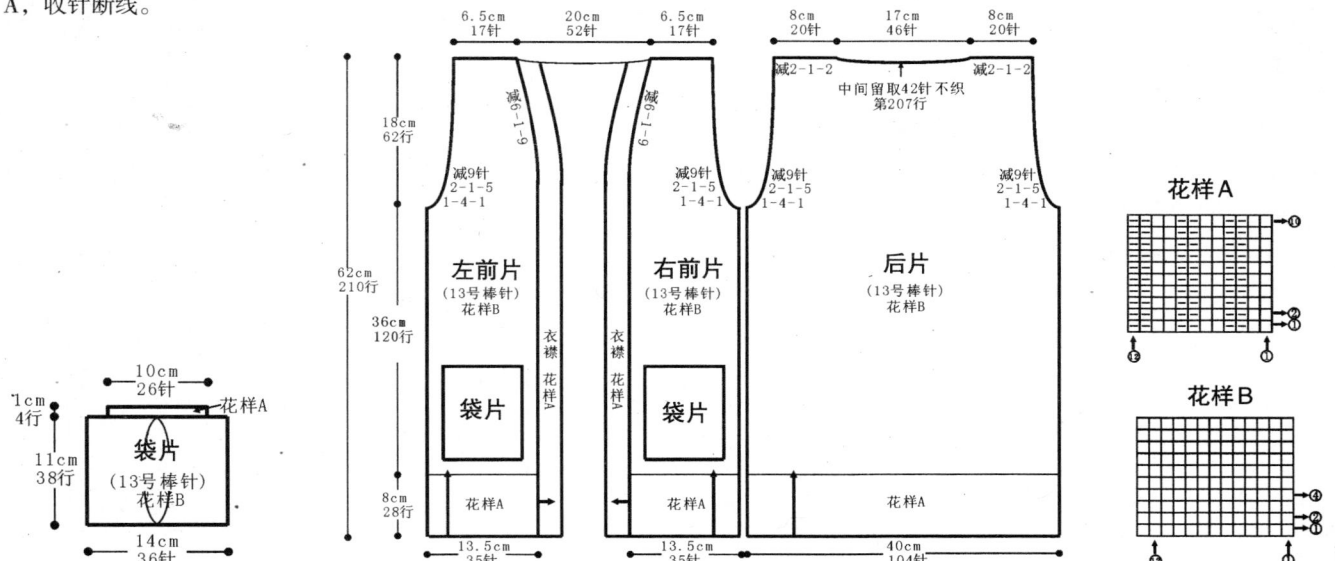

275

6.5cm 17针　20cm 52针　6.5cm 17针　　8cm 20针　17cm 46针　8cm 20针

18cm 62行

减6-1-9　减6-1-9　　减2-1-2　中间留取42针不织 第207行　减2-1-2

减9针 2-1-5 1-4-1　减9针 2-1-5 1-4-1　　减9针 2-1-5 1-4-1　减9针 2-1-5 1-4-1

62cm 210行

左前片 （13号棒针） 花样B　衣襟 花样A　右前片 （13号棒针） 花样B　衣襟 花样A　后片 （13号棒针） 花样B

花样A

36cm 120行

袋片　袋片

10cm 26针
1cm 4行　花样A

11cm 38行　袋片 （13号棒针） 花样B

花样B

8cm 28行　花样A　花样A　　花样A

14cm 36针

13.5cm 35针　13.5cm 35针　　40cm 104针

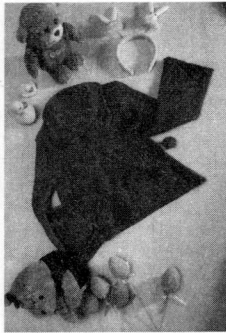

276

全下针

【成品尺寸】衣长38cm　胸围70cm　袖长34cm
【工具】3.5mm棒针
【材料】红色羊毛绒线550g　毛毛球绳1条　绣花若干
【密度】10cm²：20针×28行
【制作过程】1. 前片、后片：按图起80针，织全下针，左右两边按图收成袖窿。　2. 领口：前后领各按图所示均匀地减针，形成领口。　3. 袖片：按图起64针，织全下针，织至25cm按图所示均匀地减针，收成袖山。　4. 编织结束后，将侧缝、肩部、袖子缝合。领圈挑针，织10cm全下针，形成翻领，衣袋另织，与前片缝合。　5. 装饰：缝上绣花图案，穿上毛毛球绳。

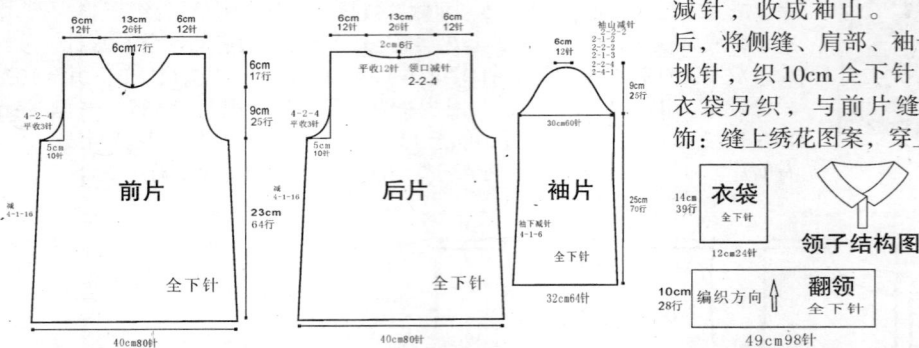

277

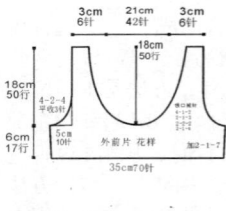

【成品尺寸】衣长55cm　胸围74cm　袖长42cm
【工具】3.5mm棒针
【材料】红色羊毛绒线600g　丝绸布料制作的衣领1件　扣子5枚
【密度】10cm²：20针×28行
【制作过程】1. 前片：分上下片组成，上片按图起70针，织全下针，下片按图起80针，织5cm双罗纹后，改织全下针，打皱褶，与上片缝合。外前片：起70针，按花样编织正身，织至6cm时，开始袖窿减针。后片：按图起74针，织5cm双罗纹后，改织全下针，左右两边按图所示收成袖窿。外前片另织，与前片重叠。　2. 领口：前后领各按图所示均匀地减针，形成领口。　3. 编织结束后，将侧缝、肩部、袖子缝合。领圈与丝绸布料制作的衣领缝合。　4. 装饰：衣袋另织，与前片缝合，缝上扣子。

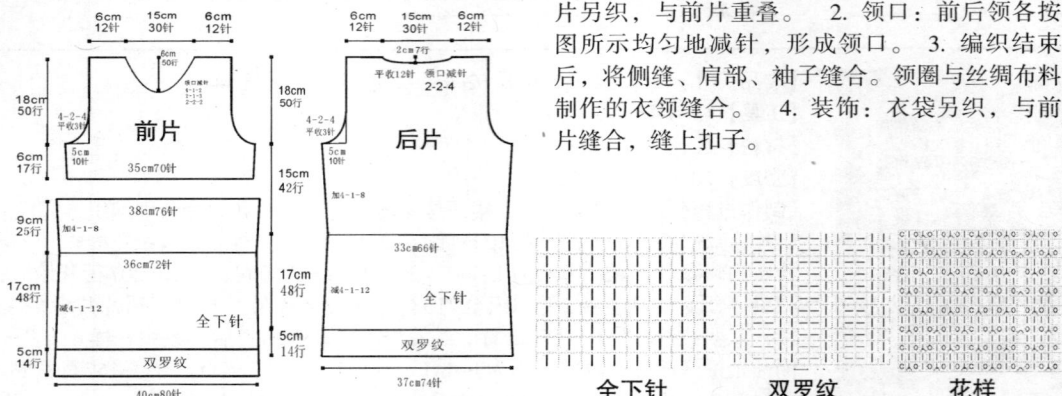

全下针　　双罗纹　　花样

278

【成品尺寸】衣长50cm　肩宽32cm　袖长54cm
【工具】10号棒针
【材料】天蓝色棉线400g　白色棉线500g　绿色、橙色棉线少量　拉链1条
【密度】10cm²：13针×17行
【制作过程】1. 棒针编织法，衣服按左前片、右前片和后片分别编织，完成后缝合而成。　2. 起针织后片，双罗纹针起针法，用白色线起52针织花样A，织2行后，改织蓝色线，织至10行，改织花样B，织至58行，两侧减针织成袖窿，减针方法为1-3-1，2-1-2，两侧针数减少5针，余下42针继续编织，两侧不再加减针，织至第83行时，中间留取14针不织，两端相反方向减针编织，各减少2针，减针方法为2-1-2，最后两肩部余下12针，收针断线。　3. 起针织左前片，双罗纹针起针法，起24针织花样A，织至10行后，改织花样B，织至58行，左侧减针织成袖窿，减针方法为1-3-1，2-1-2，共减少5针，继续往上织至79行，右侧减针织成前领，减针方法为1-3-1，2-1-4，共减少7针，织至86行，肩部余下12针，收针断线，用同样的方法相反方向编织右前片。　4. 前片与后片的两侧缝要对应缝合，两肩部也要对应缝合。　5. 编织衣领，沿领口挑针起针织，挑起40针，用蓝色线编织，织花样B，织至10行后，织2行白色线，然后改用蓝色线继续编织至26行，向内与起针合并形成双层衣领，收针断线。　6. 沿左、右前襟用绿色线挑针编织衣襟边，织至6行下针后，与起针合并形成双层，缝好拉链。

花样A　花样B

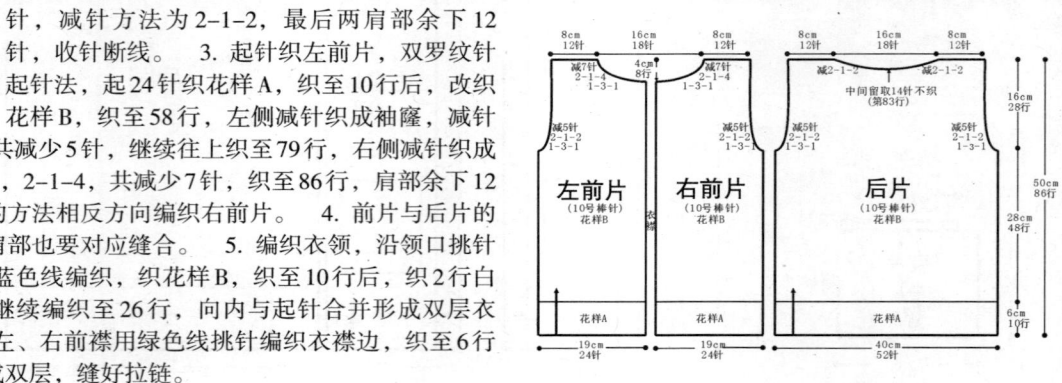

279

【成品尺寸】衣长46cm　胸围74cm　袖长42cm
【工具】3.0mm棒针
【材料】天蓝色毛线400g　姜黄色毛线少量　小熊亮片
【密度】10cm²：30针×38行
【制作过程】1. 前片：用3.0mm棒针起110针，从下往上织双罗纹5cm，织1行上针，挑出与前片相同的针数，织上针，原来的织下针，各织至2cm，2针并1针，并成原来的针数继续往上织23cm平针，开挂肩，按图解两边分别收袖窿、收领子。　2. 后片：织法与前片相同，后领按后片图解编织。
3. 前片、后片及袖片缝合，按图解挑领子。　4. 装饰：(×1)用姜黄色毛线和绣针按图绣入，把亮片按小熊的样子缝上。

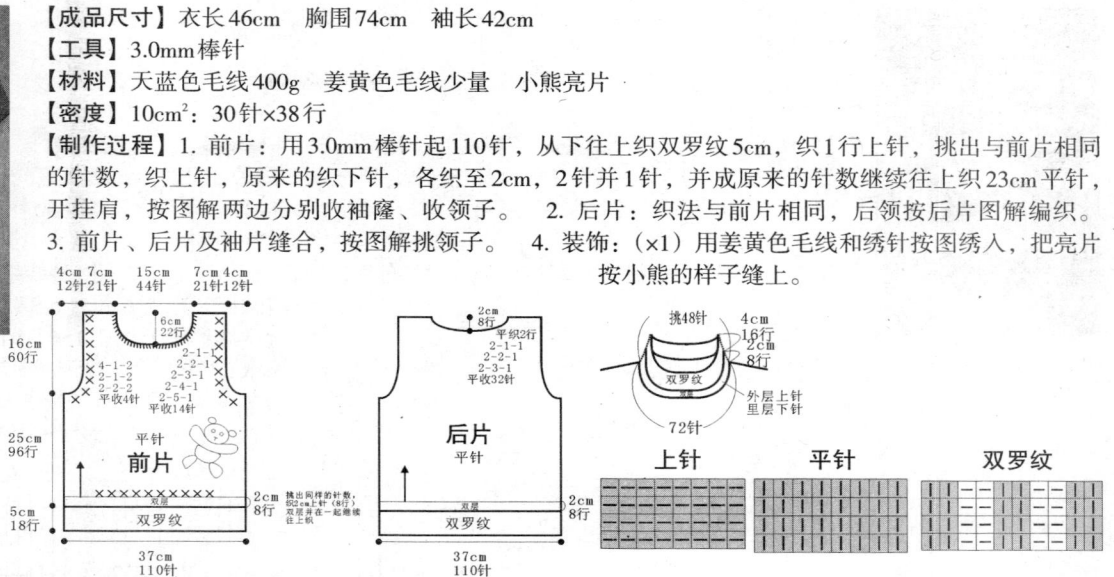

280

【成品尺寸】衣长43cm　肩宽40cm　袖长47cm
【工具】10号棒针
【材料】蓝色棉线400g
【密度】10cm²：15针×22行
【制作过程】1. 后片：起60针，织花样A，织至6cm织花样B，织至33cm插肩减针，减针方法为1-2-1，2-1-11，织至43cm长度，织片余34针用同样方法织前片。　2. 领子：起14针，织花样C，织77cm长与起针缝合，再将一侧与衣身领口缝合，另一侧挑起96针织花样A，织16cm。

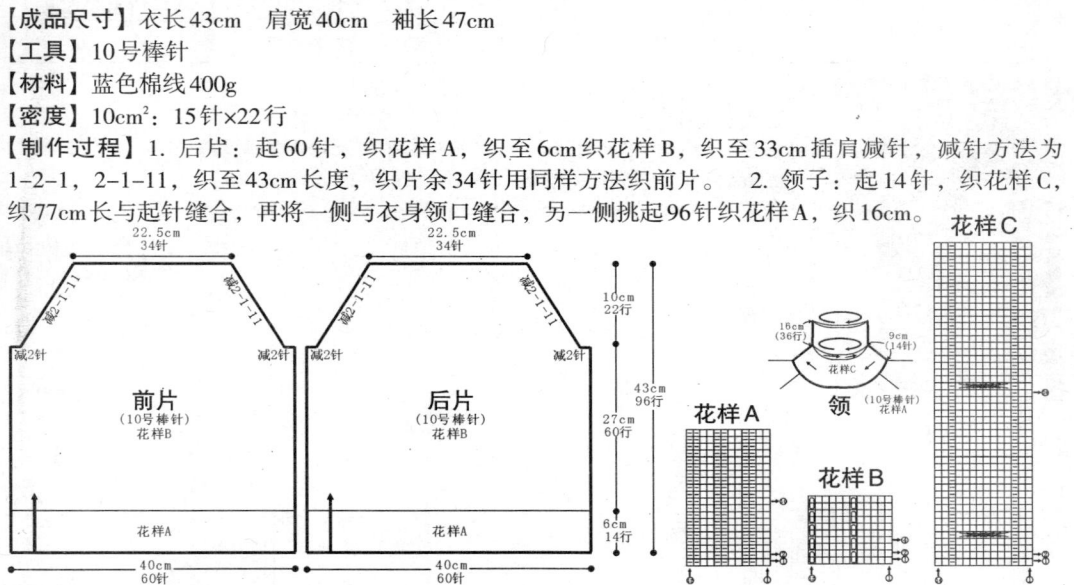

281

【成品尺寸】衣长46cm　肩宽40cm　袖长48cm
【工具】12号棒针
【材料】蓝色棉线200g　白色棉线150g　拉链1条
【密度】10cm²：26针×34行
【制作过程】1. 棒针编织法，衣服按左前片、右前片和后片分别编织，完成后缝合而成。　2. 起针织后片，双罗纹针起针法，用蓝色线起104针织花样A，4行白色线与4行蓝色线间隔编织，织至20行后，改为蓝色线编织花样B，织至102行，两侧减针织插肩袖窿，减针方法为1-3-1，2-1-27，两侧针数减少30针，余下44针，留待编织衣领。　3. 起针织左前片，双罗纹针起针法，起49针织花样A，用4行白色与4行蓝色间隔编织，织至20行，改用蓝色线编织花样B，织至102行，左侧减针织成插肩袖窿，减针方法为1-3-1，2-1-27，共减少30针，继续往上织至142行，右侧减针织成前领，减针方法为1-11-1，2-1-7，共减少18针，织至156行，收针断线，用同样的方法相反方向编织右前片。　4. 前片与后片的两侧缝要对应缝合。

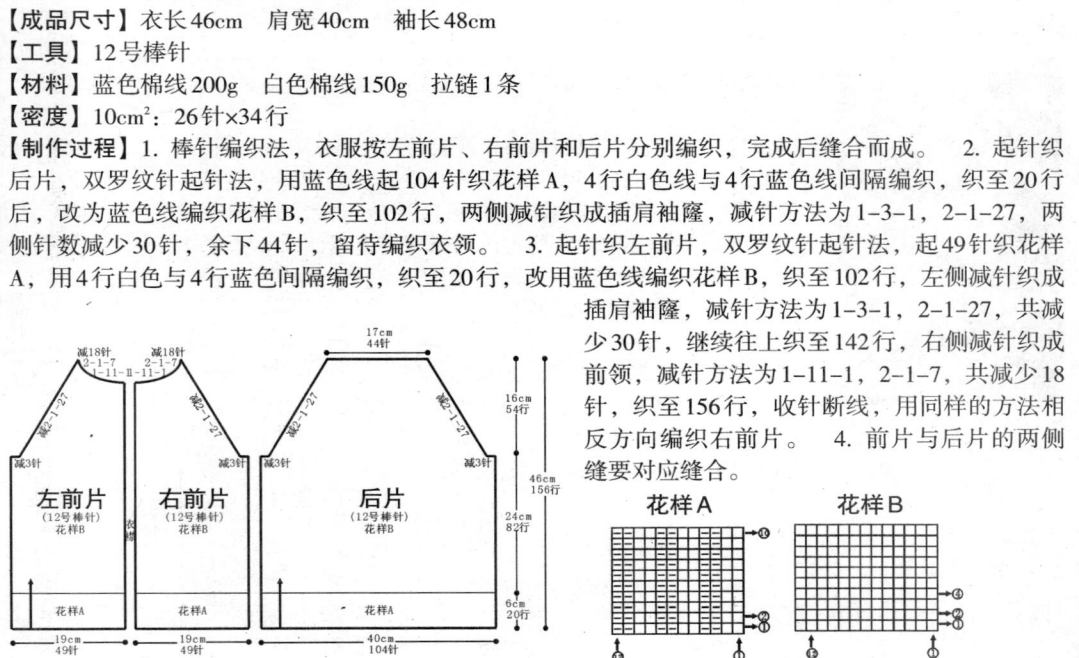

【成品尺寸】衣长50cm　肩宽40cm　袖长60cm
【工具】12号棒针
【材料】绿色棉线400g　黑色、粉红色、蓝色棉线各50g
【密度】10cm²：26针×34行
【制作过程】1. 棒针编织法，衣服按前片和后片分别编织，完成后缝合而成。　2. 起针织后片，双罗纹针起针法，用绿色线起104针织花样A，织至20行，改织花样B，织至116行，改用4种线组合编织，两侧减针织成插肩袖窿，减针方法为1-3-1，2-1-27，两侧针数减少30针，余下44针，留待编织衣领。　3. 起针织前片，双罗纹针起针法，用绿色线起104针织花样A，织至20行后，改用4种线组合编织花样B，织至32行，全部改用红色线编织，织至116行，改用4种线组合编织，两侧减针织成袖窿，减针方法为1-3-1，2-1-27，各减少30针，继续往上织至156行时，从第157行将中间留取22针不织，两侧减针织成前领，减针方法为2-1-7，共减少7针，织至170行，收针断线。　4. 前片与后片的两侧缝要对应缝合。

282

前片
(12号棒针)
花样B

后片
(12号棒针)
花样B

花样A

花样A

花样A　　花样B

【成品尺寸】衣长38cm　胸围72cm　袖长36cm
【工具】8号棒针
【材料】玫红色毛线650g　白色、绿色毛线各少量　拉链1条
【密度】10cm²：24针×30行
【制作过程】1. 前片、后片用白色毛线起针编织双罗纹针，织12行后换绿色毛线编织，前片为使拉链上得平整美观，需在门襟处织6针单针。　2. 袖子从袖口用白色毛线以机器边起针编织双罗纹，织64行后换绿色毛线，按图所示减袖山。　3. 前片、后片、袖片缝合后，挑针编织风帽，按领圈示意图挑针。

283

基本针法　　双罗纹

前片

后片

袖片

领圈挑针示意图

风帽后角(收针)

【成品尺寸】衣长38cm　胸围74cm　连肩袖长41cm
【工具】3.5mm棒针
【材料】浅绿色羊毛绒线400g　亮片若干
【密度】10cm²：20针×28行
【制作过程】1. 前片、后片：按图起74针，织5cm双罗纹后，改织花样，左右两边按图所示收成插肩袖。　2. 领口：前后领各按图所示均匀地减针，形成领口。　3. 袖片：按图起40针，织5cm双罗纹后，改织花样，织至20cm按图所示均匀地减针，收成插肩袖山。　4. 编织结束后，将前片、后片侧缝、袖子缝合。斜肩衬边另织，按图缝合，领窝挑针，织8cm双罗纹，折边缝合，形成双层圆领。　5. 装饰：缝上亮片。

284

领子结构图

斜肩衬边 2条
双罗纹
编织方向
5cm
14行
21cm42针

花样　　双罗纹

前片
花样

后片
花样

袖片
花样

双罗纹

202

285

【成品尺寸】衣长38cm　胸围74cm　连肩袖长41cm
【工具】3.5mm棒针
【材料】绿色羊毛绒线500g　白色羊毛绒线少量　贴图1个　拉链1条
【密度】10cm²：20针×28行
【制作过程】1. 前片：分左右两片编织，分别按图起36针，织5cm双罗纹后，改织全下针，左右两边按图所示收成插肩袖。后片：按图起74针，织5cm双罗纹后，改织全下针，左右两边按图所示收成插肩袖。　2. 编织结束后，将前片、后片侧缝、肩部、袖子缝合。领圈挑针，织10cm双罗纹，折边缝合，形成双层立领。门襟另织至3cm全下针，折边缝合，形成双层门襟。　3. 装饰：贴上贴图，装上拉链，衣袖装饰耳另织，按图缝好。

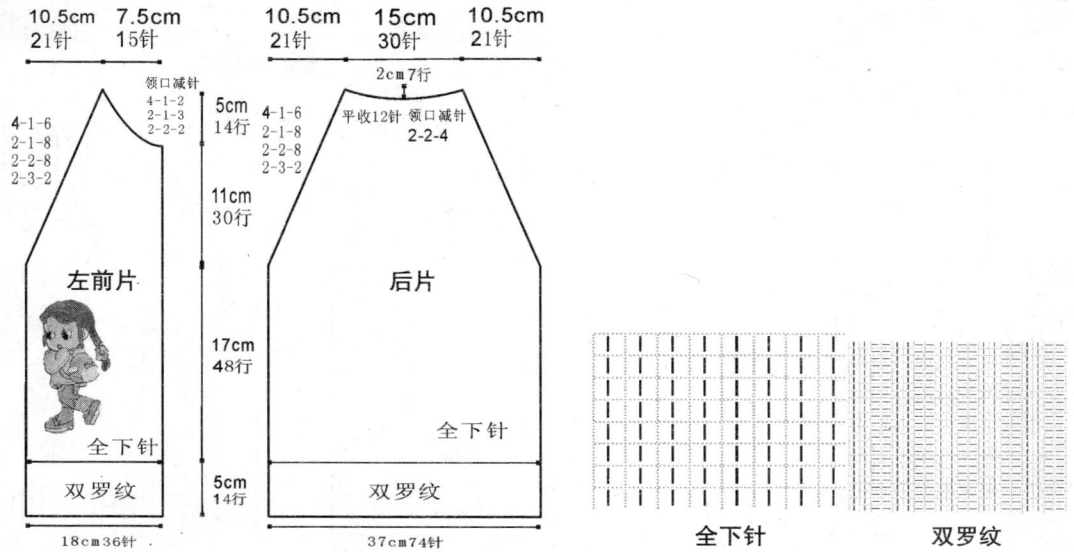

左前片：
10.5cm 21针　7.5cm 15针
领口减针
4-1-2
2-1-3
2-2-2
5cm 14行
4-1-6
2-1-8
2-2-8
2-3-2
11cm 30行
左前片
17cm 48行
全下针
5cm 14行
双罗纹
18cm 36针

后片：
10.5cm 21针　15cm 30针　10.5cm 21针
2cm 7行
4-1-6
2-1-8
2-2-8
2-3-2
平收12针　领口减针 2-2-4
后片
全下针
双罗纹
37cm 74针

全下针　　双罗纹

286

【成品尺寸】衣长42cm　胸围70cm　肩宽27cm　袖长34cm
【工具】8号棒针
【材料】粉红色毛线650g　装饰片少量　贴布
【密度】10cm²：24针×30行
【制作过程】1. 前片、后片以机器边起针编织双罗纹针，衣身编织基本针法，按图所示减针袖窿、后领、前领。　2. 袖子从袖口起针编织双罗纹，袖身编织基本针法，按图所示减袖山。　3. 前片、后片、袖片缝合后，挑针编织门襟衣领，注意均匀挑针，在门襟衣领上钉装饰片，熨上装饰贴布。

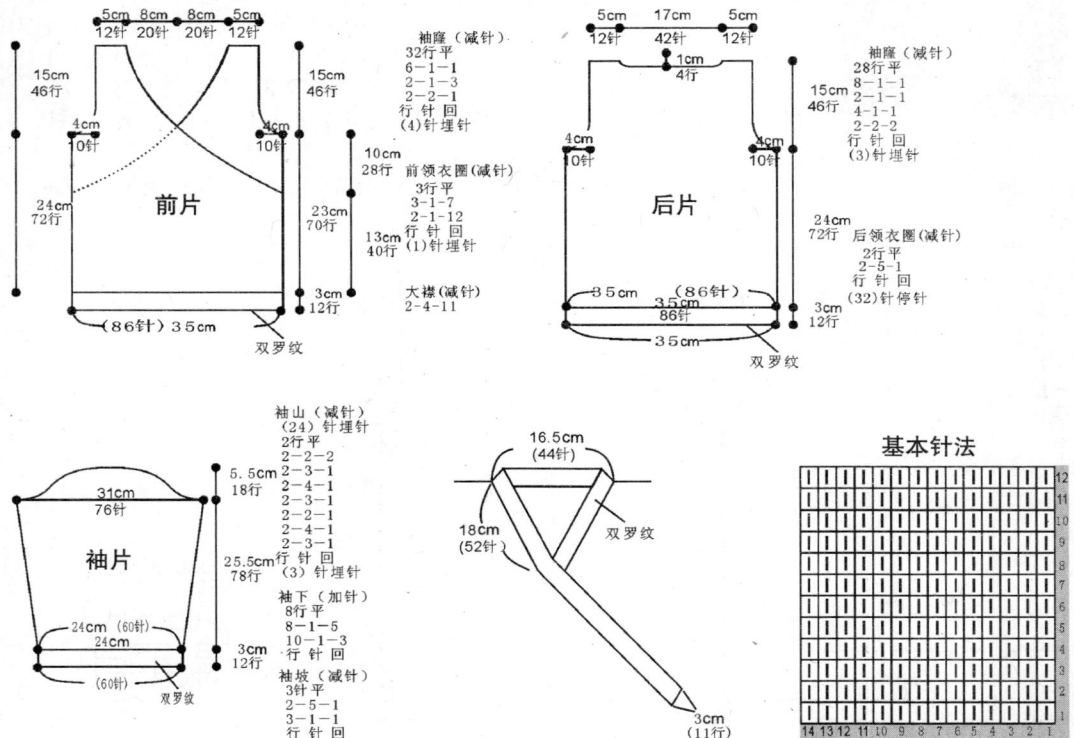

前片：
5cm 12针　8cm 20针　8cm 20针　5cm 12针
15cm 46行
4cm 10针
24cm 72行
前片
23cm 70行
3cm 12行
（86针）35cm
双罗纹
袖窿（减针）
32行平
6-1-1
2-1-3
2-2-1
行 针 回
(4)针埋针
前领衣圈（减针）
10cm 28行
3行平
3-1-7
2-1-12
13cm 40行 行 针 回 (1)针埋针
大襟（减针）
2-4-11

后片：
5cm 12针　17cm 42针　5cm 12针
1cm 4行
15cm 46行
4cm 10针
24cm 72行
后片
3cm 12行
3.5cm　（86针）　3.5cm
35cm
双罗纹
袖窿（减针）
28行平
8-1-1
2-1-1
4-1-1
2-2-2
行 针 回
(3)针埋针
后领衣圈（减针）
2行平
2-5-1
行 针 回
(32)针停针

袖片：
袖山（减针）
(24)针埋针
2行平
2-2-2
2-3-1
2-4-1
2-3-1
2-4-1
2-3-1
2-4-1
2-3-1
行 针 回
5.5cm 18行
31cm 76针
袖片
25.5cm 78行 行 针 回 (3)针埋针
24cm (60针)
24cm
(60针)
3cm 12行
双罗纹
袖下（加针）
8行平
8-1-5
10-1-3
行 针 回
袖坡（减针）
3针平
2-5-1
3-1-1
行 针 回

16.5cm (44针)
18cm (52针)
双罗纹
3cm (11行)

基本针法

【成品尺寸】衣长46cm　肩宽33cm　袖长48cm

【工具】12号棒针

【材料】浅绿色棉线350g　绿色棉线50g　白色棉线50g　拉链1条　字母图贴

【密度】10cm²：26针×34行

【制作过程】1. 后片：用绿色线起104针，织花样A，织至6cm后，改用浅绿色、绿色、白色3色线间隔编织，如衣身图案，织至30cm，袖窿减针，减针方法为1-4-1，2-1-5，织至45cm收后领，中间留取40针不织，两侧减针2-1-2，后片共织46cm长度。　2. 左前片：用绿色线起49针，织花样A，织至6cm后，改用浅绿色、绿色、白色3色线间隔编织，如衣身图案，织至30cm左侧袖窿减针，减针方法为1-4-1，2-1-5，织至40cm右侧前领减针，减针方法为1-7-1，2-2-6，共减少19针，左前片共织46cm长度，用同样方法往相反方向织右前片。　3. 领子：用浅绿色线沿领口挑起针织花样A，挑起92针织8cm与起针合并形成双层衣领。　4. 衣襟：前襟连领共挑起104针，用浅绿色线织花样B，织至6行向内与起针合并，缝上拉链。　5. 在左前片下摆处粘上字母图贴。

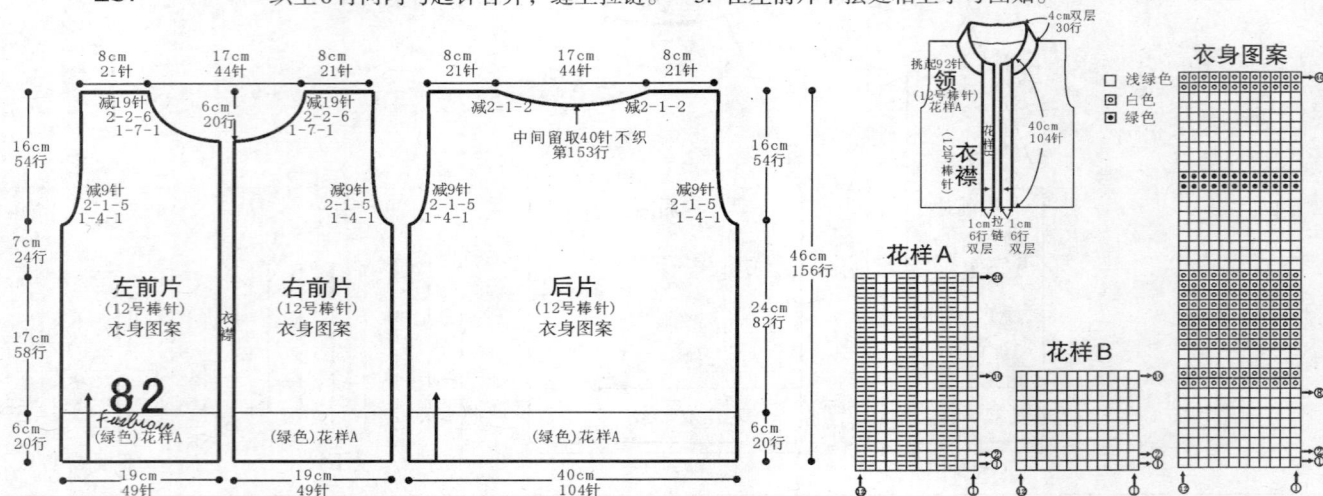

287

衣身图案
□ 浅绿色
☑ 白色
◉ 绿色

领
挑起92针
织花样A
（12号棒针）

衣襟
（12号棒针）

4cm双层
30行

挑起92针
40针
104针

1cm拉1cm
6行链6行
双层　双层

8cm 21针　17cm 44针　8cm 21针

减19针
2-2-6
1-7-1
6cm
20行

减19针
2-2-6
1-7-1

减2-1-2
中间留取40针不织
第153行
减2-1-2

16cm 54行

16cm 54行

减9针
2-1-5
1-4-1

减9针
2-1-5
1-4-1

减9针
2-1-5
1-4-1

减9针
2-1-5
1-4-1

7cm 24行

左前片
（12号棒针）
衣身图案

右前片
（12号棒针）
衣身图案

后片
（12号棒针）
衣身图案

46cm 156行

17cm 58行

82
fashion

24cm 82行

6cm 20行

（绿色）花样A

（绿色）花样A

（绿色）花样A

6cm 20行

19cm 49针　19cm 49针　40cm 104针

花样A

花样B

【成品尺寸】衣长50cm　肩宽34cm　袖长54cm

【工具】11号棒针

【材料】白色棉线400g　粉红色、蓝色、绿色、黄色棉线各少量

【密度】10cm²：20针×26行

【制作过程】1. 棒针编织法，衣身按前片、后片分别编织而成。　2. 起针织后片，双罗纹针起针法，用粉红色线起80针织花样A双罗纹针，织4行后，改为白色线编织，共织至16行，改织花样B，织至88行，两侧同时减针织成袖窿，减针方法为1-2-1，2-1-4，各减6针，余下72针不加减针往上织至127行，中间留取40针不织，两端相反方向减针编织，各减少2针，减针方法为2-1-2，最后两肩部各余下12针，收针断线。　3. 起针织前片，双罗纹针起针法，用粉红色线起80针织花样A，织至4行后，改为白色线编织，共织至16行，改织花样B，织至78行后，改用5色线组合编织图案，织至88行时，两侧同时减针织成袖窿，减针方法为1-2-1，2-1-4，各减6针，余下72针不加减针往上织至98行，改为全白色线编织，织至115行，中间留取12针不织，两端相反方向减针编织，各减少12针，减针方法为2-2-4，2-1-4，最后两肩部各余下12针，收针断线。　4. 前片与后片的两侧缝要对应缝合，两肩部也要对应缝合。

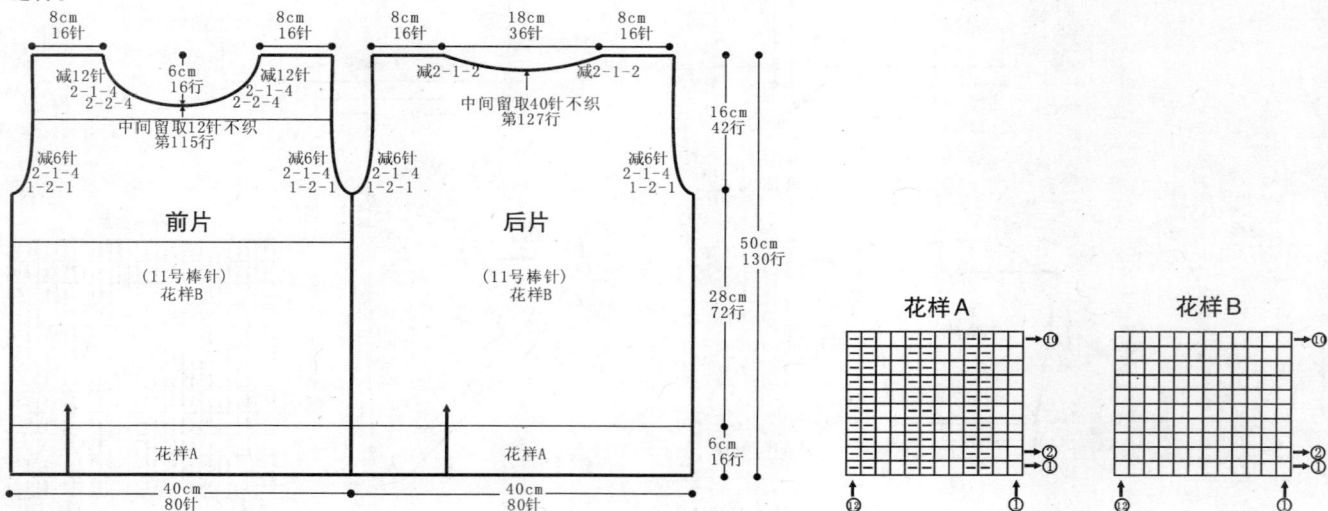

288

8cm 16针　8cm 16针　8cm 16针　18cm 36针　8cm 16针

减12针
2-1-4
2-2-4
6cm 16行

减12针
2-1-4
2-2-4

减2-1-2
中间留取40针不织
第127行
减2-1-2

16cm 42行

中间留取12针不织
第115行

减6针
2-1-4
1-2-1

减6针
2-1-4
1-2-1

减6针
2-1-4
1-2-1

减6针
2-1-4
1-2-1

前片
（11号棒针）
花样B

后片
（11号棒针）
花样B

50cm 130行

28cm 72行

花样A

花样A

6cm 16行

40cm 80针　40cm 80针

花样A

花样B

204

289
花样

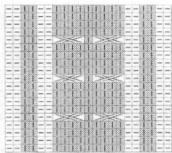
双罗纹　平针

【成品尺寸】衣长44cm　胸围72cm　袖长38cm
【工具】3.0mm棒针　绣针1根
【材料】白色棉线400g　红色线50g　粉红色线30g　粉红色珠子　拉链1条
【密度】10cm²：25针×32行
【制作过程】1. 左前片：用3.0mm棒针起46针，从下往上织双罗纹5cm，往上织下针和花样，织至23cm处开挂肩，按图解分别收袖窿、领子。　2. 后片：用3.0mm棒针起90针，织法与前片相同，后领按后片图解编织。　3. 前片、后片及袖片缝合后按图解挑领子，用3.0mm棒针编织双罗纹，织至10cm片收针，往里面缝合成双层领子。　4. 装饰：花样中两针下针上绣上花纹，在两个麻花中间1针上均匀地钉上粉红色珠子，装上拉链，清洗，熨烫。

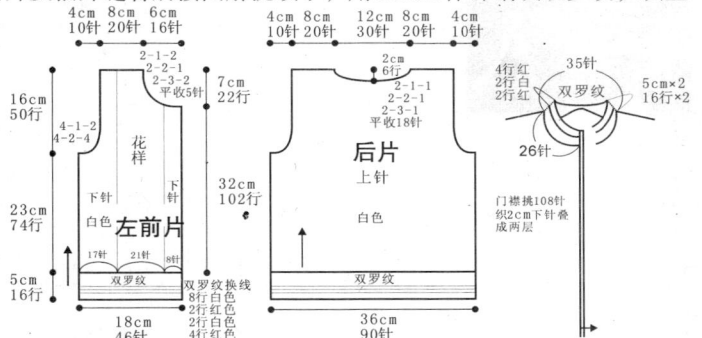

290

刺绣花样

【成品尺寸】衣长44cm　胸围72cm　袖长38cm
【工具】3.0mm棒针　绣针1根
【材料】白色棉线400g　拉链1条
【密度】10cm²：25针×32行
【制作过程】1. 左前片：用3.0mm棒针起45针，从下往上织单罗纹5cm，往上织反针和花样，织至23cm处开挂肩，按图解分别收袖窿、收领子。　2. 后片：用3.0mm棒针起90针，织法与前片相同，后领按后片图解编织。　3. 前片、后片及袖片缝合后按图解挑领子，用3.0mm棒针编织单罗纹，织至10cm片收针，往里面缝合成双层领子。　4. 装饰：花样中间按图解绣上小花朵，装上拉链，清洗，熨烫。

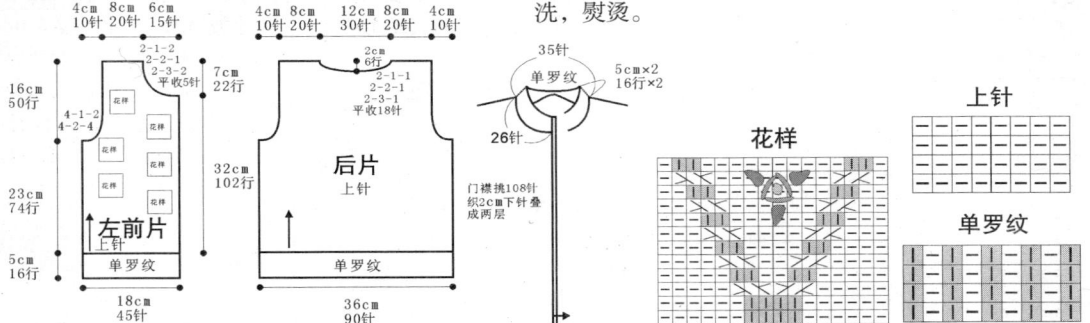

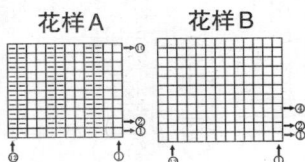

291

【成品尺寸】衣长46cm　肩宽33cm　袖长48cm
【工具】13号棒针
【材料】白色棉线300g　深紫色棉线100g　烫贴1片
【密度】10cm²：26针×34行
【制作过程】1. 后片：用白色线起104针，织花样B，织至2cm后与起针合并形成双层衣摆，织至30cm，袖窿减针，减针方法为1-4-1，2-1-5，织至45cm，收后领，中间留取40针不织，两侧减针2-1-2，后片共织46cm长度。　2. 前片：用白色线起104针，织花样B，织至2cm后与起针合并形成双层衣摆，织至30cm，袖窿减针，减针方法为1-4-1，2-1-5，织至32cm，收前领，中间留取22针不织，两侧减2-2-8，2-1-6，前片共织46cm长度。　3. 前襟：用深紫色线起22针，编织花样B，一边织一边两侧加针，加针方法为2-2-8，2-1-6，织片加至66针，不加减针往上编织至34行，从第35行中间留取18针不织，两侧减针织成前领，减针方法为2-2-7，织至48行，两侧肩部各余下10针，收针断线。将肩部及前襟与衣服前片缝合。　4. 沿领口挑针用紫色线编织衣领，挑起96针编织花样A，织5cm的高度。　5. 前片烫钻。

花样A　花样B

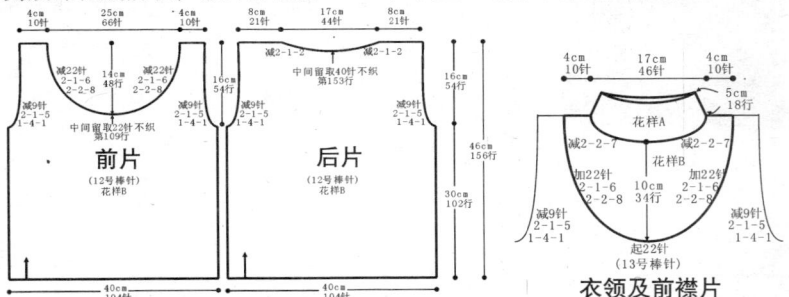

前片
(12号棒针)
花样B

后片
(12号棒针)
花样B

衣领及前襟片

292

【成品尺寸】衣长38cm　胸围74cm　袖长34cm
【工具】3.5mm棒针　小号钩针
【材料】蓝色羊毛绒线400g　白色长毛线少量　亮片饰物若干
【密度】10cm²：20针×28行
【制作过程】1. 前片、后片：用长毛线按图各起74针，织5cm单罗纹后，改用羊毛绒线织全下针，左右两边按图所示收成袖窿。　2. 编织结束后，将前片、后片侧缝、肩部、袖子缝合。领圈用钩针钩织花边，形成花边圆领。　3. 装饰：缝上亮片饰物。

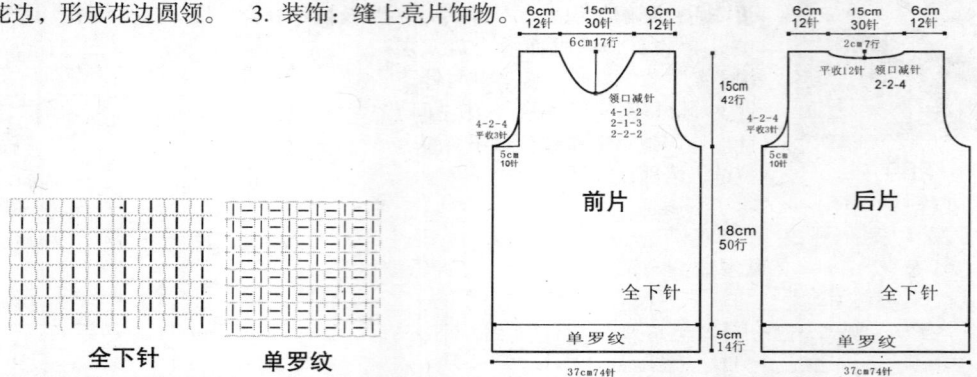

全下针　　单罗纹

前片　　后片

【成品尺寸】衣长56cm　肩宽40cm　袖长56cm
【工具】10号棒针
【材料】蓝色线棉450g
【密度】10cm²：16针×20行
【制作过程】1. 棒针编织法，衣服按左前片、右前片和后片分别编织，完成后缝合而成。　2. 起针织后片，双罗纹针起针法，起64针织花样A，织至6行后，改织花样B，织至80行，两侧减针织成插肩袖窿，减针方法为1-4-1，2-1-16，两侧针数减少20针，织至112行，余下24针，收针断线。3. 起针织左前片，双罗纹针起针法，起29针织花样A，织至6行后，改织花样B，织至80行，左侧减针织成插肩袖窿，减针方法为1-4-1，2-1-16，左侧针数减少20针，织至100行，右侧减针织成前领，减针方法为1-2-1，2-1-6，织至112行，余下1针，收针断线。用同样的方法相反方向编织右前片。　4. 左前片与右前片对应后片的两侧缝要对应缝合。

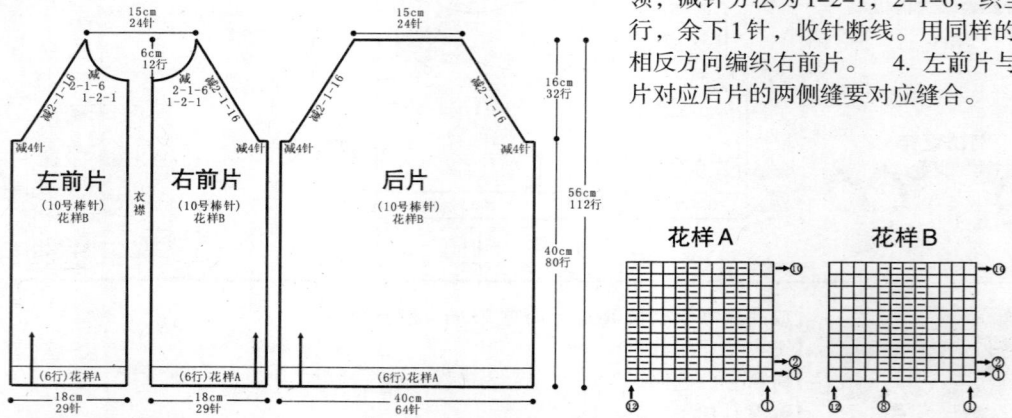

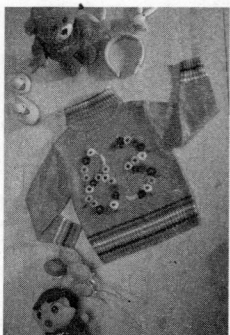

293

左前片　右前片　后片

花样A　　花样B

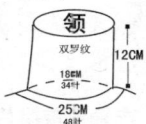

【成品尺寸】衣长47cm　胸围74cm　袖长42cm
【工具】3.5mm棒针
【材料】天蓝色丝光棉线500g　白色、果绿、粉红色、红色、泥黄、橙色棉线各少量
【密度】10cm²：19针×28行
【制作过程】1. 前片、后片用天蓝色线以机器边起针，编织双罗纹针，每隔3行换线编织，织至30行，后用天蓝色线织下针3行，用红色线织配色花A，正身全部用天蓝色线编织，织17cm长后前片、后片按图所示减针成袖窿，领位置以中心线为界按衣前后领图分左右两边减针成领口。　2. 前片、后片及袖片缝合后，挑针织领口，编织双罗纹针，注意均匀挑针。　3. 用白色、果绿色、粉红色、红色、泥黄、橙色棉线钩成小花，照图钉在衣前片，完成。

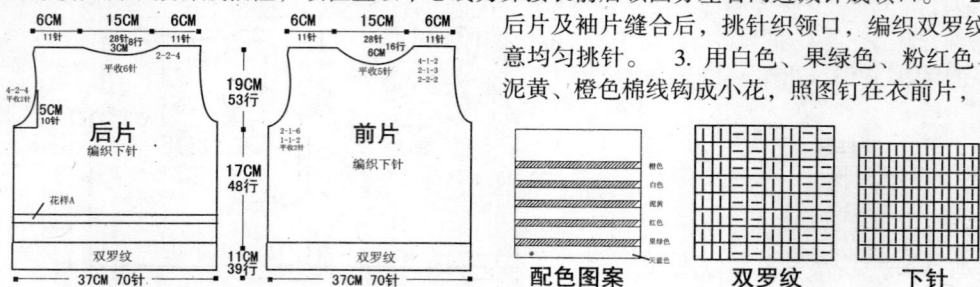

294

领　双罗纹

后片　前片

配色图案　双罗纹　下针

【成品尺寸】衣长50cm　肩宽40cm　袖长54cm

【工具】10号棒针

【材料】天蓝色棉线400g　白色棉线50g　绿色、橙色棉线各少量　拉链1条

【密度】10cm²：13针×17行

【制作过程】1. 棒针编织法，衣服按左前片、右前片和后片分别编织，完成后缝合而成。　2. 起针织后片，双罗纹针起针法，白色线起52针，织花样A，织2行后，改织蓝色线，织至10行，改织花样B，织至58行，两侧减针织成袖窿，减针方法为1-3-1，2-1-2，两侧针数减少5针，余下42针继续编织，两侧不再加减针，织至第83行时，中间留取14针不织，两端相反方向减针编织，各减少2针，减针方法为2-1-2，最后两肩部余下12针，收针断线。　3. 起针织左前片，双罗纹针起针法，起24针织花样A，织至10行后，改织花样B，织至58行，左侧减针织成袖窿，减针方法为1-3-1，2-1-2，共减少5针，继续往上织至79行，右侧减针织成前领，减针方法为1-3-1，2-1-4，共减少7针，织至86行，肩部余下12针，收针断线。用同样的方法相反方向编织右前片。　4. 前片与后片的两侧缝要对应缝合，两肩部也要对应缝合。　5. 编织衣领，沿领口挑针起针织，挑起40针，用蓝色线编织，织花样B，织至10行后，织2行白色线，然后改为蓝色线继续编织至26行时，向内与起针合并形成双层衣领，收针断线。　6. 沿左、右前襟用白色线挑针编织衣襟边，织至6行下针后，与起针合并形成双层，缝好拉链。

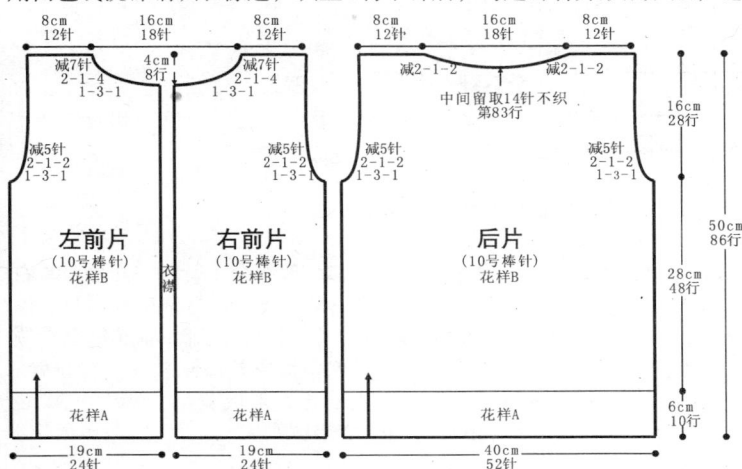

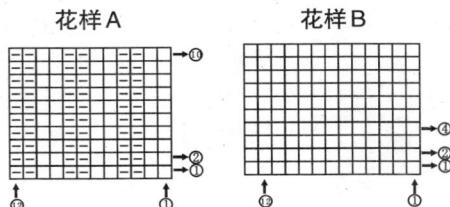

295

【成品尺寸】衣长50cm　肩宽33cm　袖长54cm

【工具】10号棒针

【材料】白色棉线400g　粉红色棉线50g　绿色、黑色棉线各少量　拉链1条

【密度】10cm²：13针×17行

【制作过程】1. 棒针编织法，衣服按左前片、右前片和后片分别编织，完成后缝合而成。　2. 起针织后片，双罗纹针起针法，用粉红色线起52针，织花样A，织2行后，改织白色线，织至10行，改织花样B，织至58行，两侧减针织成袖窿，减针方法为1-3-1，2-1-2，两侧针数减少5针，余下42针继续编织，两侧不再加减针，织至第83行时，中间留取14针不织，两端相反方向减针编织，各减少2针，减针方法为2-1-2，最后两肩部余下12针，收针断线。　3. 起针织左前片，双罗纹针起针法，起24针织花样A，织至10行后，改织花样B，织至58行，左侧减针织成袖窿，减针方法为1-3-1，2-1-2，共减少5针，继续往上织至79行，右侧减针织成前领，减针方法为1-3-1，2-1-4，共减少7针，织至86行，肩部余下12针，收针断线。用同样的方法相反方向编织右前片。　4. 前片与后片的两侧缝要对应缝合，两肩部也要对应缝合。　5. 编织衣领，沿领口挑针起针织，挑起40针，用白色线编织，织花样B，织至10行后，织2行粉红色线，然后改用白色线继续编织至26行，向内与起针合并形成双层衣领，收针断线。　6. 沿左、右前襟用粉红色线挑针编织衣襟边，织至6行下针后，与起针合并形成双层，缝好拉链。

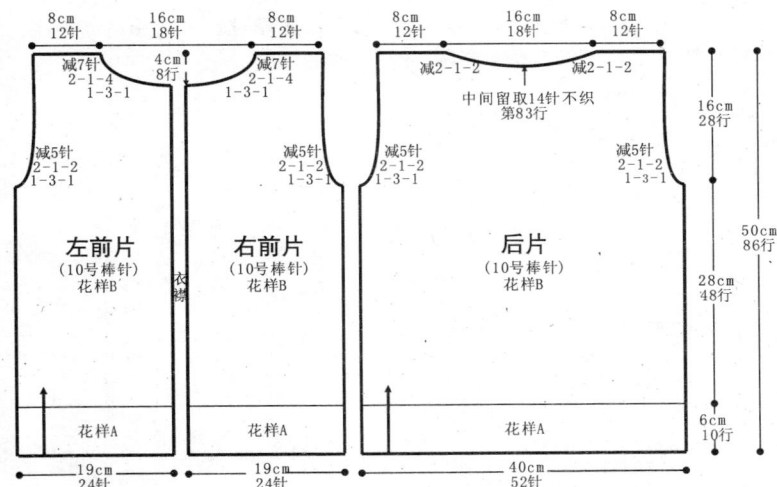

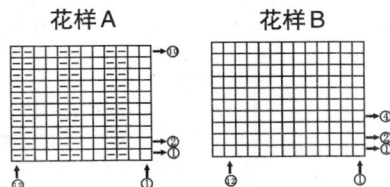

296

297

【成品尺寸】衣长38cm　胸围70cm　袖长34cm
【工具】3.5mm棒针
【材料】白色羊毛绒线500g　粉红色、蓝色羊毛绒线各少量　拉链1条　亮片若干
【密度】10cm²：20针×28行
【制作过程】1. 前片：分左右两片，分别按图起35针，织5cm双罗纹后，改织全下针，并间色和编入图案，左右两边按图所示收成袖窿。后片：按图起70针，织5cm双罗纹后，改织全下针，左右两边按图收成袖窿。　2. 编织结束后，将侧缝、肩部、袖子缝合。领圈挑针，织10cm双罗纹，并间色，折边缝合，形成双层开襟圆领。门襟挑针，织至3cm下针，折边缝合，形成双层门襟。　3. 装饰：缝上拉链和亮片。

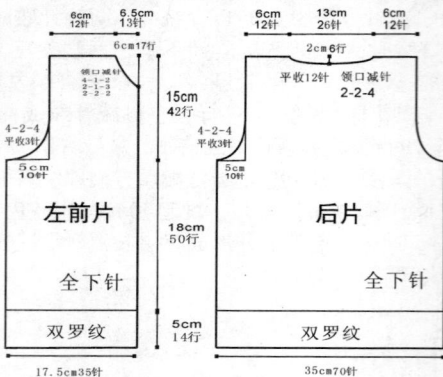

左前片
6cm 12针　6.5cm 13针
6cm17行
领口挑针
4-1-2
2-1-3
2-2-2
15cm 42行
4-2-4 平收3针
5cm 10针
18cm 50行
全下针
5cm 14行
双罗纹
17.5cm35针

后片
6cm 12针　13cm 26针　6cm 12针
2cm 6行
平收12针　领口减针 2-2-4
4-2-4 平收3针
5cm 10针
全下针
双罗纹
35cm70针

全下针　　双罗纹

298

【成品尺寸】衣长38cm　胸围70cm　袖长34cm
【工具】3.5mm棒针　绣花针
【材料】白色羊毛绒线500g　粉红色毛绒线少量　拉链1条　装饰图案
【密度】10cm²：20针×28行
【制作过程】1. 前片：分左右两片，分别按图起35针，织5cm双罗纹后，改织全下针，并间色，左右两边按图所示收成袖窿。后片：按图起70针，织5cm双罗纹后，改织全下针，左右两边按图收成袖窿。　2. 编织结束后，将侧缝、肩部、袖子缝合。领圈挑针，织5cm双罗纹，形成开襟圆领。门襟挑针，织至3cm下针，折边缝合，形成双层门襟。　3. 装饰：缝上拉链，绣上装饰图案。

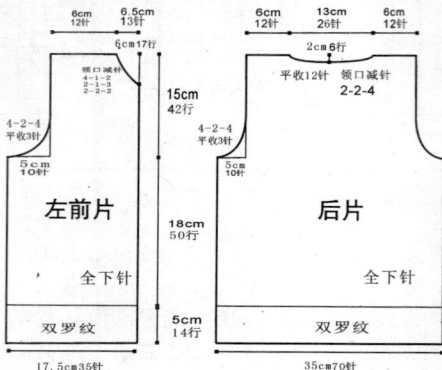

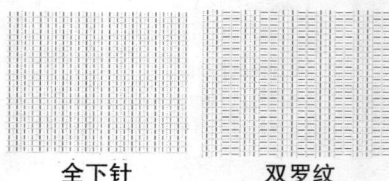

左前片
6cm 12针　6.5cm 13针
6cm17行
领口挑针
4-1-2
2-1-3
2-2-2
15cm 42行
4-2-4 平收3针
5cm 10针
18cm 50行
全下针
5cm 14行
双罗纹
17.5cm35针

后片
6cm 12针　13cm 26针　6cm 12针
2cm 6行
平收12针　领口减针 2-2-4
4-2-4 平收3针
5cm 10针
全下针
双罗纹
35cm70针

全下针　　双罗纹

299

【成品尺寸】衣长38cm　胸围74cm　袖长34cm
【工具】3.5mm棒针　绣花针
【材料】白色羊毛绒线500g　粉红色毛线少量　亮珠、丝带图案若干
【密度】10cm²：20针×28行
【制作过程】1. 前片、后片：按图起74针，织5cm双罗纹后，改织全下针，并间色，左右两边按图所示收成袖窿。　2. 编织结束后，将前片、后片侧缝、肩部、袖子缝合。领圈挑针，前领适当叠压，片织10cm双罗纹，并间色，形成翻领。　3. 装饰：绣上亮珠、丝带图案。

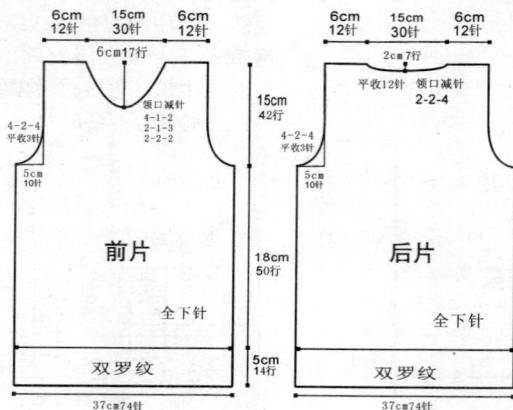

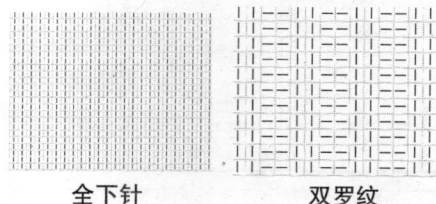

前片
6cm 12针　15cm 30针　6cm 12针
6cm17行
领口减针
4-1-2
2-1-3
2-2-2
4-2-4 平收3针
5cm 10针
15cm 42行
18cm 50行
全下针
5cm 14行
双罗纹
37cm74针

后片
6cm 12针　15cm 30针　6cm 12针
2cm 7行
平收12针　领口减针 2-2-4
15cm 42行
4-2-4 平收3针
5cm 10针
全下针
双罗纹
37cm74针

全下针　　双罗纹

【成品尺寸】衣长46cm　肩宽33cm　袖长48cm
【工具】10号棒针
【材料】白色棉线400g　紫色长绒线100g　粉红色棉线30g
【密度】10cm²：15针×22行
【制作过程】1. 后片：用紫色长绒线起60针，织花样A，织至6cm后，改为白色线织花样B，织至30cm，袖窿减针，减针方法为1-2-1，2-1-3，织至45cm，收后领，中间留取22针不织，两侧减针2-1-2，后片共织46cm长度。　2. 前片：用紫色长绒线起60针，织花样A，织至6cm后，改为白色线织花样B，织至30cm，袖窿减针，减针方法为1-2-1，2-1-3，织至40cm，收前领，中间留取10针不织，两侧减2-2-3，2-1-2，前片共织46cm长度。　3. 领子：用白色线沿领口挑起56针织花样A，织5cm长改为紫色长绒线编织，织11cm长度。　4. 饰片：用白色棉线起40针，织花样A，织至4cm长度，改用粉红色线织花样C，共织10cm长度。在双层边内穿入绳子。用同样的方法织另一半，如图方式缝合于前片。

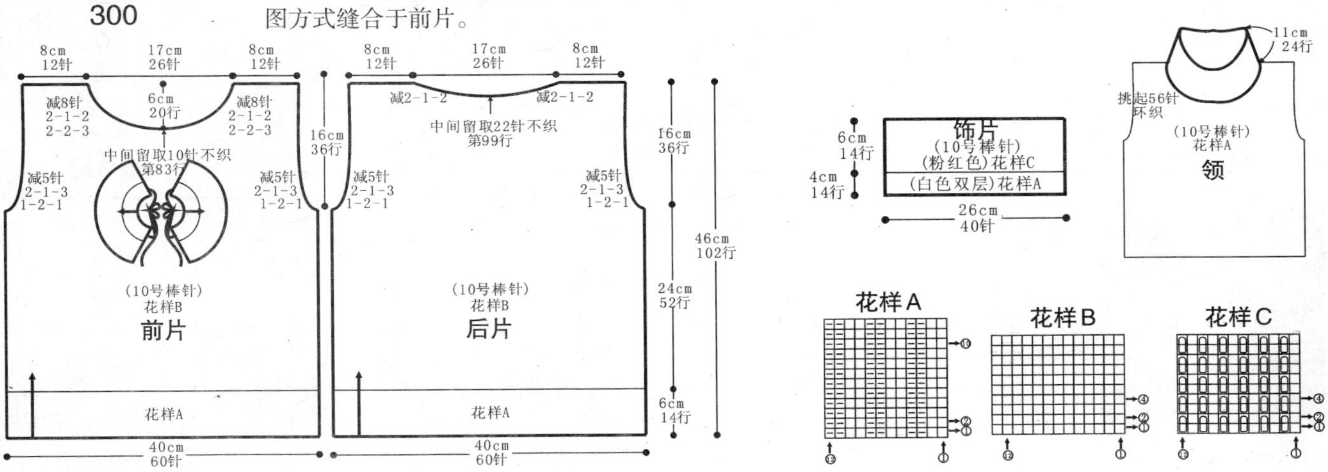

300

【成品尺寸】衣长50cm　肩宽32cm　袖长54cm
【工具】10号棒针
【材料】粉红色棉线100g　白色棉线100g　红色、蓝色、绿色棉线各50g　拉链1条
【密度】10cm²：13针×17行
【制作过程】1. 棒针编织法，衣服按左前片、右前片和后片分别编织，完成后缝合而成。　2. 起针织后片，双罗纹针起针法，白色线起52针织花样A，织至10行，改用5种线组合编织，织花样B，织至58行，两侧减针织成袖窿，减针方法为1-3-1，2-1-2，两侧针数减少5针，余下42针继续编织，两侧不再加减针，织至第83行时，中间留取14针不织，两端相反方向减针编织，各减少2针，减针方法为2-1-2，最后两肩部各下12针，收针断线。　3. 起针织左前片，双罗纹针起针法，起24针织花样A，织至10行后，改织花样B，织至58行，左侧减针织成袖窿，减针方法为1-3-1，2-1-2，共减少5针，继续往上织至79行，右侧减针织成前领，减针方法为1-3-1，2-1-4，共减少7针，织至86行，肩部余下12针，收针断线。用同样的方法相反方向编织右前片。　4. 前片与后片的两侧要对应缝合，两肩部也要对应缝合。　5. 编织衣领，沿领口挑针起针织，挑起40针，用白色线编织，织花样B，织至16行后，收针断线。　6. 沿左、右衣襟边横向挑织衣襟，用白色线挑起90针，编织花样B，织至6行后，与起针合并形成双层衣襟边，然后缝好拉链。

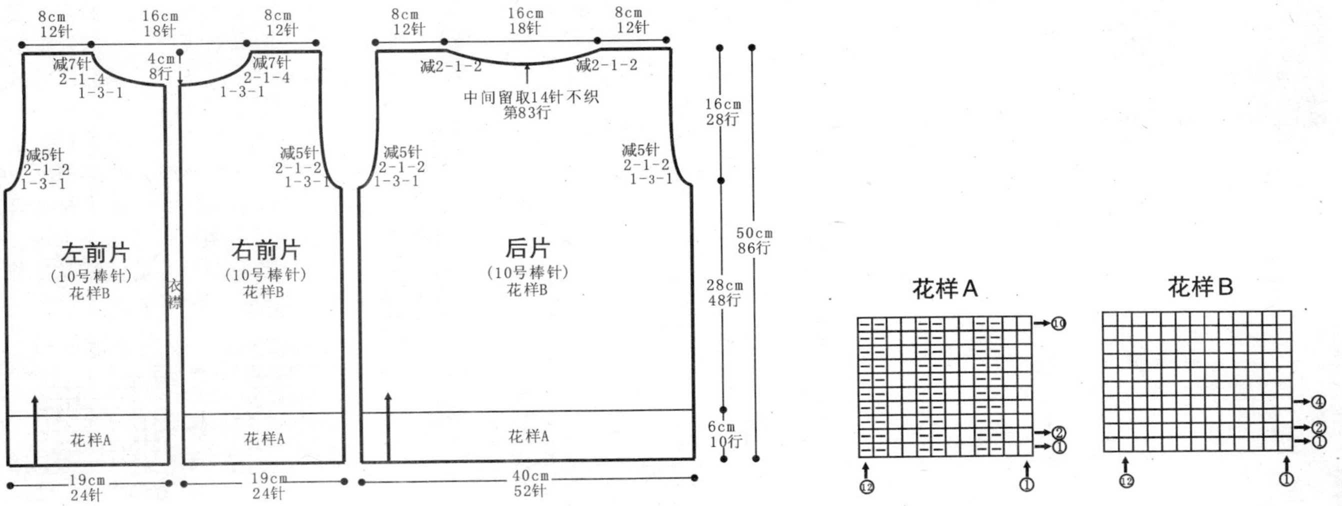

301

209

302

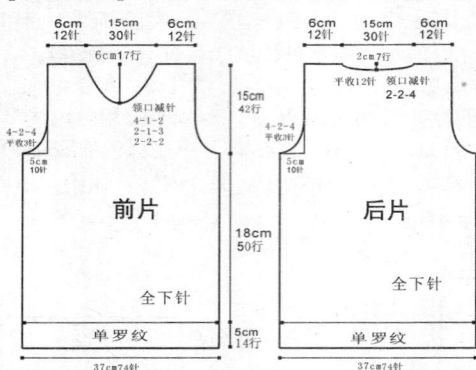

【成品尺寸】衣长38cm　胸围74cm　袖长34cm
【工具】3.5mm棒针
【材料】白色羊毛绒线500g　粉红色长毛线少量　亮片若干
【密度】10cm²：20针×28行
【制作过程】1. 前片、后片：用长毛线按图起74针，织5cm单罗纹后，改用羊毛绒织全下针，并编入图案，左右两边按图所示收成袖窿。　2. 领口：前后领各按图所示均匀地减针，形成领口。　3. 编织结束后，将前片、后片侧缝、肩部、袖子缝合。领圈挑针，织18cm单罗纹，形成高领，其中一半用长毛线编织。　4. 装饰：缝上亮片。

领子结构图

6cm 12针　15cm 30针　6cm 12针
6cm17行
领口减针
4-1-2
2-1-3
2-2-2
4-2-4
平收
5cm 10针
前片
全下针
单罗纹
37cm74针
15cm 42行
18cm 50行
5cm 14行

6cm 12针　15cm 30针　6cm 12针
2cm行
平收12针　领口减针 2-2-4
4-2-4
平收
5cm 10针
后片
全下针
单罗纹
37cm74针

图案　全下针　单罗纹

303

【成品尺寸】衣长38cm　胸围74cm　连肩袖长41cm
【工具】3.5mm棒针
【材料】白色羊毛绒线400g　长毛线少量　垂须若干
【密度】10cm²：20针×28行
【制作过程】1. 前片、后片：按图起74针，织5cm双罗纹后，改织全下针，并间色，左右两边按图所示收成插肩袖。　2. 编织结束后，将前片、后片侧缝、袖子缝合。领子另织2片，并间色，缝合后，再与领圈缝合，如图所示。　3. 装饰：用原线做成垂须装饰。

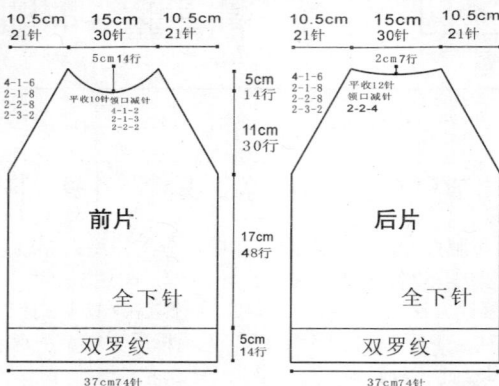

10.5cm 21针　15cm 30针　10.5cm 21针
5cm14行
平收10针 领口减针
4-1-6
2-1-8
2-2-8
2-3-2
4-1-2
2-1-3
2-2-2
前片
全下针
双罗纹
37cm74针

10.5cm 21针　15cm 30针　10.5cm 21针
2cm7行
平收12针 领口减针 2-2-4
4-1-6
2-1-8
2-2-8
2-3-2
后片
全下针
双罗纹
37cm74针

5cm 14行
11cm 30行
17cm 48行
5cm 14行

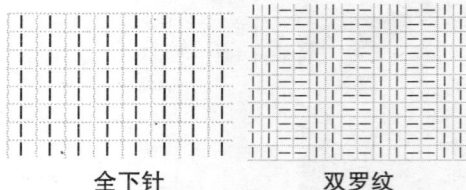

全下针　双罗纹

304

【成品尺寸】衣长50cm　肩宽34cm　袖长54cm
【工具】11号棒针
【材料】白色棉线400g　粉红、绿色棉线各50g
【密度】10cm²：20针×26行
【制作过程】1. 棒针编织法，衣身按前片、后片分别编织而成。　2. 起针织后片，单罗纹针起针法，用白色线起80针织花样A，共织至16行，改织花样B，织至88行，两侧同时减针织成袖窿，减针方法为1-2-1，2-1-4，各减6针，余下72针不加减针往上织至127行，中间留取40针不织，两端相反方向减针编织，各减少2针，减针方法为2-1-2，最后两肩部各余下12针，收针断线。　3. 起针织前片，双罗纹针起针法，用白色线起80针织花样A，织至16行，改织花样B，织至88行，两侧同时减针织成袖窿，减针方法为1-2-1，2-1-4，各减6针，余下72针不加减针往上织至115行，中间留取12针不织，两端相反方向减针编织，各减少12针，减针方法为2-2-4，2-1-4，最后两肩部各余下12针，收针断线。　4. 前片与后片的两侧缝要对应缝合，两肩部也要对应缝合。

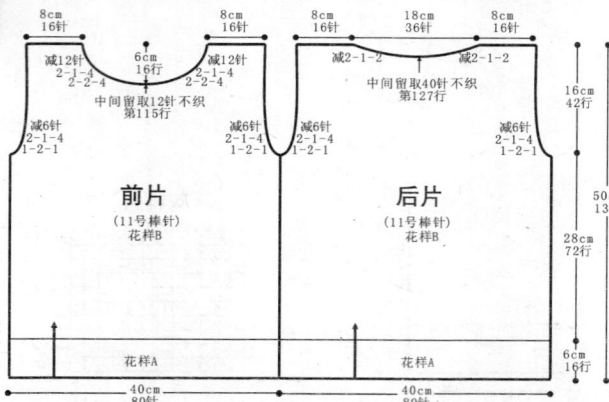

8cm 16针　6cm 16针　8cm 16针
减12针
2-1-6
2-2-4
中间留取12针不织
第115行
减6针
2-1-4
1-2-1
减2-1-2
减2-1-2
前片
（11号棒针）
花样B
花样A
40cm 80针

8cm 16针　18cm 36针　8cm 16针
中间留取40针不织
第127行
减2-1-2
减6针
2-1-4
1-2-1
减6针
2-1-4
1-2-1
减2-1-2
后片
（11号棒针）
花样A
40cm 80针

16cm 42行
50cm 130行
28cm 72行
6cm 16行

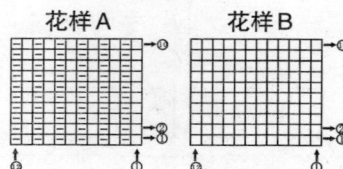

花样A　花样B

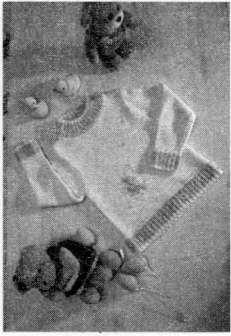

305

【成品尺寸】衣长38cm　胸围74cm　袖长34cm
【工具】3.5mm棒针　绣花针
【材料】白色羊毛绒线　粉红色毛线少量　亮珠　丝带图案若干
【密度】10cm²：20针×28行
【制作过程】1. 前片、后片：按图起74针，织5cm双罗纹后，改织全下针，并间色左右两边按图所示收成袖窿。　2. 编织结束后，将前片、后片侧缝、肩部、袖子缝合。领圈挑针，织5cm双罗纹，并间色，形成圆领。　3. 装饰：绣上亮珠、丝带图案。

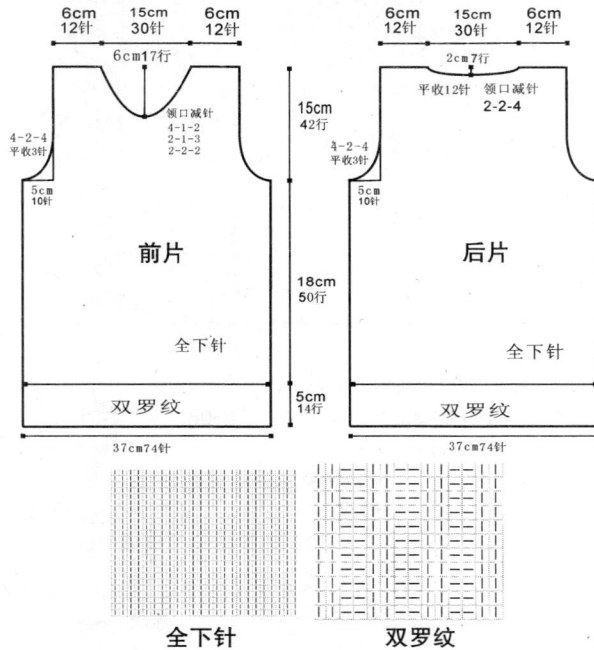

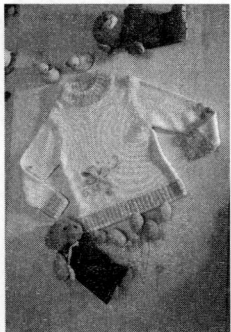

6cm　15cm　6cm
12针　30针　12针

6cm　15cm　6cm
12针　30针　12针

6cm17行

2cm7行

平收12针　领口减针
2-2-4

15cm
42行

领口减针
4-1-2
2-1-3
2-2-2

4-2-4
平收3针

4-2-4
平收3针

5cm
10针

5cm
10针

前片

后片

18cm
50行

全下针

全下针

5cm
14行

双罗纹

双罗纹

37cm74针

37cm74针

全下针

双罗纹

306

【成品尺寸】衣长38cm　胸围74cm　袖长34cm
【工具】3.5mm棒针　绣花针
【材料】白色羊毛绒线400g　粉红色毛线少量　亮珠　丝带花图案若干
【密度】10cm²：20针×28行
【制作过程】1. 前片、后片：按图起74针，织5cm双罗纹后，改织全下针，左右两边按图所示收成袖窿。　2. 编织结束后，将前片、后片侧缝、肩部、袖子缝合。领圈挑针，织5cm双罗纹，形成圆领。　3. 装饰：绣上亮珠、绣花图案。

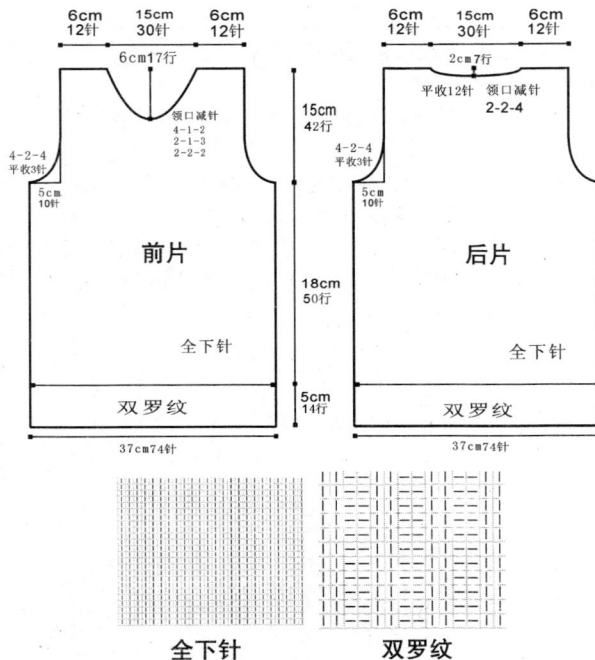

6cm　15cm　6cm
12针　30针　12针

6cm　15cm　6cm
12针　30针　12针

6cm17行

2cm7行

平收12针　领口减针
2-2-4

15cm
42行

领口减针
4-1-2
2-1-3
2-2-2

4-2-4
平收3针

4-2-4
平收3针

5cm
10针

5cm
10针

前片

后片

18cm
50行

全下针

全下针

5cm
14行

双罗纹

双罗纹

37cm74针

37cm74针

全下针

双罗纹

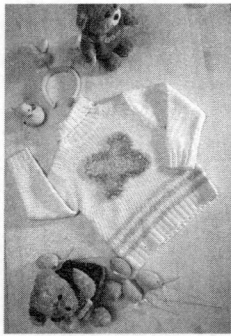

307

【成品尺寸】衣长38cm　胸围74cm　袖长34cm
【工具】3.5mm棒针　绣花针
【材料】白色羊毛绒线400g　粉红色毛线少量　丝带若干
【密度】10cm²：20针×28行
【制作过程】1. 前片、后片：按图起74针，织5cm双罗纹后，改织全下针，并间色，前片按图编入图案，左右两边按图所示收成袖窿。　2. 领口：前后领各按图所示均匀地减针，形成领口。　3. 编织结束后，将前片、后片侧缝、肩部、袖子缝合。领圈挑针，圈织18cm双罗纹，形成高领。　4. 装饰：绣上丝带图案。

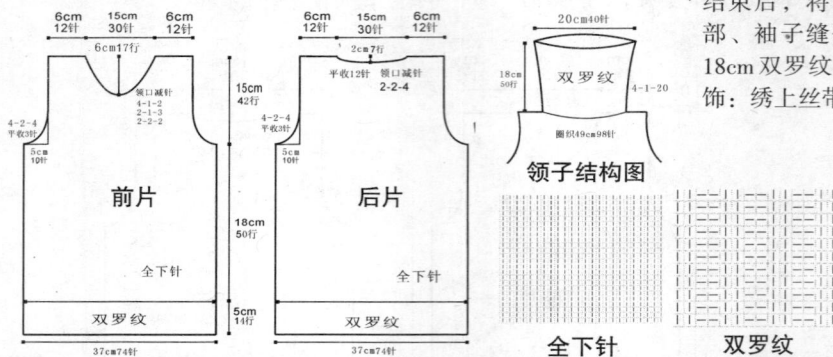

前片　后片　领子结构图

6cm12针　15cm30针　6cm12针
6cm17行
领口减针
4-1-2
2-1-3
2-2-2
15cm42行
4-2-4平收3针
5cm10针
全下针
双罗纹
37cm74针

6cm12针　15cm30针　6cm12针
2cm7行
平收12针　领口减针　2-2-4
4-2-4平收3针
5cm10针
全下针
18cm50行
5cm14行
双罗纹
37cm74针

20cm40针
18cm50行　双罗纹　4-1-20
圈织49cm98针
领子结构图

全下针　双罗纹

308

【成品尺寸】衣长38cm　胸围74cm　袖长34cm
【工具】3.5mm棒针　绣花针
【材料】粉红色羊毛绒线400g　白色羊毛绒线50g　红色长毛线少量　绣花若干
【密度】10cm²：20针×28行
【制作过程】1. 前片、后片：用长毛线按图起74针，织5cm单罗纹后，改用羊毛绒织全下针，并编入图案，左右两边按图所示收成袖窿。　2. 领口：前后领各按图所示均匀地减针，形成领口。　3. 编织结束后，将前片、后片侧缝、肩部、袖子缝合。领圈挑针，织18cm单罗纹，形成高领，其中一半用长毛线编织。　4. 装饰：绣上绣花。

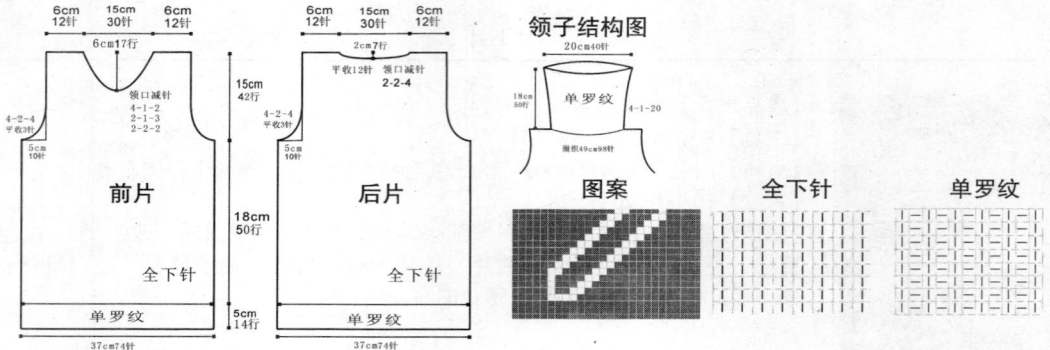

前片　后片　领子结构图

6cm12针　15cm30针　6cm12针
6cm17行
领口减针
4-1-2
2-1-3
2-2-2
15cm42行
4-2-4平收3针
5cm10针
全下针
单罗纹
37cm74针

6cm12针　15cm30针　6cm12针
2cm7行
平收12针　领口减针　2-2-4
4-2-4平收3针
5cm10针
全下针
18cm50行
5cm14行
单罗纹
37cm74针

20cm40针
18cm50行　单罗纹　4-1-20
圈织49cm98针
领子结构图

图案　全下针　单罗纹

309

【成品尺寸】衣长46cm　胸围76cm　袖长40cm
【工具】3.0mm棒针　3.25mm棒针
【材料】粉红色线350g　玫红色线200g　喜洋洋布贴1个　蘑菇布贴2个
【密度】10cm²：28针×32行
【制作过程】1. 前片、后片：用3.0mm棒针、玫红色线起120针，从下往上织双罗纹5cm，换3.25mm棒针、粉红色线织平针，织至30cm处开挂肩，按图解两边分别收袖窿、领子。　2. 前片、后片及袖片缝合后按图解挑领子，用3.0mm棒针、玫红色线编织双罗纹，织至10cm处收针，往里面缝合成双层领子。　3. 装饰：把喜洋洋布贴缝在正前胸，蘑菇布贴缝在喜洋洋布贴左下角。

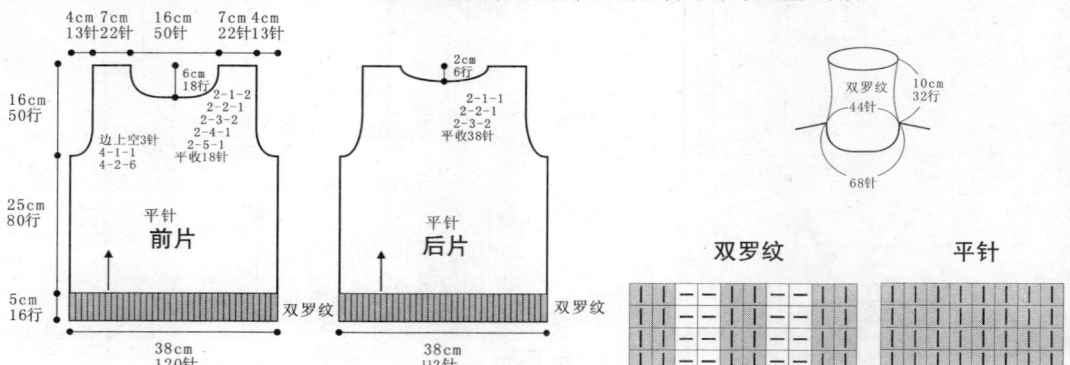

前片　后片

4cm13针　7cm22针　16cm50针　7cm22针　4cm13针
6cm18行
2-1-2
2-2-1
2-3-2
2-4-1
平收18针
16cm50行
边上空3针
4-1-1
4-2-6
25cm80行
平针

2cm6行
2-1-1
2-2-1
2-3-2
2-4-1
平收38针
平针

5cm16行　双罗纹
38cm120针　38cm112针

双罗纹　10cm32针　44针　68针

双罗纹　平针

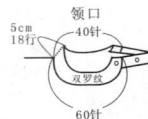

领口
5cm 18行 — 40针
双罗纹
60针

【成品尺寸】衣长48cm　胸围76cm　袖长42cm
【工具】3.0mm棒针　3.25mm棒针
【材料】粉红色棉线400g　白色小珠子27颗　180cm白色纱带　扣子2颗　亮钻若干
【密度】10cm²：24针×36行
【制作过程】1. 前片：用3.0mm棒针起92针，从下往上织双罗纹5cm，换3.25mm棒针织平针，织至31cm处开挂肩，按图解两边分别收袖窿、收领子。织时把图解织入前片正中间。　2. 后片：织法与前片相同，后领按后片图解编织。　3. 前片、后片右肩缝合，左肩织双罗纹钉2颗扣子，按图挑领子来回织，在动物图标裙子处均匀贴上亮钻。

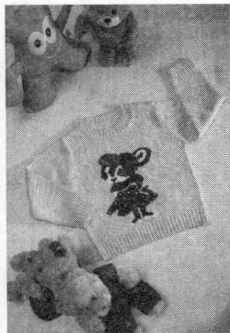

310

平针

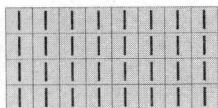

双罗纹

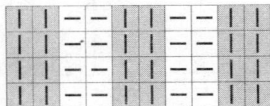

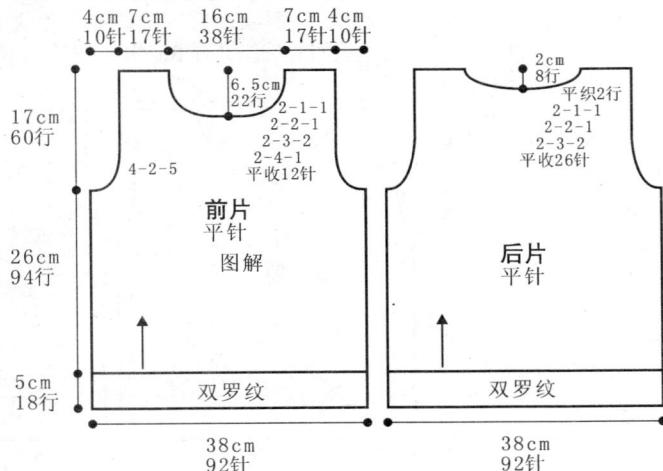

前片 平针 图解

后片 平针

图解

■ 黑色
□ 白色
□ 暗色

【成品尺寸】衣长46cm　肩宽40cm　袖长48cm
【工具】12号棒针
【材料】粉红色棉线300g　杏色、咖啡色棉线各50g　烫花公仔1片
【密度】10cm²：26针×34行
【制作过程】1. 后片：用杏色线起104针，织花样A，织至6cm后，改织花样B和图案，织至30行后全部改用粉红色线编织，织至30cm，袖窿减针，减针方法为1-4-1，2-1-5。织至45cm，收后领，中间留取40针不织，两侧减针2-1-2，后片共织46cm长度。　2. 前片：用杏色线起104针，织花样A，织至6cm后，改织花样B和图案，织至30行后全部改用粉红色线编织，织至30cm，袖窿减针，减针方法为1-4-1，2-1-5。织至40cm，收前领，中间留取14针不织，两侧减针2-2-6，2-1-2，前片共织46cm长度。　3. 领子：用杏色线沿领口挑起针织花样A，挑起94针，织至4cm长度。　4. 贴公仔烫花。

311

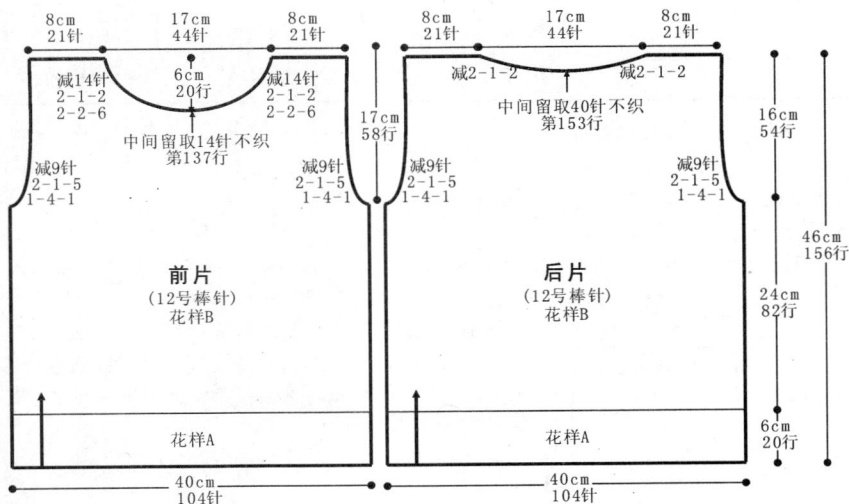

前片
(12号棒针)
花样B

后片
(12号棒针)
花样B

花样A

花样A

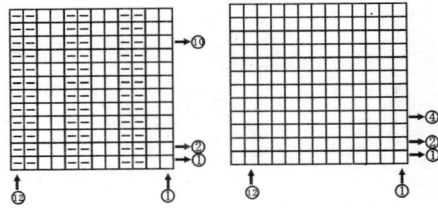

花样A　　花样B

图案

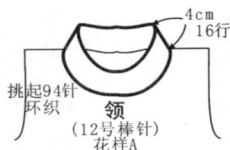

领
(12号棒针)
花样A

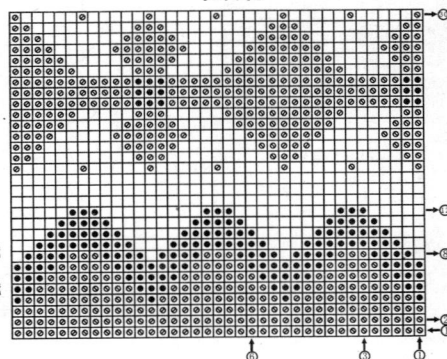

□ 粉红色线
■ 咖啡色线
□ 杏色线

【成品尺寸】衣长46cm　肩宽33cm　袖长48cm
【工具】12号棒针
【材料】白色棉线200g　红色棉线250g
【密度】10cm²：26针×34行
【制作过程】1. 棒针编织法，衣服按前片和后片分别编织，完成后缝合而成。　2. 起针织后片，双罗纹针起针法，用红色线起104针织花样A，织至20行，从第21行起，10行红色、10行白色线间隔编织花样B，织至102行，两侧减针织成袖窿，减针方法为1-4-1，2-1-5，两侧针数减少9针，不加减针织至153行，中间留取40针不织，两侧减针织成后领，减针方法为2-1-2，织至156行，两肩部各余下21针，收针断线。　3. 起针织前片，双罗纹针起针法，用白色线起104针织花样A，织至20行，从第21行起，10行红色、10行白色线间隔编织花样B，织至102行，两侧减针织成袖窿，减针方法为1-4-1，2-1-5，两侧针数减少9针，不加减针织至136行，从第137起将织片中间留取20针不织，两侧减针织成前领，减针方法为2-2-4，2-1-4，两侧各减少12针，织至156行，两肩部各余下21针，收针断线。　4. 前片与后片的两侧缝要对应缝合，两肩缝也要对应缝合。

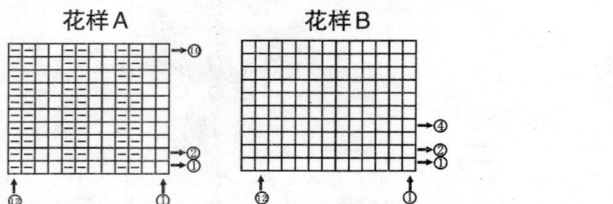

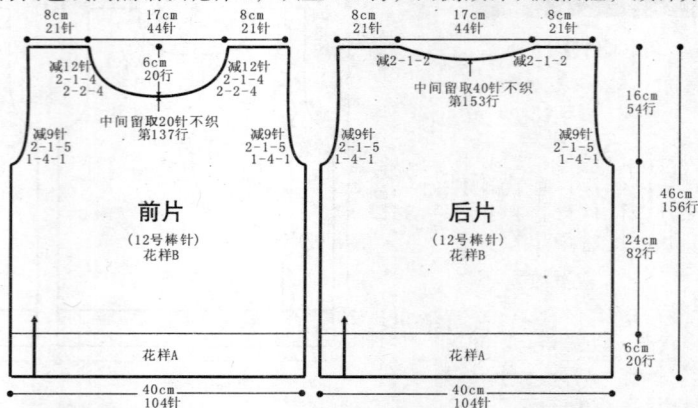

312

花样A　　花样B

前片
（12号棒针）
花样B

后片
（12号棒针）
花样B

花样A　　花样A

8cm 21针　17cm 44针　8cm 21针
6cm 20行
减12针 2-2-4 2-1-4
中间留取20针不织 第137行
减9针 2-1-5 1-4-1
16cm 54行
24cm 82行
6cm 20行
46cm 156行
40cm 104针

8cm 21针　17cm 44针　8cm 21针
减2-1-2
中间留取40针不织 第153行
减9针 2-1-5 1-4-1
40cm 104针

【成品尺寸】衣长38cm　胸围74cm　袖长34cm
【工具】3.5mm棒针　小号钩针
【材料】粉红色羊毛绒线400g　红色长毛线少量　装饰绳3根　钩织花朵3朵
【密度】10cm²：20针×28行
【制作过程】1. 前片、后片：用长毛线按图起74针，织5cm单罗纹后，改用羊毛绒织花样A，左右两边按图所示收成袖窿。　2. 领口：前后领各按图所示均匀地减针，形成领口。　3. 编织结束后，将前片、后片侧缝、肩部、袖子缝合。领圈挑针，织18cm单罗纹，形成高领，其中一半用长毛线编织。　4. 装饰：系上装饰绳，缝上钩织花朵。

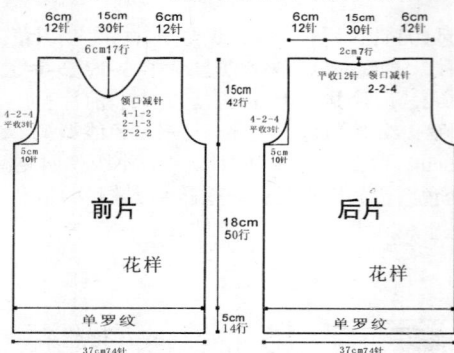

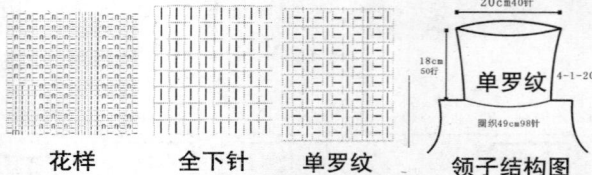

313

前片
花样

后片
花样

单罗纹　　单罗纹

6cm 12针　15cm 30针　6cm 12针
6cm17行
领口减针 4-1-2 2-1-3 2-2-2
4-2-4 平收3针
5cm 10针
15cm 42行
18cm 50行
5cm 14行
37cm74针

6cm 12针　15cm 30针　6cm 12针
2cm7行
平收12针 领口减针 2-2-4
4-2-4 平收3针
5cm 10针
37cm74针

花样　　全下针　　单罗纹　　领子结构图

单罗纹
20cm40针
18cm 50行
4-1-20
圈织49cm98针

【成品尺寸】衣长38cm　胸围74cm　袖长34cm
【工具】3.5mm棒针
【材料】粉红色羊毛绒线500g　红色长毛线少量　亮片若干
【密度】10cm²：20针×28行
【制作过程】1. 前片、后片：用长毛线按图起74针，织5cm单罗纹后，改用羊毛绒织全下针，并编入图案，左右两边按图所示收成袖窿，前片中间的位置衬边用长毛线另织，与前片缝合。　2. 编织结束后，将前片、后片侧缝、肩部、袖子缝合。领圈挑针，织4cm单罗纹，形成圆领。　3. 装饰：缝上亮片。

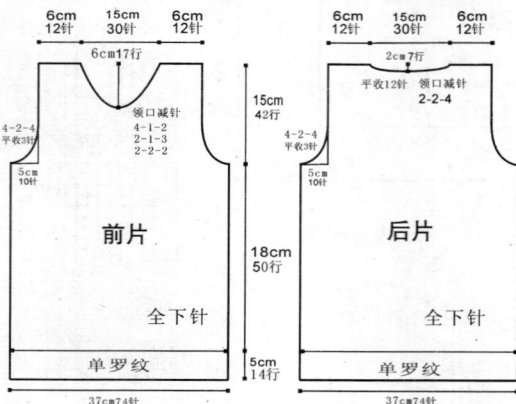

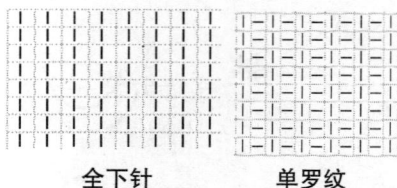

314

前片
全下针

后片
全下针

单罗纹　　单罗纹

6cm 12针　15cm 30针　6cm 12针
6cm17行
领口减针 4-1-2 2-1-3 2-2-2
4-2-4 平收3针
5cm 10针
15cm 42行
18cm 50行
5cm 14行
37cm74针

6cm 12针　15cm 30针　6cm 12针
2cm7行
平收12针 领口减针 2-2-4
4-2-4 平收3针
5cm 10针
37cm74针

全下针　　单罗纹

【成品尺寸】衣长46cm　肩宽33cm　袖长48cm

【工具】12号棒针

【材料】蓝色棉线200g　白色、黄色、绿色棉线各50g

【密度】10cm²：26针×34行

【制作过程】1. 棒针编织法，衣服按前片和后片分别编织，完成后缝合而成。　2. 起针织后片，下针起针法，用蓝色线起104针织花样A，织至8行，从第9行起，改为蓝色、黄色、白色棉线间隔编织花样B，织至102行，两侧减针织成袖窿，减针方法为1-4-1、2-1-5，两侧针数减少9针，不加减针织至153行，中间留取40针不织，两侧减针织成后领，减针方法为2-1-2，织至156行时，两肩部各余下21针，收针断线。　3. 起针织前片，前片的编织方法与后片相同，不加减针织至136行时，从第137行起将织片中间留取20针不织，两侧减针织成前领，减针方法为2-2-4、2-1-4，两侧各减少12针，织至156行时，两肩部各余下21针，收针断线。　4. 前片与后片的两侧缝要对应缝合，两肩缝也要对应缝合。

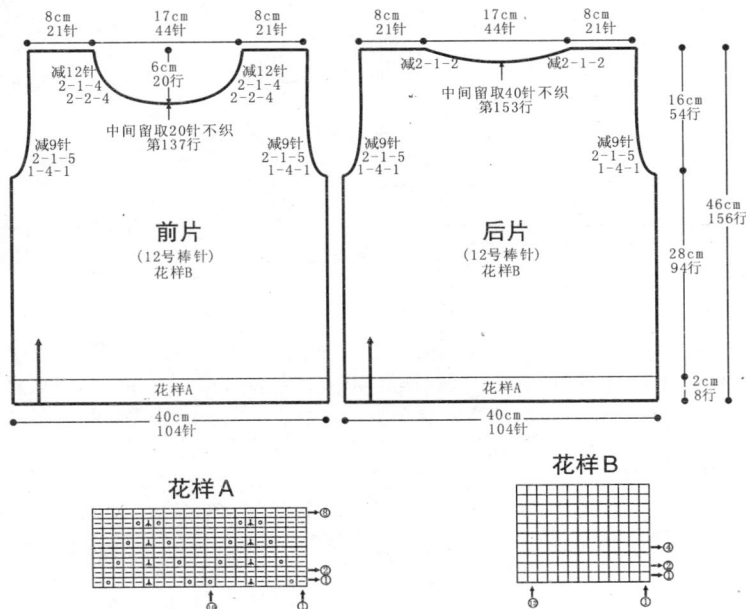

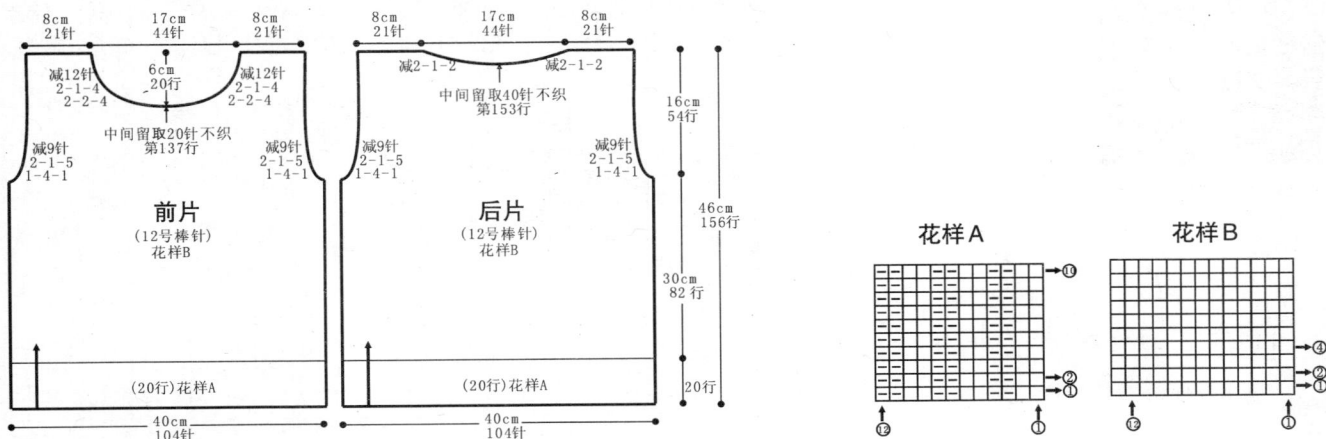

315

花样A　　花样B

【成品尺寸】衣长46cm　肩宽33cm　袖长48cm

【工具】12号棒针

【材料】白色棉线300g　蓝色长绒线100g

【密度】10cm²：26针×34行

【制作过程】1. 棒针编织法，衣服按前片和后片分别编织，完成后缝合而成。　2. 起针织后片，用蓝色线起104针织花样A，织至20行，改用白色线织花样B，织至102行，两侧减针织成袖窿，减针方法为1-4-1、2-1-5，两侧针数减少9针，不加减针织至153行，中间留取40针不织，两侧减针织成后领，减针方法为2-1-2，织至156行时，两肩部各余下21针，收针断线。　3. 起针织前片，用蓝色线起104针织花样A，织至20行，改用白色线织花样B，织至102行，两侧减针织成袖窿，减针方法为1-4-1、2-1-5，两侧针数减少9针，不加减针织至136行时，从第137行起将织片中间留取20针不织，两侧减针织成前领，减针方法为2-2-4、2-1-4，两侧各减少12针，织至156行时，两肩部各余下21针，收针断线。　4. 前片与后片的两侧缝要对应缝合，两肩缝也要对应缝合。

316

花样A　　花样B

317

【成品尺寸】衣长38cm　胸围70cm　袖长34cm
【工具】3.5mm棒针　绣花针
【材料】蓝色羊毛绒线400g　拉链1条　绣花和亮珠若干
【密度】10cm²：20针×28行
【制作过程】1. 前片：分左右两片，分别按图起35针，织5cm双罗纹后，改织花样，左右两边按图所示收成袖窿。后片：按图起70针，织5cm双罗纹后，改织花样，左右两边按图收成袖窿。　2. 编织结束后，将侧缝、肩部、袖子缝合。领圈挑针，织10cm双罗纹，形成翻领。门襟边挑针，织3cm全下针，折边缝合，形成双层拉链边。　3. 装饰：缝上拉链，绣上绣花和亮珠。

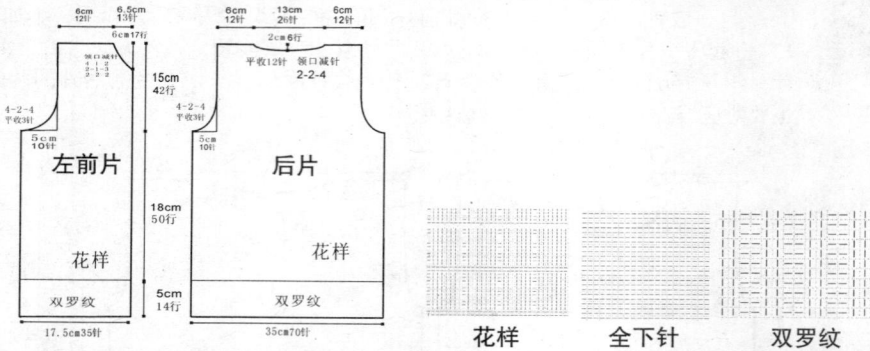

左前片　花样　双罗纹
后片　花样　双罗纹

花样　全下针　双罗纹

318

【成品尺寸】衣长40cm　胸围64cm　肩袖长45cm
【工具】6号棒针
【材料】蓝色棉线400g　蓝色扣子4枚
【密度】10cm²：12.5针×14行　双罗纹10cm²：25针×40行
【制作过程】1. 前片：普通起针法起40针，花样A编织8cm；按图所示织上针、花样A，上针编织17cm后按前袖窿减针织袖窿，织至4cm后前2针收针，继续按前袖窿减针及前领减针织出袖窿和前领。　2. 后片：类似于前片，不同为花样A上全为上针编织，开袖窿，见后袖窿减针，不用开领织15cm后直接收针。　3. 整理：前片和后片腋下缝合；袖片袖下缝合；身片袖窿和袖片袖山缝合，注意前片领处。　4. 挑领：如图，前领窝、后领窝及各挑25针，25针，13针，13针，双罗纹编织10cm后收针；领边共挑48针，双罗纹织至2cm后收针，一边开扣眼见图，不开扣眼处钉上扣子。

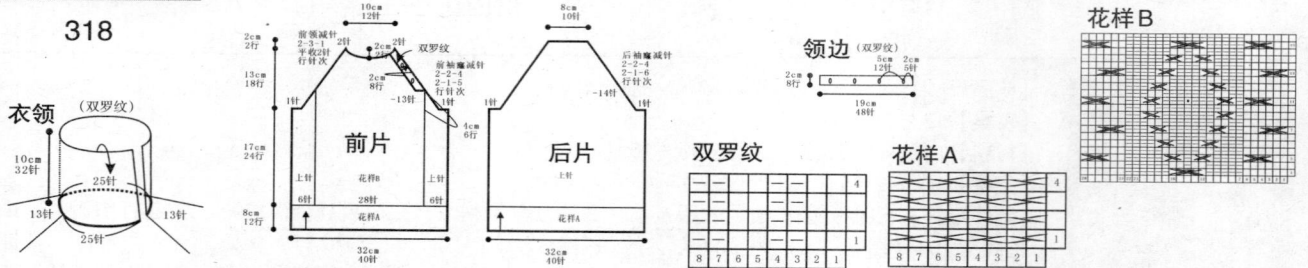

衣领　（双罗纹）
10cm　32针
13针　25针　13针
25针

前片　花样B　花样A
后片
领边（双罗纹）
双罗纹　花样A
花样B

319

【成品尺寸】衣长38cm　胸围74cm　连肩袖长41cm
【工具】3.5mm棒针　小号钩针
【材料】湖蓝色羊毛绒线500g　扣子4枚
【密度】10cm²：20针×28行
【制作过程】1. 前片、后片：按图起74针，先用钩针钩织花样，再改织花样B，左右两边按图所示收成插肩袖。　2. 领口：前后领各按图所示均匀地减针，形成领口。　3. 编织结束后，将前片、后片侧缝、袖子缝合。领窝以左插肩边为中心挑针，片织18cm双罗纹，形成开扣子高领，扣子边另织，按图缝合于高领。　4. 装饰：缝上扣子。

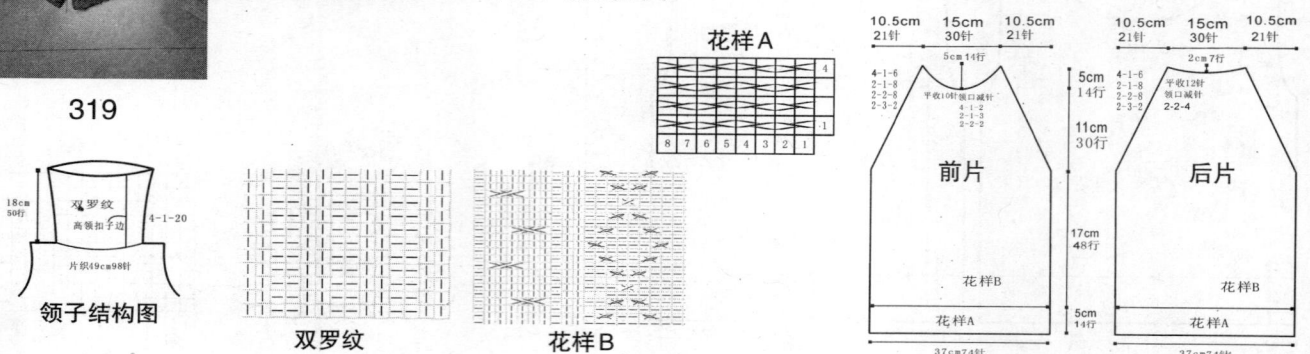

领子结构图
18cm　50行　双罗纹　高领扣子边　4-1-20
片织49cm98针

花样A
双罗纹　花样B

前片　花样B　花样A
后片　花样B　花样A

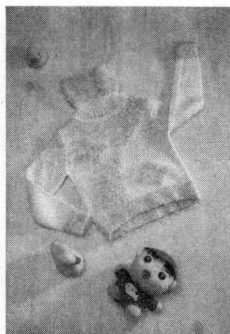

【成品尺寸】衣长46cm　肩宽33cm　袖长48cm
【工具】10号棒针
【材料】白红色棉线400g　粉红色长绒线100g
【密度】10cm²：15针×22行
【制作过程】1. 后片：用粉红色长绒线起60针，织花样A，织至6cm后，改为白色线织花样B和图案，织至30cm，袖窿减针，减针方法为1-2-1、2-1-3，织至45cm时，收后领，中间留取22针不织，两侧减针2-1-2，后片共织46cm长度。　2. 前片：用粉红色长绒线起60针，织花样A，织至6cm后，改用白色线织花样B，织至30cm，袖窿减针，减针方法为1-2-1、2-1-3，织至40cm，收前领，中间留取10针不织，两侧减针2-2-3、2-1-2，前片共织46cm长度。　3. 领子：用白色线沿领口挑起56针织花样A，织至5cm长度，改用粉红色长绒线编织，织11cm长度。　4. 以平针绣方式用粉红色长绒线在前片绣出图案。

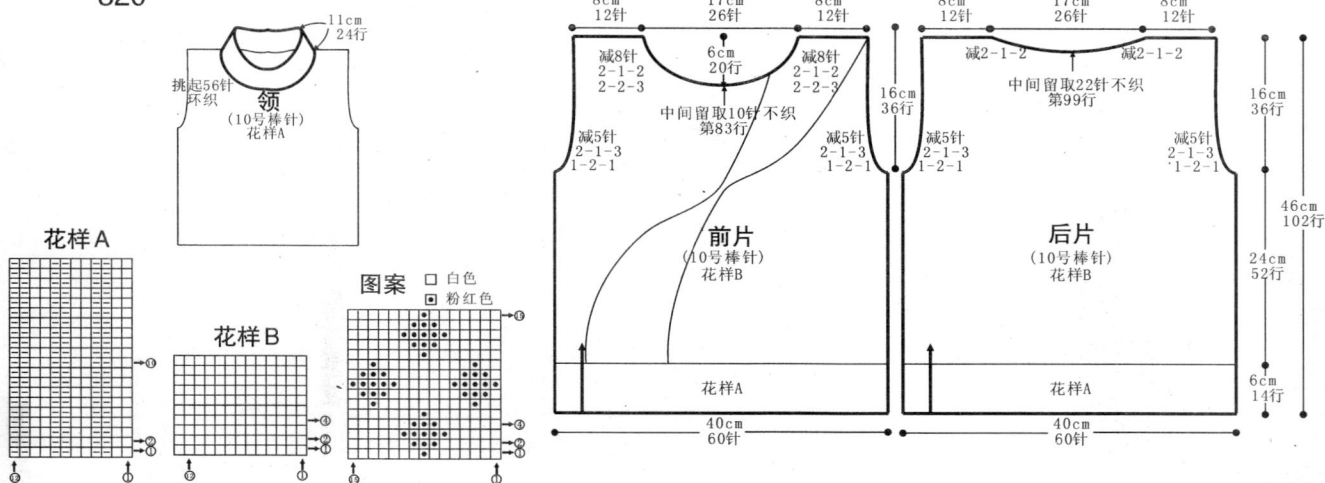

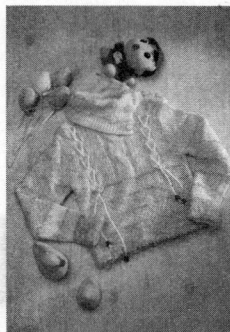

320

领
挑起56针
环织
（10号棒针）
花样A
11cm
24行

花样A

花样B

图案　□白色　■粉红色

前片（10号棒针）花样B

8cm 12针　17cm 26针　8cm 12针

减8针 2-1-2 2-2-3

6cm 20行

减8针 2-1-2 2-2-3

中间留取10针不织 第83行

减5针 2-1-3 1-2-1

减5针 2-1-3 1-2-1

花样A

40cm 60针

后片（10号棒针）花样B

8cm 12针　17cm 26针　8cm 12针

减2-1-2　减2-1-2

中间留取22针不织 第99行

减5针 2-1-3 1-2-1

减5针 2-1-3 1-2-1

花样A

40cm 60针

16cm 36行
16cm 36行
46cm 102行
24cm 52行
6cm 14行

【成品尺寸】衣长46cm　肩宽33cm　袖长48cm
【工具】10号棒针
【材料】白色棉线350g　白色长绒线50g
【密度】10cm²：18针×24行
【制作过程】1. 棒针编织法，衣服按前片和后片分别编织，完成后缝合而成。　2. 起针织后片，用白色长绒线起70针织花样A，织14行，改织花样B，花样B为18行白色棉线间隔2行白色长绒线编织，织至76行，两侧减针织成袖窿，减针方法为1-2-1、2-1-3，两侧针数减少5针，不加减针织至107行时，中间留取26针不织，两侧减针织成后领，减针方法为2-1-2，织至110行时，两肩部各余下15针，收针断线。　3. 起针织前片，用白色长绒线起70针织花样A，织14行，改织花样B，花样B为18行白色棉线间隔2行白色长绒线编织，织至64行后，改为花样B与花样C组合编织，组合方法如结构图所示，织至76行，两侧减针织成袖窿，减针方法为1-2-1、2-1-3，两侧针数减少5针，不加减针织至101行时，中间留取14针不织，两侧减针织成前领，减针方法为2-2-3、2-1-2，两侧各减8针，织至110行，两肩部各余下15针，左肩收针断线，右肩继续往上编织至6行后，收针断线，注意加织行数要留取2个扣眼。　4. 前片与后片的两侧缝要对应缝合，左肩缝也要对应缝合。

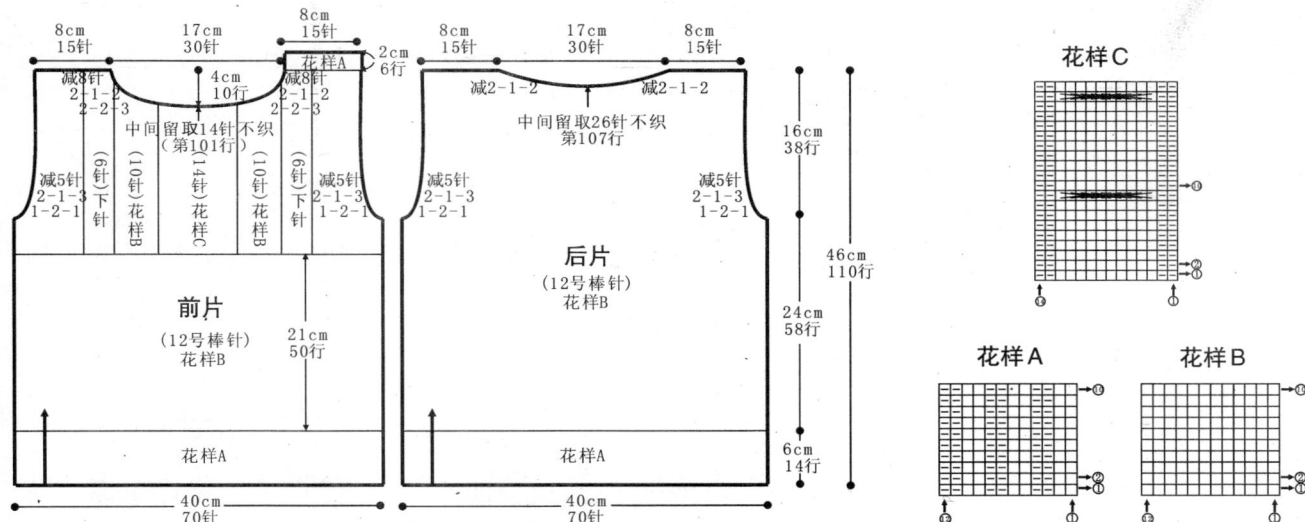

321

前片（12号棒针）花样B

8cm 15针　17cm 30针　8cm 15针

花样A
2cm 6行

减8针 2-1-2 2-2-3

4cm 10行

减8针 2-1-2 2-2-3

中间留取14针不织（第101行）

减5针 2-1-3 1-2-1

（6针）下针

（10针）花样B

（14针）花样C

（10针）花样B

（6针）下针

减5针 2-1-3 1-2-1

花样A

21cm 50行

40cm 70针

后片（12号棒针）花样B

8cm 15针　17cm 30针　8cm 15针

减2-1-2　减2-1-2

中间留取26针不织 第107行

减5针 2-1-3 1-2-1

减5针 2-1-3 1-2-1

花样A

40cm 70针

16cm 38行
46cm 110行
24cm 58行
6cm 14行

花样C

花样A

花样B

【成品尺寸】衣长56cm　肩宽33cm　袖长48cm

【工具】12号棒针

【材料】浅紫色棉线300g　绿色、白色、红色棉线各50g　拉链1条

【密度】10cm²：26针×34行

【制作过程】1. 棒针编织法，衣服按左前片、右前片和后片分别编织，完成后缝合而成。　2. 起针织后片，双罗纹针起针法，用浅紫色线起104针织花样A，织至20行，改用四色线混合编织花样B，织至136行时，两侧减针织成袖窿，减针方法为1-4-1，2-1-5，两侧针数减少9针，不加减针织至187行，中间留取40针不织，两侧减针织成后领，减针方法为2-1-2，织至190行时，两肩部各余下21针，收针断线。　3. 起针织左前片，双罗纹针起针法，用浅紫色线起49针织花样A，织至20行，改用四色线混合编织花样B，织至136行，左侧减针织成袖窿，减针方法为1-4-1，2-1-5，共减少9针，不加减针织至170行，右侧减针织成前领，减针方法为1-7-1，2-2-6，共减少19针，织至190行时，肩部留下21针，收针断线。用同样的方法相反方向编织右前片。

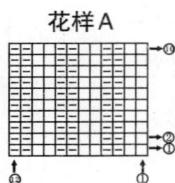

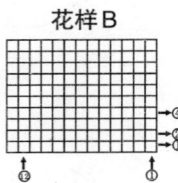

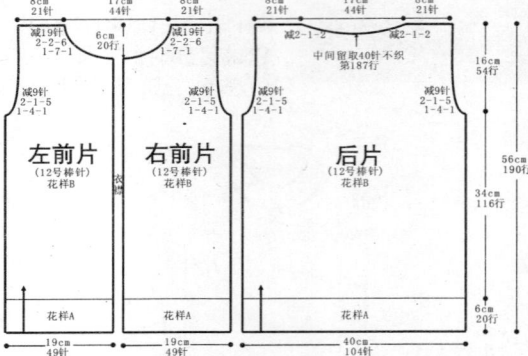

322

花样A　花样B

左前片（12号棒针）花样B　右前片（12号棒针）花样B　后片（12号棒针）花样B

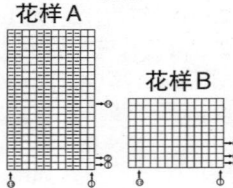

【成品尺寸】衣长46cm　肩宽33cm　袖长48cm

【工具】10号棒针

【材料】白色棉线400g　粉红色长绒线100g

【密度】10cm²：15针×22行

【制作过程】1. 后片：用粉红色长绒线起60针，织花样A，织至6cm后，改为白色线织花样B，织至30cm，袖窿减针，减针方法为1-2-1，2-1-3，织至45cm，收后领，中间留取22针不织，两侧减针2-1-2，后片共织46cm长度。　2. 前片：用粉红色长绒线起60针，织花样A，织至6cm后，改用白色线织花样B，织至30cm，袖窿减针，减针方法为1-2-1，2-1-3，织至40cm，收前领，中间留取10针不织，两侧减2-2-3，2-1-2，前片共织46cm长度。　3. 领子：用白色线沿领口挑起56针织花样A，织5cm长改用粉红色长绒线编织，织11cm长度。　4. 以平针绣方式用粉红色长绒线在前片绣出图案。

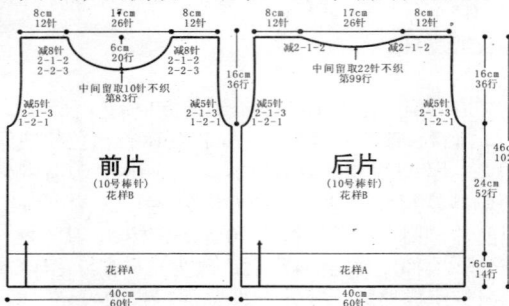

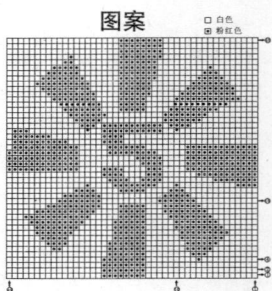

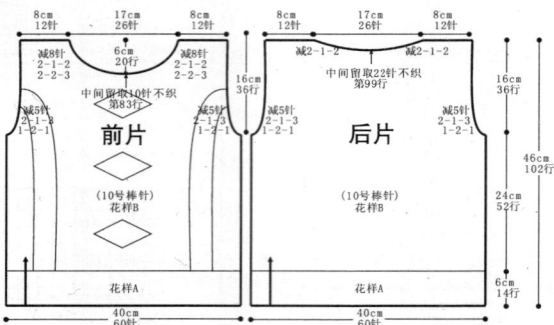

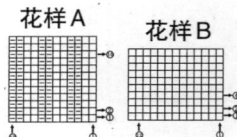

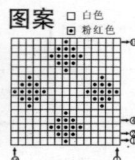

323

花样A　花样B

前片（10号棒针）花样B　后片（10号棒针）花样B　图案　领

【成品尺寸】衣长46cm　肩宽33cm　袖长48cm

【工具】10号棒针

【材料】白色棉线400g　粉红色长绒线100g

【密度】10cm²：15针×22行

【制作过程】1. 后片：用粉红色长绒线起60针，织花样A，织至6cm后，改用白色线织花样B，织至30cm，袖窿减针，减针方法为1-2-1，2-1-3，织至45cm，收后领，中间留取22针不织，两侧减针2-1-2，后片共织46cm长度。　2. 前片：用粉红色长绒线起60针，织花样A，织至6cm后，改用白色线织花样B，织至30cm，袖窿减针，减针方法为1-2-1，2-1-3，织至40cm，收前领，中间留取10针不织，两侧减2-2-3，2-1-2，前片共织46cm长度。　3. 领子：用白色线沿领口挑起56针织花样A，织5cm长改用粉红色长绒线编织，织11cm长度。　4. 以平针绣方式用粉红色长绒线在前片绣出图案。

324

领

前片（10号棒针）花样B　后片（10号棒针）花样B

花样A　花样B　图案

【成品尺寸】衣长45cm　胸围74cm　肩宽29cm　袖长41cm

【工具】4号棒针

【材料】白色棉线300g　球球线100g　粉红色长毛线80g　装饰花1朵

【密度】10cm²：25针×33行

【制作过程】1. 前片：单罗纹针长毛线起92针，单罗纹编织至6cm，换白色线下针织至3cm后按白线减针规律白线和球球线交替编织至3cm；球球线编织至袖窿处按袖窿减针及球球线领减针织出袖窿和领；用白色棉线在领处挑2针，按球球线领减针及前领减针织出前领。　2. 后片：类似于前片，不同为用粉红色长毛线织6cm后都为白线下针编织；开领，见后领减针。　3. 整理：前片和后片肩部、腋下缝合；袖片袖下缝合，装袖。　4. 挑领：用白色线前片和后片各挑55针和40针，扭针单罗纹织至6cm后换长毛线至6cm后单罗纹收针。　5. 收尾：在前片球球线合适位置装上装饰花。

325

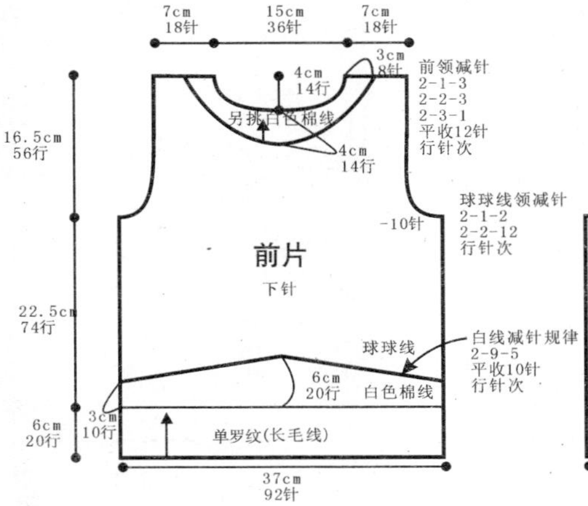

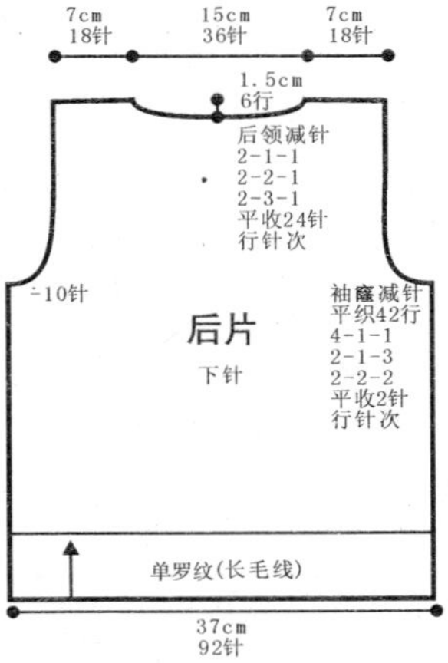

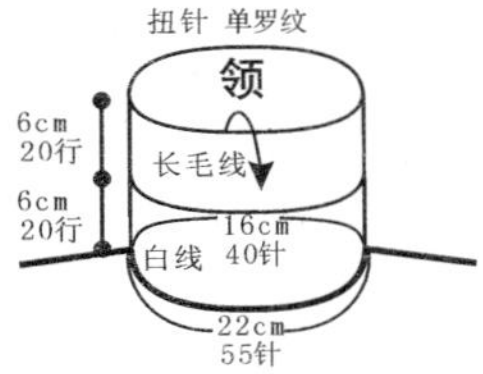

前片图示：
- 7cm 18针　15cm 36针　7cm 18针
- 3cm 8针
- 前领减针 2-1-3 2-2-3 2-3-1 平收12针 行针次
- 4cm 14行
- 16.5cm 56行
- 另挑白区棉线
- 4cm 14行
- 球球线领减针 2-1-2 2-2-12 行针次
- 22.5cm 74行
- 前片 下针
- −10针
- 球球线
- 白线减针规律 2-9-5 平收10针 行针次
- 6cm 20行 白色棉线
- 6cm 20行　3cm 10行
- 单罗纹（长毛线）
- 37cm 92针

后片图示：
- 7cm 18针　15cm 36针　7cm 18针
- 1.5cm 6行
- 后领减针 2-1-1 2-2-1 2-3-1 平收24针 行针次
- 后片 下针
- −10针
- 袖窿减针 平织42行 4-1-1 2-1-3 2-2-2 平收2针 行针次
- 单罗纹（长毛线）
- 37cm 92针

领图示：
- 扭针 单罗纹
- 领
- 6cm 20行　长毛线
- 16cm 40针
- 6cm 20行　白线
- 22cm 55针

扭针单罗纹 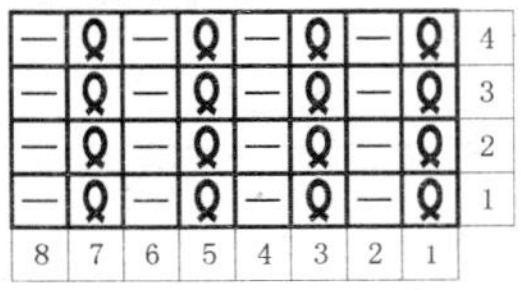 / 单罗纹（符号图表）

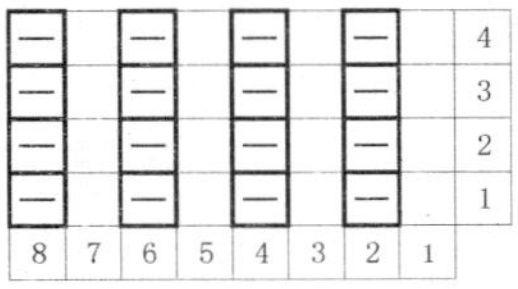

【成品尺寸】衣长34cm　袖长28cm　肩宽27cm　胸围60cm

【工具】4mm棒针

【材料】白色纯棉线500g　红色带毛线150g　淡紫色带毛线少量　红色珠子　拉链1条

【密度】10cm²：22针×36行

【制作过程】1. 前片起32针编织花样A18行后，按图所示编织花样B，编织至21cm，按图所示减针，形成前片袖窿、领口。　2. 后片：起64针编织花样A18行后，按图所示编织花样B至21cm后按图所示减针，形成后片袖窿、领口。　3. 各片缝合，均匀挑针领口，挑64针，按图所示编织花样A18行，收针，再编织前片沿边，两边各挑78针，编织花样B6行对折缝合，再缝上拉链，最后在前片绣上图案，缝上珠子，完成。

326

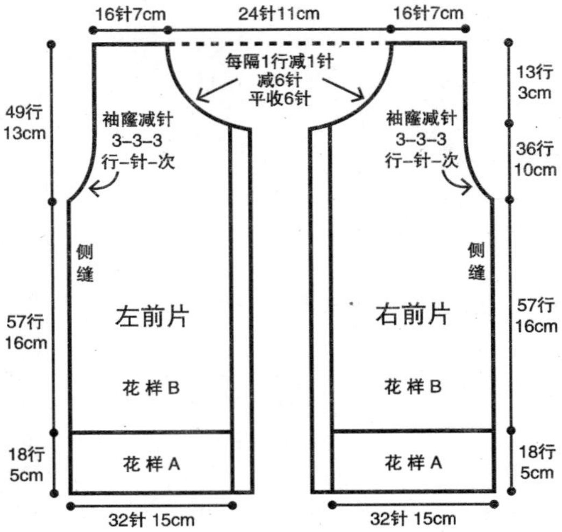

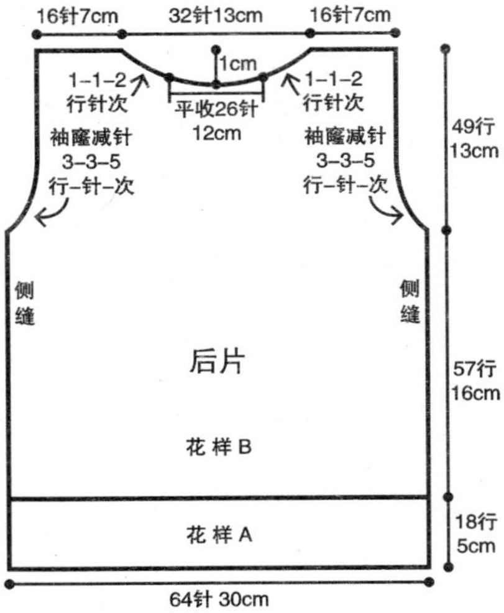

花样A（符号图表）

左前片 / 右前片图示：
- 16针7cm　24针11cm　16针7cm
- 每隔1行减1针 减6针 平收6针
- 袖窿减针 3-3-3 行-针-次
- 49行 13cm
- 57行 16cm
- 左前片 花样B
- 右前片 花样B
- 侧缝
- 18行 5cm　花样A
- 32针15cm
- 13行 3cm
- 36行 10cm
- 57行 16cm
- 18行 5cm

后片图示：
- 16针7cm　32针13cm　16针7cm
- 1-1-2 行针次　平收26针 12cm　1-1-2 行针次
- 1cm
- 袖窿减针 3-3-5 行-针-次
- 49行 13cm
- 57行 16cm
- 后片 花样B
- 侧缝
- 18行 5cm　花样A
- 64针30cm

领图示：
- 领
- 18行 5cm
- 32针13cm
- 花样A
- 16针 7cm
- 16针 7cm
- 78针 36行 6行（双层）花样B 衣襟
- 缝拉链

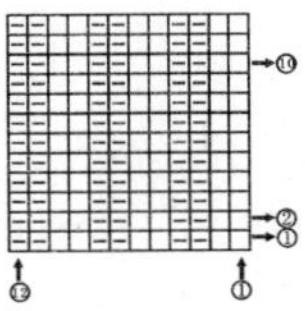

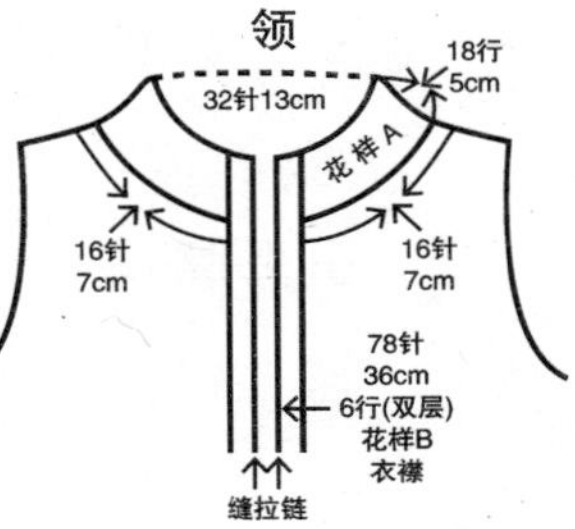

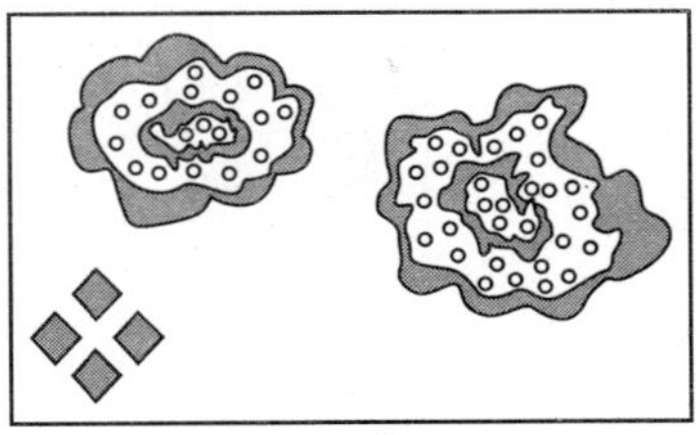

图案

花样A / 花样B（符号图表）

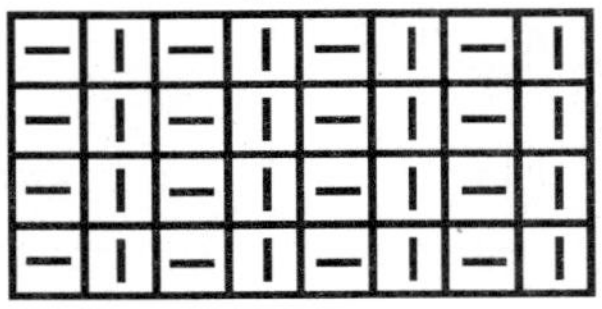

219

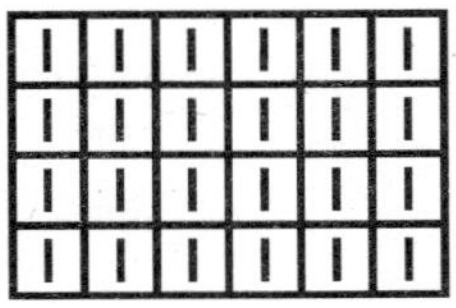

327

【成品尺寸】衣长46cm　肩宽33cm　袖长48cm
【工具】12号棒针
【材料】白色棉线200g　红色棉线200g　蓝色、浅蓝色棉线各少量　拉链1条
【密度】10cm²：26针×34行
【制作过程】1. 用后片：用蓝色棉线起104针，织花样A，织至6cm时，改用红色棉线织花样B，织至23cm时，改用蓝色棉线织花样C，织至30cm时，袖窿减针1-4-1，2-1-5。织至45cm时，收后领，中间留取40针不织，两侧减针2-1-2。后片共织46cm长度。　2. 左前片：用蓝色棉线起49针，织花样A，织至6cm时，改用红色棉线织花样B，织至23cm时，改用蓝色棉线织花样C图案，织至30cm时，左侧袖窿减针1-4-1，2-1-5，织至40cm时，右侧前领减针1-7-1，2-2-6，共减少19针，左前片共织46cm长度。用同样方法往相反方向织右前片。　3. 领子：用白色棉线沿领口挑起针织花样A，挑起92针织12cm与起针合并形成双层衣领。　4. 衣襟：前襟连领共挑起104针，用白色线织花样B，织至6行向内与起针合并，缝上拉链。

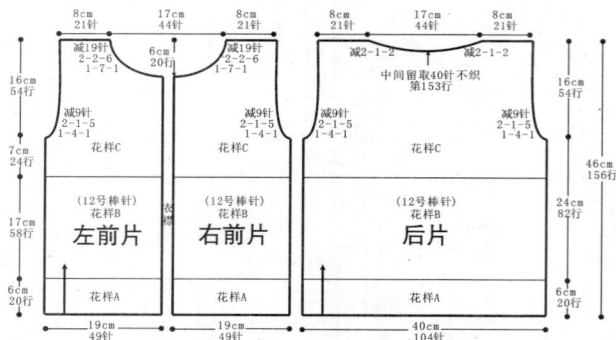

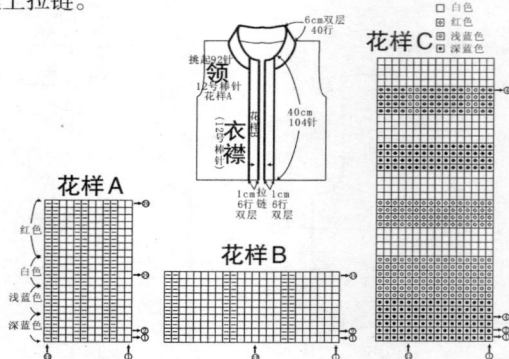

【成品尺寸】衣长38cm　胸围70cm　袖长34cm
【工具】3.5mm棒针
【材料】黑色羊毛绒线600g　红色羊毛绒线少量　拉链1条　装饰图案若干
【密度】10cm²：20针×28行
【制作过程】1. 前片：分左右两片，分别按图起35针，织至5cm双罗纹后，改织全下针，并间色，左右两边按图所示收成袖窿。后片：按图起70针，织5cm双罗纹后，改织全下针，并间色，左右两边按图所示收成袖窿。　2. 编织结束后，将侧缝、肩部、袖子缝合。帽子另外编织，与领圈缝合。门襟边和帽缘边挑针，织3cm下针，折边缝合，形成双层拉链边。　3. 装饰：缝上拉链和装饰图案。

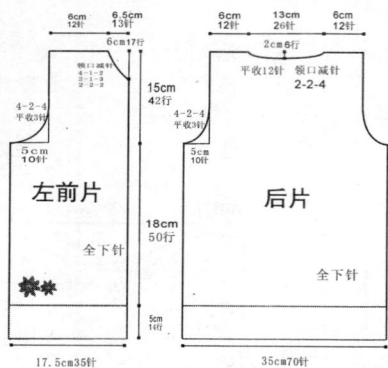

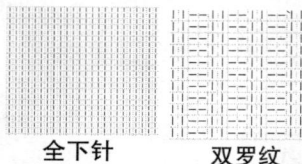

328

329

【成品尺寸】衣长38cm　胸围70cm　袖长34cm
【工具】3.5mm棒针
【材料】黑色羊毛绒线400g　红色、蓝色羊毛绒线各少量　拉链1条　装饰图案1枚
【密度】10cm²：20针×28行
【制作过程】1. 前片：分左右两片，分别按图起35针，织5cm双罗纹后，改织全下针，并间色，左右两边按图所示收成袖窿。后片：按图起70针，织5cm双罗纹后，改织全下针，并间色，左右两边按图所示收成袖窿。　2. 编织结束后，将侧缝、肩部、袖子缝合。领圈挑针，织10cm双罗纹，形成翻领。门襟边挑针，织3cm下针，折边缝合，形成双层拉链边。　3. 装饰：缝上拉链和装饰图案。

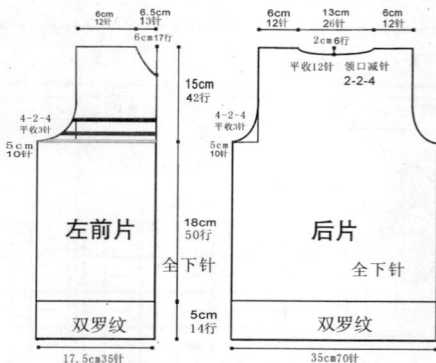

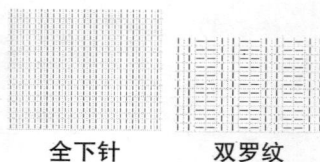

330

【成品尺寸】衣长38cm　胸围74cm　袖长34cm
【工具】3.5mm棒针
【材料】红色、黑色、白色羊毛绒线各150g　拉链1条　烫贴图案若干
【密度】10cm²：20针×28行
【制作过程】1. 前片、后片：按图起74针，织至6cm单罗纹后，改织全下针，并间色，左右两边按图所示收成袖窿。　2. 编织结束后，将前片、后片侧缝、肩部、袖子缝合。领圈挑针，织20cm单罗纹，折边缝合，形成双层圆领。拉链边另织，折边缝合，形成双层拉链边。　3. 装饰：装上拉链，贴上烫贴图案。

前片 全下针 单罗纹
后片 全下针 单罗纹

6cm 15cm 6cm
12针 30针 12针
5cm14行
5cm 14行
10cm 28行
领口减针 4-1-2 2-1-3 2-2-2
4-2-4 平收3针
5cm 10针
17cm 48行
6cm 17行
37cm 74针

6cm 15cm 6cm
12针 30针 12针
2cm 7行
平收12针　领口减针 2-2-4
4-2-4 平收3针
5cm 14行
10cm 28行
5cm 10针
17cm 48行
6cm 17行
37cm74针

全下针　单罗纹

331

花样

【成品尺寸】衣长54.5cm　胸围98cm　肩宽35cm　袖长52cm
【工具】8号棒针
【材料】蓝色毛线600g　黑色、白色毛线各少量　拉链1条
【密度】10cm²：24针×30行
【制作过程】1. 前片、后片以机器边起针编织双罗纹针，衣身编织花样，按图所示减针袖窿、前领窝、后领窝。　2. 袖片：袖子与前片、后片同样方法起针编织，按图所示加袖下、减袖坡、袖山，编织两片。注意袖子配色与衣身要一致。　3. 前片、后片及袖片缝合，按领挑针示意图挑织衣领编织双罗纹针。　4. 门襟处横向织下针2cm高，包住门襟和帽沿边，然后装上拉链。

左前片
后片
袖片

332

【成品尺寸】衣长54.5cm　胸围98cm　肩宽35cm　袖长52cm
【工具】8号棒针
【材料】深蓝色毛线600g　天蓝色、白色、红色毛线各少量　拉链1条
【密度】10cm²：24针×30行
【制作过程】1. 前片、后片以机器边起针编织双罗纹针，衣身编织花样，按图所示减针袖窿、前领窝、后领窝。　2. 袖片：袖子与前片、后片用同样方法起针编织，按图所示加袖下、减袖坡、袖山，编织两片。注意袖子配色与衣身要一致。　3. 前片、后片及袖片缝合，按领挑针示意图挑织衣领编织双罗纹针。　4. 门襟处横向织下针2cm高，包住门襟和帽沿边，然后装上拉链。

左前片
后片
袖片
花样

【成品尺寸】衣长38cm　胸围74cm　袖长34cm
【工具】3.5mm棒针
【材料】黑色羊毛绒线400g　红色、蓝色羊毛绒线各少量　扣子2枚　装饰图案1个
【密度】10cm²：20针×28行
【制作过程】1. 前片、后片：按图起74针，织5cm双罗纹后，改织26cm花样，再织全下针，并间色，左右两边按图所示收成袖隆。　2. 编织结束后，将前片、后片侧缝、肩部、袖子缝合。前领分两片另织双罗纹，不用挑针，与前片缝合，同时与领圈挑针，织10cm双罗纹，形成翻领。　3. 装饰：缝上扣子和装饰图案。

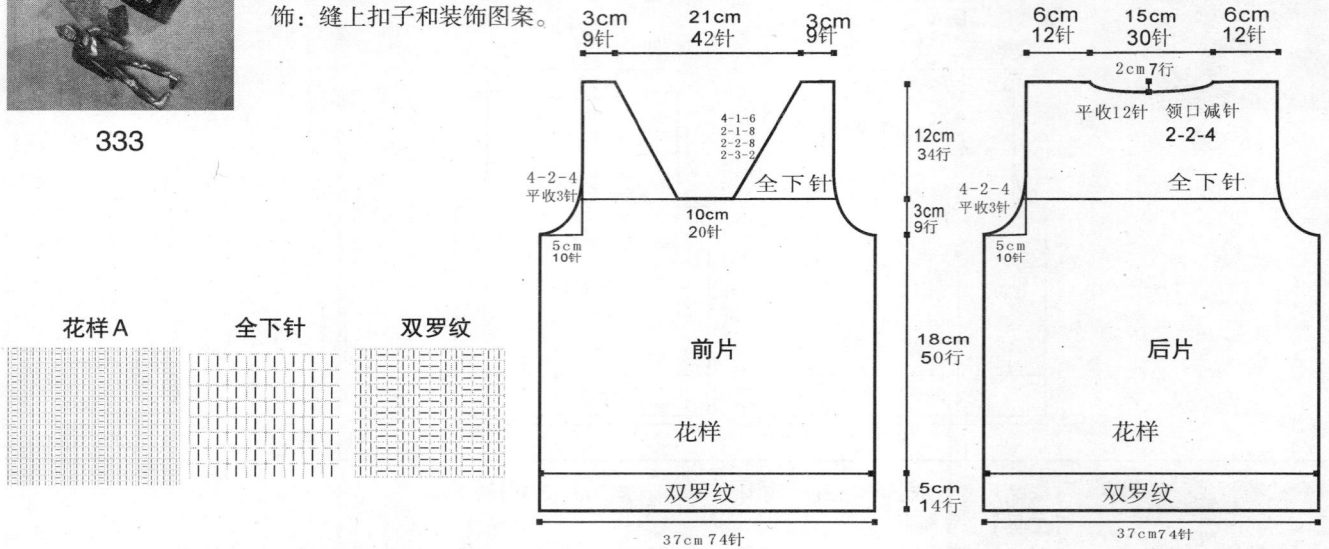

333

花样A　　全下针　　双罗纹

3cm 9针　21cm 42针　3cm 9针

6cm 12针　15cm 30针　6cm 12针

2cm 7行

平收12针　领口减针
2-2-4

4-1-6
2-1-8
2-2-8
2-3-2

4-2-4
平收3针　全下针

12cm 34行

4-2-4
平收3针　全下针

10cm 20针

3cm 9行

5cm 10针

5cm 10针

前片
花样

后片
花样

18cm 50行

双罗纹　　双罗纹

5cm 14行

37cm 74针　　37cm 74针

【成品尺寸】衣长46cm　肩宽33cm　袖长48cm
【工具】12号棒针
【材料】深蓝色棉线300g　白色、天蓝色棉线各50g　黄色棉线少量
【密度】10cm²：26针×34行
【制作过程】1. 后片：用白色棉线起104针，织花样A，织至6cm后，改为深蓝色棉线织花样B，织至30cm，袖窿减针，减针方法为1-4-1，2-1-5。织至45cm，收后领，中间留取40针不织，两侧减针2-1-2，后片共织46cm长度。　2. 前片：用白色棉线起104针，织花样A，织至6cm后，改织花样B，织至30cm，袖窿减针，减针方法为1-4-1，2-1-5。织至40cm，收前领，中间留取14针不织，两侧减2-2-6，2-1-2，前片共织46cm长度。　3. 领子：用白色棉线沿领口挑起针织花样A，挑起98针，织至6cm长度。

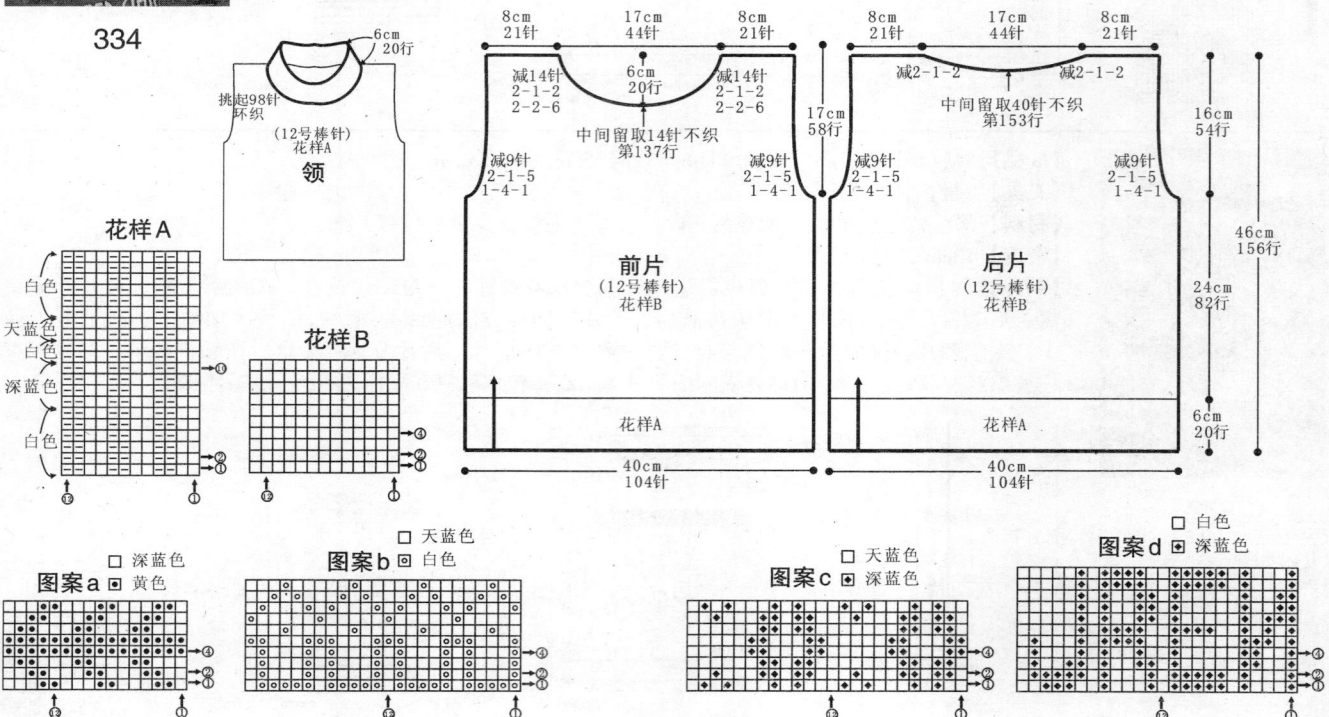

334

6cm 20行
挑起98针
环织
(12号棒针)
花样A
领

花样A
白色
天蓝色
白色
深蓝色
白色

花样B

8cm 21针　17cm 44针　8cm 21针
8cm 21针　17cm 44针　8cm 21针

减14针
2-1-2
2-2-6

6cm 20行

减14针
2-1-2
2-2-6

减2-1-2　　减2-1-2

中间留取14针
第137行

中间留取40针不织
第153行

17cm 58行

减9针
2-1-5
1-4-1

减9针
2-1-5
1-4-1

减9针
2-1-5
1-4-1

减9针
2-1-5
1-4-1

前片
(12号棒针)
花样B

后片
(12号棒针)
花样B

16cm 54行

46cm 156行

24cm 82行

花样A　　花样A

6cm 20行

40cm 104针　　40cm 104针

图案a
□深蓝色
□黄色

图案b
□天蓝色
☑白色

图案c
□天蓝色
☑深蓝色

图案d
□白色
◆深蓝色

222

【成品尺寸】衣长46cm　肩宽33cm　袖长48cm

【工具】12号棒针

【材料】红色棉线200g　白色棉线100g　蓝色棉线100g　扣子3枚

【密度】10cm²：26针×34行

【制作过程】1. 后片：用红色棉线起104针，织花样A，织至6cm后，改为8行蓝色棉线与4行红色棉线间隔编织，织花样B，织至30cm改为8行白色棉线与4行红色棉线间隔编织，袖窿减针，减针方法为1-4-1，2-1-5，织至45cm，左肩部织21针花样A，收后领，中间留取40针不织，两侧减针2-1-2。后片共织46cm长度，左肩继续编织1cm的长度，钉扣子。　2. 前片：用红色棉线起104针，织花样A，织至6cm后，改为8行蓝色棉线与4行红色棉线间隔编织，织花样B，织至30cm改为8行白色棉线与4行红色棉线间隔编织，袖窿减针，减针方法为1-4-1，2-1-5。织至40cm，收前领，中间留取14针不织，两侧减2-2-6，2-1-2，织至45cm，右肩部织21针花样A，前片共织46cm长度，右肩留取1个扣眼，继续编织1cm的长度。　3. 领子：用红色线沿领口挑起针织花样A，挑起98针，织至6cm长度。

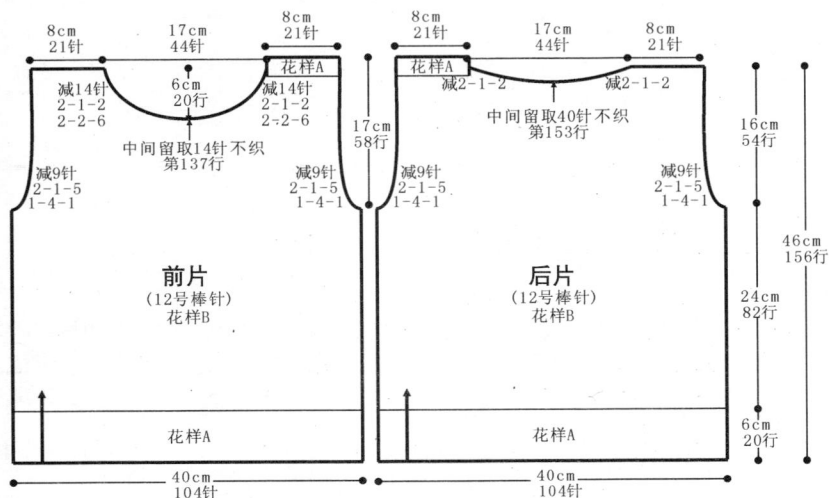

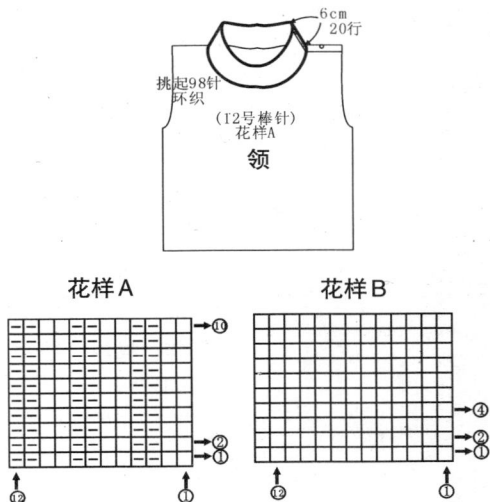

335

领

前片
(12号棒针)
花样B

后片
(12号棒针)
花样B

花样A　　花样B

【成品尺寸】衣长46cm　肩宽40cm　袖长48cm

【工具】12号棒针

【材料】红色棉线400g　深蓝色棉线50g　白色棉线20g

【密度】10cm²：26针×34行

【制作过程】1. 棒针编织法，衣服按前片和后片分别编织，完成后缝合而成。　2. 后片：双罗纹针起针法，深蓝色线起104针织花样A，织至8行后，改织2行白色线，再织至10行深蓝色线，织至20行，改用红色线织花样B，织至102行，两侧减针织成插肩袖窿，减针方法为1-3-1，2-1-27，两侧针数减少30针，织至156行，余下44针，留待编织衣领。　3. 前片：双罗纹针起针法，深蓝色线起104针织花样A，织至8行后，改织2行白色线，再织至10行深蓝色线，织至20行，改用红色线织花样B，织至102行，两侧减针织成插肩袖窿，减针方法为1-3-1，2-1-27，两侧针数减少30针，织至148行，从第149行中间留取26针不织，两侧减针织成前领，减针方法为2-2-4，织至156行，两侧各余下1针，留待编织衣领。　4. 前片与后片的两侧缝要对应缝合。

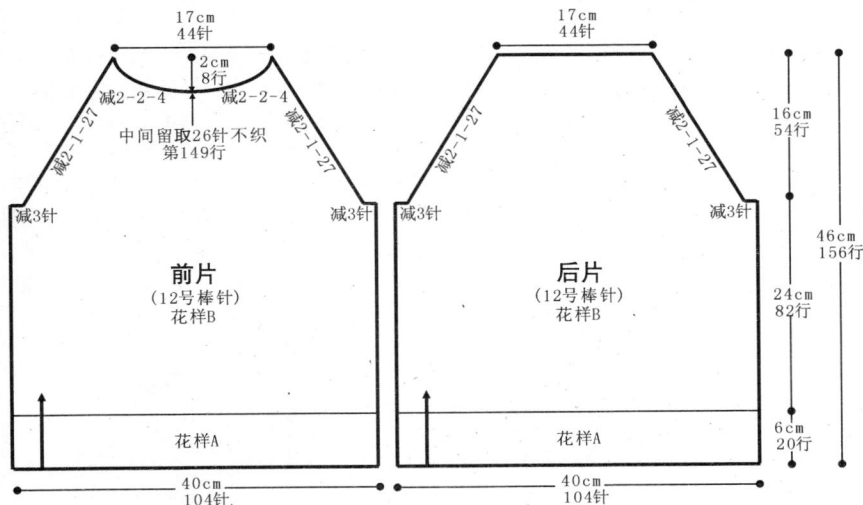

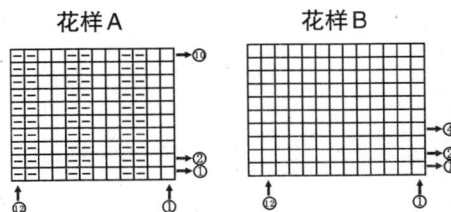

336

前片
(12号棒针)
花样B

后片
(12号棒针)
花样B

花样A　　花样B

223

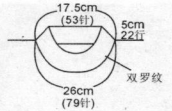

【成品尺寸】衣长49cm　胸围83cm　肩宽34cm　袖长50cm
【工具】7号棒针
【材料】红色羊毛线650g　白色羊毛线少量
【密度】10cm²：27针×35行
【制作过程】1. 前片、后片：以机器边起针编织双罗纹针，衣身编织花样，按图所示减针袖窿、前领窝、后领窝。　2. 袖片：袖子与前片、后片用同样方法起针编织，按图配色编织按图所示加减针，编织两片。　3. 前片、后片与袖片缝合，按领挑针示意图挑织衣领编织双罗纹针。

337

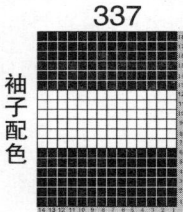

袖子配色

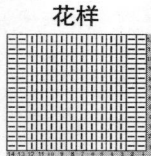

花样

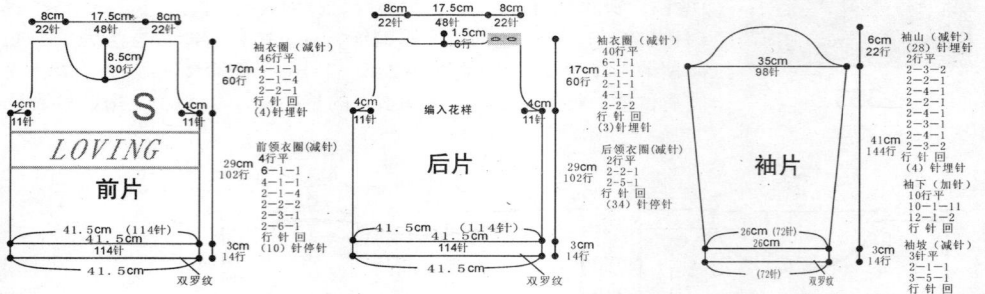

前片　后片　袖片

【成品尺寸】衣长38cm　胸围74cm　连肩袖长41cm
【工具】3.5mm棒针
【材料】红色羊毛线500g　黑色、白色羊毛绒线各少量
【密度】10cm²：20针×28行
【制作过程】1. 前片、后片：按图起74针，织5cm双罗纹后，改织全下针，并间色，左右两边按图所示收成插肩袖。　2. 袖片：按图起40针，织5cm双罗纹后，改织全下针，按图所示织双罗纹，织至20cm按图所示均匀地减针，收成插肩袖山。　3. 编织结束后，将前片、后片侧缝、袖子缝合。领窝挑针，织10cm单罗纹，并间色，折边缝合，形成双层圆领。

338

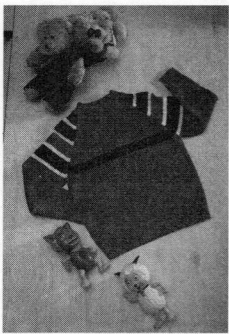

单罗纹

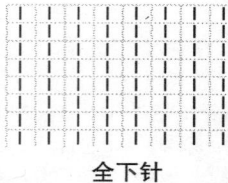

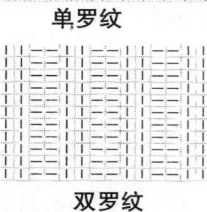

全下针　双罗纹

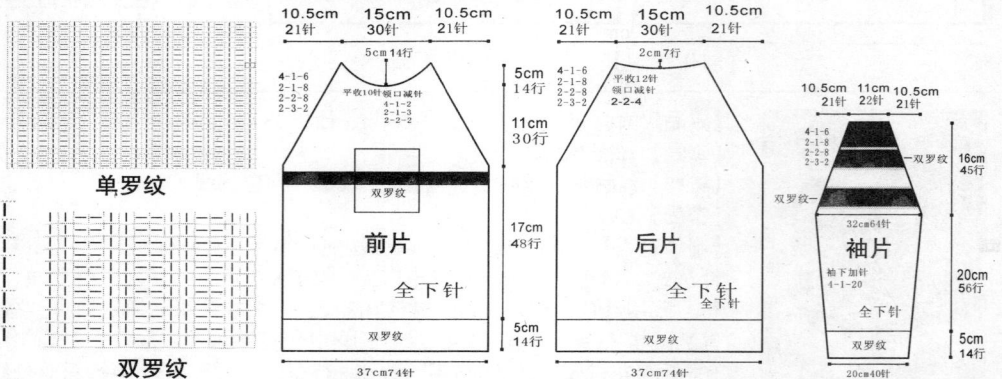

前片　后片　袖片

【成品尺寸】衣长38cm　胸围70cm　袖长34cm
【工具】3.5mm棒针
【材料】白色羊毛绒线500g　黑色羊毛线少量　拉链1条　装饰图案1枚
【密度】10cm²：20针×28行
【制作过程】1. 前片：分左右两片，分别按图所示起35针，织5cm双罗纹后，改织花样，并间色，左右两边按图所示收成袖窿。后片：按图起70针，织5cm双罗纹后，改织全下针，并间色，左右两边按图所示收成袖窿。　2. 领口：前后领各按图所示均匀地减针，形成领口。　3. 编织结束后，将侧缝、肩部、袖子缝合。帽子另织，与领圈缝合衣袋门襟边和帽缘边挑针，织至3cm下针，折边缝合，形成双层拉链边，衣袋另织，袋口挑针，织至3cm全下针，折边缝合，形成双层袋口，与前片缝合。　4. 装饰：缝上拉链和装饰图案。

339

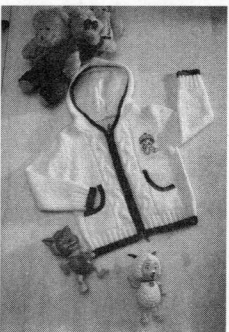

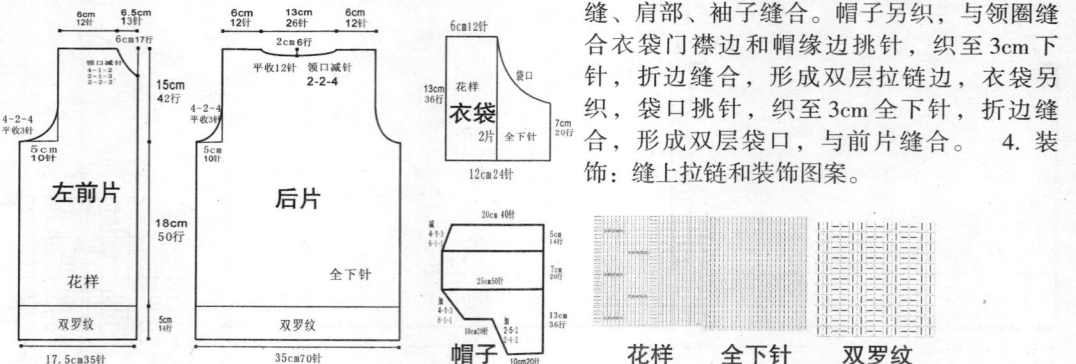

左前片　后片　衣袋　帽子　花样　全下针　双罗纹

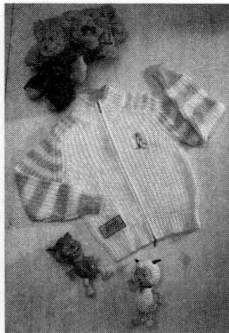

340

【成品尺寸】衣长33cm　胸围74cm　袖长40cm
【工具】3.5mm棒针　绣花针
【材料】白色羊毛绒线500g　杏色羊毛绒线少量　绣花图案、贴图各1个　拉链1条
【密度】10cm²：20针×28行
【制作过程】1. 前片：分左右两片编织，分别按图起37针，织5cm单罗纹后改织花样，左右两边按图所示收成袖窿。后片：按图起74针，织5cm单罗纹后，改织花样。左右两边按图所示收成袖窿。
2. 袖片：按图起40针，织5cm双罗纹后，改织花样，并间色，织至20cm按图所示均匀地减针，收成袖山。　3. 编织结束后，将前片、后片侧缝、肩部和袖子缝合。袖肩的位置与前片、后片的肩部按图缝合，领圈挑针，织10cm单罗纹，折边缝合，形成双层圆领。　4. 装饰：缝上拉链，缝好绣花图案和贴图。

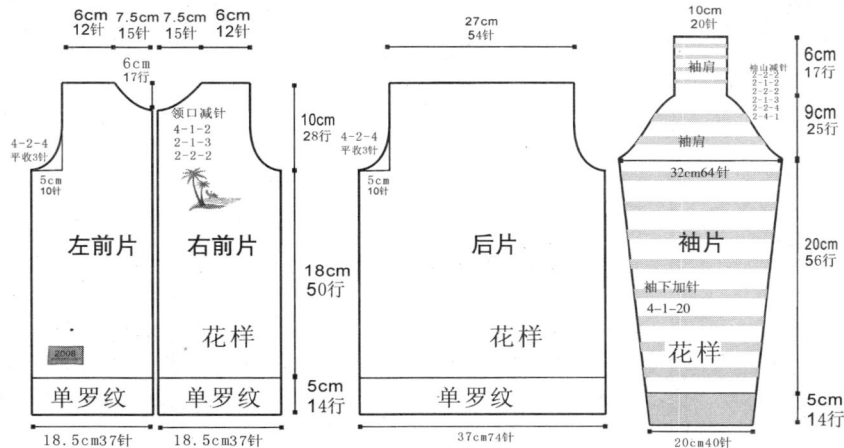

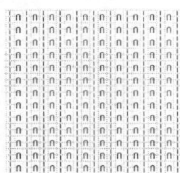
花样

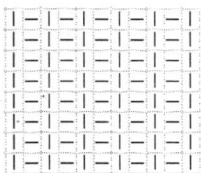
单罗纹

341

【成品尺寸】衣长38cm　胸围74cm　连肩袖长41cm
【工具】3.5mm棒针
【材料】杏色羊毛绒线500g　咖啡色羊毛绒线少量　拉链1条　装饰图案若干
【密度】10cm²：20针×28行
【制作过程】1. 前片：按图起74针，织5cm双罗纹后，改织全下针，两边侧缝平收16针，按图织好，两边侧缝按图另织花样，与前片缝合。后片：按图起74针，织5cm双罗纹后，改织全下针，左右两边按图所示收成插肩袖。　2. 编织结束后，将前片、后片侧缝、袖子缝合。领窝挑针，织10cm双罗纹，并间色，折边缝合，形成双层圆领。拉链边另织5cm双罗纹与前领缝合。　3. 装饰：缝上拉链与装饰图案。

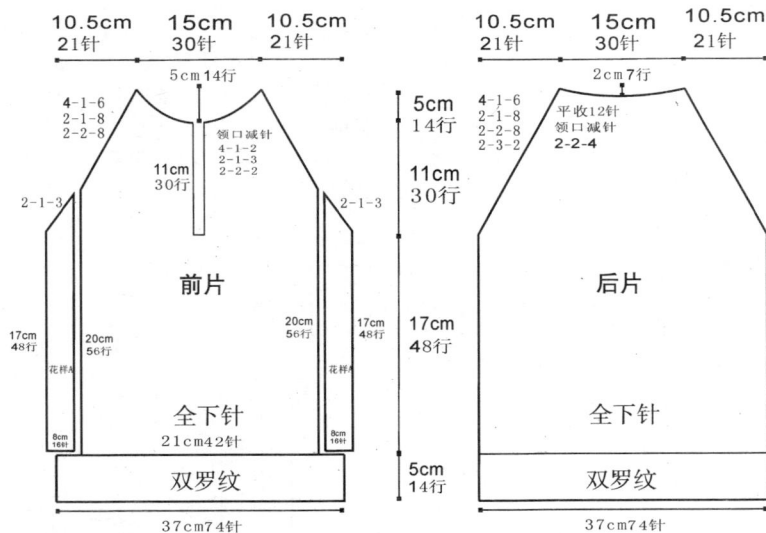

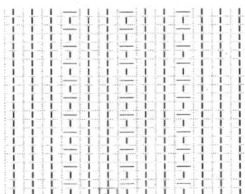
花样

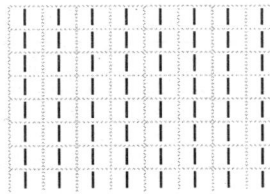
全下针

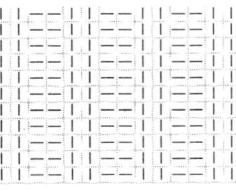
双罗纹

【成品尺寸】衣长46cm　肩宽33cm　袖长48cm
【工具】12号棒针
【材料】白色棉线350g　红色棉线100g　黑色棉线少量　拉链1条
【密度】10cm²：26针×34行
【制作过程】1. 后片：用红色棉线起104针，织花样A，织至6cm后，改用白色棉线织花样B，织至30cm，袖窿减针，减针方法为1-4-1，2-1-5，织至45cm收后领，中间留取40针不织，两侧减针2-1-2，后片共织46cm长度。　2. 左前片：用红色棉线起49针，织花样A，织至6cm后，改用白色棉线织花样B，织至27cm左侧袖窿减针，减针方法为1-7-1，2-2-8，织至40cm右侧前领减针，减针方法为1-7-1，2-2-6，共减少19针，左前片共织46cm长度。另用红色棉线起14针，织花样C，织18cm的长度，侧边与左前片袖窿对应缝合。　3. 用同样方法往相反方向织右前片。　4. 领子：用红色棉线沿领口挑起针织花样A，挑起92针织12cm与起针合并形成双层衣领。　5. 衣襟：前襟连领共挑起104针，白色棉线织花样B，织至6行向内与起针合并。缝上拉链。

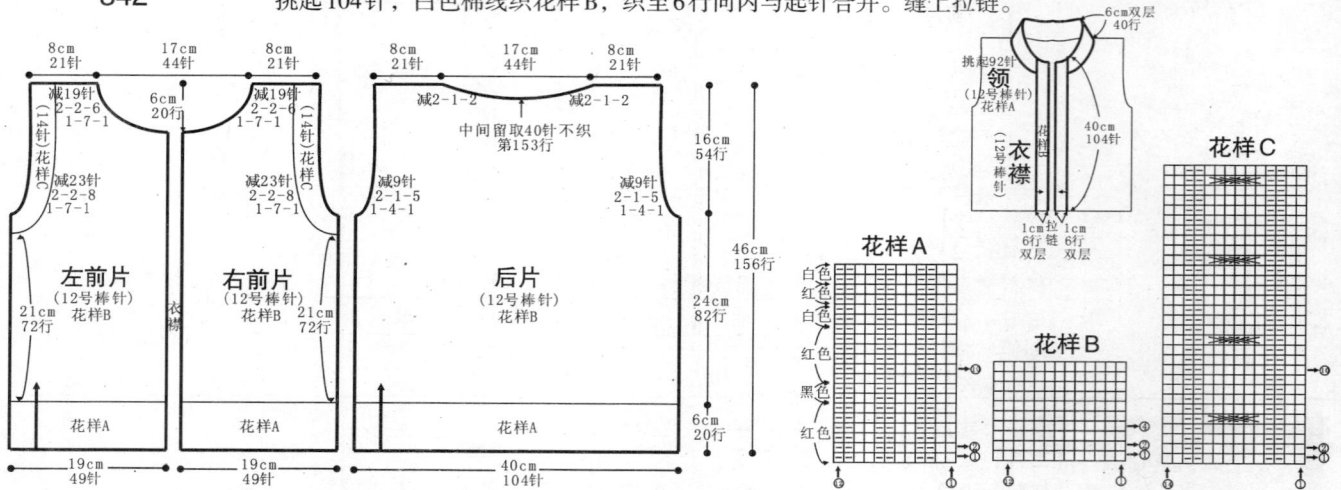

342

【成品尺寸】衣长46cm　肩宽33cm　袖长48cm
【工具】12号棒针
【材料】白色棉线250g　红色棉线200g　蓝色棉线少量　拉链1条
【密度】10cm²：26针×34行
【制作过程】1. 后片：用白色线起104针，织花样A，织至6cm后，改为6行白色与6行红色间隔编织，织花样B，织至30cm，袖窿减针，减针方法为1-4-1，2-1-5，织至45cm收后领，中间留取40针不织，两侧减针2-1-2。后片共织46cm长度。　2. 左前片：用白色线起49针，织花样A，织至6cm后，改为6行白色与6行红色间隔编织，织花样B，织至30cm左侧袖窿减针，减针方法为1-4-1，2-1-5，织至36cm，改织左前胸图案（右前片织白色），织至40cm右侧前领减针，减针方法为1-7-1，2-2-6，共减少19针，左前片共织46cm长度。　3. 用同样方法往相反方向织右前片。　4. 领子：用白色线沿领口挑起针织花样A，挑起92针织12cm与起针合并形成双层衣领。　5. 衣襟：前襟连领共挑起104针，用白色线织花样B，织至6行向内与起针合并，缝上拉链。

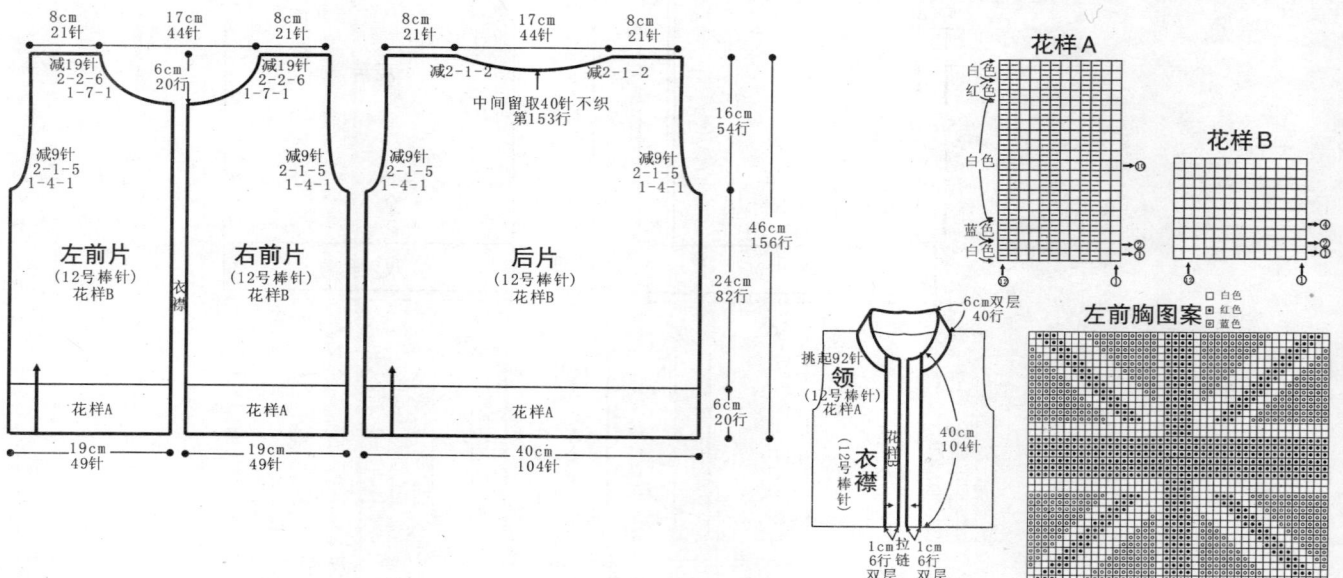

343

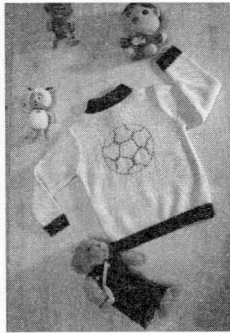

344

【成品尺寸】衣长38cm　胸围74cm　袖长34cm
【工具】3.5mm棒针　绣花针　小号钩针
【材料】白色羊毛绒线500g　黑色羊毛绒线少量　绣花图案若干
【密度】10cm²：20针×28行
【制作过程】1. 前片、后片：按图起74针，织5cm双罗纹后，改织全上针，左右两边按图所示收成袖
窿。　2. 编织结束后，将前片、后片侧缝、肩部、袖子缝合。领圈挑针，织4cm双罗纹，形成圆
领。　3. 装饰：绣上绣花图案。

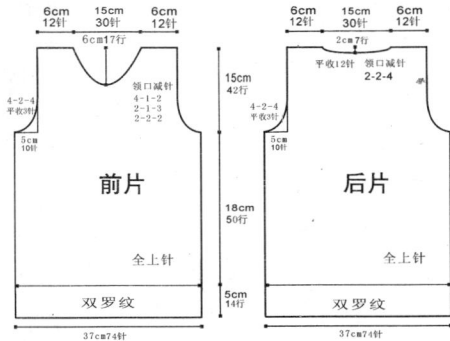

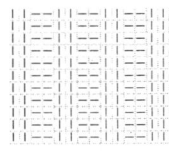

345

【成品尺寸】衣长46cm　肩宽33cm　袖长48cm
【工具】12号棒针
【材料】白色棉线350g　灰色棉线50g　橙色棉线少量
【密度】10cm²：26针×34行
【制作过程】1. 棒针编织法，衣服按前片和后片分别编织，完成后缝合而成。　2. 起针织后片，双罗
纹针起针法，用白色线起104针织花样A，织4行后，改织2行橙色2行白色间隔编织，织至10行，改
为白色线编织，织至20行，从第21行起，改用灰色与白色线间隔编织花样B，织至102行，两侧减针
织成袖窿。减针方法为1-4-1，2-1-5，两侧针数减少9针，不加减针织至153行，中间留取40针不
织，两侧减针织成后领，减针方法为2-1-2，织至156行，两肩部各余下21针，收针断线。　3. 起针
织前片，双罗纹针起针法，用白色线起104针织花样A，织4行后，改织2行橙色2行白色间隔编织，
织至10行，改用白色线编织，织至20行，从第21行起，改用白色灰色线与白色线间隔编织花样B，
织片中间编织10针花样C，重复往上编织至102行，两侧减针织成袖窿，减针方法为1-4-1，2-1-5，
各减少9针，不加减针织至136行，从第137起中间留取20针不织，两侧减针织成前领，减针方法为2-2-4，2-1-4，共减少12
针，织至156行，肩部余下21针，收针断线。　4. 前片与后片的两侧缝要对应缝合，两肩缝也要对应缝合。

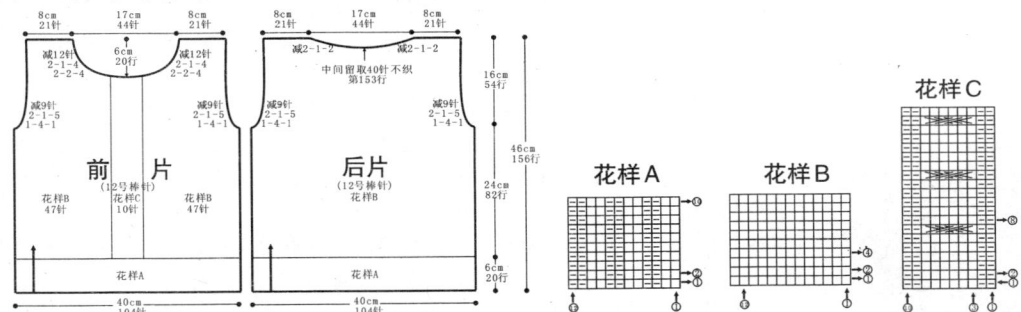

346

【成品尺寸】衣长38cm　胸围74cm　袖长34cm
【工具】3.5mm棒针
【材料】白色羊毛绒线500g　黑色羊毛绒线少量　拉链1条　装饰图案若干
【密度】10cm²：20针×28行
【制作过程】1. 前片、后片：按图起74针，织5cm双罗纹后，改织全上针，并间色，左右两边按图所
示收成袖窿。　2. 编织结束后，将前片、后片侧缝、肩部、袖子缝合。领圈挑针，织16cm双罗纹，
折边缝合，形成双层圆领。拉链边另织，折边缝合，形
成双层拉链边。　3. 装饰：装上拉链，缝上装饰图案。

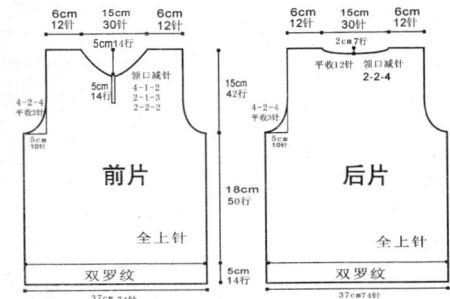
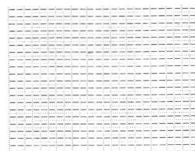
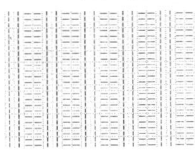

【成品尺寸】 衣长38cm　胸围74cm　袖长34cm

【工具】 3.5mm棒针

【材料】 黑色、红色羊毛绒线各300g　烫贴图案若干

【密度】 10cm²：20针×28行

【制作过程】 1. 前片、后片：按图起74针，织5cm单罗纹后，改织全下针，并间色，左右两边按图所示收成袖窿。前片衬贴领织，按图缝好。　2. 编织结束后，将前片、后片侧缝、肩部、袖子缝合。领圈挑针，织8cm单罗纹，并间色，折边缝合，形成双层圆领。　3. 装饰：装饰好烫贴图案。

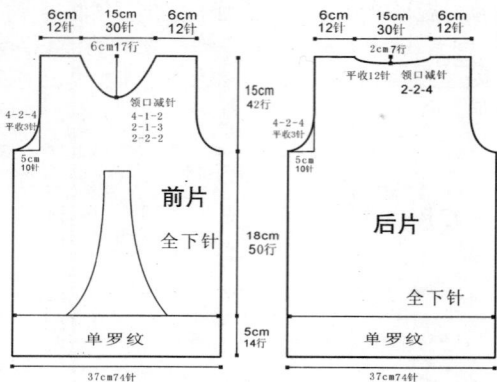

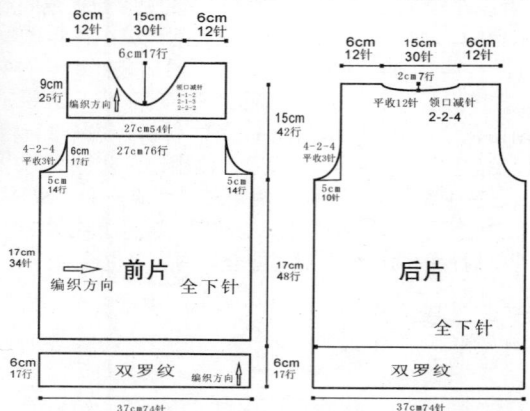

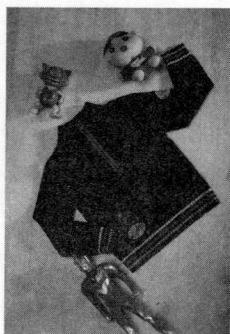

347

6cm 12针　15cm 30针　6cm 12针
6cm17针
领口衬针
4-1-2
2-1-3
2-2-2
4-2-4 平收3针
5cm 10针
前片 全下针
18cm 50行
5cm 14行
单罗纹
37cm74针

6cm 12针　15cm 30针　6cm 12针
2cm 7行
平收12针　领口减针 2-2-4
15cm 42行
4-2-4
5cm 10针
后片
全下针
5cm 14行
单罗纹
37cm74针

全上针　**双罗纹**　**全下针**

【成品尺寸】 衣长38cm　胸围74cm　袖长34cm

【工具】 3.5mm棒针

【材料】 红色羊毛绒线400g　深蓝色、白色羊毛绒线各少量　烫贴图案若干

【密度】 10cm²：20针×28行

【制作过程】 1. 前片：分上中下3片编织，上片按图起54针，织9cm全下针，领子按图所示均匀地减针，中片按编织方向起34针，织全下针，袖窿按图所示减针，下片另织至6cm双罗纹，前片按图间色。后片：按图起74针，织至6cm双罗纹后，改织全下针，左右两边按图所示收成袖窿。　2. 编织结束后，将前片、后片侧缝，肩部、袖子缝合。领圈挑针，织8cm单罗纹，折边缝合，形成双层圆领。　3. 装饰：装饰好烫贴图案。

348

6cm 12针　15cm 30针　6cm 12针
6cm17针
领口减针
2-1-3
2-2-2
9cm 25行 编织方向
27cm54针
4-2-4 平收3针
5cm 14行
27cm76针
17cm 34针 编织方向 **前片** 全下针
6cm 17行 **双罗纹** 编织方向
37cm74针

6cm 12针　15cm 30针　6cm 12针
2cm 7行
平收12针　领口减针 2-2-4
15cm 42行
4-2-4 平收3针
5cm 10针
17cm 48行 **后片**
全下针
6cm 17行 **双罗纹**
37cm74针

单罗纹　**全下针**　**双罗纹**

【成品尺寸】 衣长38cm　胸围74cm　袖长34cm

【工具】 3.5mm棒针

【材料】 深蓝色羊毛绒线500g　红色、白色、浅蓝色羊毛绒线各少量　拉链1条　装饰图案若干　拉链1条

【密度】 10cm²：20针×28行

【制作过程】 1. 前片、后片：按图起74针，织5cm双罗纹后，改织全下针，并间色，左右两边按图所示收成袖窿。　2. 领口：前后领各按图所示均匀地减针，形成领口。　3. 编织结束后，将前片、后片侧缝、肩部、袖子缝合。前领分两片另织双罗纹，与前片缝合，领圈挑针，织10cm双罗纹，折边缝合，形成双层圆领。拉链边另织，折边缝合，形成双层拉链边。　4. 装饰：装上拉链，缝上装饰图案。

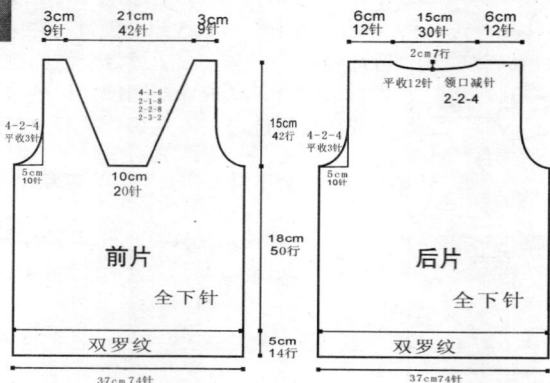

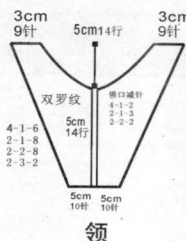

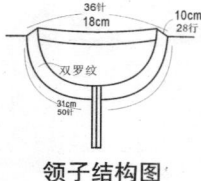

349

36针 18cm　10cm 28针
双罗纹
31针 50行
领子结构图

3cm 9针　21cm 42针　3cm 9针
4-1-6
2-1-8
2-2-8
2-3-9
4-2-4 平收3针
5cm 10针
10cm 20针
前片 全下针
18cm 50行
5cm 14行
双罗纹
37cm74针

6cm 12针　15cm 30针　6cm 12针
2cm 7行
平收12针　领口减针 2-2-4
15cm 42行
4-2-4 平收3针
5cm 10针
18cm 50行
后片 全下针
5cm 14行
双罗纹
37cm74针

3cm 8行 编织方向 拉链边 全下针 2片
18cm36针

16cm 48行 编织方向 双层圆领 双罗纹
49cm98针

3cm 9针　5cm14行　3cm 9针
双罗纹　领口减针 4-1-2 2-1-2 2-2-2
4-1-6 2-1-8 2-2-8 2-3-2
5cm 14行
5cm 10针　5cm 10针
领

全下针　**双罗纹**

【成品尺寸】衣长46cm　肩宽40cm　袖长48cm
【工具】12号棒针
【材料】蓝色棉线350g　白色、红色棉线各30g　拉链1条
【密度】10cm²：26针×34行
【制作过程】1. 后片：用蓝色棉线起104针，织花样A，织至6cm后改织花样B，织至30cm，插肩减针，减针方法为1-4-1，2-1-27，织至46cm长度，织片余42针。　2. 左前片：用蓝色棉线起52针，织花样A，织至6cm织花样B，织至30cm，左侧平收4针，留取17针不织，插肩减针，2-1-22，织至43cm，织片余9针，左前片共织43cm长度。红色线挑起左侧17针，织花样C，织18cm的长度，与前片缝合。　3. 用同样方法往相反方向织右前片。　4. 领子：用蓝色棉线沿领口挑起针织花样A，挑起100针织8cm与起针合并形成双层衣领。　5. 衣襟：缝上拉链。

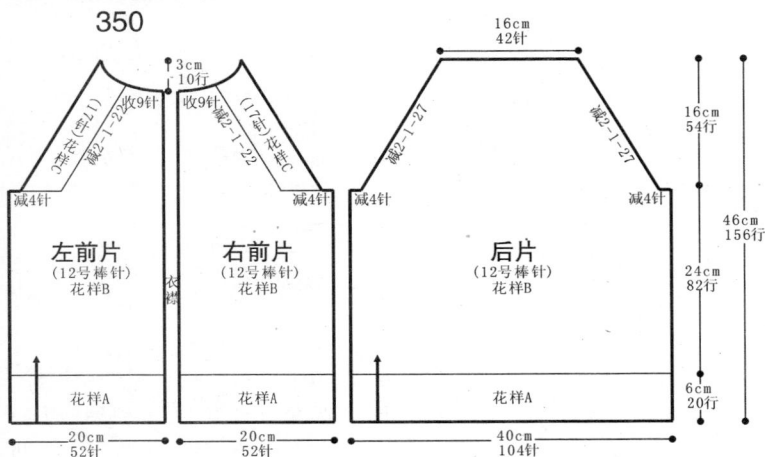

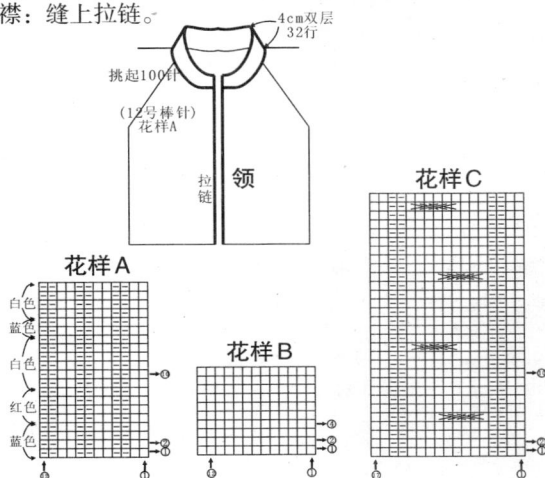

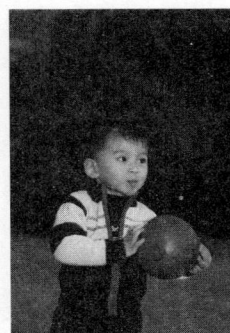

350

花样A
花样B
花样C

4cm双层 32行
挑起100针
(12号棒针)
花样A
领
拉链

左前片
(12号棒针)
花样B

右前片
(12号棒针)
花样B

后片
(12号棒针)
花样B

16cm 42针
3cm 10行
减2-1-22收9针
收9针
减2-1-22
花样C(17针)
减4针
16cm 54行
减2-1-27
46cm 156行
24cm 82行
6cm 20行
减4针
花样A
20cm 52针
20cm 52针
40cm 104针

白色 蓝色 白色 红色 蓝色

【成品尺寸】衣长46cm　肩宽33cm　袖长48cm
【工具】12号棒针
【材料】黑色棉线250g　白色棉线200g　红色棉线少量　拉链1条
【密度】10cm²：26针×34行
【制作过程】1. 后片：用黑色线起104针，织花样A，织至6cm后改织花样B，织至30cm改织白色线，袖窿减针，减针方法为1-4-1，2-1-5，织至45cm收后领，中间留取40针不织，两侧减针2-1-2，后片共织46cm长度。　2. 左前片：用黑色线起49针，织花样A，织至6cm后改织花样B，织至30cm改织白色线，左侧袖窿减针，减针方法为1-4-1，2-1-5，织至40cm右侧前领减针，减针方法为1-7-1，2-2-6，共减少19针，左前片共织46cm长度。　3. 用同样方法往相反方向织右前片。　4. 领子：用黑色线沿领口挑起针织花样A，挑起92针织12cm与起针合并形成双层衣领。　5. 衣襟：前襟连领共挑起104针，用红色线织花样B，织至6行向内与起针合并，缝上拉链。　6. 用红色、黑色线缝出前胸图案。

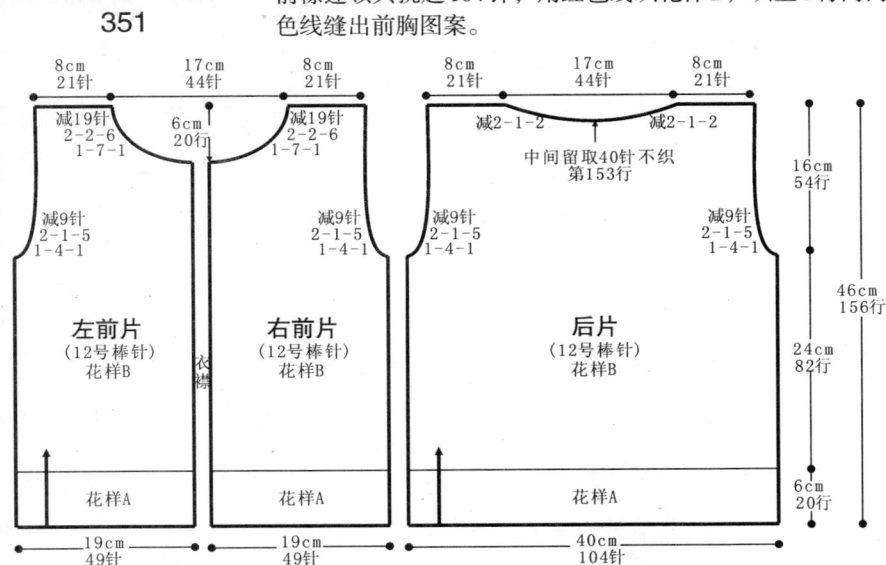

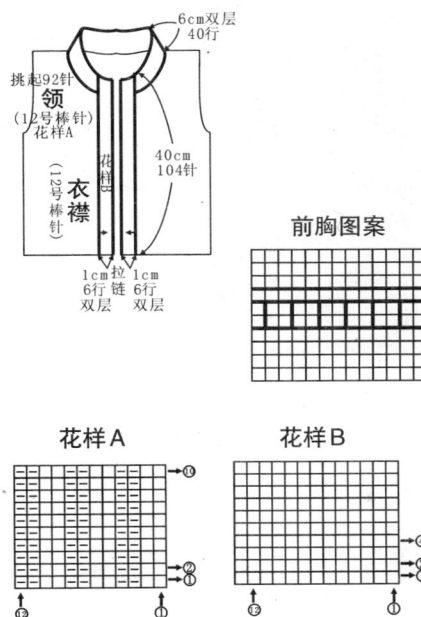

351

花样A
花样B
前胸图案

6cm双层 40行
挑起92针
(12号棒针)
花样A
领
衣襟 (12号棒针)
40cm 104针
1cm拉链 1cm
6行链 6行
双层 双层

左前片
(12号棒针)
花样B

右前片
(12号棒针)
花样B

后片
(12号棒针)
花样B

8cm 21针　17cm 44针　8cm 21针
8cm 21针　17cm 44针　8cm 21针
减19针 2-2-6 1-7-1
6cm 20行
减2-1-2
中间留取40针不织 第153行
减9针 2-1-5 1-4-1
16cm 54行
46cm 156行
24cm 82行
6cm 20行
花样A
19cm 49针
19cm 49针
40cm 104针

229

352

【成品尺寸】衣长38cm　胸围74cm　袖长34cm
【工具】3.5mm棒针
【材料】红色、黑色羊毛绒线各300g　白色羊毛绒线少量　印花图案若干
【密度】10cm²：20针×28行
【制作过程】1. 前片、后片：按图起74针，织至3cm双罗纹后，改织全下针，两边腋下按图间色，左右两边按图所示收成袖窿。　2. 编织结束后，将前片、后片侧缝、肩部、袖子缝合。领圈挑针，织8cm单罗纹，折边缝合，形成双层圆领。　3. 装饰：印上绣花图案。

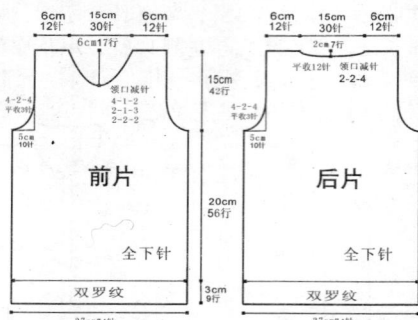

前片　后片
全下针　全下针
双罗纹　双罗纹

6cm 12针　15cm 30针　6cm 12针
6cm 17针
领口减针 4-1-2 2-1-3 2-2-2
5cm 10针
37cm74针

6cm 12针　15cm 30针　6cm 12针
2cm 7针
平收12针　领口减针 2-2-4
15cm 42行
4-2-4 平收3针
5cm 10针
20cm 56行
3cm 9行
37cm74针

单罗纹　全下针　双罗纹

353

【成品尺寸】衣长33cm　胸围74cm　袖长40cm
【工具】3.5mm棒针
【材料】黑色羊毛绒线500g　白色、红色羊毛绒线各少量　拉链1条　标志图案1个
【密度】10cm²：20针×28行
【制作过程】1. 前片：分左右两片编织，分别按图起37针，织5cm单罗纹后，改织花样，左右两边按图所示收成袖窿。后片：按图起74针，织5cm单罗纹后，改织花样。左右两边按图所示收成袖窿。　2. 袖片：按图起40针，织5cm单罗纹后，改织花样，织至25cm按图所示均匀地减针，收成袖山。　3. 编织结束后，将前片、后片侧缝、肩部和袖子缝合。袖肩的位置与前片、后片的肩部按图缝合，领圈挑针，织10cm单罗纹，并间色，折边缝合，形成双层圆领，拉链边另织，折边缝合，形成双层拉链边。红色和白色衬边另织，按图缝合。　4. 装饰：缝上拉链和标志图案。

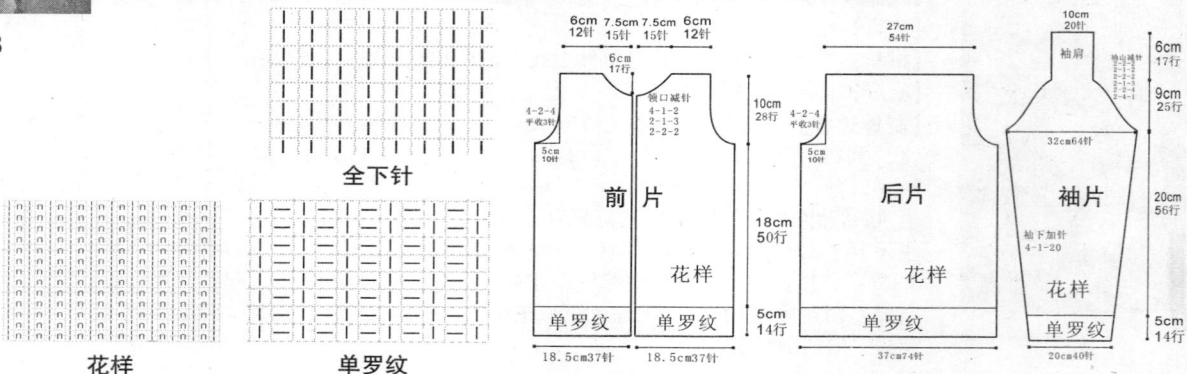

全下针

花样　单罗纹

前片　后片　袖片
单罗纹　单罗纹　花样　花样　花样　单罗纹　单罗纹

6cm 12针　7.5cm 15针　7.5cm 15针　6cm 12针
6cm 17针
领口减针 4-1-2 2-1-3 2-2-2
5cm 10针
4-2-4 平收3针
10cm 28行
5cm 10针
18cm 50行
5cm 14行
18.5cm37针　18.5cm37针

27cm 54针
10cm 28行
18cm 50行
5cm 14行
37cm74针

10cm 20针
袖肩
6cm 17行
增加减针 2-1-2 2-2-1 2-2-4 2-1-2 4-1-1
9cm 25行
32cm64针
袖下加针 4-1-20
20cm 56行
5cm 14行
20cm40针

354

【成品尺寸】衣长38cm　胸围74cm　连肩袖长41cm
【工具】3.5mm棒针
【材料】红色羊毛绒线500g　黑色、白色羊毛绒线各少量　字母图案若干　拉链1条
【密度】10cm²：20针×28行
【制作过程】1. 前片：分左右两片编织，分别按图起36针，织5cm双罗纹后，改织全下针，并间色，左右两边按图所示收成插肩袖。后片：按图起74针，织5cm双罗纹后，改织全下针，并间色，左右两边按图所示收成插肩袖。　2. 袖片：按图起40针，织5cm双罗纹后，改织全下针，并间色，织至25cm按图所示均匀地减针，收成插肩袖山。　3. 编织结束后，将前片、后片侧缝、肩部、袖子缝合。领圈挑针，织10cm双罗纹，并间色，折边缝合，形成双层开襟圆领，门襟另织，折边缝合，形成双层门襟。　4. 装饰：缝上字母图案，装上拉链。

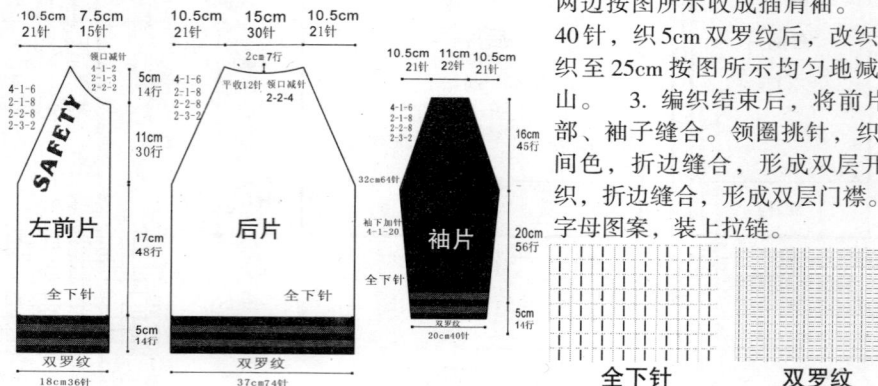

左前片　后片　袖片
全下针　全下针　全下针
双罗纹　双罗纹　双罗纹

10.5cm 21针　7.5cm 15针
领口减针 4-1-2 2-1-3 2-2-2
4-1-6 2-1-8 2-1-8 2-3-2
5cm 14行
11cm 30行
17cm 48行
5cm 14行
18cm36针

10.5cm 21针　15cm 30针　10.5cm 21针
2cm 7针
平收12针　领口减针 2-2-4
4-1-6 2-1-8 2-2-4 2-3-2
5cm 14行
11cm 30行
17cm 48行
5cm 14行
37cm74针

10.5cm 21针　11cm 22针　10.5cm 21针
4-1-6 2-1-4 2-2-8 2-3-2
16cm 45行
32cm64针
袖下加针 4-1-20
20cm 56行
5cm 14行
20cm40针

SAFETY

全下针　双罗纹

【成品尺寸】衣长33cm　胸围74cm　袖长40cm

【工具】3.5mm棒针

【材料】灰色羊毛绒线400g　白色、红色、黑色羊毛绒线各少量　烫贴图案若干

【密度】10cm²：20针×28行

【制作过程】1. 前片、后片：按图起74针，先织双层平针底边后，改织全下针，左右两边按图所示收成袖窿。　2. 袖片：按图起40针，先织双层平针底边后，改织全下针，并间色，织至25cm按图所示均匀地减针，收成袖山。　3. 编织结束后，将前片、后片侧缝，肩部和袖子缝合。袖肩的位置与前片、后片的肩部按图缝合。领圈挑针，织至4cm单罗纹，折边缝合，形成双层圆领。　4. 装饰：贴好烫贴图案。

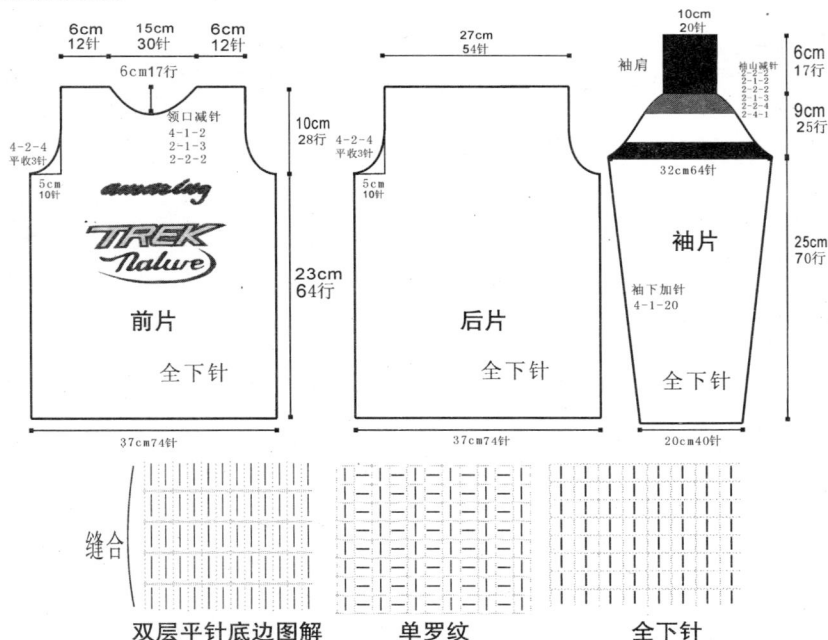

355

6cm 12针　15cm 30针　6cm 12针

6cm17行

领口减针
4-1-2
2-1-3
2-2-2

10cm 28行

4-2-4 平收3针

5cm 10针

23cm 64行

前片
全下针

37cm74针

27cm 54针

10cm 28行

5cm 10针

后片
全下针

37cm74针

10cm 20针

袖肩

6cm 17行

袖山减针
2-1-2
2-1-2
2-1-2
2-1-2
4-1-1

9cm 25行

32cm64针

袖片

袖下加针
4-1-20

全下针

25cm 70针

20cm40针

缝合

双层平针底边图解　　单罗纹　　全下针

【成品尺寸】衣长46cm　肩宽33cm　袖长48cm

【工具】12号棒针

【材料】黑色棉线300g　白色棉线150g　黑色、白色、橙色丝线各少量　扣子3枚

【密度】10cm²：26针×34行

【制作过程】1. 后片：用黑色线起104针，织花样A，织至6cm后改织花样B，织至30cm改织白色线，袖窿减针，减针方法为1-4-1，2-1-5，织至6行后改织黑色线，织至6行后改织白色线，织至45cm，左肩部织21针花样A，收后领，中间留取40针不织，两侧减针2-1-2. 后片共织46cm长度，左肩继续编织1cm的长度，钉扣子。　2. 前片：用黑色线起104针，织花样A，织至6cm后改织花样B，织至30cm改织白色线，袖窿减针，减针方法为1-4-1，2-1-5，织至6行后改织黑色线，织至6行后改织白色线，织至40cm，收前领，中间留取14针不织，两侧减2-2-6，2-1-2，织至45cm，右肩部织21针花样A，前片共织46cm长度，右肩留1个扣眼，继续编织1cm的长度。　3. 领子：用黑色线沿领口挑起针织花样A，挑起98针，织至6cm长度。　4. 用黑色、白色、橙色丝线缝出前胸图案。

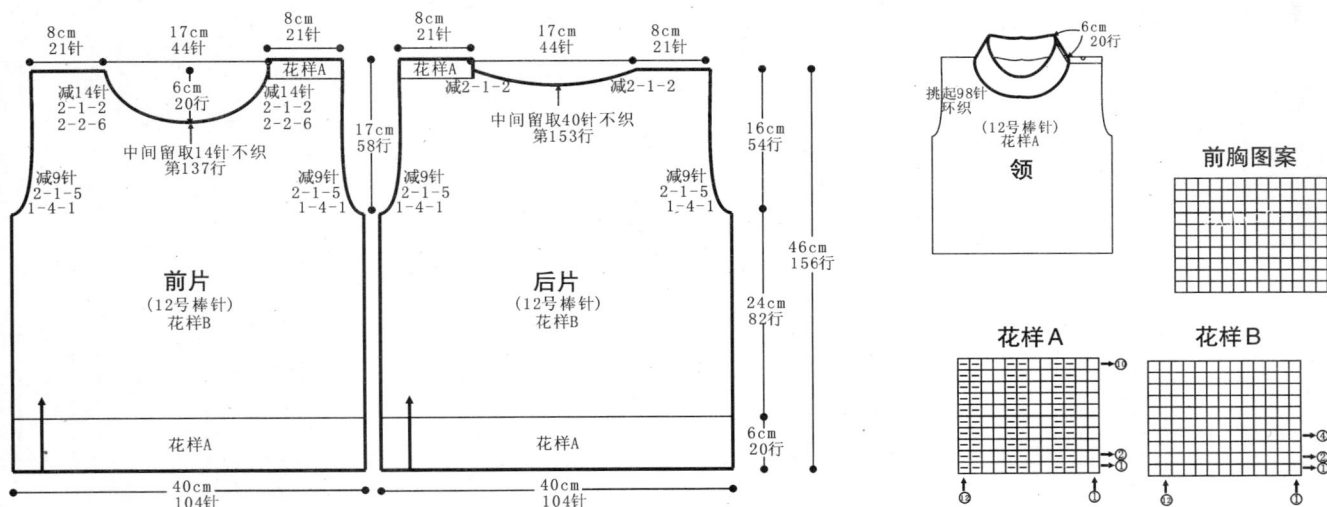

356

8cm 21针　17cm 44针　8cm 21针

减14针
2-1-2
2-2-6

6cm 20行

减14针
2-1-2
2-2-6

17cm 58行

减9针
2-1-5
1-4-1

中间留取14针不织
第137行

减9针
2-1-5
1-4-1

前片
(12号棒针)
花样B

花样A

8cm 21针　17cm 44针　8cm 21针

花样A　减2-1-2　花样A

17cm 58行

中间留取40针不织
第153行

减9针
2-1-5
1-4-1

减9针
2-1-5
1-4-1

后片
(12号棒针)
花样B

16cm 54行

46cm 156行

24cm 82行

6cm 20行

花样A

40cm 104针

花样A

40cm 104针

6cm 20行

挑起98针
环织
(12号棒针)
花样A

领

前胸图案

花样A　　花样B

231

357

【成品尺寸】衣长49cm　胸围83cm　袖长50cm
【工具】7号棒针
【材料】灰色羊毛线650g　深蓝色、红色羊毛线各少量
【密度】10cm²：27针×35行
【制作过程】1. 前片、后片以机器边起针编织双罗纹针，衣身编织花样，按图所示减针袖窿、前领窝、后领窝。　2. 袖子与前、后片同样方法起针编织，按图所示加减针编织2片。　3. 前片、后片与袖片缝合，按领挑针示意图挑织衣领编织双罗纹针。　4. 胸前装饰筋横向织下针，长度等于衣片长，除黑色织5cm宽外，其他均织至3cm宽。

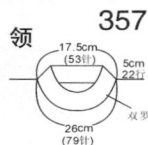

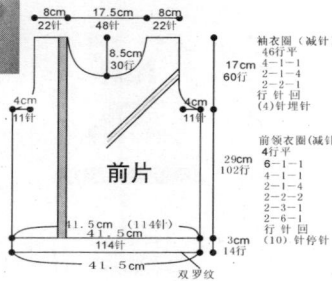

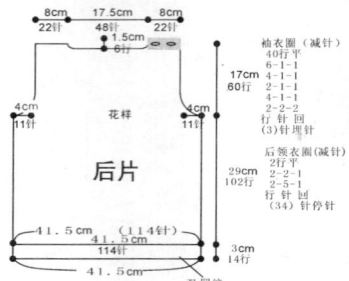

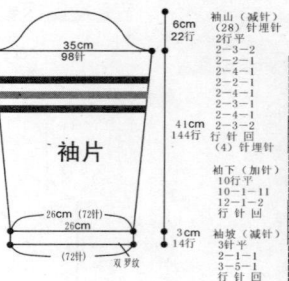

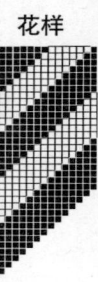

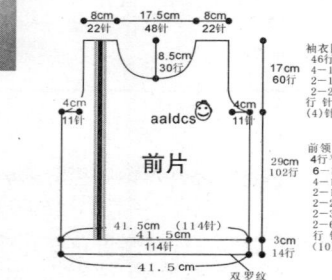

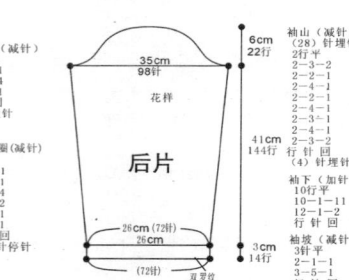

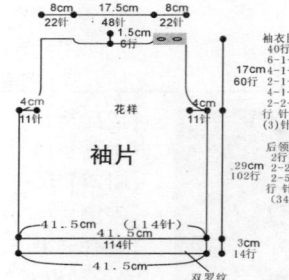

领

前片　　后片　　袖片　　花样

358
花样

【成品尺寸】衣长50cm　胸围83cm　肩宽33.5cm　袖长50cm
【工具】7号棒针
【材料】灰色羊毛线650g　褐色、红色羊毛线各少量
【密度】10cm²：27针×35行
【制作过程】1. 前片、后片以机器边起针编织双罗纹针，衣身编织花样，按图所示减针袖窿、前领窝、后领窝。　2. 袖子与前片、后片用同样方法起针编织，按图所示加减针编织2片。　3. 前片、后片与袖片缝合，按领挑针示意图挑织衣领编织双罗纹针。　4. 胸前装饰筋横向织下针，长度等于衣片长，除黑色织5cm宽外，其他均织至3cm宽。

前片　　后片　　袖片

359

【成品尺寸】衣长38cm　胸围74cm　袖长34cm
【工具】3.5mm棒针
【材料】灰色羊毛绒线500g　烫贴图案若干
【密度】10cm²：20针×28行
【制作过程】1. 前片、后片：按图起74针，织双罗纹，左右两边按图所示收成袖窿。　2. 编织结束后，将前片、后片侧缝、肩部、袖子缝合。领圈挑针，织全下针帽子，如图。　3. 装饰：贴上烫贴图案。

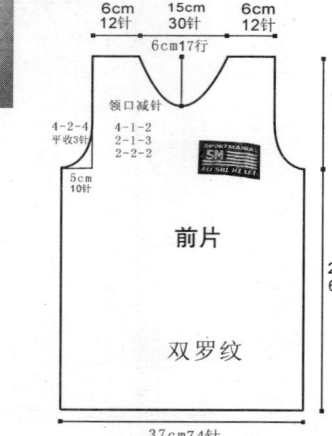

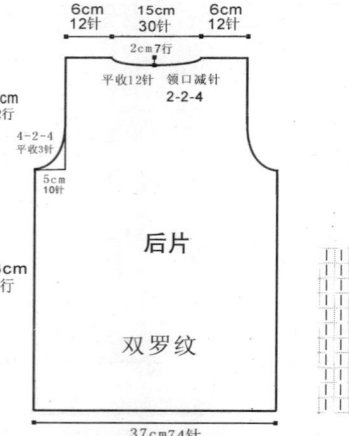

前片　　后片

双罗纹　　全下针

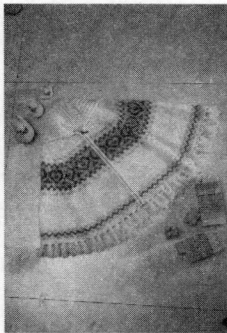

360

【成品尺寸】衣长42cm　胸围70cm
【工具】3.5mm棒针　环形针
【材料】白色羊毛绒线300g　各色毛线少量　拉链1条
【密度】10cm²：20针×28行
【制作过程】1. 以普通起针法起88针，连成一圆形，由领口往下摆做环形编织，要留门襟，整个圆有4个加针线，它们之间为24针，按图说明加针，皆在加针线两边加出，共织117行，并编入图案。　2. 编织结束后，门襟挑针，织至3cm全下针，折边缝合，形成双层门襟，领圈挑针，织10cm双罗纹，形成翻领。　3. 装饰：缝上拉链，制作垂须。

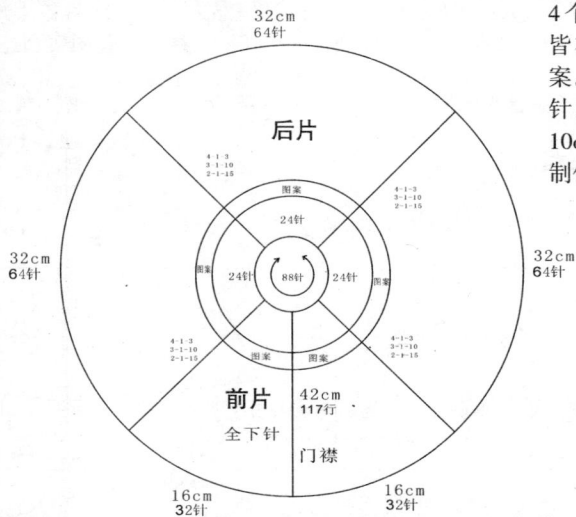

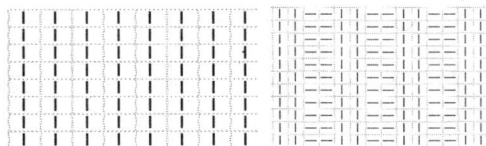

全下针　　　双罗纹

361

【成品尺寸】衣长42cm　胸围74cm
【工具】3.5mm棒针
【材料】白色羊毛绒线300g　各色毛线少量　拉链1条
【密度】10cm²：20针×28行
【制作过程】1. 前、后片：分左右两片编织，各片分别按图起60针，织至3cm双罗纹后，改织全下针，并编入图案，按减针图解减针。　2. 编织结束后，将前后各片侧缝缝合，领圈挑针，织16cm双罗纹，折边缝合，形成双层圆领。门襟挑针，织至3cm全下针，折边缝合，形成双层门襟。　3. 装饰：缝上拉链。

全下针　　　减针方法　　　双罗纹

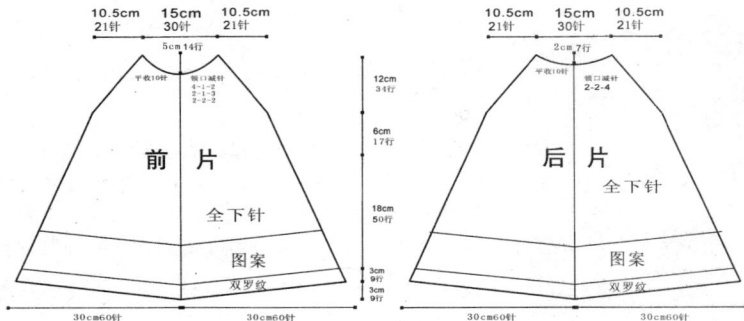

362

【成品尺寸】衣长42cm　胸围74cm
【工具】3.5mm棒针
【材料】白色羊毛绒线300g　各色毛线少量　扣子2枚
【密度】10cm²：20针×28行
【制作过程】1. 前片、后片：分左右两片编织，各片分别按图起60针，织至3cm双罗纹后，改织全下针，并编入图案，左右两边按图所示收针。　2. 编织结束后，将前后各片侧缝缝合，领窝挑针，织10cm双罗纹，形成翻领。　3. 装饰：缝上扣子。

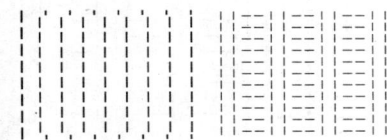

全下针　　　双罗纹

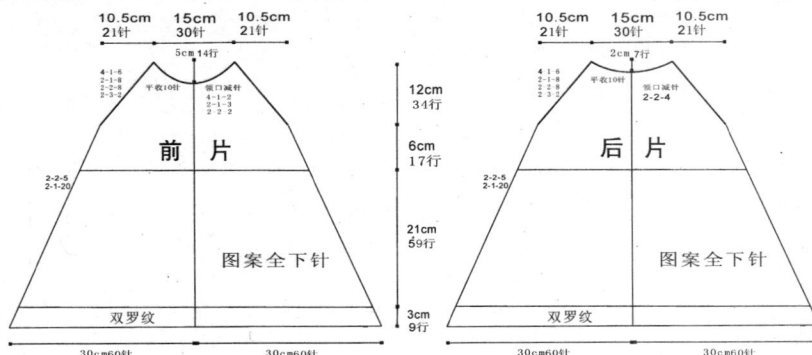

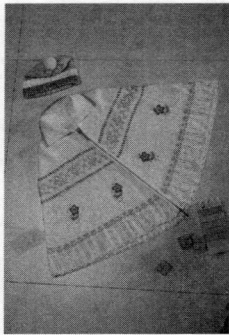

【成品尺寸】衣长43cm　胸围74cm
【工具】3.5mm棒针　绣花针
【材料】白色羊毛绒线300g　各色毛线少量　拉链1条　绣花图案和亮片若干
【密度】10cm²：20针×28行
【制作过程】1. 前片、后片：分左右两片编织，各片分别按图起60针，织至6cm花样后，改织全下针，并编入图案，左右两边按图所示收针。　2. 编织结束后，将前后各片侧缝缝合。领窝挑针，织10cm双罗纹，并间色，形成翻领。　3. 装饰：缝上拉链，绣上绣花图案和亮片。

363

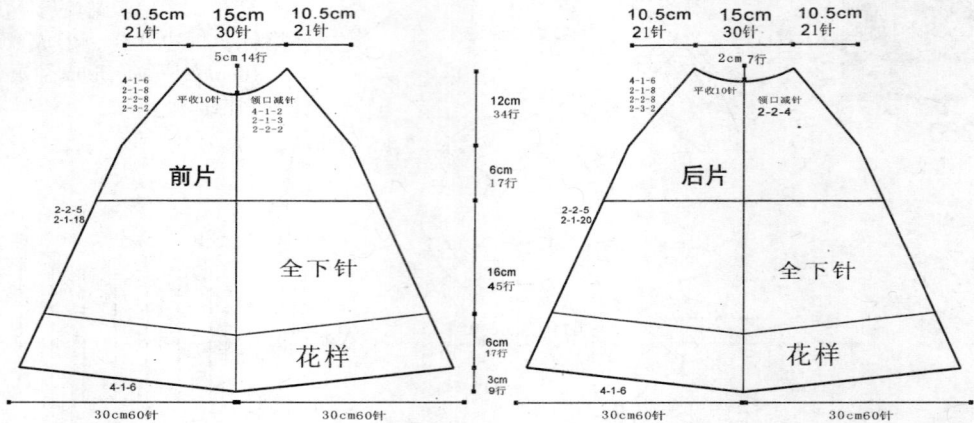

前片
平收10针　领窝减针
10.5cm 21针　15cm 30针　10.5cm 21针
5cm 14行
4-1-6 2-1-8 2-2-8 2-3-2
4-1-2 2-1-3 2-2-2
2-2-5 2-1-18
全下针
花样
4-1-6
30cm60针　30cm60针

后片
平收10针　领口减针
10.5cm 21针　15cm 30针　10.5cm 21针
2cm 7行
4-1-6 2-1-8 2-2-8 2-3-2
2-2-4
2-2-5 2-1-20
全下针
花样
4-1-6
30cm60针　30cm60针

12cm 34行
6cm 17行
16cm 45行
6cm 17行
3cm 9行

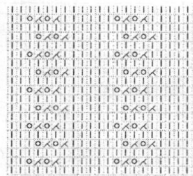
花样

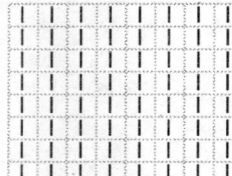
全下针

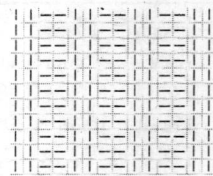
双罗纹

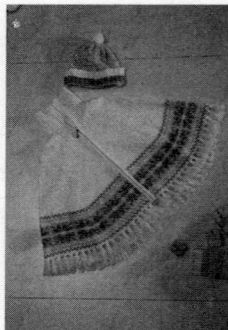

【成品尺寸】衣长42cm　胸围70cm
【工具】3.5mm棒针　环形针
【材料】白色羊毛绒线500g　各色毛线少量　拉链1条
【密度】10cm²：20针×28行
【制作过程】1. 以普通起针法起88针，连成一个圆形，由领口往下摆做环形编织，要留门襟，整圆有4个加针线，它们之间为24针，按图说明加针，皆在加针线两边加出，共织117行，并编入图案。
2. 编织结束后，门襟挑针，织至3cm全下针，折边缝合，形成双层门襟，领圈挑针，织10cm双罗纹，形成翻领。　3. 装饰：缝上拉链，制作垂须。

364

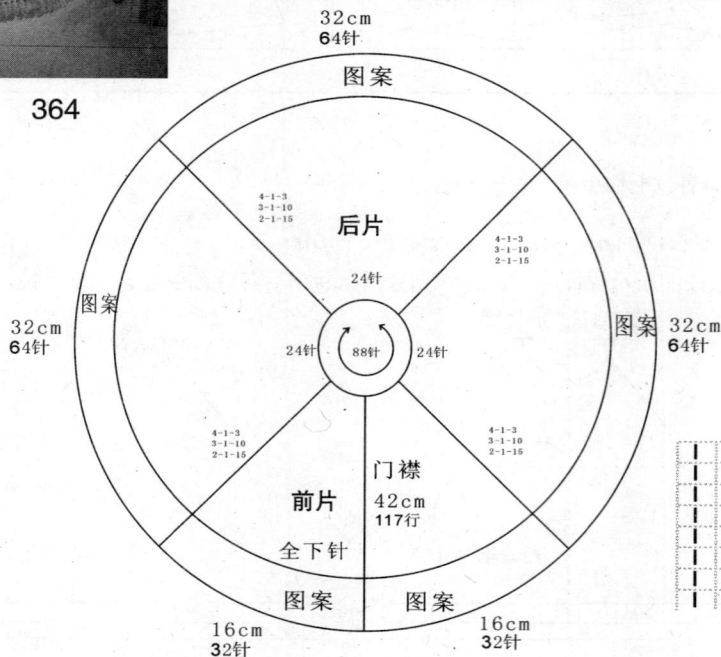

32cm 64针
图案
4-1-3 3-1-10 2-1-15
后片
24针
4-1-3 3-1-10 2-1-15
图案 32cm 64针
图案 32cm 64针
24针　88针　24针
4-1-3 3-1-10 2-1-15
4-1-3 3-1-10 2-1-15
门襟 42cm 117行
前片
全下针
图案　图案
16cm 32针　16cm 32针

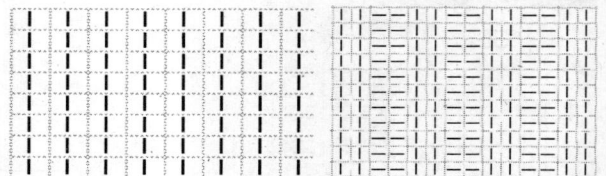
全下针

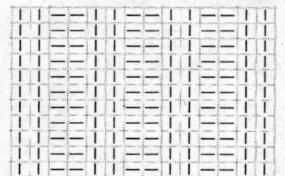
双罗纹

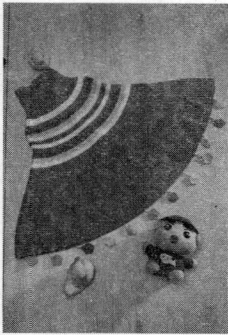

365

【成品尺寸】裙长50cm　腰宽24cm　摆宽86cm
【工具】13号棒针
【材料】红色棉线300g　白色、黄色、绿色、蓝色棉线各40g
【密度】10cm²：32.5针×40行
【制作过程】裙摆起280针，织花样A，织至16行，改织花样B，每6针减1针，每14行减1次，共减9次，织至78行，改为白色、黄色、绿色、蓝色、白色、红色间隔编织，每6行换线，反复织至36cm的长度，余下78针织裙腰，裙腰织花样C，织至50cm的总长度。

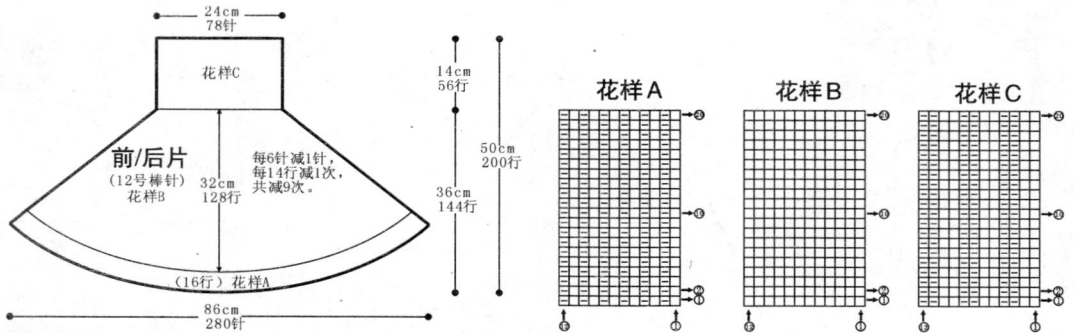

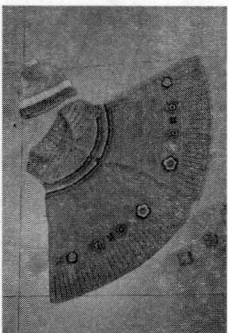

24cm
78针

花样C

14cm
56行

50cm
200行

前/后片
(12号棒针)
花样B

32cm
128行

每6针减1针
每14行减1次
共减9次

36cm
144行

(16行) 花样A

86cm
280针

花样A	花样B	花样C

366

【成品尺寸】衣长43cm　胸围74cm
【工具】3.5mm棒针　绣花针
【材料】紫红色羊毛绒线300g　各色毛线少量　扣子3枚　绣花图案若干
【密度】10cm²：20针×28行
【制作过程】1. 前片、后片：分左右两片编织，各片分别按图起60针，织至6cm花样后，改织全下针，并编入图案，按减针图解减针，左右两边按图所示收针。　2. 领口：前后领各按图所示均匀地减针，形成领口。　3. 编织结束后，将前后各片侧缝缝合。领窝挑针，织10cm花样，形成翻领。
4. 装饰：缝上扣子，绣上绣花图案。

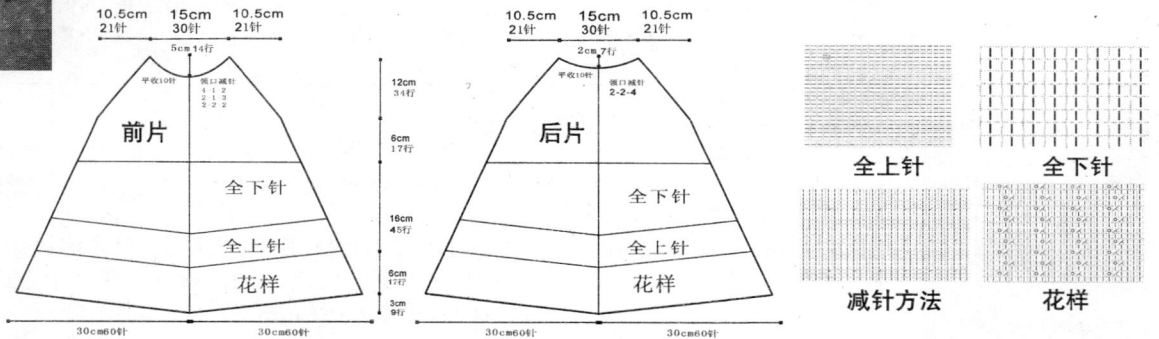

10.5cm 15cm 10.5cm
21针　30针　21针

5cm 14行

平收10针　领口减针
4-1-2
2-1-3
2-2-2

前片

全下针

全上针

花样

12cm
34行

6cm
17行

16cm
45行

6cm
17行

3cm
9行

30cm60针　30cm60针

10.5cm 15cm 10.5cm
21针　30针　21针

2cm 7行

平收10针　领口减针
2-2-4

后片

全下针

全上针

花样

30cm60针　30cm60针

全上针　　　全下针

减针方法　　花样

367

【成品尺寸】衣长42cm　胸围74cm
【工具】3.5mm棒针　绣花针
【材料】湖蓝色羊毛绒线300g　各色毛线少量　扣子3枚　帽子毛毛球绳1根　绣花图案若干
【密度】10cm²：20针×28行
【制作过程】1. 前片、后片：分左右两片编织，各片分别按图起60针，织至3cm双罗纹后，改织全下针，并间色，按减针图解减针，左右两边按图所示收针。　2. 编织结束后，将前后各片侧缝缝合，帽子另织，与领圈缝合。　3. 装饰：缝上扣子，绣上绣花图案，穿上毛毛球绳。

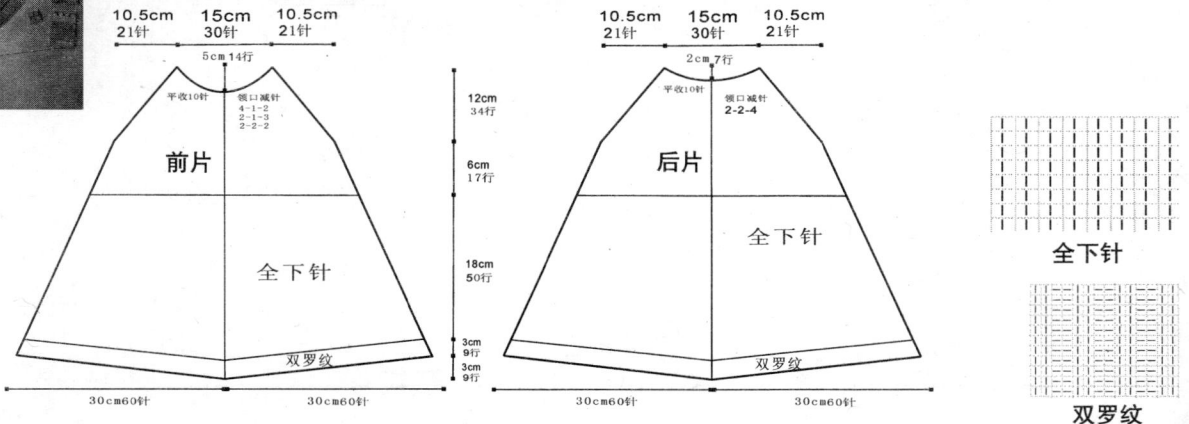

10.5cm 15cm 10.5cm
21针　30针　21针

5cm 14行

平收10针
4-1-2
2-1-3
2-2-2

领口减针

前片

全下针

双罗纹

12cm
34行

6cm
17行

18cm
50行

3cm
9行
3cm
9行

30cm60针　30cm60针

10.5cm 15cm 10.5cm
21针　30针　21针

2cm 7行

平收10针　领口减针
2-2-4

后片

全下针

双罗纹

30cm60针　30cm60针

全下针

双罗纹

235

368

【成品尺寸】衣长42cm　胸围74cm
【工具】3.5mm棒针　小号钩针
【材料】玫红色羊毛绒线300g　白色羊毛绒线少量　扣子5枚
【密度】10cm²：20针×28行
【制作过程】1. 前片、后片：分左右两片编织，各片分别按图起60针，织至3cm花样后，改织全下针，并编入图案，左右两边按图所示收针。　2. 编织结束后，将前后各片侧缝缝合，门襟另织，与前片缝合，领窝挑针，织10cm单罗纹，形成翻领。　3. 装饰：缝上扣子。领边和下摆边用钩针钩织花边。

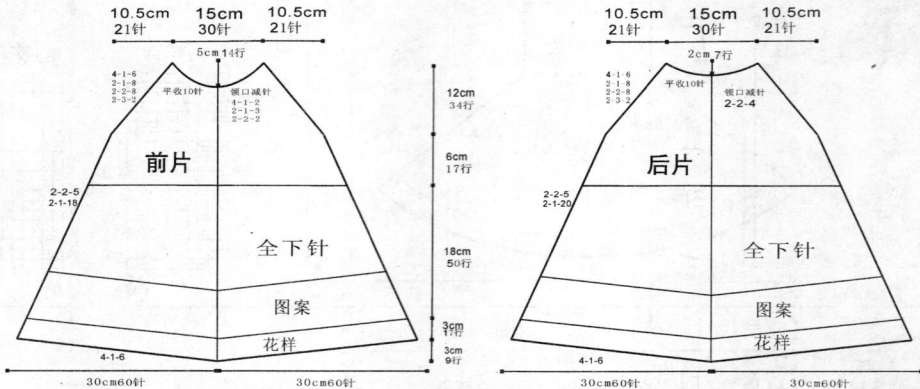

10.5cm 21针　15cm 30针　10.5cm 21针

5cm14行

4-1-5
2-1-8
2-2-8
2-3-5

平收10针

领口减针
4-1-3
2-2-2

前片

全下针

图案

花样

2-2-5
2-1-18

4-1-6

30cm60针　30cm60针

12cm 34行
6cm 17行
18cm 50行
3cm
3cm 9行

10.5cm 21针　15cm 30针　10.5cm 21针

2cm7行

4-1-6
2-1-8
2-2-8
2-3-2

平收10针

领口减针
2-2-4

后片

全下针

图案

花样

2-2-5
2-1-20

4-1-6

30cm60针　30cm60针

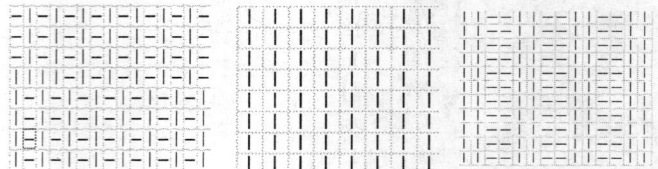

3cm 9行　编织方向　门襟　单罗纹 2片

37cm74针

花样　　全下针　　双罗纹

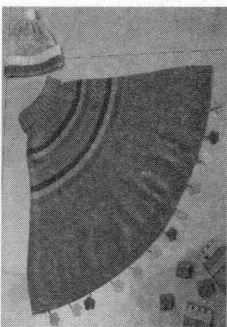

369

【成品尺寸】衣长42cm　胸围74cm
【工具】3.5mm棒针　绣花针
【材料】湖蓝色羊毛绒线300g　各色毛线少量　扣子3枚　帽子毛毛球绳1根　绣花图案若干
【密度】10cm²：20针×28行
【制作过程】1. 前片、后片：分左右两片编织，各片分别按图起60针，织至3cm双罗纹后，改织全下针，并间色，按减针图解减针，左右两边按图所示收针。　2. 编织结束后，将前后各片侧缝缝合，帽子另织，与领圈缝合。　3. 装饰：缝上扣子，绣上绣花图案，穿上毛毛球绳。

20cm40针

18cm 50行　双罗纹　4-1-20

圈织49cm98针

领子结构图

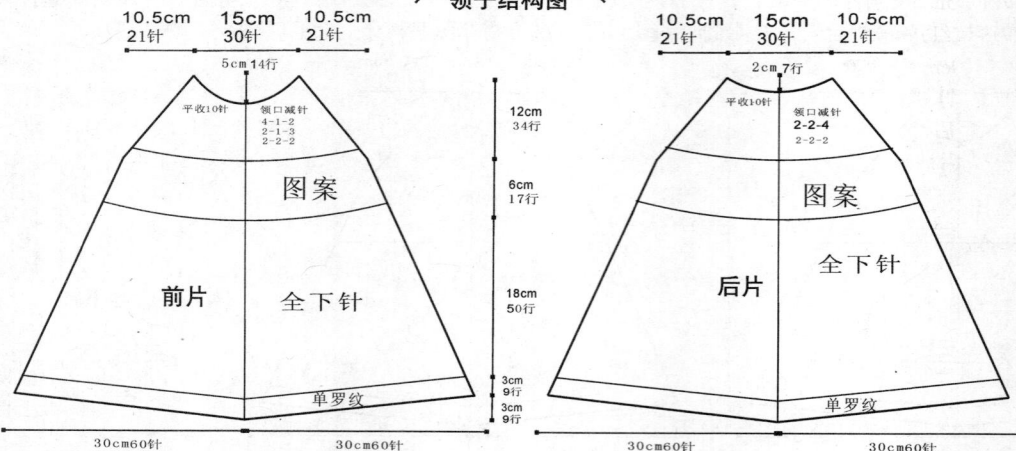

10.5cm 21针　15cm 30针　10.5cm 21针

5cm14行

平收10针

领口减针
4-1-2
2-1-3
2-2-2

图案

前片　全下针

单罗纹

30cm60针　30cm60针

12cm 34行
6cm 17行
18cm 50行
3cm 9行
3cm 9行

10.5cm 21针　15cm 30针　10.5cm 21针

2cm7行

平收10针

领口减针
2-2-4

图案

后片　全下针

单罗纹

30cm60针　30cm60针

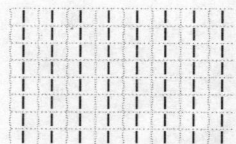

全下针

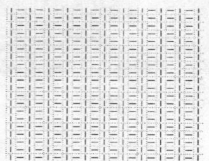

单罗纹

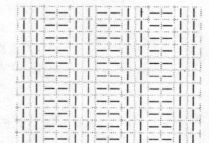

双罗纹

236

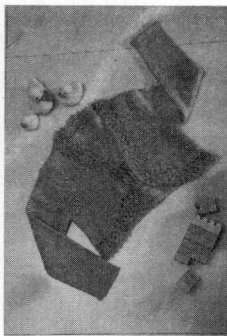

370

花样B
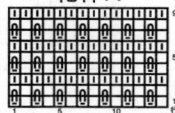
花样A

【成品尺寸】衣长23cm　袖长30cm　胸围56cm
【工具】直径2.5mm棒针　2.0mm钩针
【材料】红色纯棉线400g　白色纯棉线少量　红色丝光马海毛线少许
【密度】10cm²：38针×56行
【制作过程】1. 前片：起20针编织花样A，按图所示加针，编织10cm高度后按图所示减针，形成前片袖窿、领边。　2. 后片：起112针编织花样B，织10cm高度后按图所示减针，形成后片袖窿、后领口。　3. 各片缝合，均匀钩针沿边，按图所示花样C钩花，在前片两边钩两条辫子，辫子末端按图所示编织花样D钩花，完成。

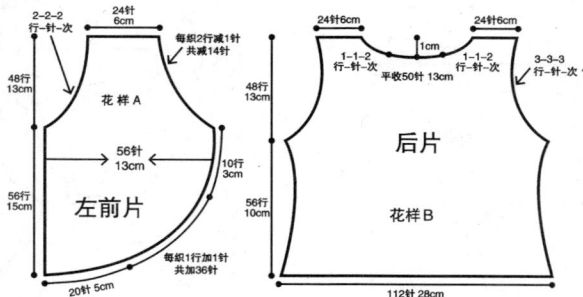

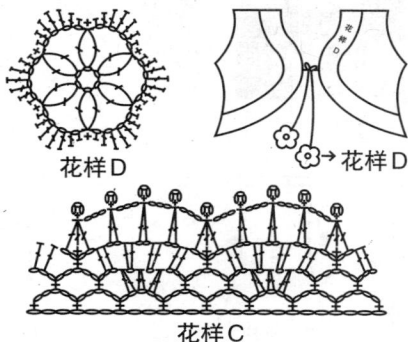

371

【成品尺寸】衣长25cm　胸围31cm　袖长36cm
【工具】3mm棒针　2.0mm钩针
【材料】粉红色纯棉线400g
【密度】10cm²：28针×42行
【制作过程】1. 圆起324针，按图所示各个部位分别编织花样，并分前片、后片编织，编织35行后前片按图所示收针减针。50行后，后片按图所示编织，其他的都不用织，后片按图所示减针，形成后袖窿，织13cm高度全部收针，与前片缝合，形成袖口。　2. 前片钩花按图所示用钩针钩花，钩完钉在前襟部位，完成。

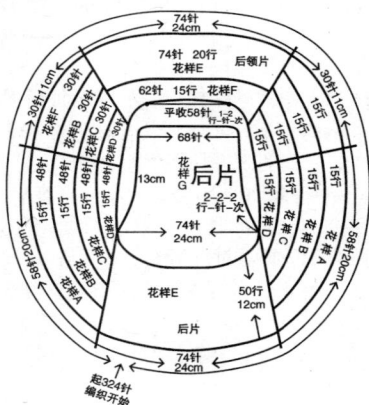

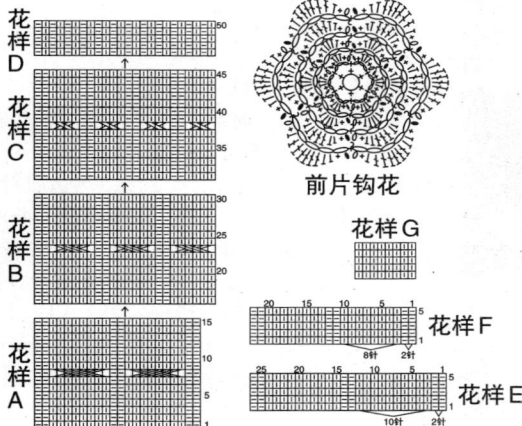

372

【成品尺寸】衣长23cm　胸围23cm　袖长33cm
【工具】3.5mm棒针
【材料】玫红色丝光棉线350g　玫红色丝光棉线少量
【密度】10cm²：24针×32行
【制作过程】1. 前片起5针编织花样A，两边按图所示加针5cm后按图所示减针，形成袖窿、前片领边。　2. 后片起44针编织花样A3cm，改织花样B至20cm，两边按图所示加针，织13cm后按图所示减针形成后袖窿、后领。　3. 各片缝合均匀挑沿边170针，织至3cm，收针，最后用丝光棉线用锁边机锁下边，形成微微的荷花褶皱边，完成。

花样B

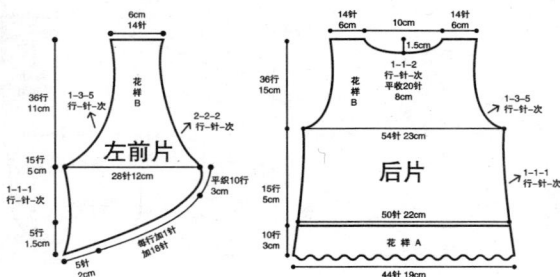

花样A

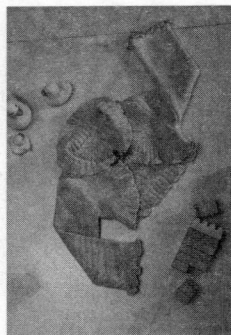

【成品尺寸】衣长23cm　胸围46cm　袖长33cm
【工具】3.5mm棒针
【材料】玫红色丝光棉线350g　玫红色丝光棉线少量
【密度】10cm²：24针×32行
【制作过程】1. 前片起5针编织花样A，两边按图所示加针5cm后按图所示减针，形成袖窿、前片领边。　2. 后片起44针编织花样A3cm，改织花样B织至20cm，两边按图所示加针，织13cm后按图所示减针，形成后袖窿、后领。　3. 各片缝合均匀挑沿边170针，织至3cm，收针，最后用丝光面线用锁边机锁下边，形成微微的荷花褶皱边，完成。

花样A

花样B

373

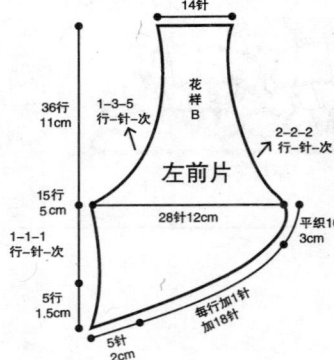

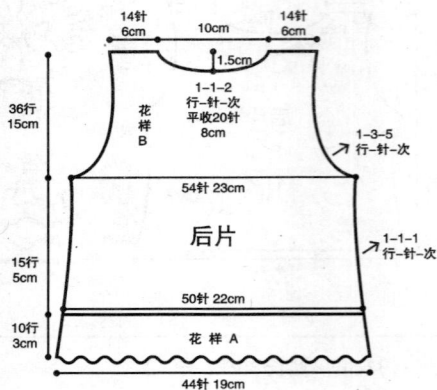

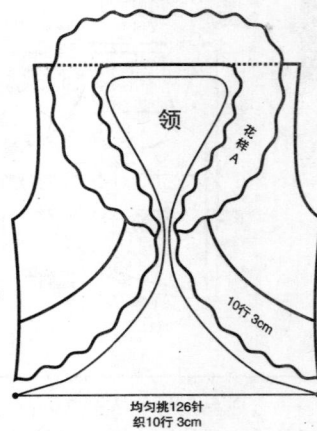

领

花样A

左前片

后片

花样A

花样B

均匀挑126针
织10行3cm

【成品尺寸】衣长25cm　胸围52cm　袖长31cm
【工具】3.5mm棒针
【材料】红色棉线550g　10cm长度的粉红色线条少许　白色棉线少量　叶子形状扣子1枚　羽毛线少量　拉链1条
【密度】10cm²：24针×29行
【制作过程】1. 前片：分左右两片，各起12针编织花样B，按图所示加针袖片，织11cm高度后平行加70针，后按图所示编织花样B，织至14cm高度后平收85针，剩下的20针的尾端平行加22针，织20cm高度后按图所示减2针，然后收针，前片织好按图所示缝合帽子。　2. 后片起24针编织花样B，按图所示加针，织至14cm高度后两端各平行起70针，织至14cm高度后全部收针，另编织沿边花样3针，共编织3条，两条跟前片从袖子到拉链位置的长度一致的长度，一条跟后片从左腋下到右腋下位置长度的长度。　3. 前片、后片各部位的位置要对准缝合，（下身袖子内侧两边夹放事先织好的花样A，花样A外沿边均匀锁上10cm长度的两条红色线条）后片在沿边再缝合跟后片一致长度的花样A，外沿均匀锁上线条。　4. 前片沿边均匀挑针，挑70针织花样A6行，对折缝合沿边，帽子沿边用羽毛线，挑56针织花样A3行，收针，再缝上拉链。　5. 按图所示编织口袋，口袋用白色面线锁下边，缝合在前片，口袋上面钉上花样A织的小条，小条上面再钉上扣子，完成。

374

花样A

花样B

口袋

口袋小条

衣服边沿花样（3针）

帽子

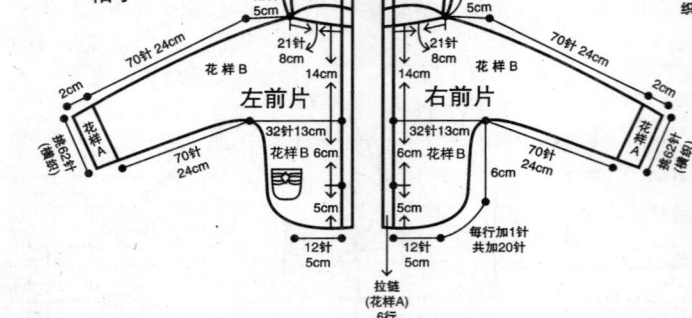

左前片

右前片

拉链
（花样A）
6行

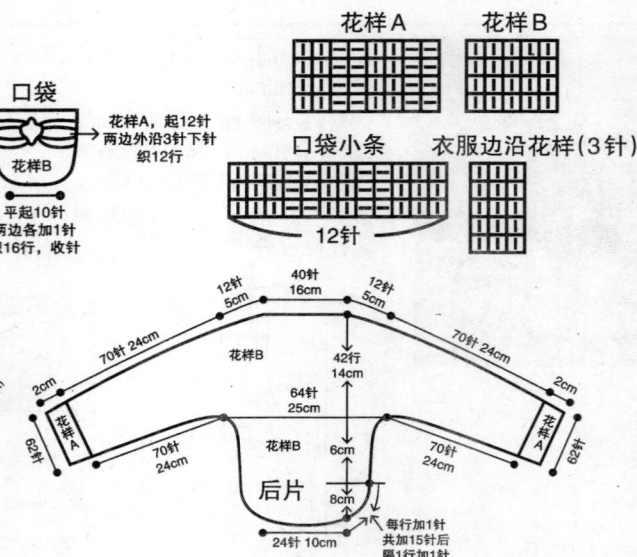

后片

375

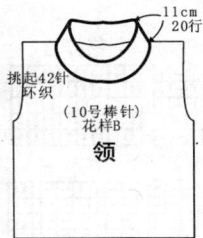

【成品尺寸】衣长42cm 肩宽33cm 袖长43cm
【工具】10号棒针
【材料】白色粗棉线150g 粉红色粗棉线200g
【密度】10cm²：12针×18行
【制作过程】1. 后片：用白色线起8针织花样A，一边织一边两侧加针，减针方法为2-2-4、2-1-6、4-1-2，织至28行，不加减针往上编织，织至52行，两侧同时减针2针，然后织成插肩袖窿，减针方法为2-1-12，织至56行，改用红色线白色线间隔编织花样B，织至76行，余下12针。 2. 同样方法织前片。织至70行，织片内侧减针织成衣领，减针方法为2-2-1、2-1-2，织至76行，收针断线。
3. 领子：用粉红色线挑起42针，织花样B，织11cm长度。 4. 前片绣上小花，前片、后片下摆边缘缝上流苏。

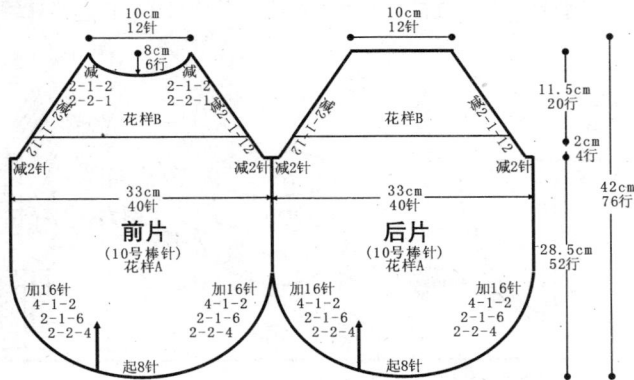

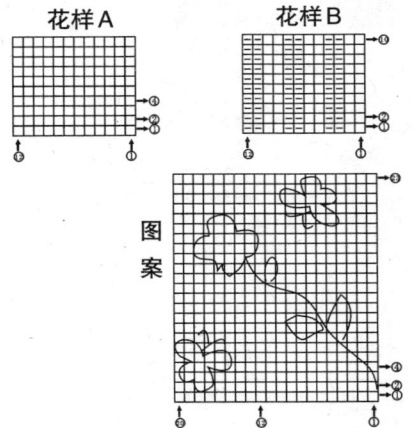

376

【成品尺寸】衣长30cm 胸围30cm 袖长30cm
【工具】直径3.5mm棒针 2.0mm钩针
【材料】红色棉线550g 8cm长度的红色线条少许 玫红色、粉红色棉线各少量 白色米珠3颗
【密度】10cm²：24针×30行
【制作过程】1. 前片：起22针编织花样A，按图所示加针减针，形成前片的袖片、前片领口、前片下身片。 2. 后片：起22针编织花样A，按图所示加针减针，形成后片的袖片、后片领口、后片下身片，前片与后片的肩部到袖子尾端缝合，再均匀挑针36针，编织 花样B8行收针。 3. 织两条花样B，起6针，一条编制长度跟前片的左袖到右袖的长度的条子，一条织跟后片的左袖到右袖的长度的条子。 4. 缝合：袖子内侧两边夹放事先织好的长的那条花样B，花样B外沿边均匀锁上8cm长度的红色线条，后片在沿边再缝合短的那条花样B，外沿均匀锁上线条，缝合后挑针领口，均匀挑124针，编织花样C30行，收针，按图所示用钩针钩3朵红色小花，缝在前片，再按图所示绣图，完成。

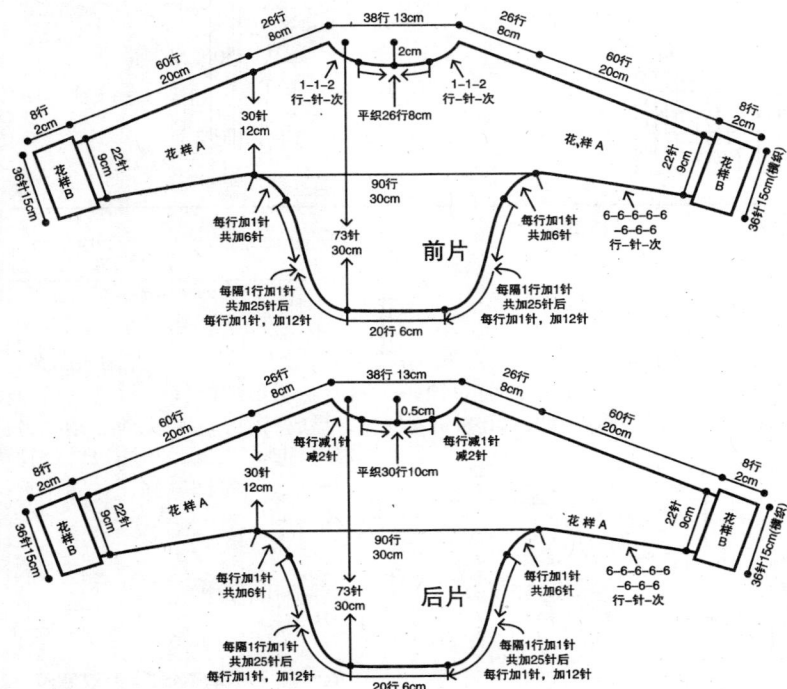

钩花

领

花样A 花样B 花样C

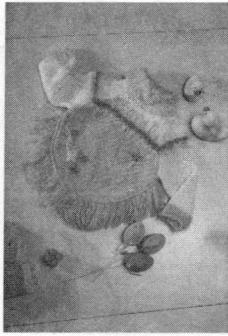

【成品尺寸】衣长28cm　胸围24cm　袖长37cm

【工具】4mm棒针

【材料】粉红色棉线200g　白色棉线200g　浅粉红色带毛线、玫红色带毛线少量　红色棉线少量　白色米珠少许　10cm长度粉红色线条少许

【密度】10cm²：25针×30行

【制作过程】1. 前片起20针，编织花样D，按图所示加针，织17cm高度后按图所示减针，并按图所示换色，换花样编织，形成前片袖口、前领口。　2. 后片起20针，后片全部用粉红色棉线编织，编织花样D，按图所示加针，编织17cm高度后再按图所示减针，按图所示换编织花样，形成后片袖口、后片领口。　3. 另起4针，编织花样C，编织跟前片沿边一致长度的两条，织好与前片、后片缝合，缝合后在外沿均匀锁上粉红色线条，缝合袖片，后均匀挑领口，共挑84针，编织花样B，按图所示换色，编织12cm后收针，最后在前片用红色棉线、白色棉线、白色米珠绣图案，完成。

377

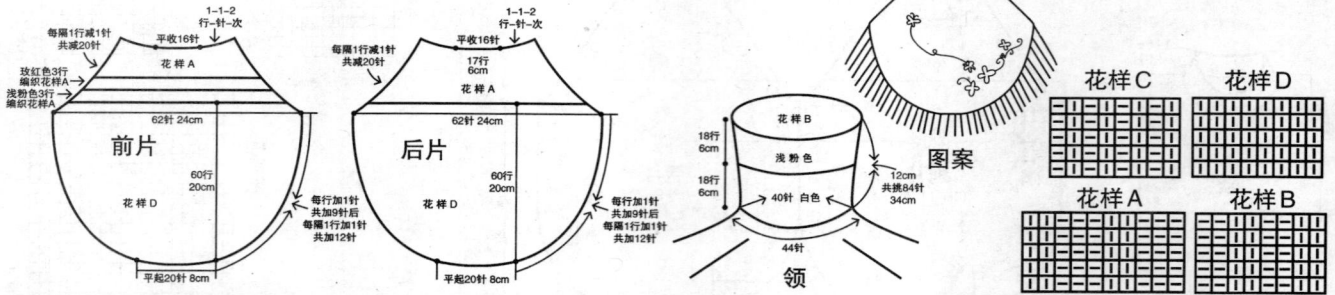

【成品尺寸】衣长28cm　胸围24m　袖长29cm

【工具】3.5mm棒针

【材料】玫红色棉线400g　10cm长度的玫红色线条少许　4mm白色亮片　玻璃珠子各少许

【密度】10cm²：32针×40行

【制作过程】1. 平起48针编织花样A20行后编织花样B，按图所示加针，织29cm高度后分成两份，形成前片、后片。再按图所示加减针，形成前领口、后领口。　2. 织好后缝合袖子，袖子内侧两边夹放事先织好的花样C，缝合，花样C的外沿边锁上线条，前片、后片沿边缝合花样C，花样C沿边锁上线条。　3. 缝合后领口挑针，均匀挑122针，编织花样A，织52行收针，最后将亮片、珠子绣在前襟间，完成。

378

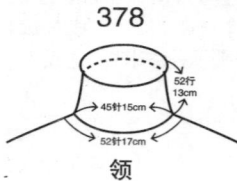

领

图案

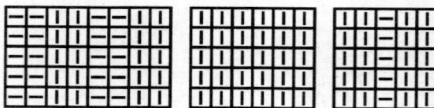

花样A　　花样B　　花样C

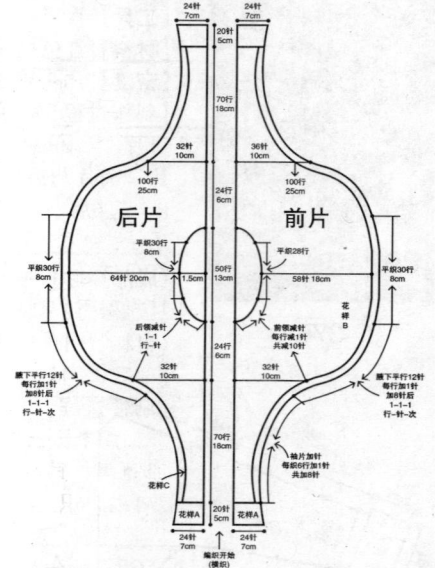

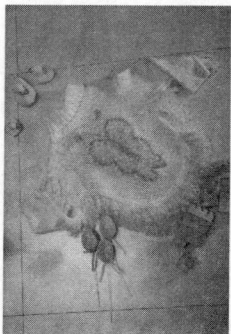

【成品尺寸】衣长38cm　胸围74cm　连肩袖长40cm

【工具】3.5mm棒针

【材料】白色羊毛绒线300g　图案1个

【密度】10cm²：20针×28行

【制作过程】1. 前片、后片：按编织方向起18针，先织至3cm单罗纹后，改织全下针，并编入图案，左右两边按图所示收针，织至另一袖。　2. 领口：前后领各按图所示均匀地减针，形成领口。　3. 编织结束后，将前片、后片肩部缝合。领圈挑针，织18cm双罗纹，形成高领。　4. 装饰：边缘另织，起4针，编织时第2针绕针10下，再按图缝好，并制作垂领。

379

领子结构图

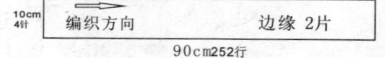

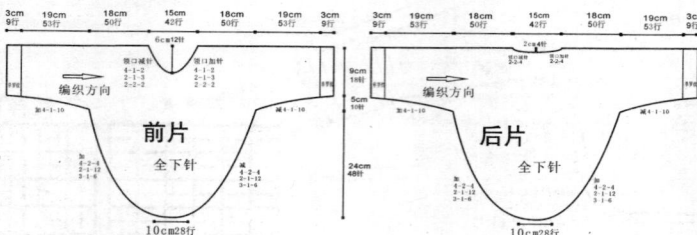

单罗纹　　全下针　　双罗纹

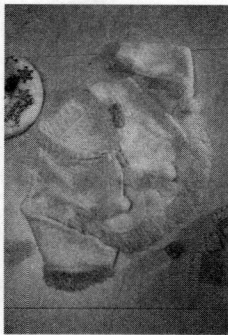

【成品尺寸】衣长24cm　胸围27cm　袖长28cm
【工具】3.5mm棒针　2.0mm钩针
【材料】乳白色棉线450g　10cm长度的纯白色线条少许　两条直径5mm纯白色绳　纯白色毛毛球2
个　粉红色线少量　白色棉线少量
【密度】10cm²：26针×36行
【制作过程】【横织】1. 前片起20针编织花样A5cm后，改织花样B，按图所示加针袖片，织15cm高
度后平行加18针，后按图所示减针，形成前片的沿边跟领口。　2. 后片起20针编织花样A5cm后，
改织花样B，按图所示加针袖片，织15cm高度后平行加26针，按图所示加针，领口按图所示减针，
后片领口织至28行，后按图所示减针，加针，形成后片两袖片跟后片领口，另织3条花样C，两条织
跟前片沿边一致的长度，一条织30cm长度的花样C。　3. 前片、后片织好后，缝合，袖子内侧两边

380

夹放事先织好的花样C，花样C外沿边均匀锁上10cm长度的纯白色线条，后片在沿边再缝合30cm长
度的花样C，外沿均匀锁上线条缝合后织领片，起136针，编织花样A44行，收针，与前片、后片、
领口缝合。　4. 用钩针钩两朵粉红色花，4片花样C的白色叶子，用白色面线缝在前片领，最后在前片两边胸襟间缝上绳子，
绳子尾端钉上毛毛球，完成。

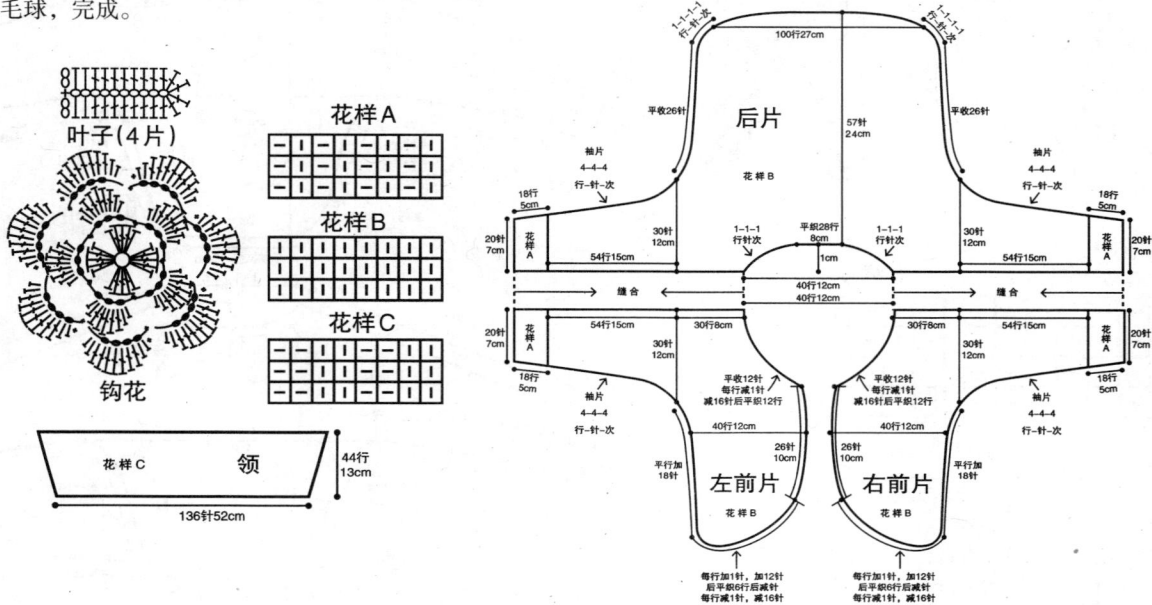

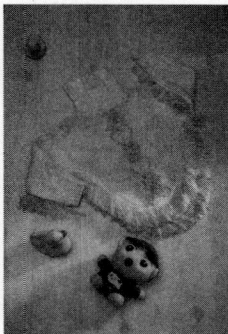

叶子(4片)

花样A

花样B

花样C

钩花

花样C　领

44行
13cm

136针52cm

100行27cm

后片

花样B

57针
24cm

平收26针

平收26针

袖片
4-4-4
行-针-次

18行
5cm

袖片
4-4-4
行-针-次

18行
5cm

20针
7cm

花样A

30针
12cm

1-1-1
行-针次

1-1-1
行-针-次

30针
12cm

花样A

20针
7cm

54行15cm

平织28行
8cm

1cm

54行15cm

缝合

40行12cm

40行12cm

缝合

20针
7cm

花样A

54行15cm

30行8cm

30行8cm

54行15cm

花样A

20针
7cm

18行
5cm

袖片

平收12针
每行减1针
减16针后平织12行

平收12针
每行减1针
减16针后平织12行

袖片

18行
5cm

26针
10cm

左前片

花样B

26针
10cm

右前片

花样B

平行加
18针

平行加
18针

每行加1针，加12针
后平织6行后减针
每行减1针，减16针

每行加1针，加12针
后平织6行后减针
每行减1针，减16针

【成品尺寸】衣长44cm　肩宽33cm　袖长52cm
【工具】12号棒针
【材料】白色棉线共400g　粉红色、蓝色长绒线各少量
【密度】10cm²：26针×34行
【制作过程】1. 后片：右袖口起针织，起46针，织花样B，织至6cm后，改织花样A，两侧开始加
针，加针方法为18-1-8，共织156行，在织片左侧加起36针，开始编织衣身，左侧衣摆一边一边
加针，价针方法为2-2-14，2-1-8，4-1-3，共加39针，织至212行，右侧后领减针，减针方法为
2-1-2，织至232行，右侧半片编织完成，继续用相同方法往相反方向编织左半片。　2. 前片：右袖
口起针织，起46针，织花样B，织至6cm后，改织花样A，两侧开始加针，加针方法为18-1-8，共织

381

156行，在织片左侧加起36
针，开始编织衣身，左侧衣摆
一边织一边加针，加针方法为
2-2-14，2-1-8，4-1-3，共加39针，织至212行，右侧
前领减针，减针方法为1-4-1，2-2-6，织至232行，右
侧半片编织完成，继续用相同方法往相反方向编织左半
片。　3. 制作衣摆边沿流苏以平针绣方式绣前片图案。

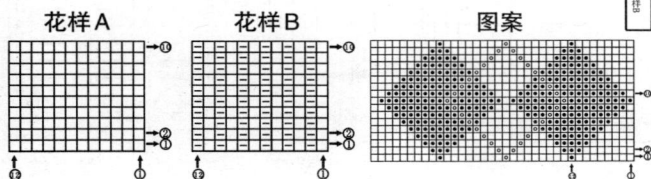

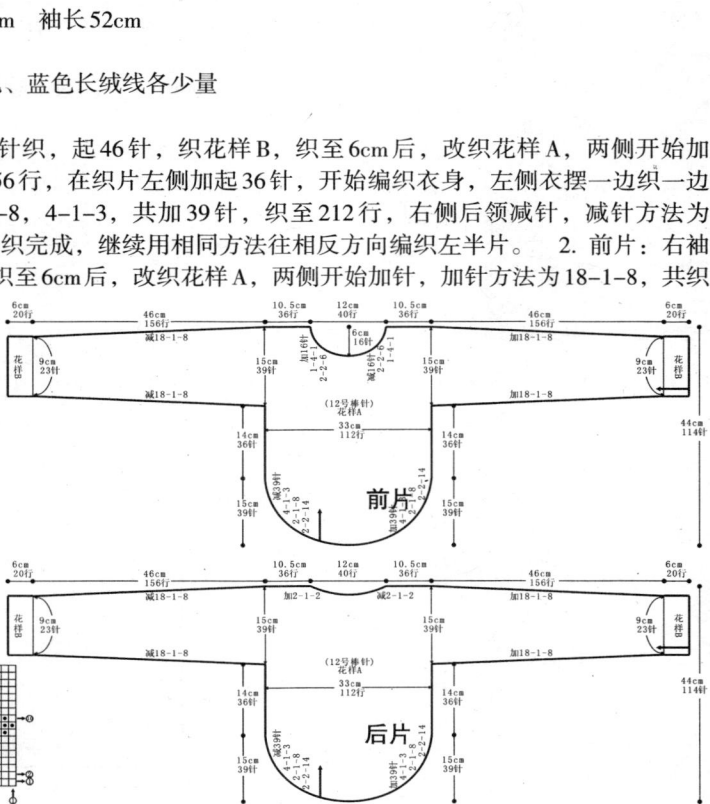

花样A

花样B

图案

6cm
20行

46cm
156行

10.5cm
36行

12cm
40行

10.5cm
36行

46cm
156行

6cm
20行

花样
B

9cm
23针

减18-1-8

加2-1-1
减2-2-1

加2-2-1
减2-2-1

加18-1-8

9cm
23针

花样
B

14cm
36行

(12号棒针)
花样A
33cm
112针

14cm
36行

前片

15cm
39针

加2-2-14
2-1-3

15cm
39针

减4-1-3
2-1-8
2-2-14

44cm
114行

6cm
20行

46cm
156行

10.5cm
36行

12cm
40行

10.5cm
36行

46cm
156行

6cm
20行

花样
B

9cm
23针

减18-1-8

加2-1-2

加2-2-1

加18-1-8

9cm
23针

花样
B

14cm
36行

(12号棒针)
花样A
33cm
112针

14cm
36行

后片

15cm
39针

加2-2-14
2-1-3

15cm
39针

减4-1-3
2-1-8
2-2-14

44cm
114行

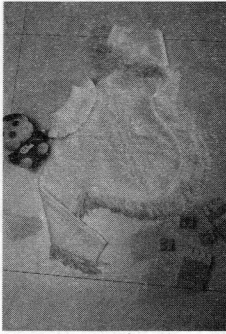

【成品尺寸】衣长28cm　胸围35cm　袖长27cm

【工具】直径3.5mm棒针

【材料】白色棉线550g　8cm长度的白色线条少许　粉红色带毛线少量

【密度】10cm²：24针×30行

【制作过程】1. 前片：起25针编织花样A，按图所示加针减针，形成前片的袖片、前片、领口前片下身片。　2. 后片：起25针编织花样A，按图所示加针减针，形成后片的袖片、后片、领口后片下身片，前片与后片的肩部到袖子尾端缝合，再均匀挑针34针，编织花样B8行收针，织两条花样B，起6针，一条编织长度与前片的左袖到右袖的长度的条子，一条织与前片的左袖到右袖的长度的条子。　3. 缝合，袖子内侧两边夹放事先织好的长的那条花样B，花样B外沿边均匀锁上8cm长度的白色线条，后片在沿边再缝合短的那条花样B，外沿均匀锁上线条。　4. 缝合后挑针领口，均匀挑80针，编织花样B40行，然后每隔2针加1针，编织40针花样C7行，收针，最后在前片按图所示绣图，完成。

382

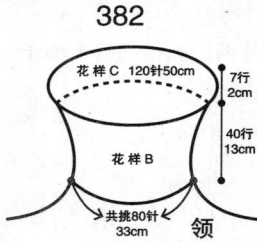

图案

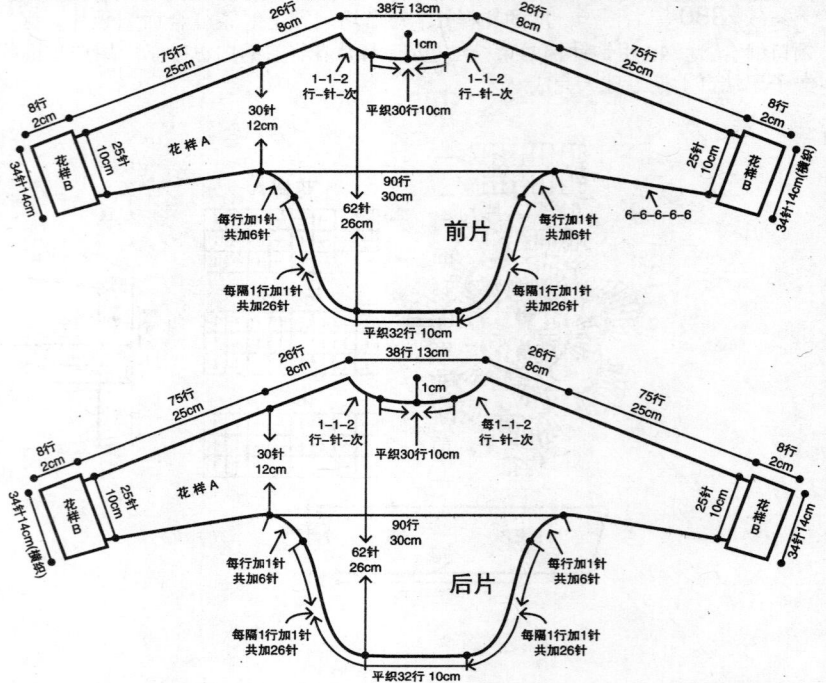

花样A　**花样B**

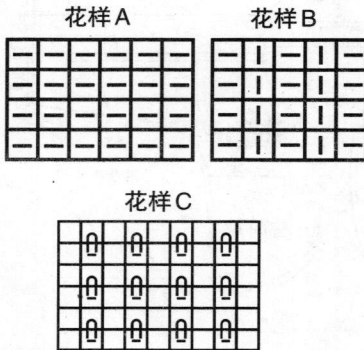

花样C

383

【成品尺寸】衣长38cm　胸围70cm　袖长34cm

【工具】3.5mm棒针　绣花针

【材料】白色羊毛绒线500g　毛毛球绳1根　绣花图案若干

【密度】10cm²：20针×28行

【制作过程】1. 前片：分左右两片，分别按图起6针，织全下针，并按图所示加针，左右两边按图所示收成袖隆。后片：按图起70针，织5cm双罗纹后，改织全下针，左右两边按图收成袖隆。　2. 编织结束后，将侧缝、肩部、袖子缝合。门襟另织5cm双罗纹，按图缝合。　3. 装饰：沿着领圈系上毛毛球绳，绣上绣花图案。

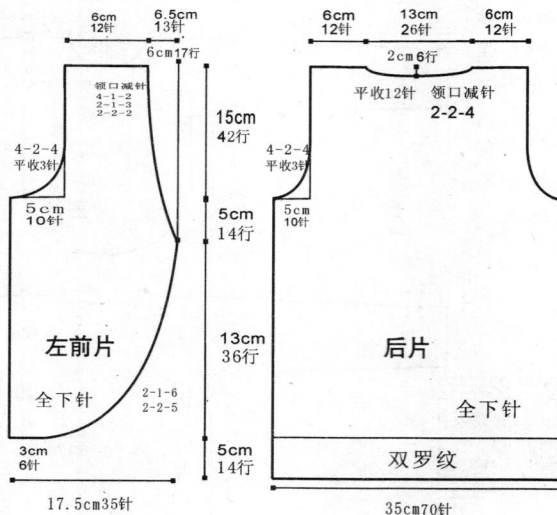

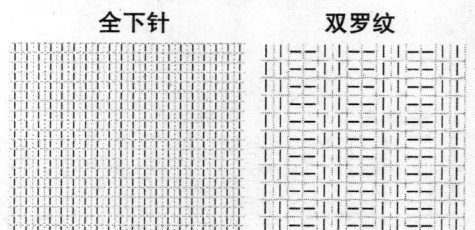

全下针　**双罗纹**

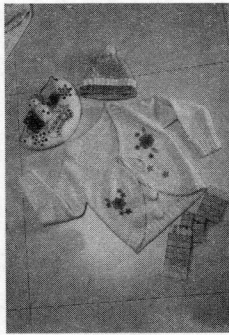

384

【成品尺寸】衣长38cm　胸围70cm　袖长34cm
【工具】3.5mm棒针　绣花针
【材料】白色羊毛绒线400g　毛毛球绳1根　绣花图案若干
【密度】10cm²：20针×28行
【制作过程】1. 前片：分左右两片，分别按图起6针，织全下针，并按图所示加针，左右两边按图所示收成袖窿。后片：按图起70针，先织狗牙边后，织5cm双罗纹，再改织全下针，左右两边按图收成袖窿。　2. 编织结束后，将侧缝、肩部、袖子缝合。门襟另织5cm双罗纹，再按图所示织狗牙边，按图缝合。
3. 装饰：系上毛毛球绳，绣上绣花图案。

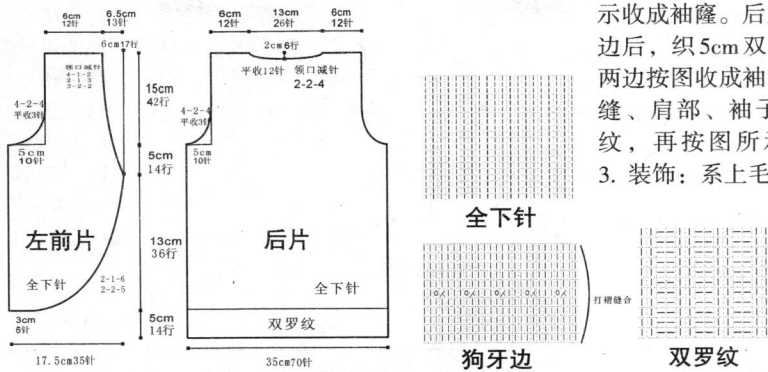

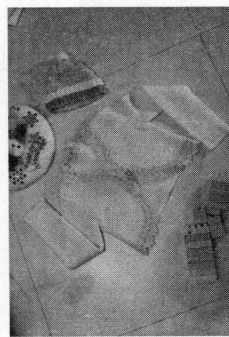

左前片　后片

全下针

狗牙边　双罗纹

385
花样B

【成品尺寸】衣长26cm　袖长30cm　胸围60cm
【工具】4mm棒针　2.0mm钩针
【材料】白色纯棉线600g　红色纯棉毛线各少量
【密度】10cm²：22针×36行
【制作过程】1. 前片：分左右两片，各起20针编织花样A，按图所示加针，编织11cm高度后按图所示减针，形成前片袖窿、领口。　2. 后片：起60针编织花样C6行后，按图所示编织花样A，编织11cm高度后按图所示减针，形成后片袖窿、领口。　3. 各片缝合后，均匀钩织领口，钩花样B，再在左、右前片各钩一条30cm的辫子，辫子尾端钩小花，完成。

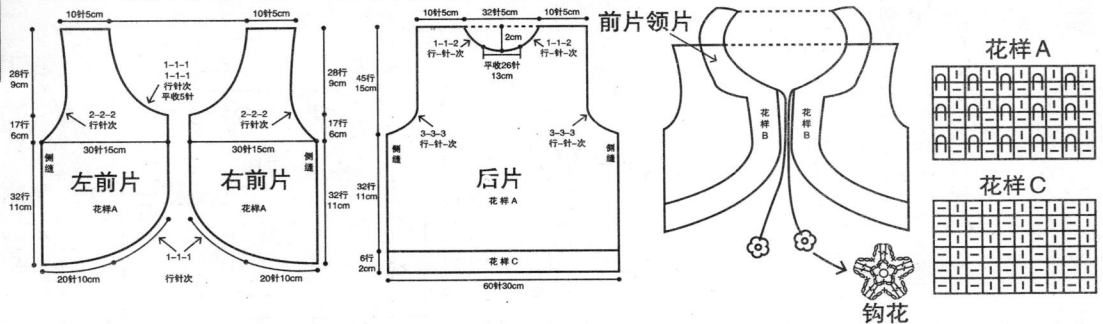

左前片　右前片　后片　前片领片

花样A

花样C

钩花

386

前片钩花

【成品尺寸】衣长25cm　胸围31cm　袖长36cm
【工具】3mm棒针　2.0mm钩针
【材料】粉红色纯棉线400g
【密度】10cm²：28针×42行
【制作过程】1. 圆起324针，按图所示各个部位分别编织花样，并分前片、后片编织，编织35行后前片按图所示收针，减针。50行后后片按图所示编织，其他的都不用织，后片按图所示减针，形成后袖窿。织13cm高度全部收针，与前片缝合，形成袖口。　2. 前片钩花按图所示用钩针钩花，钩完钉在前襟部位，完成。

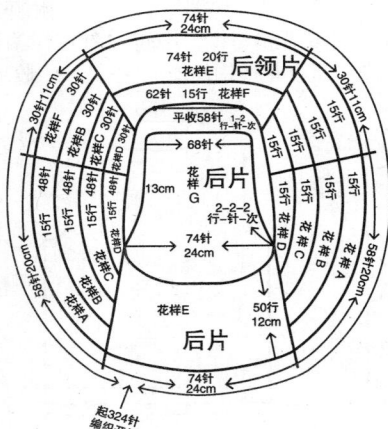

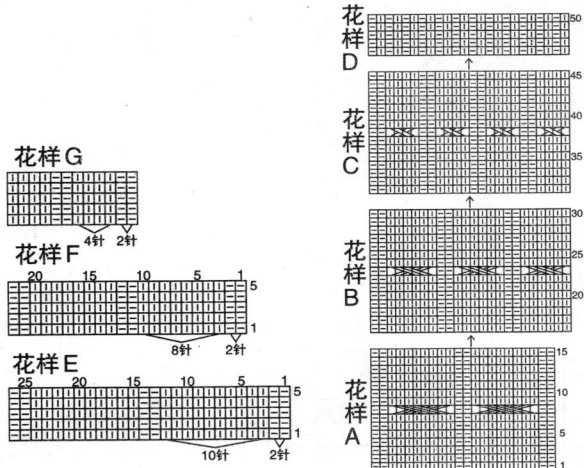

后领片　后片　后片

花样G　花样F　花样E

花样D　花样C　花样B　花样A

起324针
编织开始

【成品尺寸】 衣长38cm　胸围70cm　袖长34cm
【工具】 3.5mm棒针　绣花针
【材料】 白色羊毛绒线500g　扣子2枚　绣花图案若干
【密度】 10cm²：20针×28行
【制作过程】 1. 前片：分左右两片，分别按图起6针，织全下针，并按图所示加针，左右两边按图所示收成袖窿。后片：按图起70针，织5cm双罗纹后，改织全下针，左右两边按图收成袖窿。　2. 编织结束后，将侧缝、肩部、袖子缝合。门襟另织5cm单罗纹，按图缝合。　3. 装饰：缝上扣子，绣上绣花图案。

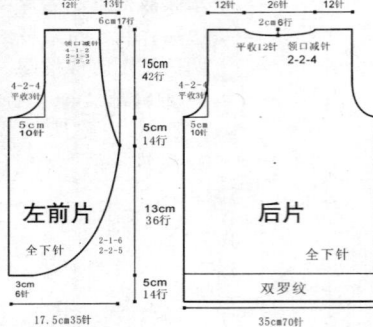

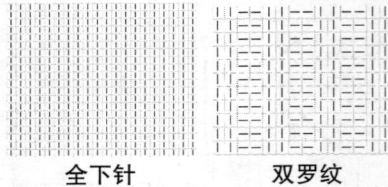

387

全下针　　双罗纹

【成品尺寸】 衣长30cm　胸围76cm　肩宽30cm　袖长41cm
【工具】 4号棒针　3mm钩针
【材料】 白色棉线500g　米色马海毛线40g　粉红色装饰扣2枚
【密度】 10cm²：15.5针×20行
【制作过程】 1. 前片分左右两片：用白色棉线普通起针法起11针，按图示花样编织，摆加针织8cm；按袖窿减针织5cm；按领减针织10.5cm后按肩斜减针织出肩斜。对称织出另一片。　2. 后片：用白色棉线双罗纹针起针法起60针，双罗纹织3cm；5针下针与花样交替织，织10cm后按袖窿减针及肩斜减针织出袖窿及肩斜。　3. 整理：两片前片和后片肩部、腋下缝合；袖片袖下缝合，装袖。　4. 钩花边：领门襟处用钩针米色马海毛线按领门襟缘编织图钩织。　5. 收尾：制作两条系带，装上粉红色装饰扣，缝合在前片合适位置。

388

领门襟

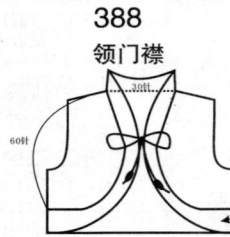

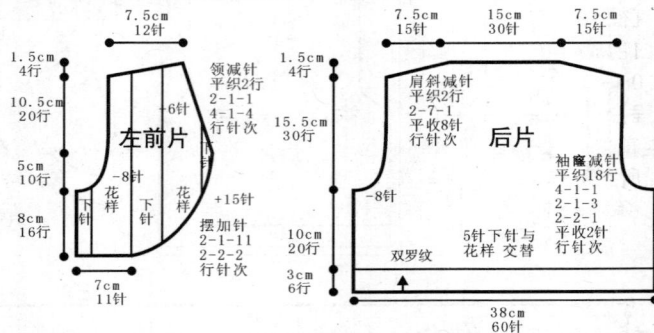

领门襟缘编织

双罗纹　　花样

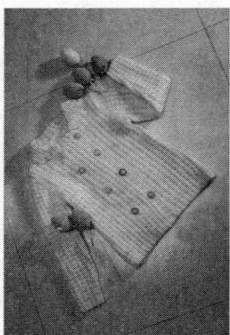

【成品尺寸】 衣长38cm　胸围76cm　肩宽30cm　袖长41cm
【工具】 4号棒针　3mm钩针
【材料】 白色棉线500g　圆形纽扣8枚
【密度】 10cm²：26针×30行
【制作过程】 1. 前片：分左右两片，双罗纹起针法分别起50针，织至3cm后改织花样A织21.5cm后，按袖窿减针及前领减针织出袖窿和前领，在指定位置开扣眼。对称织出另一片前片，不用开扣眼。　2. 后片：类似于前片，不同为起针100针，开领，见后领减针。　3. 整理：前片和后片肩部、腋下缝合；袖片袖下缝合，装袖。　4. 挑门襟：如图挑。　5. 挑领：如图前领窝、后领窝各挑33针、33针、42针，共108针，前后18针双罗纹编织，中间72针花样编织，双罗纹处织至3cm后双罗纹针收针，花样织至6cm后收针，按衣领边花样钩织衣领边。　6. 收尾：在不开扣眼的门襟处钉上8颗圆形纽扣。

389

衣领边花样

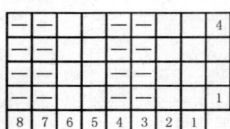

双罗纹

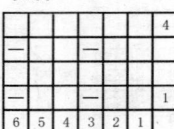

花样

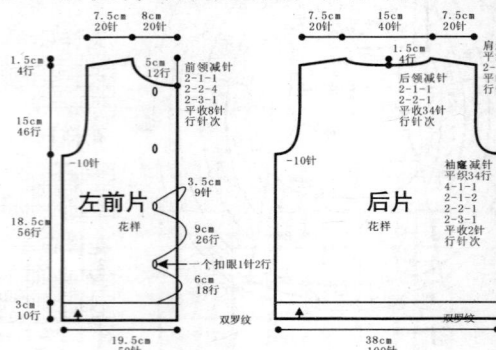

衣领门襟

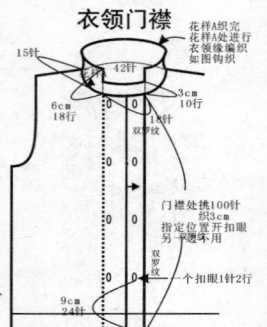

【成品尺寸】衣长40cm 肩宽32cm 袖长40cm
【工具】10号棒针
【材料】白色棉线350g
【密度】10cm²：15针×22行
【制作过程】1. 后片：起60针，织花样B，织至24cm，袖窿减针，减针方法为1-2-1，2-1-3，织至39cm，收后领，中间留取22针不织，两侧减针，方法为2-1-1，后片共织40cm长度。 2. 右前片：起36针，右侧织18针花样B，左侧织18针花样A作为衣襟，织至24cm右侧袖窿减针，减针方法为1-2-1，2-1-3。右前片共织40cm长度。 3. 用同样的方法往相反方向编织左前片。注意左前片衣襟要留双排扣眼共4个。 4. 领子：用白色线沿领口挑起44针织花样A，前领两侧各留5cm不挑，织8cm长度。

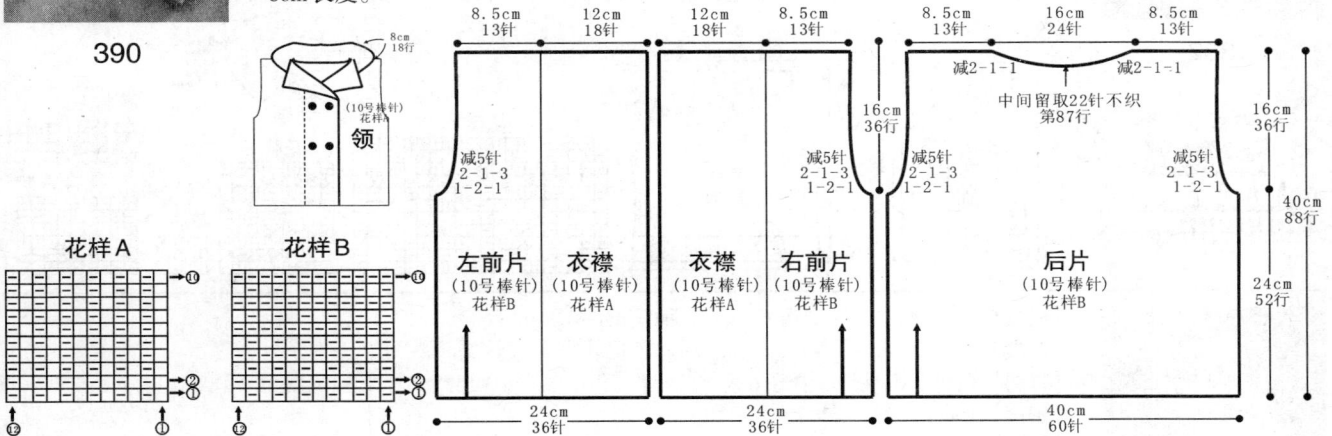

390

花样A

花样B

左前片
(10号棒针)
花样B

衣襟
(10号棒针)
花样A

衣襟
(10号棒针)
花样A

右前片
(10号棒针)
花样B

后片
(10号棒针)
花样B

领
(10号棒针)
花样A

8cm
18行

8.5cm 13针　12cm 18针　12cm 18针　8.5cm 13针　8.5cm 13针　16cm 24针　8.5cm 13针

减5针 2-1-3 1-2-1

减5针 2-1-3 1-2-1

减5针 2-1-3 1-2-1

减2-1-1　减2-1-1
中间留取22针不织
第87行

减5针 2-1-3 1-2-1

16cm 36行

16cm 36行

40cm 88行

24cm 52行

24cm 36针　24cm 36针　40cm 60针

【成品尺寸】衣长20cm 胸围60cm 袖长20cm
【工具】直径4mm棒针
【材料】白色棉线400g 白色棉线少量 梅花形状纽扣1枚
【密度】10cm²：22针×34行
【制作过程】1. 前片：平起22针，编织花样A，按图所示加针，织7cm高度后按图所示减针，形成前片袖窿、前片领边。 2. 后片：起64针编织花样A，编织7cm高度后按图所示减针，形成后片袖窿，按图所示加针，织13cm后按图所示减针，形成袖山。 3. 各片缝合后，均匀挑针领片边沿，共挑372针，编织花样B，织至6cm高度后收针， 最后在前片胸间钉上纽扣，完成。

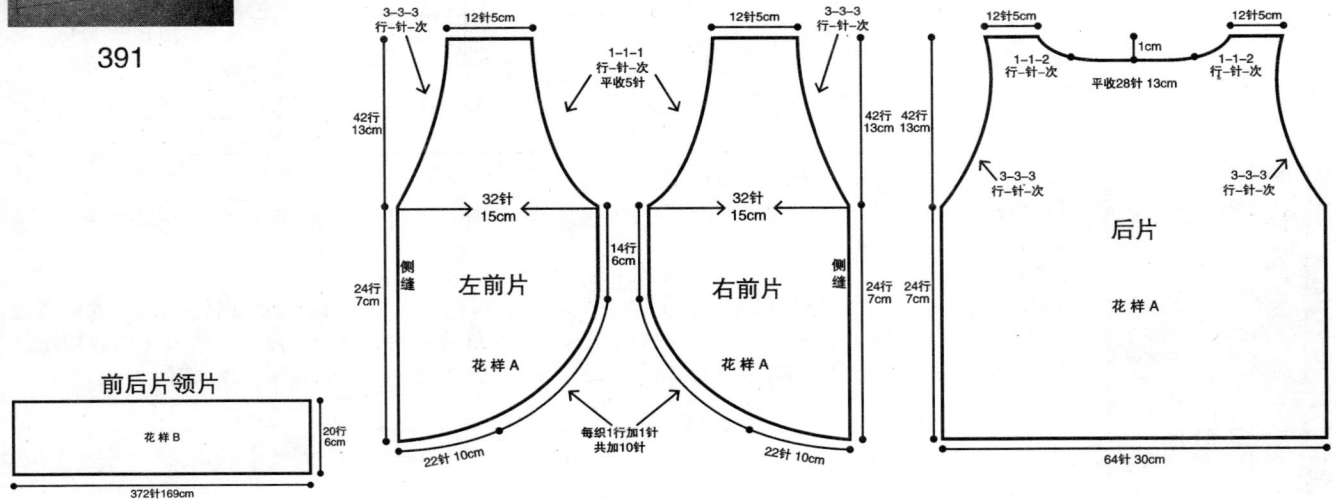

391

左前片
花样A

右前片
花样A

后片
花样A

前后片领片
花样B

3-3-3 行-针-次　12针5cm

1-1-1 行-针-次 平收5针

12针5cm　3-3-3 行-针-次

12针5cm　12针5cm

1cm

1-1-2 行-针-次　平收28针 13cm　1-1-2 行-针-次

42行 13cm

42行 13cm　42行 13cm

3-3-3 行-针-次　3-3-3 行-针-次

32针 15cm

32针 15cm

14行 6cm

24行 7cm

侧缝

侧缝

24行 7cm　24行 7cm

每织1行加1针 共加10针

22针 10cm

22针 10cm

64针 30cm

20行 6cm

372针169cm

花样A

花样B

392

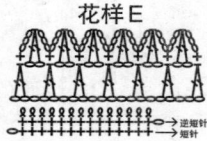

花样E

【成品尺寸】衣长23cm 胸围30cm 袖长31cm
【工具】4mm棒针 2.0mm钩针
【材料】白色纯棉线400g 白色面线少量 1.5cm圆形白色纽扣3枚
【密度】10cm²：24针×32行
【制作过程】1. 前片、后片、袖片用4mm棒针编织，前片起37针，编织花样A12行，按图所示分别编织花样B，花样C，花样B，编织6cm高度后按图所示换线编织花样，并减针。形成前片袖口、领口。 2. 后片：起74针编织花样A12行后编织花样B，编织6cm高度后按图所示减针，形成后片袖口、领口。 3. 各片缝合后均匀挑领口，共挑96针编织花样D挑两面，4行后两两并针，共织8cm后收针。 4. 前片用钩针均匀钩花样F，左前片留出纽扣洞，钩完接着钩前片、后片沿边，按图所示均匀钩花样E。 5. 两袖子的沿边各钩一行逆短针，最后在右前片钉上纽扣，纽扣与左前片的位置要一致，完成。

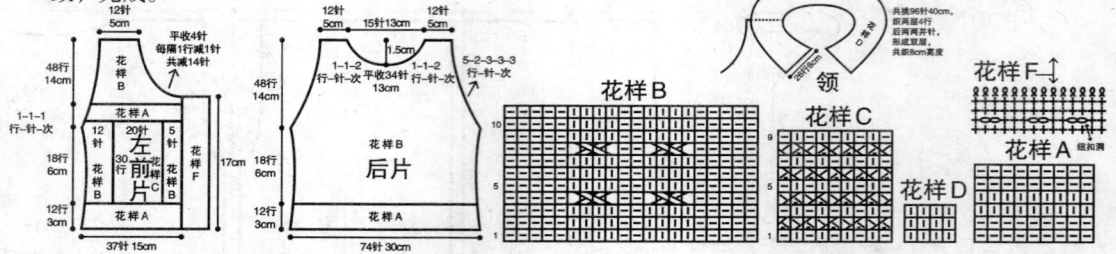

393

【成品尺寸】衣长47cm 胸围74cm 袖长42cm
【工具】3.5mm棒针
【材料】白色羊毛绒线 扣子6枚
【密度】10cm²：20针×28行
【制作过程】1. 前片：分左右两片，分别按图起22针，织至3cm双罗纹后，改织花样，左右两边按图所示收成袖窿。后片：按图起74针，织至3cm双罗纹后，改织花样，左右两边按图收成袖窿。 2. 编织结束后，将侧缝、肩部、袖子缝合。门襟另织花样，按图缝合，形成双排扣翻领。 3. 装饰：缝上扣子。

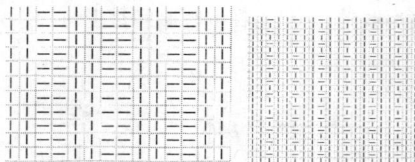

双罗纹　　花样

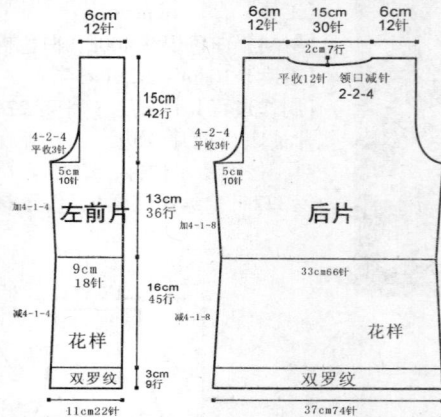

394

【成品尺寸】衣长28cm 胸围70cm 袖长34cm
【工具】3.5mm棒针
【材料】白色羊毛绒线400g 扣子1枚
【密度】10cm²：20针×28行
【制作过程】1. 前片：分左右两片，分别按图起9针，织花样，并按图均匀地加针至8cm，左右两边按图所示收成袖窿。后片：按图起70针，织5cm双罗纹后，改织花样，左右两边按图收成袖窿。 2. 编织结束后，将侧缝、肩部、袖子缝合。门襟另织，按图缝合。 3. 装饰：缝上扣子。

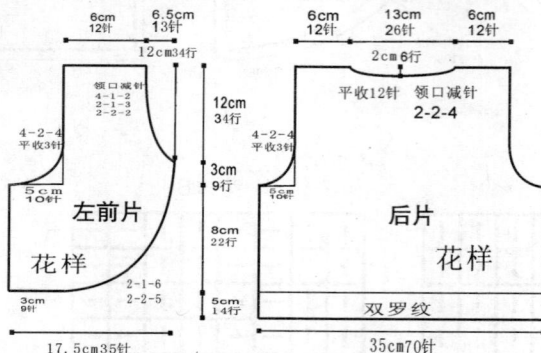

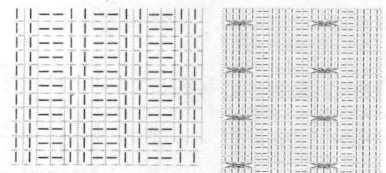

双罗纹　　花样

编织符号说明

□=Ⅰ 下针	Ω 扭针
⊟ 上针	叠针（反针）
V 浮针	加1针空针
+ 短针	⋈ 左上1针交叉
长针	⋈ 右上1针交叉
回形针	中上3针并1针
⊙ 镂空针	3针上针的浮针
拉针（反针）	左上2针并1针
拉针（下针）	右上2针并1针
上针的浮针	右下针与左上针绞
下针的浮针	左下针与右上针绞
4针上针的浮针	右上下针2针并1针
3针长针并1针	左上2针与右下1针交叉
双长针并1针	右上2针与左下1针交叉
右上3针交叉(5针)	右上1针交叉上针在中间
2针下针和1针上针左上交叉	2针下针和1针上针右上交叉

本书编委会

主 编 谭阳春

编 委 王艳青 李玉栋 罗 超 贺梦瑶 王丽波

图书在版编目（CIP）数据

可爱宝宝毛衣365款/谭阳春主编. —沈阳：辽宁
科学技术出版社，2011.10
ISBN 978-7-5381-7019-1

I. ①可… II. ①谭… III. ①毛衣—童服—编
织—图集 IV. ①TS941.763.1-64

中国版本图书馆CIP数据核字（2011）第115944号

如有图书质量问题，请电话联系
湖南攀辰图书发行有限公司
地 址：长沙市车站北路236号芙蓉国土局B栋
1401室
邮 编：410000
网 址：www.penqen.cn
电 话：0731-82276692 82276693

出版发行：辽宁科学技术出版社
（地址：沈阳市和平区十一纬路29号 邮编：110003）
印 刷 者：湖南新华精品印务有限公司
经 销 者：各地新华书店
幅面尺寸：210mm×285mm
印 张：15.5
字 数：40千字
出版时间：2011年10月第1版
印刷时间：2011年10月第1次印刷
责任编辑：刘晓娟 苏 颖 众 合
封面设计：效国广告
版式设计：天闻·尚视文化
责任校对：王玉宝

书 号：ISBN 978-7-5381-7019-1
定 价：34.80元
联系电话：024-23284376
邮购热线：024-23284502
淘宝商城：http://lkjcbs.tmall.com
E-mail：lnkjc@126.com
http://www.lnkj.com.cn
本书网址：www.lnkj.cn/uri.sh/7019